シリコンバレー

スティーブ・ジョブズの揺りかご

脇 英世

東京電機大学出版局

まえがき

インターネットができる前は、米国の最新のコンピュータ事情を知るには、直接米国に行くしか方法がなかった。私が特に利用したのは、ラスベガスで開かれた「コムデックス（COMDEX）」という展示会で、これはほぼ毎回出かけた。

コムデックスの会場の展示ブースを回って夢中で集めたパンフレットやプレスキットは膨大な量になった。北米路線の航空機では、トランク二個の持込までは許されていたが、容積からも重量からも集めたパンフレットが全部入るわけがなかった。あの時代の人は皆そうであったと思うが、米国から帰国の前の晩は、ほぼ徹夜でパンフレットの整理をし、不要なカバーや広告などを捨てて本質的な情報だけに削って必要最小限に収めた。それでもトランクが閉まらなかったり、鍵が壊れてガムテープでぐるぐる巻きにしたりした。

コムデックスの帰りには、ほとんど必ずサンフランシスコに寄った。サンフランシスコを拠点にシリコンバレーの各社の見学をしたり、フライズ・エレクトロニクスで部品や基板を買ったり、コンピュータ・リテラシーというコンピュータ専門の本屋でコンピュータ関係の本をボール箱一杯買ったりした。鞄に空きがないのに、どうやって運ぶかは考えていなかった。何があろうと必ず持って帰るという信念だけであった。

サニーベールのローレンス・エクスプレスウェイと平行するレイクサイド・ドライブにあるコンピュータ・リテラシーという本屋に寄ることは絶対的な条件で、もし日中ツアーで立ち寄れない時は、夜、一緒にツアーに行った友人のチャーターして来たリムジンや、米国の友人の運転するベンツに乗ってコンピュータ・リテラシーに出かけて行って、しこたま専門書を買ってきた。

本を買うことだけが目的であって、周りを見ることはあまりなかったので、ローレンス・エクスプレスウェイの反対側にＡＭＤ（アドバンスド・マイクロ・デバイセズ）があるのには全く気がつかなかった。ある時、スウェーデンに行って、帰りに米国を回って結果的に世界一周旅行になった。その時、家内とコンピュータ・リテラシーを訪ねたら、廃屋になっていた。寂しい気がした。インターネットの普及で情報の入手が楽になり、相対的にコンピュータ・リテラシーに対する需要が減ったのだろう。

コムデックスだけでなく、シリコン・グラフィックスなどのコンピュータ会社や、ＳＣＯ（サンタ・クルーズ・オペレーションズ）などのソフトウェア会社や、ＭＡＰ（マニュファクチャリング・オートメーション・プロトコル）やＬＡＮ関係の群小のネットワークの会社を直接訪ねることも多かった。

アラン・ブラッドレーやケーブルトロンなどは、どこへ行ってしまったのだろうなどと振り返ってみると、シリコンバレーには、色々なつかしい思い出がある。

シリコンバレーの名の由来は、一九七一年、ドン・ホーフラー（Don Hoefler）が、サンタクララ市に本拠を置くエレクトロニック・ニュース紙に「シリコンバレーＵＳＡ」という連載を始めてからである。ドン・ホーフラーは、シリコンバレーの内幕物を得意としたライターであったらしい。

本書は、元々は、ある目的のために書き始めた序章のようなものであった。しかし私の体力を考えると、もう一回本格的にこのテーマに取り組むことは無理かもしれないと思った。そこで腰を据えて、マイクロコンピュータ革命前夜までのシリコンバレーについて書いた。ある意味でシリコンバレーの歴史の話ではあるが、実はシリコンバレーを作り上げて行った人達の話である。私自身が知りたいと思っていたことや、はっきりさせたいと思っていたことを、この機会に多少系統的に調べた部分もある。

シリコンバレーといえば、半導体など技術的な内容に触れざるを得ない部分もあるが、一般の読者がつらさを感じない程度の記述に留めた。ただし正確さについては、原資料を参照し、できるだけ厳密を期したつもりであるが、浅学非才な筆者のことゆえ、うっかりした誤りもあろうかと思う。読者の御寛恕を頂ければ幸いである。

本書はシリコンバレーの黎明から、マイクロコンピュータ革命前夜までを扱う。

本書は2部構成になっている。

第1部は、二〇一二年の年末に行なった現在のシリコンバレー訪問記である。シリコンバレーが、どんな所か、概略をご理解頂けるようにと考えた。ある意味でハリウッドのビバリー・ヒルズ巡りのようなものである。

第2部は、シリコンバレーの時系列的な、いわば正統的な歴史である。じっくり最初から読んで頂ければ幸いであるが、興味のある所から読んで頂いて結構である。

地名や人名の表記については、かなり気を使ったつもりである。地名はできるだけグーグルの地図に準拠したが、可読性が低いと判断した場合は適当に変更してある。グーグルの地図では、たまに奇妙な食い違いがある。人名についても、あまりに原語と乖離していると判断した場合は音引き等を直した。グーグルの検索の場合は音引きを直しても見つかると思う。

本書が成立できたのは、熱心に編集に当たって頂いた東京電機大学出版局の石沢岳彦課長、小田俊子氏、徳永美樹氏をはじめとする皆さんのおかげである。厚く感謝する。また、家内と次男をはじめ家族には多大の協力をしてもらった。あらためて感謝の意を表したい。

脇　英世

二〇一三年九月

もくじ

まえがき i

プロローグ 1

シリコンバレーと呼ばれる地域 1
三本の道路 4
色々な土地の名前 6
ことの起こり 10

第1部　シリコンバレー探訪六四〇キロ

アウター・サンセットのスティーブ・ジョブズの家……12
レッドウッドシティのオラクルへ……13
エル・カミノ・リアルを通ってスタンフォード大学へ……17
スタンフォード・ショッピング・センター……21
ヒューレット・パッカードの旧社屋跡を求めて……23
ステーキ・ハウス　ハリス……25
メンロ―パークからパロアルトへ……29
スタンフォード・リサーチ・パーク……33
ヒューレット・パッカードの研究所と本社……35
ロッキード・マーティン・ミサイルズ&スペース社……37
ゼロックス・パロアルト研究所　PARC……38
VMウェアとSAP……39
バリアン関連企業……41
マウンテンビューとアイクラー・ホームズ……43
モンタ・ローマ小学校……46

クリッテンデン中学校……48
ショックレー半導体研究所……49
フェアチャイルド・セミコンダクター……52
グーグルとWi-Fi……55
コルテ・ビアのミステリー……57
ロスアルトス……59
クパチーノ中学校とホームステッド高校……61
クパチーノとファン・バウティスタ・ディ・アンザ……63
インフィニット・ループ1番地のアップル本社……64
ディアンザ・カレッジ……66
シャロン・ハイツのベンチャー・キャピタル……68
マイコン革命の聖地　SLAC……70
『カッコーの巣の上で』のペリー・レーン……71
フレッド・ターマンの家……74
フレッド・ターマンのエンジニアリング・ラボラトリー……77
シリコンバレー発祥の地……82
バイト・ショップ……84
サニーベール……85

スティーブ・ウォズニアックの育った家……87
アンディ・キャップスの酒場……88
アップルの旧跡……89
サンタクララ市……92
インテル……93
ワゴン・ウィール……97
アドバンスド・マイクロ・デバイセズ　AMD……99
サン・マイクロシステムズ……101
モフェット飛行場……103
ネクスト……105
エレクトロニック・アーツ……106
ピクサー……107

第2部 シリコンバレーはいかにして作られたか

第1章 スタンフォード大学 112

リーランド・スタンフォードの少年時代…… 114
弁護士としてミシガン湖畔の辺境を目指す…… 115
ゴールド・ラッシュのカリフォルニアへ…… 116
リーランド・スタンフォードのビジネス…… 118
政治への進出…… 119
リーランド・ジュニアの誕生と夭折…… 122
パロアルト・ストック・ファーム…… 123
スタンフォード大学の開校…… 125
ユニバーシティ・パーク…… 127
カレッジ・テラスとメイフィールド…… 129
スタンフォード帝国の黄昏…… 130

第2章　スタンフォード大学周辺の企業の誕生　133

サイ・エルウェル……133
フェデラル電信会社……135
リー・ド・フォーレスト……138
独立した研究者・事業家になる……141
エジソンの電球とエジソン効果……143
ジョン・アンブローズ・フレミング……144
オーディオン……145
無線電話への転進と再度の倒産……147
パロアルトと三極間増幅装置……148
アマチュア無線家達の文化……151
チャールズ・リットン……152
ウィリアム・イーテルとジャック・マクルー……153
伝家の宝刀　独占禁止法……154
イーテル&マクルー社とリットン技術研究所の設立……156

第3章　バリアン　158

アイルランドからパロアルトへ……158
ラッセル・バリアン……161
さすらいの研究者……163
シガード・バリアン……166
ウィリアム・ハンセン……168
ルンバトロン……171
クライストロン……172
バリアン・アソシエイツ社……174
微妙な関係……177
リットン・インダストリーズ……180
イーテル&マクルー社の消滅……182
バリアン・アソシエイツの解体……183

第4章　ヒューレット・パッカード　185

デイビッド・パッカード…………186
ウィリアム・ヒューレット…………187
デイブとビルの出会い…………188
GEでの経験と現場を歩き回る管理…………190
ウィリアム・ヒューレットの才能の突然の開花…………192
デイビッド・パッカードも呼び戻す…………193
アディソン街367番地のガレージの神話…………194
HPの最初の製品モデル200A…………196
ウォルト・ディズニーの神話『ファンタジア』…………198
ノーマン・ニーリー…………199
第二次世界大戦で急成長…………200
理想の会社とHPウェイ…………202
HPコーポレート・オブジェクティブ…………205

第5章　フレッド・ターマン　208

スタンフォードで育ち、生き、生涯を終える……208
ハリス・ライアン教授の薫陶を受ける……210
西海岸から東海岸へ、そしてまた西海岸に戻る……211
闘病期間中の読書と転進……212
打倒モーアクロフトの秘策……214
スタンフォード通信研究所……216
無線研究所　ＲＲＬ……219
スティープルズ・オブ・エクセレンス……221
フレッド・ターマンの教育論……225
スタンフォード・インダストリアル・パーク……227
優等協調プログラム　ＨＣＰ……229
スタンフォード・インダストリアル・パーク周辺の企業……230
スタンフォード・リサーチ・インスティチュート　ＳＲＩ……232
ダグラス・エンゲルバート……234
全学でのスティープルズ・オブ・エクセレンスの実践……235

第6章　サンタクララバレーの曙 239
海軍モフェット飛行場 240
NACAエイムズ研究センター 241
一九五〇年頃のサンマテオ郡とサンタクララ郡 242
ロッキード・ミサイルズ&スペース　LMSC 243

第7章　シリコンバレーの父　ウィリアム・ショックレー 245
天才に成りそこねた少年 247
UCLAからカリフォルニア工科大学へ 249
MITとプリンストン 251
フィリップ・マコード・モース 252
ベル電話研究所 253
ウィリアム・ショックレー　ベル研究所に勤務 255
ウォルター・ブラッテン 257
マービン・ケリー 260

みじめな失敗……261
ラッセル・オール……262
PN接合の発見……265
P型とN型を分ける不純物……267
第二次世界大戦の嵐……268
ベル電話研究所の改編……271
ジョン・バーディーン……272
ショックレーの電界効果増幅器……275
点接触型トランジスターの発明……277
トランジスターの名前の起こり……282
軋轢の発生……283
ジョン・シャイブの実験……287
ゴードン・ティールとモルガン・スパークス……289
ジョン・バーディーンとウォルター・ブラッテンのその後……294

第8章 ショックレー半導体研究所 295

めざましく進歩する半導体技術 295
ガラスの天井に突き当たったショックレー 297
アーノルド・ベックマン 299
新会社設立の相談 300
全米から俊秀をリクルート 302
ジェイ・ラスト 303
ロバート・ノイス 303
豚の酒盛りと思わぬ蹉跌 305
MITの博士課程進学 309
フィルコ 312
ショックレーの誘い 313
ゴードン・ムーア 314
サンアントニオ・ロード391番地 315
ウィリアム・ショックレーのノーベル物理学賞受賞 319
ウィリアム・ショックレーの人事管理　支配と偏執性 322

秘書事件……323
中途半端な改善策……325
ヘイドン・ストーン・アンド・カンパニー……326
アーサー・ロック……330
シャーマン・フェアチャイルド……332
リチャード・ホジソン……335
裏切り者の八人……335
その後のショックレー……337

第9章　フェアチャイルド・セミコンダクター　339

イースト・チャールストン・ロード844番地……339
フェアチャイルド・セミコンダクターの最初の組織図……342
IBMからの発注……348
ステップ・アンド・リピート・カメラ……351
ジャン・ホールニーとプレーナー型トランジスター……352
エド・ボールドウィンとレーム・セミコンダクターの悲劇……355
テキサス・インスツルメンツ……356

ジェイ・ラスロップ……358
米国標準局と近接信管……359
フォトリソグラフィの誕生……360
ジャック・キルビー……362
テキサス・インスツルメンツの夏休み……364
ロバート・ノイスのモノリシック集積回路……367
集積回路の特許の係争……370
その後のジャック・キルビー……373
フェアチャイルド・セミコンダクターの変貌……374
創業メンバー達の鬱積する不満……376
ドン・バレンタイン……378
ジェリー・サンダース……381
マイクロ・ロジック・プレーナー開発プログラム……384
ライオネル・カットナー……385
イシュ・ハース……386
アメルコ……388
シグネティックス……389
ロバート・ノーマン……391

ジェネラル・マイクロ・エレクトロニクス　GMe……394
インターシル……395
スピンオフと半導体産業の構造的変化……396
チャールズ・スポーク……400
企業規模の拡大と矛盾と危機……402

第10章　モトローラとフェアチャイルド……406

モトローラとポール・ガルビン……406
モトローラのガルビン王朝……409
ダン・ノーブルとウォーキー・トーキー……411
レスター・ホーガン……412
ホーガンの英雄達……415
ウィルフレッド・コリガン……418
フェアチャイルド・セミコンダクターの解体……419

第11章　ナショナル・セミコンダクターの盛衰　422

スプレーグ・エレクトリック・カンパニー……422
クルト・レホベック……423
ベルナルド・ロスライン……426
ナショナル・セミコンダクターの設立……429
ピーター・スプレーグ……430
異端児ロバート・ワイルダー……434
ピエール・ラモンドとプレッシー社……437
仕掛人ドン・ルーカス……439
チャールズ・スポーク、栄光への脱出……440
フロイド・クバンメ……442
三つの焦点……444
アウトソーシング……450
ナショナル・セミコンダクターの快進撃……452
アイテル……454
アドバンスド・システム　AS……456

ＩＢＭスパイ事件……459
ロバート・スワンソン……460
ナショナル・セミコンダクターの消滅……465

第12章　インテルの誕生とマイクロコンピュータ革命前夜　467

インテルの設立……467
アンドリュー・グローブ……468
ロバート・グラハム……473
レスリー・バディーズ……475
ブルース・Ｅ・ディール……477
フェデリコ・ファジン……478
ビジコン……482
テッド・ホフ……485
スタンリー・メーザー……488
インテル４００４……490
ジョエル・カープ……493
ウィリアム・レギッツ……496

父親の多いインテル１１０３……498
ドブ・フローマン……499
ＥＰＲＯＭ……501
むすび **504**
文献 **509**
索引 **〈01〉～〈18〉**

プロローグ

1　シリコンバレーと呼ばれる地域

本書の物語を始めるに当たって、最初に簡単にシリコンバレーに関連する事柄の概観をしておくことは有益ではないかと思う。

シリコンバレーと呼ばれる地域は、米国のカリフォルニア州北部のサンフランシスコ湾岸地域の一部である。もう少し言えば、サンフランシスコ半島の一部である。サンフランシスコ半島の西側は太平洋、東側はサンフランシスコ湾である。

サンフランシスコ半島は、北西方向から南東方向に伸びていて、南側はサンフランシスコ湾を囲む形で本土と陸続きになっている。北側はサンフランシスコ湾の入口のゴールデンゲート海峡をまたぐゴールデン・ゲート・ブリッジなどで本土とつながっている。本土側はUCバークレー（カリフォルニア州立大学バークレー校）などで有名だが、シリコンバレーほどハイテク産業が栄えなかった地域である。

サンフランシスコ半島の北端には『思い出のサンフランシスコ』で有名なサンフランシスコ市がある。サンフランシスコ市の外れから、スタンフォード大学の辺りまでを「サンマテオ郡」といい、スタン

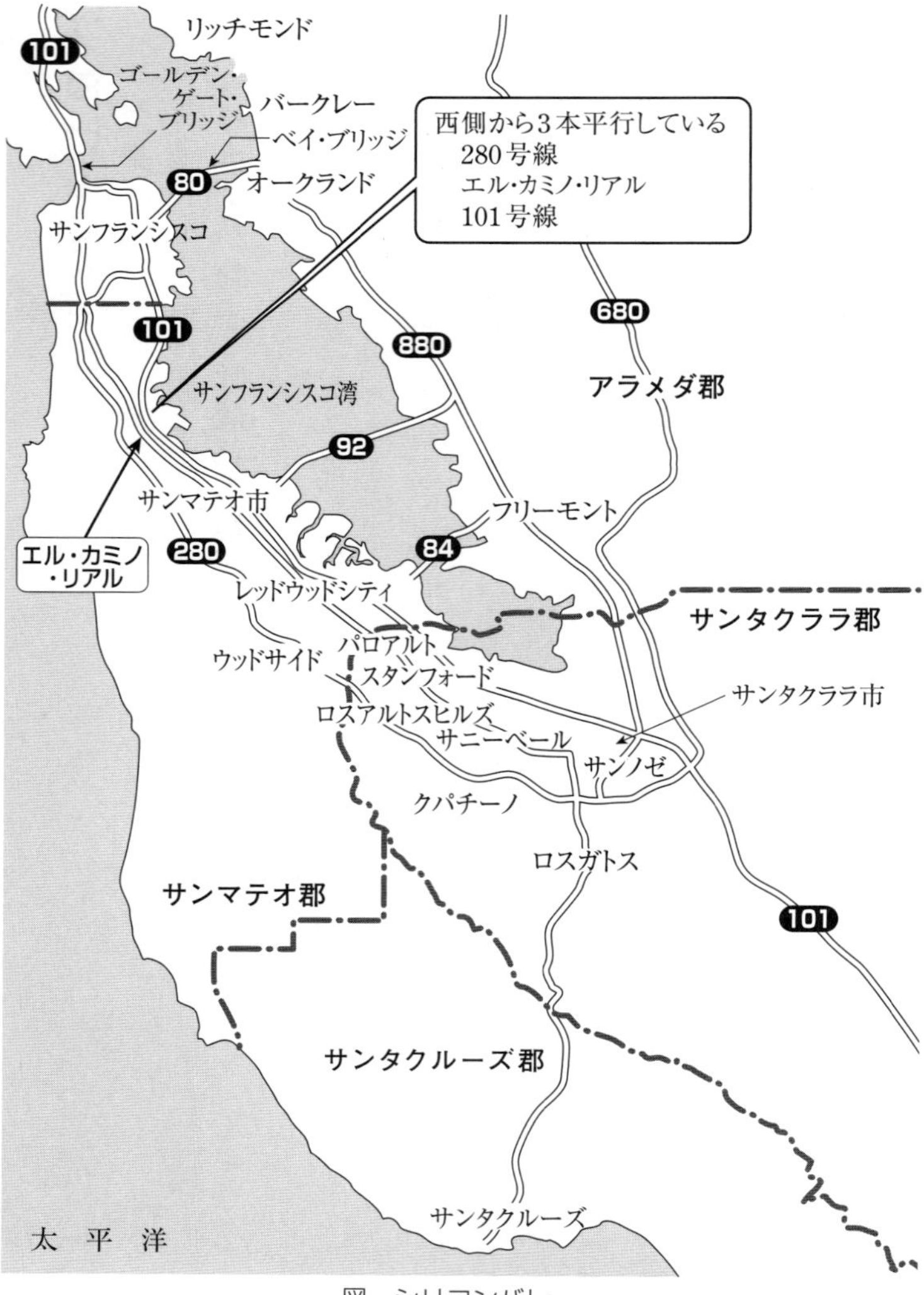
リッチモンド
101
ゴールデン・ゲート・ブリッジ
バークレー
ベイ・ブリッジ
80
オークランド
西側から3本平行している
280号線
エル・カミノ・リアル
101号線
サンフランシスコ
680
101
880
サンフランシスコ湾
アラメダ郡
92
サンマテオ市
フリーモント
エル・カミノ・リアル
280
84
レッドウッドシティ
サンタクララ郡
パロアルト
ウッドサイド
スタンフォード
サンタクララ市
ロスアルトスヒルズ
サニーベール
サンノゼ
クパチーノ
ロスガトス
サンマテオ郡
101
サンタクルーズ郡
サンタクルーズ
太平洋

図 シリコンバレー

フォード大学から南の広大な領域を「サンタクララ郡」という。

ここで一つ注意しておきたいのは、サンマテオ郡の中にサンマテオ市があり、サンタクララ郡の中にサンタクララ市があることである。これは混同しやすい。両者は別物だ。

俗にシリコンバレーといわれる領域は、北はサンマテオ郡のサンマテオ市周辺から、南のサンタクララ郡のサンノゼ市（サンホセともいう）周辺までの細長いベルト状の地域である。電子産業は北のサンマテオ郡から次第に地価の安いサンタクララ郡に向かった。半導体産業に限定すればシリコンバレーをサンタクララ郡の一部ということもできない訳ではない。ただ最近のＩＴ企業はサンマテオ郡からサンタクララ郡にかけて広く展開している。また面白いことに「シリコンバレー」という場所は実在しない。

一七六九年、ホセ・マリア・フランシスコ・オルテガが、サンタクララ渓谷を最初に訪れた時には、オーロネ(Ohlone)と呼ばれる原住民が住んでいた。スペインはこの領域を植民地とした。スペインは、サンディエゴからソノマに到る６００マイル（１０００キロメートル）の道に沿って、22の教会、伝道所を建設した。この道をエル・カミノ・リアル（王の道）という。

スペインが支配していた時代には、この地域には背の高いレッドウッドという木が鬱蒼《うっそう》と生い茂っていた。19世紀にこのレッドウッドの森が切り開かれ、果樹や野菜の栽培が盛んになった。牧畜もおこなわれるようになった。この時代には、「心の喜びの谷（Valley of Heart's Delight）」と呼ばれていた農村地帯であったのである。

第二次世界大戦を挟んでスタンフォード大学のフレッド・ターマンという工学部長の努力もあって、

スタンフォード大学の門前町のパロアルトを中心として、真空管や高周波用のマイクロ波管を製作する企業や、電子回路機器を製作する群小企業が勃興した。これらは、やがて巨大な企業に成長していく。

一九五〇年代後半にウィリアム・ショックレーという物理学者が半導体研究所を設立し、シリコンを使って半導体の生産を目指した。これによって、この地域はシリコンバレー（シリコンの谷）と呼ばれ、半導体のメッカになった。

もしショックレーがシリコンでなく、ゲルマニウムを使って半導体の生産を目指したならば、シリコンバレーでなくゲルマニウムバレーと呼ばれるようになっていただろうと言われる。ゲルマニウムは発見者がドイツ人（ゲルマン）のクレメンス・ビンクラーだったのでゲルマニウムという。

三本の道路

サンフランシスコ半島の狭い地域には、三本の道路が北西から南東に向かって走っている。サンフランシスコ湾に近い方から言えば、１０１号線、エル・カミノ・リアル、２８０号線である。

米国の高速道路には、いくつか種類がある。大まかには、ＵＳハイウェイ（合衆国高速道路）、インターステイト・ハイウェイ（州間高速道路）、ステイト・ハイウェイ（州道）、カウンティ・ハイウェイ（郡道）の四つである。

この内、一番有名で分かりやすいのは、最も大規模なＵＳハイウェイである。ＵＳハイウェイとして計画された道路は、ある規則で番号付けられている。

まず南北に走る道路は、東から西に奇数の番号がつけられ、東西に走る道路は、北から南に偶数の番号がつけられている。特に主要な南北幹線道路の最後の桁は1になり、東西幹線道路の最後の桁は0がつく。地図の記号は白地に黒の字で示される。

たとえば映画や音楽で有名なルート66は、一九二六年に建設された米国大陸を東西方向に走るUSハイウェイで、真中より少し下あたりの道路と分かる。ただし、それは原則で実際に地図を見ると、イリノイ州シカゴとカリフォルニア州サンタモニカを斜めに結んでおり、完全に東西というわけではない。またルート66は、現在はインターステイト・ハイウェイに代わられている。

ふつう観光客が通過するのは、USハイウェイの101号線である。「ワン・オー・ワン」という。この名は記憶に値する。奇数だから、南北方向に走る道路と分かる。また1がついているから、主要な幹線道路と分かる。本来101号線でなく91号線とつけたかったが、そうすると、93、95、97、99という番号が使えなくなる。この道路は合衆国大陸の最西端の道路だからである。クイズによく使われるが、落ち着いて少し考えれば分かるだろう。

シリコンバレーにとって、最も重要なのはエル・カミノ・リアルである。真中を走る州道で82番とも呼ばれる。観光客や視察団がここを横切ることはあっても、走り抜けることはあまりないように思う。実はこの道が、シリコンバレーの歴史にとっては最も重要な道だ。なぜなら、この通りがスタンフォード大学とパロアルト市の境界であり、スタンフォードに関係する企業は、この通りに沿って建物を確保した。いわばシリコンバレーの銀座通りである。

インターステイト・ハイウェイは、比較的新しい高速道路で、地図の記号では、赤、白、青の三色で塗られている。たとえばインターステイト・ハイウェイ２８０号線を短くＩ－２８０と表記することがある。インターステイト・ハイウェイ２８０号線は、南北にサンノゼからサンフランシスコを結んで山側の閑静な住宅地域に沿って走っている。サンノゼ空港に着いた場合、サンフランシスコに向かう近道として選ばれることがある。何もないといっては大げさだが、左右は変化に乏しい味気のない風景が広がっている。元々はサンフランシスコ湾をぐるりと囲むように計画された。インターステイト・ハイウェイ８８０号線、６８０号線、２８０号線等と合わせると、サンフランシスコ湾を一周することができる。

こうした知識は日本にいては何のことだか分からないかもしれないが、道路の知識は、米国の車社会で暮すためには非常に重要な知識である。またシリコンバレーを理解するためには必須の知識であるとも言える。

色々な土地の名前

シリコンバレーは、北から、サンマテオ、サンカルロス、レッドウッドシティ、メンローパーク、パロアルト、ロスアルトス、マウンテンビュー、サニーベール、クパチーノ、サンタクララ、サンノゼなどの地域で構成されている。

こんなに覚えられないというのは無理もない。話題に出てきた時に、出来る限り逸話でも探して、記憶しやすいようにしたい。

観光バスやレンタカーで101号線を走れば、次々にこれらの街が現れてくる。そういうチャンスがなければ、グーグルの地図をご覧になると良い。私も何十回も旅行で通過したり、宿泊したりしたが、正直な所、地名が頭に浸み込むには長い時間がかかった。読者が最初に本書を読む時には、地名にはあまり拘泥《こうでい》されずに読んで頂いて結構である。読んでいる内に次第に頭に入ってくると思う。

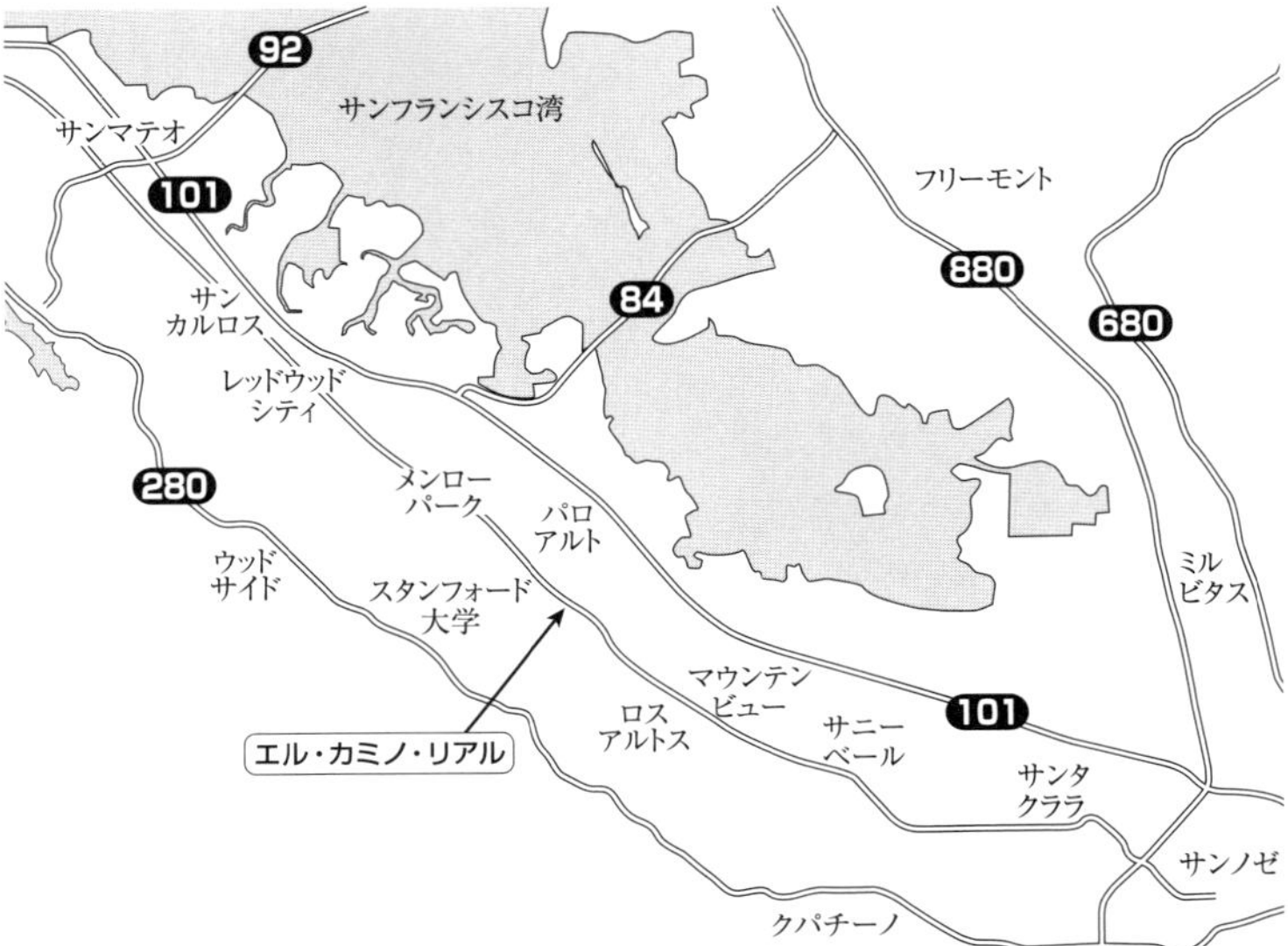

図　色々な土地の名前

第1部
シリコンバレー探訪六四〇キロ

雨の中、長い参道のパームドライブから
スタンフォード大学キャンパス中央のメインクアッドを望む。

ことの起こり

二〇一二年の一二月、私は久しぶりにシリコンバレーを訪れた。私がシリコンバレーについて原稿を書いていると、家内が言った。

「あなたは何十回もシリコンバレーを訪れ、今回も執筆のためにグーグルの地図を次から次にカラープリンターで打ち出して克明に研究しているけれど、やはり、あらためて現地を訪れなければ絶対に駄目よ。私が運転手になってあげる」

16歳の時から自動車に乗っていて、運転には絶対の自信を持ち、若い時にサンフランシスコ湾岸のUCバークレーに短期留学していた家内が自動車の運転手を買って出た。家内の姉もスタンフォード大学に数年いたことがあり、家内が結婚当初から時々話題にした。

その内、次男が「僕も行きたい」と言い出した。

次男は大学卒業後、しばらく旅行会社に勤めていたが、大学院に入るためにUCバークレーで語学研修を受け、さらにシリコンバレーのディアンザ・カレッジでエッセイの書き方の勉強をした。

その後、東部のシラキュース大学の大学院に入学した。帰国後しばらく勤めた後に、国内の大学院のMBAコースに入学した。英語の会話には堪能であるし、サンフランシスコやシリコンバレーには思い入れが深く、さらに米国人の友人達とも再会したいと希望していた。そこで旅行のガイド兼通訳を買って出たのである。

今回の執筆には十分時間をかけたし、文献もずいぶん沢山読んだ。そこである程度の自信はあったつもりだったが、旅行前に職場の仕事が立て込んでいて、最後のまとめの時間が不足していた。文献に付箋は貼り込んであるのだが、ちゃんとした書き抜きノートができているわけでもなかった。読んだ本を全部持っていくわけにはいかない。数がありすぎ、重すぎるのである。軽く20キロを超えてしまう。そこで最小限の冊数の本を持ち、手帳に訪ねてみたい場所を書き出した。少し詰めが甘いと感じていたが、職場の仕事の手を抜くことはできなかった。

二二日の土曜日の夕刻に日本を立ち、二二日の夕刻にサンフランシスコ国際空港に到着した。飛行機の中ではよく眠れなかった。サンフランシスコの湾岸地域には、かなり強い雨が降ったと聞かされた。ホテルはユニオン・スクエアの近くのグランド・ハイアットに取ってあった。

夕食は、次男がいかにも米国らしい料理のお店に案内してくれることになった。ホテルからすぐのローリーズ・ダイナー（Lori's Diner）という一九五〇年代風のインテリアのお店だった。料理はものすごいボリュームで驚いた。メキシコ料理風の味付けで、それなりに楽しめた。美味かどうかより一九五〇年代の雰囲気を楽しむべきだろう。

一二月二三日　アウター・サンセットのスティーブ・ジョブズの家

二三日の朝、レンタカーのハーツに車を借りに行った。家内と次男が相談して、あらかじめ日本から予約してあった。いろいろな荷物を積む可能性があったので、少し大きめのシボレーのインパラを選んだ。駄目だといわれがちな米国車でもGMのシボレー事業部の車は定評がある。

早速、乗って驚いたのは、GPSの表示がサンフランシスコ市内の中心部では滅茶苦茶であったことである。

GPSの表示通り、ぐるぐる一方通行の道を何周かしたあげく、これはGPSの表示がおかしいのだと結論付け、ともかく「目視でゴールデン・ゲート・パークを目指して西の方向へ進もう」ということになった。どう入ったのか分からないが、みんなで議論して走った挙句、ゴールデン・ゲート・パークの南側のリンカーン・ウェイを西へ向かって進んでいた。雨が次第に激しく降ってきて、写真が使えるものになるかどうか心配

スティーブ・ジョブズの育った家（アウター・サンセット）

だった。

サンフランシスコの市内を離れると、ＧＰＳが機能し始めた。リンカーン・ウェイの左に見える２番、３番、４番アベニューを目標にしながら、順次進んで行き、目標の45番アベニューに到達する。そこを左折して南に下りてゆく。サン・フランシスコ市45番アベニュー１７５８番地（1758 45th Avenue San Francisco）に目標がある。アウター・サンセット地区という。晴れていれば、海岸側にサンセット（夕焼け）がきれいに見えるという。目指す家は二階建ての家で焦げ茶色に塗られている。色々な本やインターネットで見た通りだ。なんとか最初の目標に到着した。

スティーブ・ジョブズが生まれてすぐ養子に引き取られて育った家だ。一九四七年に建てられた。１１１平方メートル、37坪ほどの家だ。ノルウェーで買った防雪用帽子をかぶって、強い雨の中に出て行き、二台のキャノンのカメラで撮影する。一台では心配だ。確認すると、ともかく写ってはいる。ついでに雨もだ。

レッドウッドシティのオラクルへ

次は１０１号線沿いのレッドウッドシティのオラクル、エレクトロニック・アーツ、旧ネクストを目指すことにした。

レッドウッドシティを含む地域は、もともとは、現在のサンマテオ郡とほぼ同じ位の大きさのランチョ・デ・ラス・プルガス（Rancho de las Pulgas）という広大な荘園であった。北はサン・マテオ・

クリークという小川を境とし、南はサンフランシスキート・クリークといわれる小川を境としていた。もともとはメキシコの領土であったが、一八四八年の米墨戦争終結後、米国の領土となった。するとメキシコ人の土地は誰に帰属することになるだろう。敗者のメキシコ人の地主は脅え、勝者の米国人は期待した。

この時、弁護士のサイモン・モンセラート・メゼス（Simon Montserrat Mezes）という人が合衆国土地委員会と、うまく調整した。その報酬として、メゼスは荘園の約四分の一の大きさの地域をもらった。そこでメゼスはその土地をメゼスビルと名前を付けた。メゼスが分譲した土地を買った人は、そんな名前は嫌だと主張し、レッドウッドシティと勝手に呼び始めた。面白いことにそこで一九五七年、正式に「レッドウッドシティ」と命名された。

三つの会社は全部レッドウッドシティにあるだけでなく、多少無理に関連づけられないこともない。オラクルのラリー・エリソンは、スティーブ・ジョブズの親友である。エレクトロニック・アーツのトリップ・ホーキンスは、スティーブ・ジョブズのアップルにいたことがある。旧ネクストは、アップルを追放されたジョブズが設立した会社であった。最初はジョブズに関して流れを組んでみたかった。

まずデータベースで有名なオラクルだ。次男がＧＰＳにアドレスを入力する。一般道をしばらく走った後、２８０号線を南下し、サンブルーノで左折して１０１号線に乗り換え南下する。そう簡単にいっても運転手の家内は大変だ。車の機能がほとんど分かっていないまま、交通規制が日本とは左右逆で、雨の中を時速60マイル（96キロ）で走る。周りの車は間違いなく70マイル以上でビュンビュン飛ばして追い抜いていく。雨で道路にたまった水がバシャーツとしぶきを上げる。道路に穴が開いていて、ガターンと衝撃を受ける。

それでもなんとか、目標近くに接近して、101号線を下り、旋回して101号線をまたいで、マリーン・パークウェイに進む。左に曲がれれば簡単なのだが、そうは問屋がおろさない。

すぐにオラクルが見える。レッドウッドシティ市オラクル・パークウェイ300番地（300 Oracle Parkway Redwood City）である。埋立地に建てられた青緑色のガラスの現代的な建物群だ。日本で見ていた写真で想像していたほどの高さはない。埋立地に超高層ビルを建てるとなれば、基礎の杭は相当深くなくてはならない。それは建設費が高くつくし、いくらやっても無理だろう。余計なことを考えるのを止めて、写真を撮る。雨がひどくて、これで写真が使い物になるかと心配だ。でも写ってはいる。

次はゲームで有名なホーキンスのエレクトロニッ

オラクル本社（青緑色のガラスの美しい近代的なビル群）

ク・アーツである。ここで問題が起きた。前日の夜、ホテルのWi-Fiでインターネットに接続して、グーグルの地図でエレクトロニック・アーツの所在地を見ていたら、同じレッドウッドシティで、すごく近くである。日本で印刷してきた地図もある。行けば分かるだろうと簡単に考えていた。寝不足で疲れていたし油断もあったろう。

GPSの入力を担当していた次男が言った。

「次、どこへいくの?」

「近くのエレクトロニック・アーツ」

「それじゃあ、分からないよ。アドレスは?」

そうだ。アドレスが必要だと気がついた。ここから、ちょっと行った所という表現は、GPSには打ち込めない。急いで日本で精読していた『ギーク　シリコンバレー(geek SILICON VALLEY)』という案内書や何冊か本を見たが、アドレスが見当たらない。仕方なく地図を見て走り出した。でも分からない。これには参った。

それでは、同じ論理で、レッドウッドシティというだけでは、旧ネクストの本社(900 Chesapeake Drive Redwood City)の所在も分かるわけがないと思った。甘かったと後悔した。今晩、ホテルでインターネットで調べ直さなくてはならない。

エル・カミノ・リアルを通ってスタンフォード大学へ

レッドウッドシティはギブアップして、とりあえず、分かりやすいスタンフォード大学へ行こうと決めた。

「スタンフォード大学のアドレスは何？」

「えっ、あんなに大きい大学、ただ走れば分かるんじゃない？　大体、前にも行ったことがあるじゃない？」

「そういうわけには行かないの」

次男と家内の非難を浴びて降参した。次男が持っていたガイドブックで探してGPSに入力した。たとえばスタンフォードのセラ・モール450番地（450 Serra Mall, Stanford）である。

走り出してGPSの指示通りに進んで行った。ふと気がつくと、これは101号線でなくエル・カミノ・リアルという道路ではないかと気がついた。高速道路なら信号機なんてない。こんなルートを採ったら、時間がかかりすぎると不安になった。出発点と目的地の組み合わせによっては、そうなるかも知れないが、我々の乗った車のGPSの経路選択のアルゴリズムは最適化が足りないか、バグがあるのではないかと思った。これは後で何度も思い知らされた。

ただ一つだけ良いことがあった。エル・カミノ・リアルには信号があって、通過に時間がかかるので、普通の観光旅行では通らない。したがってエル・カミノ・リアル沿いの、風景に遭遇することとなった。

たとえばエル・カミノ・リアルを走ると、左側にカル・トレインという保存鉄道の線路があって、道路に平行に走っているのが見える。カル・トレインは、リーランド・スタンフォードが巨万の富を築いたサザン・パシフィック鉄道のなれの果てである。サクラメントを中心として、カリフォルニア州内を網の目のように張り巡らされていた鉄道は、自動車の普及に負けて、現在ほとんど姿を消している。実は私は線路を見たのは初めてである。予備調査でスタンフォード大学の前にはパロアルト駅というのがあると知ったのも驚きであった。鉄道の本物を見たのは良かった。

しかし、それでもエル・カミノ・リアルを走るのは時間がかかり、うんざりした。

大学のキャンパスという概念は、18世紀にプリンストン大学が使い始めた。植民地時代のニューイングランド州やバージニア州の雰囲気の中で次第に醸成されてきた概念で、米国独特のものである。キャンパスは、外部の

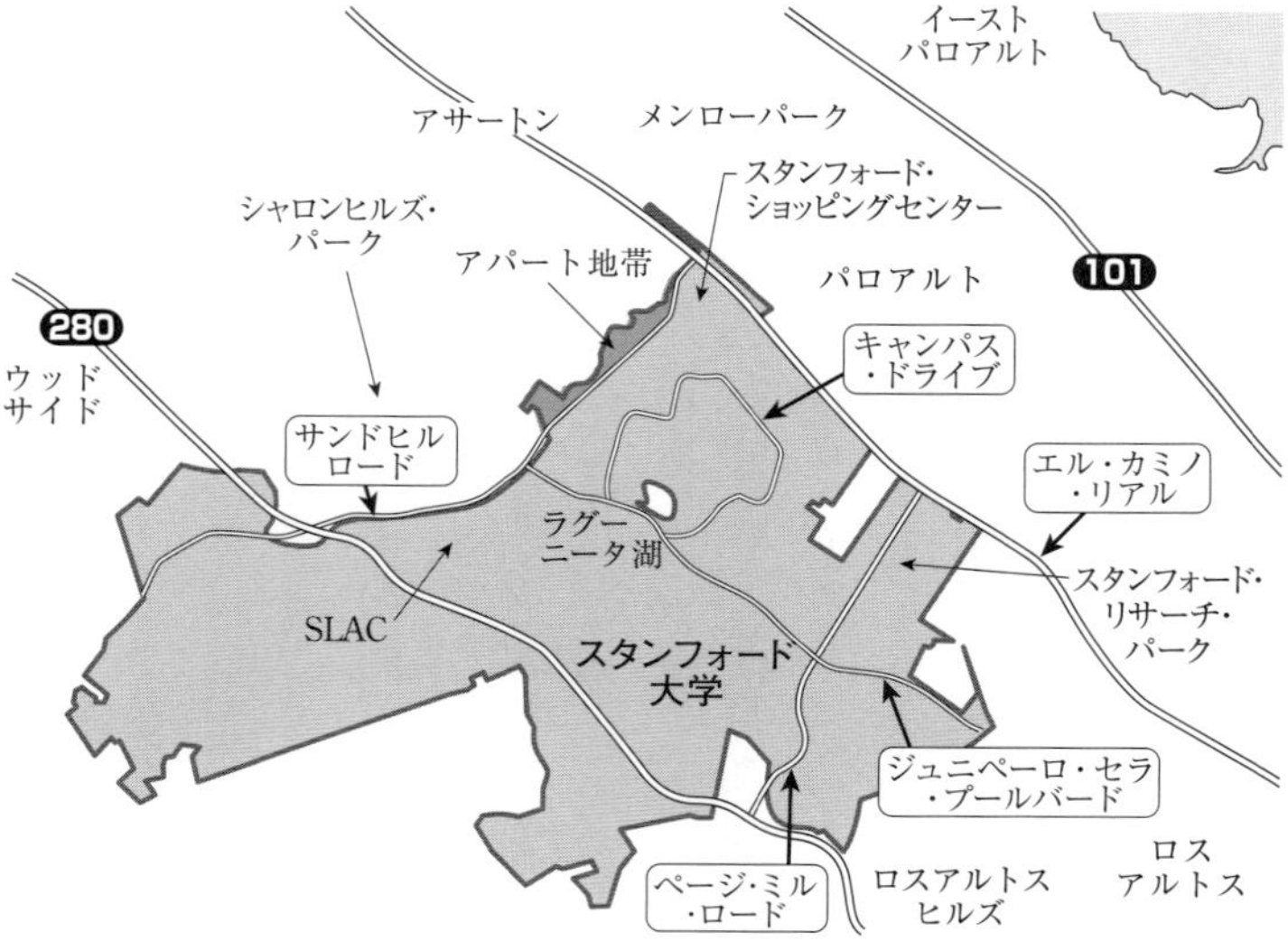

図　スタンフォード大学

騒然たる都市の世界からは距離を置いた一種のユートピア的なコミュニティで、それだけで充足してまとまっているが、さりとて修道院のように隠遁的ではなく、活発で社交的な世界である。

私はスタンフォード大学のキャンパスについては、19世紀の後半に、スタンフォードが牧畜場を作った時の構成から、その後スタンフォード大学ができて、次第に発展する様子を何冊かの本を読んで研究したつもりであった。どこが馬の訓練場で、どこが馬や牛のための貯水池で、どこがブドウ畑だったか、どこがスタンフォード・リサーチ・パークか知っていたつもりだった。ただ思いもよらない想定外の抜けがあった。

私はスタンフォード大学のキャンパスの中を自動車で通り抜けたことはあるが、スタンフォード大学の中の特定の目標に自動車で到達することは考えていなかった。施設の配置はかなり理解していたつもりだったが、車で通るルートは想定していなかった。施設と施設の間は自由に通り抜けられると勝手に思っていたのである。図上演習の甘さであった。

我々の車は定石通り、エル・カミノ・リアルを右折し、正面からスタンフォード大学のパーム・ドライブを直進して行った。パーム・ドライブの両側にはパームつまり椰子の木が植えられている。もったいない位、長い参道である。楕円形の卵の形をしたオーバル・パークを経て、大学の正面に着いた。ところが、それからどう進んだものか分からない。フレッド・ターマンの拠点であった有名な500号館という建物に行きたいが、車では入れない。誰かに聞こうにも誰もいない。日曜日で、クリスマス前、雨が降っているという条件では、居るわけがない。道を探すが、分からない。そこでスタンフォード・リサーチ・パークを目指すことにした。要するに東の方向に行けば良いはずである。

この時、どうもキャンパス・ドライブに入ってしまったらしい。この道は一九五〇年代、自動車でキャンパスを走り回る人が増えたので、スタンフォード大学のキャンパスを一周するように作られた道である。

妙だなと思いつつ進んだ。途中で山側に向かって進み出した。どうやらキャンパス・ドライブからジュニペーロ・セラ・ロードという道路に乗ったらしい。紛らわしいが、ジュニペーロ・セラ・フリーウエイとは違う。これは280号線である。右側にラグーニータ湖という貯水池を右手に見つけて、やっとどこにいたか分かった。頭の中の地図と一致した。スタンフォード大学の裏手に入ったのだ。

真っ直ぐ行けば、サンドヒル・ロードに出るはずだ。右手に回り込んで、スタンフォード・ショッピング・センターに行くことにした。ここは簡単で、間違えるわけがないと思った。

スタンフォード大学

スタンフォード・ショッピング・センター

ところが、たしかにスタンフォード・ショッピング・センターには着いた。ところが、記憶にあるのと違う。何度か来たのは、ずいぶん前のことで、増築されているらしい。それにいつもは表側から入るのに、今回は裏側から入って来ているのである。初めて来たような気がした。

日本に帰って調べると、一九九九年から二〇〇〇年にサンドヒル・ロードは拡張され、スタンフォード・ショッピング・センターも拡張されていた。

現在スタンフォード・ショッピング・センターとスタンフォード大学病院がある場所には、スタンフォード大学の創設者リーランド・スタンフォードが作った広大なブドウ畑があった。スタンフォードは、北カリフォルニアの地にいくつもブドウ畑を作った。

特にサクラメントの北方には世界最大級といわれるブドウ畑を開発した。土は肥え、気候も良く、世界最大のブドウ収量を誇ったが、最上級ワイン用のブドウには適した土地でなかった。ここのブドウは、ブランデーにしか使えなかった。もう少し貧しい土壌でないと高級ワイン用のブドウ栽培には向かない。フランスのブルゴーニュ地方のブドウの収量に比べると、フランスの地中海沿岸や、アフリカの地中海沿岸の方が収量が圧倒的に多いが、残念ながら最上級のワインには向かない。

世界最高のワインを作りたいというスタンフォードの夢は破れたが、ブドウ畑に対するスタンフォードの執念はパロアルトの地にも広大なブドウ畑を作ったのである。

スタンフォードの死後、ブドウ畑は次第に荒れ果てて行き、禁酒法の時代にはブドウの木が引き抜かれたりした。近所の農民が土地を借りて耕作していたこともある。現在ブドウ畑は、ほとんど残っていない。

またスタンフォードの邸宅は、現在のスタンフォード・ショッピング・センターの裏手にあった。サンドヒル・ロードとサンフラシスキート・クリークに挟まれた地域である。現在のスタンフォード大学の配置から見ると端の方にあるのが意外だ。一九九七年に遺構の発掘調査があったという。忘れ去られていたのかも知れない。現在「Ｖｉ」という高級な老人介護ホームが建っている辺りである。

サンドヒル・ロード沿いには、アパート地帯がもう二つある。

一つは、サンドヒル・ロード１６００番地を中心とする地帯で、不動産業者に貸し出されている。オーク・クリーク・アパートメントと呼ばれる十幾つかの三階建てのアパート群が展開している。

もう一つは、オーク・クリーク・アパートメントの東北側に隣接するアパート地帯で、スタンフォード・ウエスト・アパートメントと呼ばれている。こちらは少し控えめな感じのアパートメントだが、家賃は安くはない。スタンフォード大学、ＳＬＡＣの教職員が最優先で、次がスタンフォード病院の職員や客員教授が優先権を持つ。

ともかくスタンフォード・ショッピング・センターで休息して食事をしようということになった。雨風はひどくなり、傘の内一本は吹き飛ばされて壊れてしまった。新しい大型の傘を買おうかと言って探すと、売り切れだった。雨は通常はあまり降らない地域なのである。

ここはシリコンバレーで北カリフォルニアだが、南カリフォルニアのあの有名な歌を思い出した。アルバート・ハモンドの『南カリフォルニアには雨が降らない（It Never Rains In Southern

California)』である。少し年齢の行った人は多分聞き覚えがあると思う。メロディを聞けばすぐ分かる。「南カリフォルニアには雨が降らない。でも降れば土砂降り……」

イタリア風レストランで食事をして、再度、出発した。

ヒューレット・パッカードの旧社屋跡を求めて

今度は、スタンフォード・リサーチ・パークに行くつもりでヒューレット・パッカードの創業時のガレージに続く二ヶ所目の建物を目指した。ここはＨＰ（ヒューレット・パッカード）の創業時のガレージに続く建物である。

後で考えると、私の不幸な間違いが幾つかあった。

一九四〇年にＨＰが賃借した二ヶ所目の建物は、本当はパロアルト市ページ・ミル・ロード４８１番地にあるのだが、私はＨＰが一九四二年に初めて自社ビルを建てたページ・ミル・ロード３９５番地と勘違いした。

70年昔、ＨＰの本社ビルがあったページ・ミル・ロード３９５番地は、エル・カミノ・リアルの北側、パーク・ブールバードの南側にある。多少やっかいなことにパロアルト市ページ・ミル・ロード３９５番地は、地図の上では、ページ・ミル・ロードにあるように見えない。オレゴン・エクスプレスウェイにあるように見える。

降りて確かめるとＡＯＬ（アメリカ・オン・ライン）の建物になっていた。狐につままれたような気がした。そしてスタンフォード・リサーチ・パークは見えない。当然である。間違えたのだから。

それでも、この土地はミステリーである。日本に戻って調べてみると、かつてページ・ミル・ロード395番地は二〇〇〇年にＨＰから計測器とライフサイエンスと化学分析部門を分離して設立されたアジレント・テクノロジーズの本社の所在地であった。

それが二〇〇六年にジェイ・ポールという会社に買収された。ジェイ・ポールは10年契約でグーグルにリースした。ただグーグルが使った形跡はないのだという。

さらに二〇一〇年七月二二日にグーグルはＡＯＬに再リースし、現在に到っている。

それではアジレント・テクノロジーズは、一体どこに行ったのだろう。不思議に思って有価証券報告書で調べてみると､何とサンタクララ市スティーブンス・クリーク・ブールバード５３０１番地（5301 Stevens Creek Blvd., Santa Clara）に移転していた。つまりアップルの本社から１キロメートルほどの所に移転していたのである。

またＨＰが賃借した二ヶ所目の建物のあったページ・ミル・ロード４８１番地に行ってみると、現在は何もない。交差点の角、つまり隣はＡＴ＆Ｔが小さな建物を建てて使っている。ここでエル・カミノ・リアルを越えてページ・ミル・ロードを南に進めばスタンフォード・リサーチ・パークに行けたのだが、分からなかった。目の前まで来ていながら気がつかなかったのだ。残念だった。

こうして愕然としたのであるが、さらに最悪なことに次男が昼食に食べたサーモンのサンドイッチに当たったらしい。少しだけ食べた家内は何でもなかったが、次男は我慢していたものの、かなり辛いようだった。

残念だが、今日の所はもう無理をせず、サンフランシスコに撤収することに決めた。でも、撤収も簡単ではなかった。雨と風は厳しく、101号線を北上してサンフランシスコに戻るのは並大抵のことではなかった。テレビでは、パロアルトのある川は氾濫したと報道していた。ただカリフォルニアの川は細い小川で、氾濫といっても、日本の川の氾濫とは比較にならない。

しかし道路の水溜りと穴は、高速で通行する自動車にとっては、かなり恐ろしいものだった。運転には自信のある家内でさえ、無事に帰れるのだろうかと思っていたと後で話してくれた。

人生では、どこかで突然、恐ろしい扉が開くことがある。またすぐに閉じてしまい、何もなかったような日常性に戻ってしまう。

ステーキ・ハウス　ハリス

夕刻までになんとかサンフランシスコのユニオン・スクエアのホテルに戻り、少し離れた場所にあるホテル指定のガレージに車を預けて、しばし休息をした。眼が覚めてどうしようかと相談したが、予定通りハリス（Harris'）に行くことにした。ハリスというのはフレッド・シェラーに教えてもらったステーキ・ハウスだ。

昔、マイク・ボイチ、ドミニク・グピール、フレッド・シェラーの三人をマイクロソフト日本法人の最高幹部に紹介してもらったことがある。

マイク・ボイチは、少し詳しいアップルに関する本の何冊かに登場する。エリートだと思うけれど少しとっつきにくく、あまり親しくはならなかった。

ドミニク・グピールは、クラリスというアップルのソフトを作る子会社の出身で、今はファイルメーカーという会社の代表取締役社長をしている。生きている人間で全く同じ趣味を持っている男に会ったのは、フランス人のドミニクが初めてだ。フランスからよくお土産を運んできて、プレゼントしてくれた。時々シャルル・ドゴール空港で金属感知器に引っ掛かって説明に苦労したといっていた。

ドミニクは、フランス流の伊達男で、きわめて誇り高きサムライである。引っ込み思案の私がパリに十数回も行ってしまったのは、ドミニクの影響である。

フレッド・シェラーは、アップル・ジャパンの副社長をしていたことがある。アップル・ジャパンに関する本は気をつけて読んでいたつもりだが、気の毒なことに文献には登場しない。恰幅がよく、髭をはやし、途方もなく派手で、破天荒きわまりなく、それでいてセンチメンタルで、得体の知れない面白い男だった。赤坂のピアノ・バーでフレッドが『朝日の当たる家』を歌った時、涙声になったから、少年時代つらい思いもしたのかも知れない。

フレッド、ドミニクとは、かなり長い期間、三人で一緒によく飲んだ。妙に気があったのかもしれない。

アップルに関係した三人は、六本木にあったラディウスという会社の役員をしていた。ラディウスというのは、アップル用の高性能周辺機器を作っていた会社だ。後にマッキントッシュ互換機を最初に作った会社である。ここのディスプレイは高解像度で回転もできて素晴らしかった。

彼等は、ラディウスの製品を日本に売り込みたく、マイクロソフト日本法人の最高幹部に接近した。

ついでに最高幹部にアップル・ジャパンの社長になってもらいたかったらしい。最高幹部がビル・ゲイツににらまれるというので、私にバッファとしてのお鉢が回ってきたらしい。そういう事情は相当時間が立ってから分かったので、当時はさっぱり分からなかった。アップルに関しては、彼等に教えてもらっていたが、彼等については、きわめて少数のグループを除いて誰にも話さなかった。

フレッド・シェラーは、サンフランシスコに自宅を持ち、私がサンフランシスコに行った時には、きわめてよく面倒をみてくれた。シリコン・グラフィックスの前で立って待っていてくれたこともあるし、自動車でシリコンバレーの本屋にも連れて行ってくれた。ハリスを紹介してくれた。

このハリスというステーキ・ハウスは、それなりのステータスがあるらしい。私がＡＭＤの顧問をしていた時、外国でよく会合が開かれて家内と出かけたが、スウェーデンに行った時、世界各国から顧問が配偶者同伴で来ていた。晩餐会でサンフランシスコの話が出た時、たまたま私がハリスの話をした。ある大学教授夫人が、ハリスについて解説してくれた。ガーデン・パーティを開くとハリスからケータリングをしてもらうのだとのことだった。つまり、それがシリコンバレーの上流家庭の見栄ということだろう。

私はフレッド・シェラーからハリスを教えてもらってから、自分だけ友人達と何度もハリスに行っているので、家内を連れて行かないわけにはいかないのである。

前日の夜、駄目で元々と思ってインターネットで予約を入れたら、奇跡的に5時45分だけ空いていたので予約した。次男は食当たりで起き上がれないらしいので、大変申し訳なかったが、家内と二人で出かけた。

ホテルからハリスまでタクシーが大回りしたのは不快だったが、黒木瞳の『黒い十人の黒木瞳Ⅱ』にも出てくるように、タクシーが道をわざと間違えるのは、世界中どこでもあることだとあきらめた。

席に案内されて、まずハリスの一番有名なと信じていたマティーニを頼んだ。これはいかに米国らしくカクテル・グラスが大きいかを、これまで家内に力説してきたのだった。ところが、出てきたのは普通のサイズのグラスで、補充用の小さな瓶がついてきた。

「このグラスのどこが大きいの?」

これでは私の面目は、まるつぶれである。

「いつから、グラスのサイズが変わりましたか?」

「自分は五年間、この店にいますが、ずっとこの大きさで変わっていません」

巨漢のウェイター氏は、そう言った。この間、モスコーニ・センターに来たのは五年前ではないと思ったが、争っても仕方のないことだ。

もう願わくは、さっき注文したナパ・バレーのワインとプライムリブ・ステーキが平凡な味でないことを祈るだけだ。今日は何と悪夢のような一日だろうと思った。もし、ワインとステーキがまずかったら、予定を切り上げて明日、日本に帰ってしまおうとさえ思った。

さいわい、ナパ・バレーのワインとハリスのプライムリブ・ステーキは、美味しいと家内に合格点をもらった。今日は連戦連敗で良い所なしだったが、最後に一回だけ勝った。なんとか腐らずに気を取り直し、体勢を立て直して、明日は今日の負けを取り戻そうと思った。

ナパ・バレーのワインは、たとえようもなく芳醇で、プライムリブ・ステーキは、日本の脂肪過多の霜降り肉と違って、本当の肉の味を楽しませてくれた。もしシリコンバレー探訪がうまく行ったら、最後の日は必ずナパ・バレーに行ってみようと心に誓った。

一二月二四日

メンローパークからパロアルトへ

二四日はクリスマス・イブである。８時過ぎにホテルを出てガレージで車を引き取り出発する。天候は回復した。昨日の天気が嘘のようだ。今日はサングラスが必要だ。寒さを覚悟して重装備で出かけたが暑くて汗ばむくらいだ。次男も回復してほっとした。今日はグーグルのマップを片端からダウンロードしたパソコンを積み、ｉＰａｄ２も用意した。アドレスもできる限りノートして整理した。

８時30分に１０１号線に乗れた。一路南下する。８時45分にサンフランシスコ空港を通過し、８時50分にウッドサイド・ロードで降りる。左折してミドルフィールド・ロードに入る。

９時17分にメンローパークのＳＲＩインターナショナル（333 Ravenswood Avenue, Menlo Park）に到着する。こういう風に順調なのが、普通のことなんだけれどと思った。ＳＲＩインターナショナル（SRI International Inc）は、元々はスタンフォード大学が作ったシンクタンクだが、今は独立した法人となっている。

続いて同じメンローパークのフェデラル電信会社（913 Ravenswood Avenue Menlo Park）を訪ねる。

ここはシリコンバレーの電波研究所として大変有名な所であった。最終的にはITTに買収され東部に移転した。今は別の団体が使用している。昔の写真を見ると、以前フェデラル電信会社があった頃は、もっとずっと大きな建物だったようだ。多分建て直したのだと思う。

メンローパークとパロアルトの境には、サンフランシスキート・クリークという小川がある。この小川とエル・カミノ・リアルが交わる辺り、もっと正確には小川とカル・トレイン（旧サザン・パシフィック鉄道）の交差する辺りのパロアルト市パロアルト・アベニュー117番地（117 Palo Alto Avenue, Palo Alto）に、エル・パロアルト公園がある。この公園の中に生えている高い木がパロアルトの地名の由来である。パロアルトとは高い木という意味だ。

一七六九年一一月六日にスペイン人の探検隊長ガスパル・デ・ポルトラ（Gaspar de Portolà）が探検を中止して戻ることに決めた時、その場所を示す目印として高い木があったと日記に記したと伝えられる。その木がパロアルトなのである。

何の本にもそう書いてあるが、実際にポルトラの日記を取り寄せて読んでみると、不思議なことに、スペイン語の原文にも英語訳にもパロアルトという言葉はどこにも見当たらない。

エル・パロアルト公園

他の文献を読むと、ポルトラの日記には書いてないような説明があるので、歴史家の誰かが、何か別の資料からパロアルトという言葉を探し出してきたのではないかと思う。

その木が本当に２４０年以上もたった今も残っているのかという疑問はある。しかし、いかにもそれらしい木は実在している。

一八八六年までは根が一緒の二本の高い木が、サザン・パシフィック鉄道の橋の側にそそり立っていた。この橋はむろんサンフランシスキート・クリークという小川をまたぐ橋である。昨日の雨で増水し、土色に染まり、しぶきを上げていた。

昔の絵では、鉄橋もないし、木は二本の木だけである。また、まわりには今のように森はない。一八八六年の大雨で二本の内の一本が倒れた。サザン・パシフィック鉄道の工事で倒れたという説もある。

一九五一年の写真では、なるほど立派な木である。それがエル・パロアルト公園に今も現存していることが分かっていた。だから、何が何でも、その木を自分の目で見たかった。

実際に行って見ると、森は立派だが、木そのものは、ずいぶん荒廃している。環境活動家が保護の重要性を説いた掲示を出している。一番高い木は、多分銘板の設置してある木だろうが、高さは昔ほどないように思う。銘板も腐食していて読めない。残念なことだ。

私の家内は、

「何でそんなことにこだわるの。どっちでもいいじゃない」

と笑うのである。しかし、やはり来て見ないことには、グーグルの航空写真では分からなかった。

掲示板には次のように書いてあってほっとした。事前に調べていた通りだった。

> スタンフォード大学が一八九一年に開校すると、一八五〇年代からあった近くのメンローパークやメイフィールドでは仕事が盛んになり始めました。メイフィールドは農場の中心であり、メンローパークはサンフランシスコの住人の夏の避暑地でした。
>
> リーランド・スタンフォードは（飲酒を毛嫌いしていたので）もし繁盛している酒場を閉じてくれるなら、両方の町をスタンフォード大学の町に編入しようと提案しましたが、どちらの町の人々にも断わられました。
>
> そこでリーランド・スタンフォードは、若いビジネス・パートナーのティモシー・ホプキンスに力を貸してサンフランシスキート・クリークとエンバーカデロ・ロードの間の芝の生えていた土地を六九七エーカー分購入しました。ティモシー・ホーキンスは、そこに道路を開設し、区画を作って分譲を始めました。
>
> 一八九四年、住民七五〇人、建物一六五の町の住民投票で、パロアルト市創立が決まりました。パロアルトという名前は、サンフランシスキート・クリークのほとりの際立って大きなレッドウッドの木に由来します。

エル・パロアルト公園からパロアルト駅は、アルマ・ストリートを通ってすぐである。リーランド・スタンフォードの時代には、かなりの賑わいを見せていた駅という。ただし一八九六年の写真でも非常に簡素な駅である。実際に行って見ると、現在も非常に簡素な田舎の駅である。

パロアルト市は、もともとはパロアルト駅から真っ直ぐ伸びたユニバーシティ・アベニューという通りが中心になった計画都市である。分譲地と言う方が正確だろう。ユニバーシティ・アベニューが鉄道を越えると、パーム・ドライブという道路になる。一九四一年に鉄道の下をくぐる地下道ができた。

スタンフォード・リサーチ・パーク

この地下道を通過して、我々もスタンフォード大学側に出た。エル・カミノ・リアルにぶつかると左折して真っ直ぐ進む。しばらくするとスタンフォード・リサーチ・パークのあるページ・ミル・ロードに出る。

スタンフォード・リサーチ・パークは、スタンフォード大学の広大な敷地内に企業の本社や研究所を設置することで、スタンフォード大学と企業の結びつきを強化しようというものである。これにはスタンフォード大学の有名な工学部長フレッド・ターマン教授が大活躍した。産学協同の模範のようにいわれている。

現在のスタンフォード・リサーチ・パークは、おおまかに南北方向ではエル・カミノ・リアルとジュニペーロ・セラ・フリーウェイの間、東西方向ではページ・ミル・ロードの両側とアラストラテロ・ロードの間の地帯と考えればよい。南北方向、東西方向ともに少し角度がかかっている。詳しいことを知りたい方はグーグルの地図で確認して頂きたい。

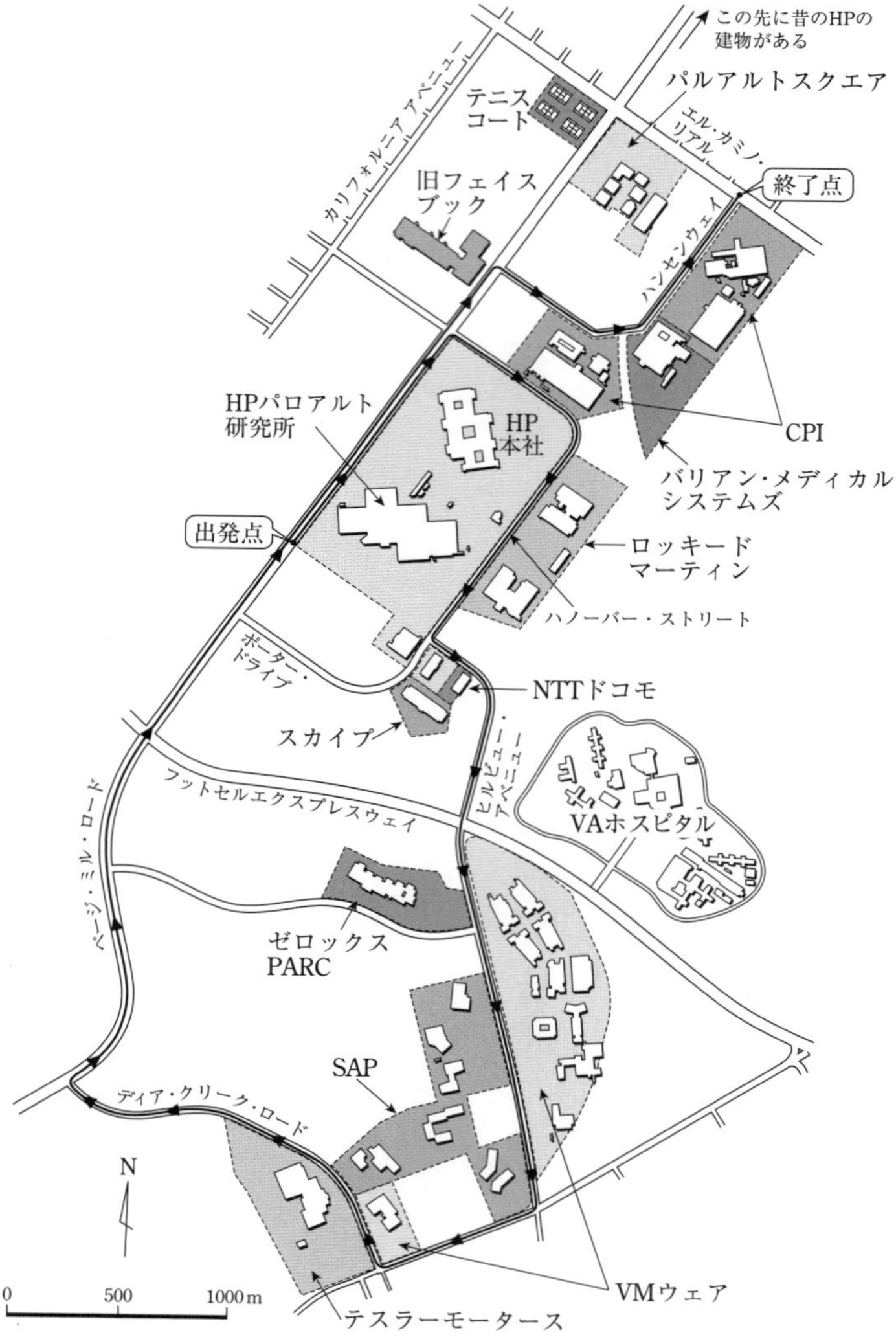

図　スタンフォード・リサーチ・パーク（主要なものだけを示してある）

狭くはない地帯に多くの企業や研究所が入っているので、これを効率よく見学していくのは大変だが、スタンフォード大学は便利な地図を用意していて、ルートを示してくれている。このルートは実に良く考えられたもので感服した。ルートの基点さえ、しっかりつかめれば簡単である。昨日は基点が分からなかった。

ヒューレット・パッカードの研究所と本社

スタンフォード・リサーチ・パーク周回の出発点は、ページ・ミル・ロード1501番地（1501 Page Mill Road, Palo Alto）である。エル・カミノ・リアルから南に傾斜の緩い坂を上った所にあるHP（ヒューレット・パッカード）社のパロアルト研究所である。

HP社は、昔は電子計測器の会社だったが、今はプリンターが主力製品で、パソコンがこれに次ぐ。

HPのパロアルト研究所の外からは中は見えない。これは機密保持もあるかもしれないが、スタンフォード・リサーチ・パークの景観規定（Landscape and Zoning Code）によって、高さ50フィート以上の建物が禁止されているためでもある。グーグル

HPのパロアルト研究所

の航空写真で見る方がよっぽどよく分かる。大体、どの会社でも同じである。

ここは、基本的に六つの建物群からできている。1、2、3、4、5、6と名前がついている。屋根の上に北を向いた明り取り窓が、波打つように並んでいるのが特徴である。これを文章で説明するのはむずかしい。直角三角形を底辺とする長い柱を想像し、その一面にガラスを入れたものを横に倒して屋根につける。各建物の天井には、それが六つずつ付いている。またルーフ・ガーデンもある。

二〇一二年にネット・ゼロ・エネルギー・データ・センターができて、屋根の上に太陽電池のパネルが貼られていたり、色々な環境センサーなどが設置されている。ネット・ゼロ・エネルギー・データ・センターのビデオは繰り返し見てきたが、全く見えないのが残念だ。

次にページ・ミル・ロードを下って行く。途中で右に曲がってハノーバー・ストリートに入る。

ハノーバー・ストリート３０００番地（3000 Hanover street, Palo Alto）にＨＰの本社がある。アドレスだけだと別の所にあるように感じるが、ＨＰの研究所とＨＰの本社は隣接しているのである。

ＨＰの本社は、連結された三つの二階建ての建物からできている。各々の建物の中には、中庭がある。あまり印象的とはいえない建物だ。玄関を含む新しいビルが計画されていて、工事もしているようだ。

アーキテクチャ・レビュー・ボードという機関の発行したＨＰ本社のレビューを読むと、パロアルトはいろいろ規制が厳しいらしい。太陽電池パネルを取り付けることが要請されているから、数年後にグーグルの航空写真を見ると、きっと屋根に太陽電池パネルが並んでいるだろう。

ロッキード・マーティン・ミサイルズ＆スペース社

またハノーバー・ストリートを右に曲がって真っ直ぐに上って行く。まだ道路の名前はハノーバー・ストリートである。すると左手にロッキード・マーティン・ミサイルズ＆スペース社（3251 Hanover street, Palo Alto）がある。昔はロッキード・ミサイルズ＆スペース社でＬＭＳＣと省略していた。

一九九五年にロッキード社とマーティン・マリエッタ社が合併してロッキード・マーティン社となった。有名なのは次世代戦闘機Ｆ－22やＦ－35である。日本の自衛隊の戦闘機Ｆ－２もロッキード・マーティンから見ると自社の製品になるらしい。ロッキード・マーティン社のホームページを見ると、ずいぶん多くの新兵器を開発しているようだ。

ロッキード・マーティン社そのものについては『ロッキード・マーティン　巨大軍需企業の内幕』ウィリアム・Ｄ・ハートゥング著、玉置悟訳、草思社などが参考になるが、この研究所でスタンフォード大学との共同研究で何が研究されているのかは全く分からない。

ハノーバー・ストリートは、右に曲がる辺りから、ポーター・ドライブと名前を変える。

ロッキード・マーティン・ミサイルズ＆スペース社

ここにはロッキード・マーティン・ミサイルズ＆スペース社の建物が飛び飛びにある。ポータードライブ３２１５番地、３１７６番地、３１７０番地（3215/3176/3170 Poter Drive, Palo Alto）である。

つまり大まかにいうと、ハノーバー・ストリートの右側はヒューレット・パッカード、左側はロッキード・マーティン・ミサイルズ＆スペース社と考えると分かりやすい。

ポーター・ドライブ３２１０番地（32103170 Poter Drive, Palo Alto）には、インターネットＴＶ電話で有名なスカイプ（Skype）の研究所がある。スカイプは二〇一一年にマイクロソフトに買収された。

ゼロックス・パロアルト研究所　ＰＡＲＣ

またしばらくハノーバー通りを進むと、左手にヒルビュー・アベニューがある。ここを上って行くと右手にＮＴＴドコモの研究所がヒルビュー・アベニュー３２４０番地（3240 Hill Avenue, Palo Alto）にある。このルートでは出会わないが、ＮＴＴデータの研究所がミランダ・アベニュー４００５番地（4005 Miranda Avenue, Palo alto）にある。ここはフェアチャイルド・セミコンダクターのある研究所の旧跡であったらしい。

さてヒルビュー・アベニューを上って、交差するフットヒル・エクスプレスウェイを越えて進んで行くと、コヨーテ・ヒル３３３３番地（3333 Coyote Hill, Palo Alto）に、伝説的に有名なゼロックスのＰＡＲＣ（パロアルト研究所）がある。

昔は、ゼロックスのＰＡＲＣについては白黒の写真でしか見たことがなかった。コヨーテ・ヒルという名前が、いかにも荒涼たる砂漠の断崖の上に孤高として立っているような印象を与えた。航空写真では確かにそうだが、実際に見ると、それほどでもない。正面からの写真が有名なのだが、木が邪魔で何も見えない。グーグルのストリート・ビューでも正面は見えない。グーグルの航空写真だと配置がよく分かる。裏側の写真は撮れた。あまり写真としては面白くないので省略する。

このＰＡＲＣで使用されていたゼロックスのＡＬＴＯ《アルト》というワークステーションは、きわめて先進的な機械であった。ＡＬＴＯは、オブジェクト指向言語のスモールトーク（Smalltalk）、ＧＵＩ（グラフィカル・ユーザー・インターフェース）、３Ｍｂｐｓのイーサネット技術、レーザー・プリンター技術を採用していた。

ＰＡＲＣを見学したアップルのスティーブ・ジョブズが、ＡＬＴＯのＧＵＩに衝撃を受け、これを真似してマッキントッシュ上で実現させたことは有名である。

ＰＡＲＣのある崖の下はバーンズ・ノーブルという書店が使っている。ヒルビュー・アベニュー３４００番地（3400 Hillview Avenue, Palo Alto）である。これも通りからは木が多すぎて何も見えない。インターネットの航空写真で見るとよく分かる。通路の構造からみると、元々はゼロックスのＰＡＲＣとつながっていたようだ。庇《ひさし》を貸して母屋を取られた感じである。

ＶＭウェアとＳＡＰ

ヒルビュー・アベニューをさらに先に進むと、左側にＶＭウェアの建物群がある。ＶＭウェアは一九九八年に設立された大企業向けの仮想化システム・ソフトウェアを開発する会社である。ヒルビュー・アベニュー３４０１番地、３４２１番地、３４３１番地（3401/3421/3431 Hillview Avenue, Palo Alto）である。かなり大規模なものである。

右側にはＳＡＰの建物群がある。ＳＡＰは一九七二年に設立された大企業向けの大規模な業務システム・ソフトウェアを開発する会社である。ヒルビュー・アベニュー３４０８番地、３４１０番地、３４１２番地、３４２０番地、３４５０番地、３４６０番地（3408/3410/3412/3420/3450/3460 Hillview Avenue, Palo Alto）である。これも規模が大きい。

さらに進むと、アストラテロ・ロードに交差する。そこを右折して先へ進む。ディア・クリーク・ロードを右折して進む。牛や馬が放牧されている風景に出会う。いかにも牧歌的である。

右手にまたＶＭウェアがある。パロアルト市ディア・クリーク・ロード３４９５番地（3495 Deer Creek Road, Palo Alto）である。

さらにその先には、ＳＡＰの研究所がある。パロアルト市ディア・クリーク・ロード３４７５番地（3475 Deer Creek Road, Palo Alto）である。一九八〇年代後半には、まさに同じここにスティーブ・ジョブズのネクスト社が三年程あった。

左手には美しいスタイルの電気自動車で有名なテスラー・モーターズがある。パロアルト市ディア・クリーク・ロード３５００番地（3500 Deer Creek Road, Palo Alto）である。

バリアン関連企業

先へ進むと、再びページ・ミル・ロードに出会う。右折してずっと下っていく。ヒューレット・パッカードの本社まで戻ったら、その先の右に出て来るハンセン・ロードに右折する。

右折する前の左手には、かつてフェイスブックがあった。今はメンロー・パーク・ハッカー・ウェイ1番地（1 Hacker Way Menlo Park）に移転している。

さて、前に戻してハンセン・ウェイに入る。ハンセンとはウィリアム・ハンセンの略で、バリアンの創業に大いに力を貸した。だから、ここは元々はバリアン地帯であったはずだ。

スタンフォード大学が提供している表では、下のようになっている。この表は少し古いらしいが、実にミステリーである。

バリアン・インクは、一九九九年にバリアン・アソシエイツから独立し、二〇〇九年八月にアジレント・テクノロジーズから千五百億ドルで買収の提案があり、二〇一〇年五月に買収が完了している。だからバリアン・インクの看板でなくアジレント・テクノロジーズの看板がありそうなものだ。

ところが実際にその番地に行くと、ＣＰＩ（コミュニケーション&パワー・インダストリーズ）の看板が立っている。狐に化かされたような気がする。ここ

表　バリアン関連企業

バリアン・インク	ハンセン・アベニュー 3120 番地 (3120 Hansen way, Palo Alto)
バリアン・メディカル・システムズ	ハンセン・アベニュー 3100 番地、3140 番地、911 番地、913 番地（3100/3140/911/913 Hansen way, Palo Alto）
CPI	ハンセン・アベニュー 811 番地 (811 Hansen way, Palo Alto)

はCPIのマイクロ波パワー製品部門になっている。看板にマイクロ波電力管、結合空洞管と製品紹介があったのは、ここだけだったように思う。

ハンセン・アベニュー811番地にあるCPIの施設は、西部衛星通信部門である。西部というのは東海岸にも東部衛星通信部門があるからだ。

CPIは本社とマイクロ波パワー製品部門をパロアルト市ハンセン・アベニュー607番地（607 Hansen way, Palo Alto）に置いている。こうしてみると、バリアンは、創業以来のマイクロ波部門を放棄し、医学用機器部門だけになってしまっているようだ。バリアン・メディカル・システムズは、バリアンの技術を医学用に発展的に応用したものである。私が行った時は工事中であった。ハンセン・ウェイは、バリアン地帯というより、CPI地帯になっているのだ。

CPIは、元々バリアン・アソシエイツのマイクロ波電子管部門が一九九五年にレオナルド・グリーン&パートナーズという投資グループに売却されたものだ。それをCPIとして新会社を立ち上げた。二〇〇四年にサイプレス・グループという別の投資ファンドがCPIを買収した。二〇一一年にはベリタス・キャピタルという投資ファンドがCPIを買収した。ずいぶん激しいことをやるなと思った。この分では次に来る時には、また所有者が変わっているだろう。

ハンセン・ロードをそのまま道なりに進むと、エル・カミノ・リアルにぶつかる。見学ルートとしては、左折を繰り返して、HPの研究所前に戻ってきて終了である。文章では分かりにくいかもしれないが、自動車で見学すると、スタンフォード・リサーチ・パークにある150社余りの会社の内、代表的なものを効率的に見ることができて、大変楽であった。仕事がはかどってほっとした。

ただ少し奇妙に感じたことがある。スタンフォード・リサーチ・パークには、ＶＭウェアやＳＡＰのように最先端企業もあるが、どちらかというと多少盛りを過ぎた会社が多く残っているような気がするのだ。グーグルにしても、フェイスブックにしてもみんな他に移転している。

それは、ともかく11時30分には、スタンフォード・リサーチ・パークの探訪を終え、スタンフォード・ショッピング・センターで休憩し、食事を取ることにした。

マウンテンビューとアイクラー・ホームズ

12時30分に、出発した。当初の計画では、スティーブ・ジョブズ関連を見るだけだったが、ついでに近い所を見て回ろうということになった。

まずジョブズが5歳（一九六〇年）から11歳（一九六六年）までを過ごしたマウンテンビュー市ディアブロ２８６番地（286 Diablo, Mountain View）の家を訪ねることにした。

マウンテンビューの辺りは、ジョーゼフ・アイクラーという開発業者の建売住宅が多かった。

アイクラーは、一九〇〇年、ニューヨークのユダヤ人の家庭に生まれた。アイクラーは、ニューヨーク大学のビジネス学部を卒業している。その後サンフランシスコで妻の家族が経営していた養鶏業の経理を手伝った。

アイクラーは、フランク・ロイド・ライトの建てた家に三年間ほど住んだ。妻の家族の養鶏業がうまく行かなくなったので、不動産業に転向し、アイクラー・ホームズを設立することになった。最初は普通の住宅を建てていたが、ライトのスタイルを模倣した中産階級向け住宅を建てることになった。現在もシリコンバレーでよく見かける一階建ての開放的な平屋が特徴である。

アイクラー・ホームズは、一九五〇年から一九七四年にかけ、カリフォルニア州のあちこちで「カリフォルニア・モダン」と呼ばれる住宅を全部で1万1千戸以上建設販売した。

当時のカリフォルニアでは、住宅業者の間に、アフリカ人、中国人、日本人、メキシコ人、東欧系ユダヤ人に住宅を売らないという「紳士の約束」というものがあった。そういうことを座視すれば、スラム化して土地や住宅の値段が下がるというのである。むろん、人種差別に基づくものだ。アイクラーは、断固として拒否し、一九五八年に全米住宅建設協会から脱退した。

アイクラーのビジネスは、あまり儲からないもので採算性は悪かった。このため一九六七年には会社を売却したが、アイクラーは一九七四年に死去するまで住宅を作り続けた。

ウォルター・アイザックソンによれば、ジョブズは次のように語った。

「アイクラー・ホームズはすごい。彼の家はおしゃれで安く、よくできている。こぎれいなデザインとシンプルなセンスを低所得の人々にもたらした。」

「(アイクラー・ホームズのように)すばらしいデザインとシンプルな機能を高価ではない製品で実現できたらいいなと思ってきた。それこそ、アップルがスタートしたときのビジョンだ。それこそ、初代マッキントッシュで実現しようとしたことだ。それこそ、iPodで実現したことなんだ。」

ある意味で、ここに述べられたことは、ジョブズの強さと限界を示している。つまり、ジョブズは、廉価な量産品を優秀なデザインと簡素な機能で提供することに才能を持っていた。したがって、かつてのＩＢＭが得意としたような複雑なアーキテクチャを持った巨大な企業向けネットワークを提供するようなことは得意ではなかった。関心すらなかったように思う。生涯を通じて彼が情熱を燃やし提供したのは個人向け情報機器であって、企業向け情報システムではなかった。

また多少悲しいことだが、ジョブズが住んだ家は、実はアイクラーの建てたアイクラー・ホームズの住宅ではなかった。別の建売業者マッケイ・ホームズがアイクラー・ホームズの住宅を模倣して建てた家であったことが分かっている。したがって、彼はライトの住宅を真似したアイクラー・ホームズの住宅をさらに真似した住宅を絶賛していたのである。ジョブズの才能や審美眼を過剰に評価しすぎるのは慎むべきだと思う。

ライトが一九三〇年代中期に作り出したスタイルは、ＵＳＯＮＩＡＮ《ユーソニアン》と呼ばれる。ユナイテッド・ステーツ・オブ・ノース・アメリカの頭文字をつなぎ合わせた造語である。天井裏も地下室もなく装飾もほとんどない。採光部を大きくとるのは、電気代の節約のためである。大恐慌の後の不況を受けてコスト削減一本槍でデザインしたものである。

スティーブ・ジョブズの育った家（マウンテンビュー）

なぜカリフォルニアには二階建が少なく、一階建ての平屋が多いのか。また三角屋根が少なく、平らな屋根が多いのか、長い間、不思議に思っていたが、デザインというよりはコスト削減だったのである。ただしバウハウス建築の影響もあるかも知れない。

マウンテンビュー市ディアブロ286番地を実際に見てみると、非常に簡素なさっぱりした家である。天井が低いから、多分夏は暑く冬は寒いだろう。お世辞にも豪壮な家ではない。一九五五年に建てられた家で、ベッドルームが三つ、バスルームが二つ。128平方メートル、39坪程度の家である。それでもジョブズの父親は、裸一貫から、この家を手に入れるまでになったのだから、立派である。

モンタ・ローマ小学校

一九六一年、スティーブ・ジョブズは、マウンテンビューのモンタ・ローマ小学校に入学した。モンタ・ローマとは山の尾根を意味するようだ。モンタ・ローマ小学校は、マウンテンビュー市トンプソン・アベニュー460番地にある（Thompson Avenue, Mountain View）。これも見に行った。ジョブズの自宅から200メートルほどのすぐそばである。

マウンテンビューは、一八四〇年代、ほぼ全域がメキシコ人のカストロ家の農場だった。一八四八年に米墨戦争が米国の勝利に終わり、ゴールド・ラッシュが始まると、どっと人が流入し、カストロ家の土地を侵し始めた。一八五二年スティーブンス・クリークという小川とエル・カミノ・リアルの交わる辺りに駅馬車の駅ができると、たちまち小さな村ができた。

この村の初代郵便局長のヤコブ・シャムウェイという人が、サンタ・クルーズ山地やディアブロ山の見晴らしが良いので、この地をマウンテンビューと名づけた。程なくしてカストロ家の農場内に鉄道の敷設が始まった。

現在もマウンテンビューの中心の通りは、カストロ・ストリートと名前がついている。

一九〇二年にはマウンテンビュー市の人口はわずか610人であったという。中国人はセントラル・パシフィック鉄道やサザン・パシフィック鉄道の建設の主力であったから、一八七〇年代からいたが、日本人、フィリピン人、スペイン人、東欧人、イタリア人、ポルトガル人、メキシコ人と雑多な人種の人々が農場労働者として一九〇〇年頃から流入してきた。

一九三〇年代には南東に隣接するサニーベール市との境に海軍モフェット飛行場とNACAエイムズ研究センターができ、工場労働者の群れが加わった。第二次世界大戦が終了すると、帰還兵の群れが理想の楽園を求めて流入する。

しかし、マウンテンビューを決定的に変えたのは、

モンタ・ローマ小学校

一九五六年の半導体の発明者の一人ウィリアム・ショックレーの出現だろう。サンアントニオ・ロードの古いアプリコットの保管小屋がシリコンバレーを生み出したのである。したがって、モンタ・ローマ小学校には、色々な人種や様々な階層の家庭の子供が来ていた。実際に行って見ると贅沢な施設ではないが、それなりに楽しそうな学校である。クリスマスイブで人一人いなかった。

クリッテンデン中学校

スティーブ・ジョブズは、モンタ・ローマ小学校の四年生の終了時に知能テストを受けた。するときわめて高い知能指数を示した。このためジョブズは、一年飛び級をする。11歳になると、クリッテンデン中学校に進んだ。マウンテンビュー市ロック・ストリート1701番地（1701 Rock Street, Mountain View）にある。モンタ・ローマ小学校より1キロほど海岸に近いせいか、移民の子供が多い地域でまるで別世界だったという。暴力的な不良も多く、ナイフや鋲を打ったズボン、喧嘩やレイプの暴力が横行し、対抗試合に負けると他校のバスを破壊してしまうなどすごい状況だったといわれる。

最年少のジョブズは、恐怖に打ち震えた。12歳の時、新学期を

クリッテンデン中学校

控えてクリッテンデン中学校には、もう行きたくない、クリッテンデン学校は、もうやめると言い出したという。

そういうふうに色々な伝記には書いてある。クリッテンデン中学校とは、一体どんな学校だろうか。クリスマスイブだから誰もいないだろうけれど、是非、外側だけからでも見に行きたいと思った。

これも実際に見ると、普通の中学校である。治安の悪い地域に特有の壁のスプレー・ペンキによる落書きもないし、周辺が汚れているわけでもない。

いじめがなかったなどとは言わない。多分あっただろう。ただ上流階級のインテリ家庭の子弟の集まる学校には、また別の意味のいじめがあるのである。ジョブズのような性格の子供はどこの学校へ行ってもいじめられ、学校は嫌だと言ったのではないだろうか。

ショックレー半導体研究所

このまま、南に下ってロスアルトスに行って、ジョブズ家の引越し先を見たいと言うと、次男がロスアルトスは少し遠いから、マウンテンビューで見れるものは見ておいてくれと言った。もっともである。

そこで、ショックレー半導体研究所を見に行くことにした。ショックレー半導体研究所は、一九五六年にウィリアム・ショックレーによって設立された世界初の半導体製造会社であった。

ショックレー半導体研究所の跡地は、マウンテンビュー市サンアントニオ・ロード３９１番地（391

san Antonio Road, Mountain View）にあった。スティーブ・ジョブズの自宅から1キロメートル離れていない。こんなに近くにあって、ジョブズがショックレーのことを生涯何も語らなかったのが不思議だ。

現場に行ってみると、建物は一階建てで、白に塗られた四角い建物である。インターナショナル・マーケットと書いてあって、果物の写真の入ったポスターが貼られている。扉には鎖がかけられ、鍵がかかっている。長い間使われていないようだ。果物のスーパー・マーケットとして使われていたらしい。

一九五六年にショックレーが、果物の詰め込み工場であった建物をショックレー半導体研究所として使うことにした。それが事業の失敗により一九六八年に閉鎖され、また果物のスーパー・マーケットとして使われたが、それすらうまく行かず、閉鎖されている。半導体研究所は毒性の強い薬剤を大量に使用したはずだが、その後、果物のような食品を並べて販売して良かったものか疑問に思う。

ショックレー半導体研究所

少し驚いたのは建物の大きさで、ずいぶんつましいものである。もっと立派な工場を想像していた。これで半導体の大規模な生産などできたのかと思うくらいである。町工場と考えて良いだろう。

ショックレー半導体研究所の有名な看板が見えなかったと思って撮影した写真を確かめたが、見つからない。ユーチューブの画像で調べると、道路と歩道のぎりぎりに建っていたポールの高い位置にあったので見落としてしまったのだ。残念である。ポールの配置場所までは確認していなかった。インターネットの画像から読んでみよう。

ここはシリコンバレーにおける最初のシリコン・デバイスと研究製造会社がありました。ここで行われた研究がシリコンバレーの発展を導きました。一九五六年のことです。

地面に埋め込まれた銘板もあったらしいが、それも見落とした。一体どこにあったのだろう。あっと言う様な簡単な場所だったのかもしれない。これもインターネットの画像から読んでみよう。

ショックレー半導体研究所
　この場所、サウス・サンアントニオ・ロード３９１番地は、ショックレー半導体研究所が以前あった場所です。この場所で一九五六年、ウィリアム・ショックレー博士は（シリコン）バレーで最初のシリコン・デバイス研究・製造会社をスタートさせました。この場所で働くために集まった人々は、フェアチャイルド・セミコンダクターという先駆的なシリコンバレーのスタートアップ・カンパニーを作り、最初の実用的な集積回路を作りました。ここでなされた先進的な研究と、ここで生み出されたアイデアが、シリコン・バレーの発展へと導き、後にコンピュータ業界のブレークスルーへと導いて行くのです。

ユーチューブに"391 San Antonio"という短い動画がアップされている。表題から分かるようにショックレー半導体研究所を扱ったものだ。コンピュータ歴史博物館が編集したものらしい。二〇〇九年に作成されたもので、現在のショックレー半導体研究所跡の様子とは少し違うが、大変参考になる。

動画で登場してくる人は、ロバート・ノイスやゴードン・ムーアやジュリウス・ブランクやジェイ・ラストのように有名な人もあるが、あまり有名でない人もいる。『クリスタル・ファイア』の著者の一人マイケル・リオーダン（Michael Riordan）も登場する。動画ではないがユージーン・クライナーやアーノルド・ベックマンやシャーマン・フェアチャイルドの写真も出てくる。ああ、この人がそうかと思った。

ショックレーは、一九五六年にトランジスターの発明でノーベル物理学賞をジョン・バーディーンとウォルター・ブラッテンと共同受賞したが、所員の扱いが下手で奇矯であった。一九五七年全米から集めた俊秀の所員八人がショックレーのもとを去り、フェアチャイルド・セミコンダクターを設立した。ショックレーは、彼等を「裏切り者の八人（Traitorous Eight）」と呼んだ。

フェアチャイルド・セミコンダクター

フェアチャイルド・セミコンダクターは、パロアルト市イースト・チャールストン・ロード８４４番地（844 East Charleston Road, Palo Alto）にあった。正しい表記はフェアチャイルドセミコンダクターだが、可読性を高めるために「・」を入れた。以下、企業名は読みやすいように多少変更してあることをお断りしておく。該当企業にはお詫びする。

ショックレー半導体研究所は、マウンテンビュー市にあり、フェアチャイルド・セミコンダクターはパロアルト市にあるから、相当離れているような印象を受けるが、二つの建物は両市の境に近く、実際の距離は１・５キロメートル程度しか離れていない。自動車なら数分である。実際に行ってみた。

フェアチャイルド・セミコンダクターがあった場所には二階建ての建物があるが、これも正面から見ると、あまり大きなものではない。しかし、航空写真で見ると奥が深い。それでもパロアルトの施設は、一九六〇年頃、５２００平方メートル、１５７４坪であった。

一方一九五八年八月に完成したマウンテンビュー市ノース・ウィスマン・ロード５４５番地（545 N Whisman Road, Mountain View）にあった工場は、当初1万平方メートル、３千坪であったが、後には22万６６００平方メートル、６万８５００坪となって広大であった。

発祥の地には記念の銘板が填《は》められたつましい石碑が二つある。

一つは二〇〇九年五月にＩＥＥＥ（米国電気電子技術者）が作ったものだ。こんな風に書いてある。

フェアチャイルド・セミコンダクターの石碑

電気工学とコンピューティングにおけるＩＥＥＥのマイルストーン
半導体のプレーナー・プロセスと集積回路　一九五九年
一九五九年のジャン・ホールニーによるプレーナー・プロセスとロバート・Ｎ・ノイスによるプレーナー技術に基づいた集積回路（ＩＣ）の発明は、半導体産業をシリコンＩＣ時代に跳躍させました。この先駆的な発明は、今日、世界中で使用される広範で多様な先進的な半導体製品を提供している現在のＩＣ産業へと導いたのです。
二〇〇九年五月

もう一つの一九九一年八月に作られた銘板には、こんな風に書いてある。

最初の商業的に実用可能な集積回路
一九五九年にこの地で、フェアチャイルド・セミコンダクターのロバート・ノイス博士が、商業的に生産できる最初の集積回路を発明しました。ロバート・ノイス博士の発明は、フェアチャイルド・セミコンダクターが初期に大成功を収めたプレーナー技術に基づき、小さなシリコンのチップの中に完全な電子回路を作り出しました。ロバート・ノイス博士の技術革新により、シリコンバレーの半導体電子産業には革命がもたらされ、あらゆる場所の人々の生活に大きな変化がもたらされました。
（以下、史跡指定の経緯は略）

最初の集積回路と記さなかったのは、わずかに早く特許申請されたジャック・キルビーの集積回路があったからだろう。

フェアチャイルド・セミコンダクターからは、ナショナル・セミコンダクターやインテルを初め、多くのスピン・オフ企業を生んだ。その後フェアチャイルド・セミコンダクターは、ナショナル・セミコンダクターに吸収合併され、一時的に消滅したが、スピンオフして再生した。

現在フェアチャイルド・セミコンダクターは、西海岸でなく東海岸のメイン州南ポートランド・ランニング・ヒル・ロード82番地（82 Running Hill Road, South Portland, ME）に本拠を置いている。

グーグルとWi-Fi

マウンテンビューについては、地価の高いパロアルトに進出できない新興企業が居を構える街とか、移民が多く犯罪率の高い街だとか、色々な本に多少マイナスのイメージで書かれている。過去にはそういう面がなかったわけはないだろう。しかし、近年は少し様子が違ってきている。消滅してしまったが、一九九〇年代にはマウンテンビューに本拠を置くＳＧＩ（シリコン・グラフィックス）やネットスケープ（NetScape）が一世を風靡した。

最近では、セルゲイ・ブリンとラリー・ページが設立したグーグルが一九九九年以来、巨大な拠点を構え、街を変えつつある。それを自分の眼で確認したかった。

グーグルは、一九九八年メンロー・パークに拠点を構えた。翌年、パロアルトのユニバーシティ・

アベニューに移転した。その年の後半に旧ＳＧＩ（現在はコンピュータ博物館がある）のあったマウンテンビュー市ノース・ショアライン・ブールバード１４０１番地（1401 North Shoreline Boulevard, Mountain View）に移転した。さらに一九九九年にマウンテンビュー市アンフィシアター・パークウェイ１６００番地（1600 Amphitheatre Parkway Mountain View）に移転した。

実際に行ってみることにした。フェアチャイルド・セミコンダクター跡からは、１・４マイル、４分である。アンフィシアター・パークウェイに入ってみると、通りの名前がグーグル（GOOGLE）だ。日本に帰ってから確認すると、少し手前左側に、グーグル・ウェストパークがあって、グーグルの建物群があったのだが気が付かなかった。右手にもグーグル・ビルディング１９４５、１９６５があったはずだが見落とした。写真で分かるのは、左側のグーグル・テニス・コートの反対側つまり右側のグーグル１９００、１９５０、２０００にだけ気が付いたらしい。右手のチャールストン・ロードに入るべきだったらしかったが、これも気が付かなかった。そのままアンフィシアター・パークウェイ１６００番地に向かった。ここが本社である。クリスマス・イブだからほとんど人影を見ない。グーグルの巨大さは、航空写真で見ないと分からない。

グーグルは、マウンテンビュー市全域を Wi-Fi で自分の勢力下に置こうとしている。少しおおげさかもしれないが、グーグルは、マウンテンビュー市全域に Wi-Fi を普及させているのである。その様子は次のページで分かる。日本でこれを見て、衝撃を受けた。

http://wifi.google.com/city/mv/apmap.html

二〇〇六年からグーグルは、マウンテンビュー市の全域12平方マイルに Wi-Fi の普及を初め、すでに500箇所以上のアクセス・ポイントを設置している。無料で使用できる。外国でパソコンやiPad2をモバイル環境でガンガン使ったのでは、電話料金がとてもたまらない。法外な電話料金の請求がくる。だからホテルで無料のWi-Fiを使ったり、マクドナルドの無料のWi-Fiサービスを使う。マクドナルドは軽食を取ったり、休養するよりも、Wi-Fiとトイレを利用するために入った。

ただ自動車で移動中にインターネットを使わないのはつらい。といって個人の旅行でそんなに使ったのでは電話料金で財布がもたない。グーグルのマウンテンビュー市全域のWi-Fi普及は非常に助かる。これはすごいと思った。

コルテ・ビアのミステリー

さて、次は南に下ってロスアルトスを目指すことにした。スティーブ・ジョブズが引越した先のロスアルトスの家を目指そうとしたが、家内と次男が他にまだあるのなら、訪ねた方が良いといってくれた。そこでウィリアム・ショックレーが再婚し、ショックレー半導体研究所を設立するためシリコンバレーに戻って来た時に、新居を定めた場所に行ってみることにした。

ジョエル・N・シュルキンの『ブロークン・ジーニアス（堕ちた天才）』という本の150ページにロスアルトス市コルテ・ビア・ロード23466番地（23466 Corte Via Road, Los Altos）と書いてある。

そこでアンフィシアター・パークウェイを西に進み、右折してノース・ショアライン・ブールバードを南下する。

途中101号線にぶつかる手前の左側のマウンテンビュー市ノース・ショアライン・ブールバード1401番地（1401 North Shoreline Blvd, Mountain View）にコンピュータ歴史博物館（Computer History Museum）があった。クリスマス・イブで開いていないだろうし、開いていても見始めると時間がかかりすぎて、予定が狂ってしまう。少し疲れていたので、自動車の車窓から写真すら撮らなかった。

日本に帰ってから、これが昔のSGI（シリコン・グラフィックス）のビルだったと知って、しまったと思った。BCNとスカイヤーズのツアーでSGIを訪れた時、フレッド・シェラーが玄関の前に立って待っていてくれたのが、あそこだったのだ。残念と思ったが仕方のないことである。インターネットで見て素晴らしいと思った。時間があったら是非立ち寄るべき場所である。

85番で南下を続け、右折してフリモント・アベニューを進む。なんとかコルテ・ビアに着いた。しかし、おかしなことに23466番地は存在しない。せいぜい100メートルくらいの道である。番地も1600番地から始まっている。五桁になるわけがない。23466番地は実在しないのだ。さらにコルテ・ビア・ロードなどという地名はない。まわりはロードではなくドライブが付くが、ロードもドライブも付かず、単にコルテ・ビアなのだ。

次男が自動車を降りて、立ち話をしている二人の夫人に聞いてくれた。ここにはそんな番地はないし、何十年も住んでいるけれど、ショックレーなんて人は知らないという。ショックレーが住んでいただろう時期は一九五六年から一九六六年のことだから、知らなくても当然と思った。

あきらめて出発しようとしたら、自動車の窓をコツコツと叩かれて聞かれた。

「その人のファースト・ネームは何と言うの?」

ウィリアムと答えると、はるか昔の記憶をたどって、思い出したような思い出せないような不思議な表情をした。

「何をした人?」

「トランジスターを発明してノーベル物理学賞をもらった人です」

「ふーん、面白いことを調べているわね」

私が知りたかったのは、ジョブズのロスアルトスの家は、ここから1、2キロメートルの近くにあるのだが、ジョブズは、ウィリアム・ショックレーを知らなかったのだろうかということである。でも、ショックレーの旧居が確認できない以上、この問題を追及するのはやめにした。

一九六六年以後、ショックレーが終《つい》の棲家《すみか》としたのは、スタンフォード大学構内のエスプラナーダ・ウェイ797番地（797 Esplanada Way, Stanford）である。

ロスアルトス

どう工面したのか分からないが、スティーブ・ジョブズの両親は、ジョブズの苦情を受け入れて、一九六六年治安の良い地域のロスアルトスのクリスト・ドライブ2066番地（2066 Crist Drive, Los Altos）に引越した。一九五二年に建てられた家で、三ベッドルームでバスが二つ付いている166平方メートル、50坪くらいの平屋である。厳密にいえば、ロスアルトスというよりサウス・ロスアルトスである。この家を選んだ大きな理由は、評判の良いクパチーノ中学校の校区のぎりぎりの境界に近かったことだという。

ここでロスアルトスについて説明しておこう。

米墨戦争後は、ここでも戦争で負けたメキシコ人の農場の土地の所有権が問題になってきた。そのため合衆国土地委員会が設置された。農場の土地の境界は、きわめて曖昧で、手書きの地図があれば良い方だった。小川や木立が目印となっている位だった。現在のアドビ・クリークとパーマネンテ・クリークの間のフットヒル・エクスプレスウェイ沿いの農場などは、あまりに曖昧で、ついに合衆国政府の所有とするという方針が出て、公有譲渡地として売却された。

一八六四年にサンフランシスコとサンノゼの間の鉄道が開通して便利になると、開発業者達が競ってこの辺りの土地を買収し始めた。

一九〇四年、サザン・パシフィック鉄道がメイフィールドとサンノゼとロスガトスを結ぶ鉄道を開発することを決めた。この路線はサンタ・クルーズ山地の東側の麓をまわる路線であった。

この途中にサラ・ウィンチェスターという女性の所有する農

スティーブ・ジョブズの育った家（ロスアルトス）

場があった。彼女は農場の中を鉄道が通過することを絶対に認めなかった。数ヶ月の交渉の後、それなら農場を全部買って欲しいという条件が出た。そこでサザン・パシフィック鉄道は農場全部を買収した。そして周辺地域も買収して分譲地を作り、一九〇七年、ロスアルトスと名付けた。ロスアルトスとは高地とか小さな山という意味である。ロスアルトスには、スタンフォード大学の教授や成功したビジネスマンやお金持ちが住むようになって、高級住宅地となった。

ロスアルトスのジョブズの家は、高級住宅ではないが、簡素なデザインのアイクラー・ホームズ風の家である。マウンテンビューの家よりはグレードが上になっている。この家のガレージでスティーブ・ジョブズとスティーブ・ウォズニアックによってアップルⅠの生産が始まったことで有名である。アップル関係の本には必ずといって良いほど写真が出ている。

クパチーノ中学校とホームステッド高校

ロスアルトスに引越したスティーブ・ジョブズは、サニーベール市サウス・ベマルド・アベニュー１６５０番地（1650 South Bemardo Avenue Sunnyvale）にあるクパチーノ中学校に入学した。

クパチーノ中学校は、サニーベールにありながら、クパチーノ中学校という名前が付いている。これは実に奇妙なことである。クパチーノ中学校は、サニー・ベール市とクパチーノ市の境界上に完全にのっているが、ロスアルトス市には含まれていない。２００メートルほど外である。行政区の境と校区の境は必ずしも一致しないのかもしれない。普通でいえば、２００メートルとはいえ、越境入学である。そういうことはともかくとして、ジョブズは、クパチーノ中学校に入学した。

ジョブズの家のあるクリスト・ドライブからホームステッド・ロードに乗り、直進し、左折して、サウス・バーナード・アベニューを北に向かい、クパチーノ中学校に向かう。クリスマスイブで誰もいない。何の変哲もない普通の中学校である。

続いてホームステッド・ロードに戻り、ホームステッド高校に向かう。クパチーノ中学校から400メートルほどのクパチーノ市ホームステッド・ロード21370番地（21370 Homestead Road, Cupertino）である。

この高校の建物の壁には絵や字がにぎやかに描かれている。「ホームステッド高校創立50周年」、ムスタング（野生の荒馬）の絵とともに「ムスタングのふるさと」とある。また合衆国教育省が

クパチーノ中学校

ホームステッド高校

二〇〇四年に優秀校に選定したブルーリボン校のマークが描かれている。

「なんだ、これは?」とつぶやくと、次男が「ブルーリボン校ということだから優良校なんでしょう」と言った。そうなのかもしれない。

クパチーノとファン・バウティスタ・ディ・アンザ

クパチーノは、サンタクルーズ山地の麓にある。シリコンバレーとしては、かなり南東の深い場所に位置する。クパチーノ市の東はサンノゼ市、北東はサンタクララ市、北はサニーベール市、北西はロスアルトス市、南はサラトガ市に取り囲まれている。

クパチーノは、一体なぜクパチーノと呼ばれるのだろうと不思議に思っていた。

一七五二年、アリゾナ州サンタクルーズ郡のトウバク・プレシディオにスペイン軍が要塞を築いた。この要塞に駐屯していたスペイン軍の指揮官がファン・バウティスタ・ディ・アンザ（Juan Bautista de Anza）である。アップルが新製品の発表会に良く使ったクパチーノのディアンザ・カレッジの名前は、この指揮官の名前に由来する。ディ・アンザのディは、スペイン語の前置詞で貴族の姓の前につける。だからアンザだけでも通じる。実際、アンザという題名のビデオも見たし、本も買った。でも習慣だから名前の時はディ・アンザとしておこう。ディ・アンザが一語ディアンザとして解釈されている例もある。むしろその方が普通だ。

一七七二年、ディ・アンザは、ニュースペイン総督にソノラからカリフォルニアに通じるルートを開拓する探検の許可を願い出た。一七七四年一月、ディ・アンザは、20人の兵を連れて出発した。彼は最終的にカリフォルニアに殖民地を建設すること、サンフランシスコ湾を探検すること、二つの伝道所とスペイン軍の駐屯地の候補地を選定することの許可を得ていた。実際には30家族、２４０人を引き連れていたという。その中にはペドロ・フォント神父も含まれていた。

カリフォルニアのモンタレーに到着すると、現地の知事が開拓民を連れての探検続行を許可しなかったので、ディ・アンザは、20人の兵と神父を連れて北に向かい、北方のサンフランシスコ湾を探検することになった。探検隊が現在のクパチーノのスティーブンス・クリークに到着すると、ペドロ・フォント神父がこの地を、自分の守護聖人のイタリア人の「クパチーノの聖ジュゼッペ」と命名した。こうしてクパチーノという地名が生まれたのである。

また日本語表記はクパチーノだが、本当の発音はクーパチーノに近い。

インフィニット・ループ1番地のアップル本社

現在のアップルの本社は、クパチーノ市インフィニット・ループ1番地（1 Infinite Loop, Cupertino）にある。ホームステッド高校からは、ホームステッド・ロードを直進し、ノース・デ・アンザ・ブールバードを右折する。すぐ見える。グーグルの航空写真や本や雑誌の写真で見ていた時は、すごい壮大なキャンパスだと思っていた。実際に見ると、たしかに規模は大きいが、四階建ての建物群で、威圧されるほどのものではない。

このキャンパスは一九九三年にスティーブ・ジョブズがアップルを追放されていた時代にジョン・スカリーによって作られたものである。一九八五年にスカリーによってアップルを追放されたジョブズは、この本社をあまり気に入ってなかったといわれる。

建物には番号がふられている。１番がビジターつまり見学者用だ。少し奥の方を見ると、２番が見える。クリスマスイブで全く人気はないけれど、せっかくここまで来たのだからと思って２番まで歩いてみた。すると３番がありそうで、実際、少し歩くと見える。これを繰り返すと一周することになるなと思っていた。４番を過ぎ、５番も越えて６番にさしかかった頃、白塗りのジープに乗った巨漢が接近してきた。多分監視カメラがあって警備員が監視しているのだろう。

「写真は撮るな。ここは撮影禁止だぞ。ここの関係者か」

などと、くどくどというのである。入るなというなら、阻止線を作るとか、柵を設けておけばよいのにと思った。

それに建物の外観に秘密なんてあるのだろうか。

「はい、分かりました」

と言ってさっさと出てきた。誰もいないのに、巨漢の警備

アップル本社（インフィニット・ループ１番地）

員とたった二人だけで対決するつもりなどない。また、向うには向うの言い分もあるのだろう。

ディアンザ・カレッジ

ロスアルトスに入った頃から、次男が「この辺りは良く知ってる。なつかしい」を連発していたので、ディアンザ・カレッジに行った。私は初めてである。親としても子供がお世話になった学校というのは、どんな所だろうかと思った。

アップルの本社からは、ノース・ディアンザ・ブールバードを南下し、右折してスティーブンス・クリーク・ブールバードを直進すればよい。距離にして2キロメートルくらい、自動車なら数分である。スティーブンス・クリーク・ブールバードは、スティーブンス・クリークという川とは直角に交わっている。マウンテンビューとサニーベールの境界をなしている川であるが、地図ではかなり拡大しないと見えない。

ディアンザ・カレッジの周りを何回か回って、中も車で回った。カレッジといいながら、結構、大きなキャンパスである。ここでアップルのスティーブ・ジョブズが新製品発表会をやったりした。

また二〇〇二年には、コンパック買収をめぐるヒューレット・パッカードの内紛で、カーリー・フィオリーナと、ヒューレット家・パッカード家の間で、激烈な委任状争奪合戦が繰り広げられたのだと思い出して感慨深かった。

次男がなつかしいコーヒー・ショップがあるから案内したいというので、ついて行った。大学によくある一般的なコーヒー・ショップだが、ケーキやらパンが少し変わっていて面白く、明朝の食事にしようと思って買った。ディアンザ・カレッジまで来るのは、なかなか大変で、卒業後、初めて来たと次男が言った。アップルの本社にせよ、ディアンザ・カレッジにせよ、かなりシリコンバレーの深い位置にあるので、自動車なしに来るのはむずかしいだろう。

もともとシリコンバレーは、セントラル・パシフィック鉄道やサザン・パシフィック鉄道で有名な鉄道王リーランド・スタンフォードの切り開いたパロアルトを中心に発展するが、現在は自動車に負けて、もうサザン・パシフィック鉄道はない。代わりにカル・トレインという存続鉄道がある。適当に近い駅で降りてタクシーということになるだろうが、料金は安くはないことがある。特に地理が分からないと見て取られると大回りされることもある。それに行きは良いとしても、帰りのタクシーの確保が困難である。私の言っている意味が分からないと、相当困ったことになる。自動車なしにシリコンバレー探訪をするのは、むずかしい。

夕方、長い一日を終えて、サンフランシスコに戻った。

一二月二五日

疲れて起きられない。朝の食事もろくに喉を通らないが、最近、少し肥り気味なので、あまり食べなくとも構わないと思って出発。今日は２８０号線でシリコンバレーを目指す。また雨が降っている。

8時50分にホテルを出る。９時に２８０号線に乗る。10分後にサンフランシスコ国際空港を通過する。９時26分に富豪の邸宅が多いウッドサイドを通過する。

スティーブ・ジョブズもここに邸宅を持っていた。一九八四年に購入したもので、ウッドサイドマウンテン・ホーム・ロード４６０番地（460 Mountain Home Road, Woodside）にある。ネクスト創立の作戦会議はここで開かれた。しかし、スペイン風の豪壮な邸宅は無駄なくスリムにスリムにというジョブズの思想に基づいて、取り壊され続け、最後は極限まで行って、二〇一〇年には、ついに建物は何もなくなってしまった。その後、遺族がどうするつもりか報道されていない。

ジョブズは、パロアルトにも英国風の邸宅を持っていた。パロアルト市ウエイバリー・ストリート２１０１番地（2101 Waverley street, Palo Alto）である。これもどうなるのか分からない。

ウッドサイドには、インテルのゴードン・ムーアも住んでいる。昔、アタリのノーラン・ブッシュネルも大成功を収めた時は壮大な邸宅を構えていた。

９時35分に２８０号線を下りて、一回転し、サンドヒル・ロードに入る。最初の目標は、シャロン・ハイツだ。

シャロン・ハイツのベンチャー・キャピタル

シリコンバレーで有名なのが、ベンチャー・キャピタルだ。アップルもベンチャー・キャピタルから資金を借りた。こうしたベンチャー・キャピタルは、どこにあるだろうか。色々な所にあるに決まっていて、そんな質問は陳腐だといわれるかもしれない。それがそうでもない。固まって存在している所がある。

メンローパーク市サンドヒル・ロード3000番地（3000 Sand Hill Road, Menlo Park）のシャロン・ハイツにベンチャー・キャピタルのメッカがある。シリコンバレーを動かす影の力のベンチャー・キャピタルの総本山である。航空写真で見ると要塞のようである。隣にゴルフ場がある。

ちょっとした丘を登っていく。すると頂上の手前付近にセコイア・キャピタルがある。頂上にハーバード・ビジネス・スクールの建物があり、その前に三本柱の櫓《やぐら》と案内用の表示板がある。実にたくさんのベンチャー・キャピタルがあるものだ。雨が降っているし、クリスマスだから誰もいない。

カメラで写真を撮っていると、少し離れた右手の方から巨漢の大男が出てきた。ここもカメラで監視しているらしい。昨日のアップルと同

シャロン・ハイツ（米国資本主義を動かす総本山の一つ）

じだ。まっすぐ、ノッシノッシとこちらに向かってくる。警備員というのは、分かりやすいようにか、巨漢に決まっているらしい。さっさと背を向けて自動車に戻り、シャロン・ハイツを出て行くことにした。特に追っかけてはこない。

サンドヒル・ロードをほんの少し走ると、左手にメイフィールド・ファンドやＫＰＣＢなどのベンチャー・キャピタルの建物がある。でも実際には分かりにくい。事前の調査で知っているだけだ。

マイコン革命の聖地　ＳＬＡＣ

少し行くとサンドヒル・ロードの右手のメンロー・パーク市サンドヒル・ロード２５７５番地（2575 Sand Hill Road, Menlo Park）に、ＳＬＳＣ（スタンフォード線形加速器センター・国立加速器研究所）がある。ここは一九六二年にスタンフォード大学により、スタンフォード線形加速器センターとして設立されたが、二〇〇八年に国立加速器研究所としてエネルギー省の所管になった。もう一大学の枠を超えたからだろう。面倒なことをいわなければ略称ＳＬＡＣで良い。

電子を線形加速器によって加速し、衝突させることにより高エネルギー物理学の実験を行っている。創設時にはバリアンと密接な関係にあったスタンフォード大学物理学科のウィリアム・ハンセンやエドワード・ギンツトンが活躍した。

ＳＬＡＣはマイコン革命の聖地の一つである。マイコン革命は加速器そのものとは何の関係もない。集会の場所を借りただけだ。

一九七五年三月五日、マイクロコンピュータ革命の勃発と共にカウンター・カルチャー派のゴードン・フレンチとフレッド・ムーアが呼びかけ、ホビーストを集めてホームブリュー・コンピュータ・ミーティングという情報交換会を自宅のガレージ前で開いた。第一回からスティーブ・ウォズニアックが参加していた。スティーブ・ジョブズも後から参加した。

この集まりは大変な評判となり、熱狂的なホビーストが続々と参加し、場所が足りなくなった。最初は近くのコールマン・マンションという施設を借りたが、それでも手狭となり、しばらくしてSLACの講堂を借りて開催されるまでになった。この集まりから、アダム・オズボーンやリー・フェルゼンスタインなど、マイクロコンピュータ革命の多くの有名人が誕生する。むろんウォズニアックとジョブズのアップルIというコンピュータもここで誕生する。

右手にはさらに続いてスタンフォード・ヒルズ・パークがあり、広大なスタンフォード・ゴルフ・コースがある。ここには19世紀にリーランド・スタンフォードの競走馬の調教用の広大なコースがあった。最盛期には千頭飼育されていたとも言われる。もうここはスタンフォード大学の裏手である。

『カッコーの巣の上で』のペリー・レーン

サンドヒル・ロードをもう少し走ると、右手にスタンフォード・ゴルフ・コース、それと左手にサンタ・クルーズ・アベニュー、バイン・ストリートに囲まれた三角地帯の中に有名なペリー・レーンがある。実際の土地表記はペリー・アベニューである。ペリー・レーンと呼ぶのはビートルズの聖地リバプール郊外のペニー・レーンから影響を受けているかも知れない。この三角地帯の中をスタンフォード・アベニューとリーランド・アベニューという通りが平行して走っている。リーランド・ストーリートを少し行って右折するとペリー・アベニューである。

一九〇〇年頃、スタンフォード大学は、この地域を細分して寄宿舎的なコテージを数百作った。それを記した昔の図面がある。かつてはユニバーシティ・パークと言ったらしい。

ペリー・レーンは、スタンフォード大学にも近く、田舎風のコテージは家賃が安かったので、一九五〇年代からヒッピー、詩人、作家、音楽家、ボヘミアン、さらに何とも得体の知れないビートニックの人々が集まって来て、反体制文化のカウンター・カルチャーのコミュニティを形成していた。

ここに一時的に住んでいたのが小説『カッコーの巣の上で』を書いて有名になったケン・キージーである。キージーは、ペリー・レーンで知り合ったビック・ローベルという心理学専攻の大学院生の勧めで、一九五九年メンローパークの退役軍人管理病院で行なわれていたCIAの資金援助によるMKULTRA計画の人体実験に参加した。

MKULTRA計画は、LSD、サイロシビン、メスカリン、コカイン、AMT、DMTなどの幻覚剤の人体に対する影響を調べるものだった。キージーは、CIAのMKULTRA計画の報告書やこれに引き続く個人的な実験の記録の中で、これらのドラッグに関する自分の経験の詳細な記述を残している。この経験が小説『カッコーの巣の上で』に間接的に活かされている。『カッコーの巣の上で』は、一九六三年演劇化され、大成功を収める。また一九七五年には映画化された。時代背景を理解していないと分からない小説や映画かもしれない。

ペリー・レーン自体は、一九六一年土地開発業者によって再開発されて瀟洒な住宅地となり、カウンター・カルチャーのコミュニティは消滅することになる。今も少し面影はある。知らなければ何の変哲もないつまらない所である。

『カッコーの巣の上で』の成功によって、キージーは、一九六三年にラ・ホンダに移り住むことができた。ラ・ホンダは、スタンフォード大学の南西の山の中にある。キージーは、ラ・ホンダで友人たちと「アシッド・テスト」というLSDパーティに耽《ふけ》った。後に有名になるグレイトフル・デッドというバンドに演奏させ、ブラック・ライト、蛍光塗料、閃光照明などに彩られた極彩色のサイケデリック・パーティだった。一九六〇年代後半から盛んになったディスコティック・クラブは、元々この辺りに原点があるのかも知れない。

これらのパーティの様子は、トム・ウルフの一九六八年の小説『クール・クールLSD交感テスト"The Electric Kool-Aid Acid Test"』に描かれていて有名である。こんなことが本当に行われていたとは、今の人にはとても信じられないと思う。実際はもっと凄かったはずだ。

スティーブ・ジョブズは、LSD文化に強く影響されていて、法律で禁止されているLSDの効用を生涯ずっと喧伝して恥じる所がなかった。しかし、ジョブズの場合は、キージーほどには行動的で過激なものではなかった。ビートルスのジョン・レノンやボブ・ディランなどのように個人の中にとどまる内省的で平和的なものであった。ただLSDやマリファナなどを若い頃、常習的に摂取した場合、ジョブズの健康に異常は出なかったのだろうか。

フレッド・ターマンの家

今度はシリコンバレーの父といわれるスタンフォード大学の工学部長フレッド・ターマン教授が、かつて暮した家を見てみたいと思うのである。

スタンフォード大学の学生用の寄宿舎としては、豪壮なホテルのようなエンシナ・ホールが有名である。これは一八八八年にリーランド・スタンフォードが滞在したスイスのホテルのロテル・クルサール・デ・ラ・マロヤ（l'hoterl kursaal de la Maloja）を模倣したものである。ノルマン・チュートロウのスタンフォード伝第二巻８６７ページに両者の写真と図の比較がある。似ているといえば似ているが、三角形の屋根に見られるように、やはりどことなくスペイン風になってしまっていて別物だ。

また学生達はフラタニティという親睦団体を作り、その寮はアルバラード・ロウとかメイフィールド・アベニュー沿いにあった。スタンフォード大学の外のメイフィールド市やパロアルト市にも住んだ学生も多かった。

女子学生はスタンフォード大学の構内に住むようにとの規定があったので、男子学生寮と反対側に離れてローブル・ホール等に多くの女子寮が作られた。

教職員はどうしたかというと、おおまかにいって、スタンフォード大学内に住んだ人と、パロアルト市内に住んだ人の二種類があった。

スタンフォード大学の敷地内に住むには二つの問題があった。

一つはスタンフォード大学構内の土地はレンタル制つまり借地制であって、自分のものにはならなかったことである。個人の資産として残せなかったのである。

もう一つの問題はスタンフォード大学構内に住宅を建てるには、一定以上のお金をかけなければならないという決まりがあったことである。スタンフォード大学の品格を保つためだろう。

教職員用の居住地域をファカルティ・ゲットーという。ゲットーというのは、あまり響きの良い言葉ではないが、使われてはいるらしい。最初に教職員用の居住用に確保された土地は、スタンフォード大学裏手のアルバラード・ロウ、サルベイエラ・ストリート、メイフィールド・アベニューなどに沿った土地であった。

工学部長のターマンが住んだ家は、サルベイエラ・ストリートにあった。実際に行って見た。サンドヒル・ロードからキャンパス・ドライブに乗り換え、サルベイエラ・ストリートに入っていく。スタンフォード市サルベイエラ・ストリート６５９番地（659 Salvatierra Street, Stanford）にある。少し時間がかかったような気がしたが、これは大き

フレッド・ターマンの住んだ家
（スタンフォード大学構内のサルベイエラ・ストリートにある）

く回り込んだからで、後で地図を確認すると、スタンフォード大学の中心部からは数百メートルで便利な所にある。閑静な住宅地である。この辺りは大学の裏手なので、丘の上に設置された大きなパラボラ・アンテナが見える

もう少し後の一九〇〇年代以降になると、もう少し奥まったサンタイネス、ジェローナ・アベニュー、ミラダ・アベニュー、サルベイエラ・ストリートも教職員用の住宅地になった。ミラダ・アベニューにはフーバー大統領夫妻が住んでいた大邸宅もある。

ターマンの二軒目の家は、キャンパス・ドライブから、ジェローナ・ロードに入り、エル・エスカパード・ウェイに入った所にあった。エル・エスカパード・ウェイ４４５番地（445 El Escarpado Way, Stanford）である。貯水池のラグーニータ湖に近い。本で読んで知っていただけの時よりターマン教授が親しく感じられたような気がした。

第二次世界大戦後には、さらに奥のフレンチマンズ・ロード、ラスロップ・ドライブ、エスプラナーダ・ウェイ、パインヒル・ロード周辺も教職員用の住宅地になった。ウィリアム・ショックレーの終の棲家もエスプラナーダ・ウェイ７９７番地（797 Esplanada Way, Stanford）にあった。

また主として結婚している学生のためにキャンパス・ロードとスタンフォード・アベニュー、エル・カミノ・リアル、ボウドイン・ストリートで囲まれた地域にエスコンデイード・ビレッジも作られた。これはずいぶん広い土地で緑も多い。

フレッド・ターマンのエンジニアリング・ラボラトリー

次に前日には到達できなかったスタンフォード大学キャンパス内の５００号館（Building 500）を目指した。前の晩、インターネットでスタンフォード大学キャンパス内の地図を研究した。スタンフォード大学のホームページには、ビジター・インフォーメーションという大変便利なページがある（http://www.stanford.edu/dept/visitorinfo/plan/maps.html）。そこにマップ・アンド・ディレクション（地図と行き方）があり、スタンフォード大学のキャンパス・マップがある。これを使わないと、グーグルの地図では５００号館は見つからないと思う。

その地図をダウンロードして、これなら心配ないと思った。それが甘かった。

キャンパスの中心部に戻り、フーバー・タワーを目標に進み、豪壮な男子学生寮のエンシナ・ホールを確認して裏手のクローザース・ウェイに入る。それから先は行き止まりで歩くしかない。

百年以上前の絵図では、今と全く違って、この辺りにはエンシナ・ホールと図書館とメイン・クアッドしかなかった。車を降りて歩いてライブラリー・クアッドと呼ばれていた図書館の区画に入った。そこから先が良く分からない。ぐずぐずしている内に方向感覚を失った。

簡単に分かると思っていたのだが、よく分からない。その内に建物がすべて同じようなスペイン風建物に見えてきた。後で気が付いたのだが、メイン・クアッドと呼ばれる区画に入り込んでしまったのだ。

一旦、車に戻って地図を入れたＨＰのノート・パソコンを持って、今度は次男と二人で探した。どうも二人とも方向音痴らしい。地図と建物が一致しない。二次元的な地図や航空写真で理解したつもりでいるのと、実際に三次元世界の地面を歩くのでは、まるで勝手が違うことに気がついた。キャンパス内に人が全くいないので道を聞くことができない。

それにしても、やはり私の勉強が足りなかったのだろう。リーランド・スタンフォードとジェーン・スタンフォードがどのような考え方でスタンフォード大学の中心部を構築したかが頭に入っていれば、もう少し分かったはずだ。日本に帰って研究し直してそう思った。

スタンフォード大学の中心部にはメイン・クアッドと呼ばれる大きな区画がある。誤解がなければ本陣とでも訳せるだろう。

南北15度に傾いたパーム・ドライブの方向から見ると、メイン・クアッドの正面には、左右に対照的に配置された大きな建物が二つある。

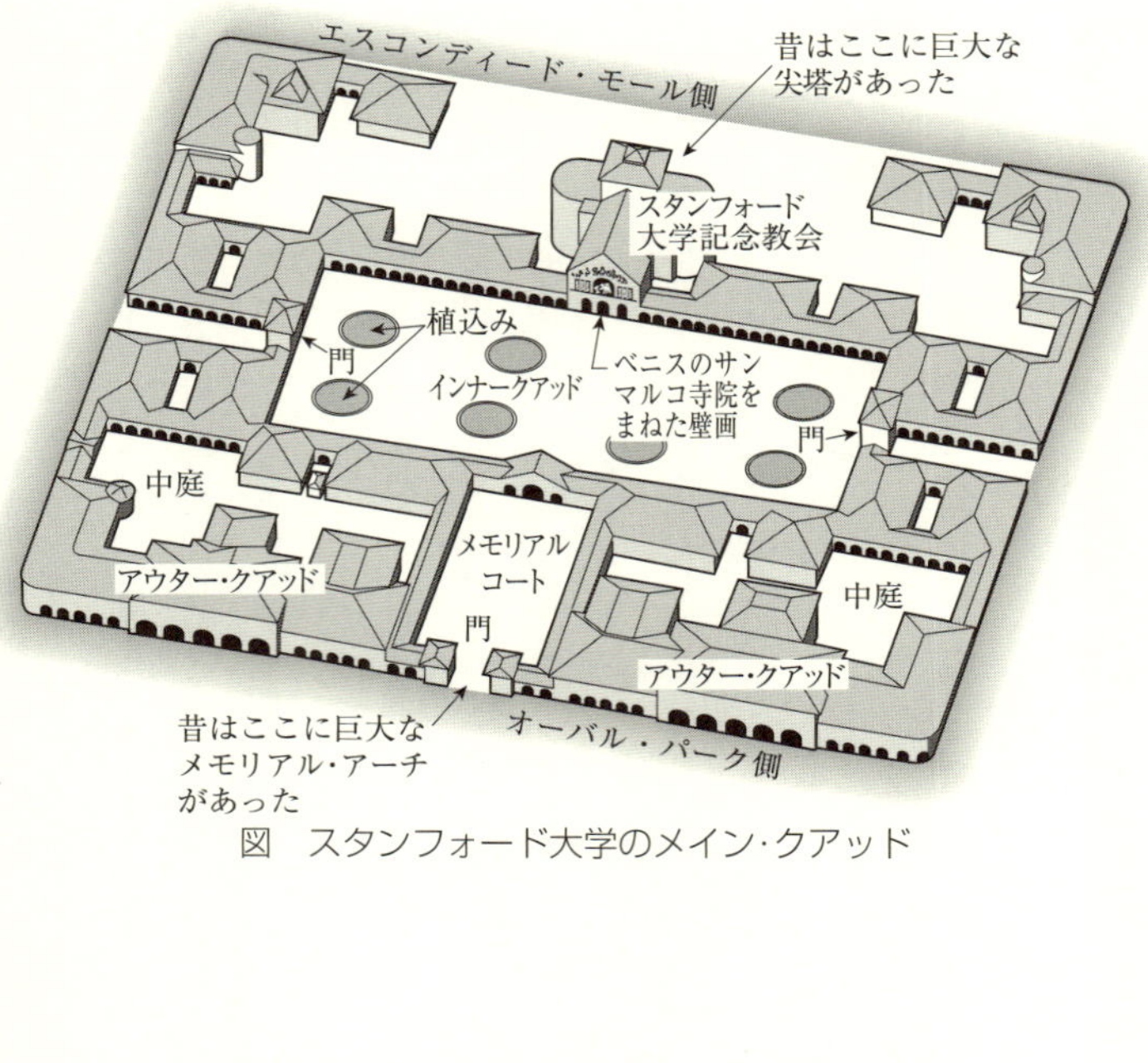

図　スタンフォード大学のメイン・クアッド

アウター・クアッドと呼ばれる大きな建物だ。これも外陣とでも訳せるだろう。それ自体が四角い区画を形成している。そしてその中に中庭がある。アウター・クアッドの正面は、真中の大きな建物と、その両側にくっついている少し背の低い建物で構成されている。

左右のアウター・クアッドの真中には門がある。昔はジェーン・スタンフォードが作ったメモリアル・アーチと呼ばれた凱旋門風の巨大な門があった。全体のイメージとマッチしないと言われていたが、一九〇六年の地震で崩壊した。もっけの幸いだったのだろうか、再建はされなかった。

案内してくれる人がいれば間違えないが、知らないとこの門柱だけの門を抜けて、ずっと先へ行けるようには思えない。実際に先へ進むとメモリアル・コートと呼ばれる区画がある。スタンフォード大学に貢献し、亡くなった人達を記念した場所である。ここの設計は建築家でなくジェーン・スタンフォードが主導権を握った。

それを進むと、また門がある。今度は三角の屋根がついている。門を抜けるとインナー・クアッドと呼ばれる長方形の広い区画の中庭がある。内陣と思えばよい。ここがジェーン・スタンフォードの構想したスタンフォード大学の中心的聖地である。このメモリアル・コートやインナー・クアッドの存在はパーム・ドライブ側からだと見通しがきかず、分かりにくい。

スタンフォード大学の中心にあるメイン・クアッドでは、メモリアルという言葉が頻出する。よく考えるとスタンフォード大学のメイン・クアッドの建物群の基本思想は、ある意味でメモリアルつまり記念霊廟であるということなのだろう。スタンフォード大学自体、元々リーランド・スタンフォード・ジュニアの若すぎる死を悼んで作られた経緯がある。

インナー・クアッドの正面には、スタンフォード記念教会がある。壁は多少けばけばしく感じられる色彩の宗教画で飾られている。この教会はジェーン・スタンフォードが夫リーランド・スタンフォードの死を悼んで建設したもので、ベニスのサンマルコ広場にインスピレーションを受けたと言われている。ただ私の記憶にあるサンマルコ広場のイメージとは一致しない。写真を比べてみると、部分的に似ていないこともないが、やはり似て非なるものだ。

この教会には昔、ジェーン・スタンフォード好みの装飾過多の尖塔がついていた。これも一九〇六年の大地震で崩壊し、再建されなかった。建物を見ると、作った人の人柄が分かるような気がする。

インナー・クアッドの左右にはローマ軍団の砦風もしくはスペイン風の門がある。多分、私はこの門から、入る必要のないインナー・クアッドに迷い込んだのだろう。一般的な観光旅行では、これらを見に来るのだろうが、私はあまり関心がなかった。その内、全部が土色のスペイン風の建物に見えてきて、ついに何が何だか分からなくなってしまった。

スタンフォード大学は、想像を越えて大きく広大である。可能なら、スタンフォード大学のツアーを利用したり、現地ガイドや友人の助けを借りて案内してもらった方が賢明だろう。

若い時に読んだ徒然草第53段を思い出した。せっかく石清水八幡宮に詣でたのに肝心の場所には案内をしてくれる人がいなかったので何も見ずに帰ってしまったお坊さんの話である。

「仁和寺に、ある法師、年寄るまで、石清水を拝まざりければ、心うく覚えて、ある時思ひ立ちて、ただひとり、徒歩《かち》よりまうでけり。極楽寺・高良などを拝みて、かばかりと心得て帰りにけり。〈中略〉少しのことにも、先達《せんだち》あらまほしき事なり」

ともかく家内に交代してもらって、またノート・パソコンを持って二人で探した。重いけれど画面が大きくて便利だ。結局、全く反対の方向に行っていたことが分かり、無事に５００号館に辿り着いた。フレデリック・エモンス・ターマン・エンジニアリング・ラボラトリー（Frederick Emmons Terman Engineering Laboratory）と書いてある。ほっとした。ここになぜ来たかったかは、シリコンバレーの父と呼ばれるフレッド・ターマンの事跡を研究しないと分からないかもしれない。

正式な住所はエスコンディード・モール４８８番地（488 Escondido Mall, Stanford）だが、グーグルのマップでは、正しく出て来ない。４８８番地は無視されて、少し離れた所が表示される。またグーグルのストリート・ビューでも見つけにくい。何度か試して分かったが肝心な所は撮影されておらず、見えないのである。

グーグルの地図では、エスコンディード・ロードとラスエン・モールの交点にある。答が分かっていると、拡大すれば「ＣＥＳスタンフォード大学」とある左に「Terman Engineering Laboratory」と、ちゃんと書いてあるのが見つかる。答が分かっていないと相当苦戦するだろう。

スタンフォード大学構内には、他にも見るものがたくさんある。

フレッド・ターマンのエンジニアリング・ラボラトリー

たとえばＩＴ分野に関心のある人は、ポール・アレンが寄附した集積システムセンター（Center for Integrated Systems）、ビル・ゲイツが寄附したコンピュータ科学ビルディング（Computer Science Building）を見たいと思うだろう。

本書に名前の出て来る人物が寄附した建物には、ウィリアム・ヒューレットとデイビッド・パッカードの科学工学クアッド（Science and Engineering Quad）、アーノルド・ベックマンのベックマン・センターシャーマン・フェアチャイルドのリサーチ・ビルディング、ゴードン・ムーアとベティ・ムーア材料研究所（Materials Research）などがある。でも、今回はあまり時間がなく、通過するだけで立ち寄れなかった。少し残念だ。駆け足は覚悟の上で仕方がない。

その後、二日間、分からず苦しめられたＨＰ（ヒューレット・パッカード）の古い拠点を二ヶ所、ダメ押しで見ることにした。

10時40分に、パロアルト市ページ・ミル・ロード３９５番地（395 Page Mill Road, Palo Alto）にＡＯＬを確認した。10時45分に、パロアルト市ページ・ミル・ロード４８１番地（481 Page Mill Road, Palo Alto）を見て確認した。ＨＰの聖地である。

シリコンバレー発祥の地

さらに、ＨＰの最初の拠点のガレージをパロアルト市アディソン・アベニュー３６７番地（367 Addison Avenue, Palo Alto）に見に行った。ここは「シリコンバレー発祥の地」として史跡（National

Register of Historic Place）として登録されている。銘板がある。ここからＨＰが出発したのかと多少感激する。次のように書いてある。

シリコンバレー発祥の地

　このガレージは、世界で最初のハイテク地帯であるシリコンバレー発祥の地です。このようなハイテク地帯のアイデアは、スタンフォード大学の教授であるフレッド・ターマン博士が東海岸の確立された大会社に入るよりも、この地域に自分達の電子会社を創立するよう、自分の学生達に励ましたことに起源があります。フレッド・ターマン博士の助言に従ったのは、ウィリアム・Ｒ・ヒューレットとデイビッド・パッカードで、一九三八年に、このガレージで彼等の最初の製品であるオーディオ発振器の開発が始まりました。

（以下、史跡指定の経緯は略）

HPの最初の拠点のガレージ（左奥にわずかに見える）

カーリー・フィオリーナの時代、HPはこの歴史的なアディソン街367番地のガレージを保存する作業をした。ただしウィリアム・ヒューレットとデイビッド・パッカードは、さほどの感慨を持っていなかったと伝えられる。ヒューレットは次のように言ったという。

「私はあの忌々しいガレージにはうんざりだよ。あれは単に古ぼけたジャンクに過ぎないよ」

バイト・ショップ

スティーブ・ジョブズはスティーブ・ウォズニアックが作ったアップルIというボード・コンピュータを、ポール・テレルのバイト・ショップに売り込んだ。この成功がアップルという企業の船出につながった。

バイト・ショップの持ち主が変わって、ポルノ・ショップになってしまったことは事前の調査で知っていた。アップルの創業に資したこのバイト・ショップ跡を訪ねたかった。

バイト・ショップは、ウェスト・マウンテンビュー市エル・カミノ・リアル1063番地（1063 West El Camino Real, Mountain View）にあった。小さなレンガ作りの建物である。アダルト・ビデオの看板が出ている。つまり、マイクロコン

バイト・ショップ

ピュータ革命の頃の拠点というのは、そういう地帯にあったものかなと思う。これは歴史なのだから仕方のないことだ。

サニーベール

続いてマウンテンビューに隣接するサニーベールを見ることにした。

サニーベール市のサニーベールという名前は、東海岸の寒さと陰鬱さに悩む人々を誘致するスローガンの「あふれる太陽（サン）、新鮮な果物、色とりどりの花々」に起源を持ち、サニー、さらにサニーベールと変化してきたものといわれている。

サニーベールは、昔スペインが支配統治していたが、実際にはレッドウッドの大木が鬱蒼と生い茂る地域であった。ここに本格的な開墾の手が入ったのは、一八五一年、アイルランドからの貧しい移民マーティン・マーフィ・ジュニアが農場を開いてからである。マーフィは、アイルランドからカナダのケベックにたどり着いたが、当時のケベックの景気は悪かった。そこでマーフィは、ミズリー州に行った。ミズリー州でマーフィは、カリフォルニアに向かう幌馬車隊に出会った。この幌馬車隊は初めてシエラ・ネバダ山脈をうまく通過できた幌馬車隊であった。

カリフォルニアに着いたマーフィは、サクラメントに落ち着き農場を拓いた。当時、この辺りはゴールド・ラッシュで沸きかえっており、金鉱堀に家畜や小麦を売って財をなした。

彼の父親はサンノゼに住んでいたので、マーフィもサンノゼ近くに住むことにした。

一八五一年、マーフィは、マリアノ・カストロから、おおよそ東西はマウンテン・ビューのカストロ・ストリートと、サニーベールのローレンス・エクスプレスウェイに挟まれた地域、南北はサンフランシスコ湾岸とエル・カミノ・リアルに挟まれた地域を購入した。

マーフィは、頑迷な鉄道反対論者ではなく、むしろ鉄道誘致派であった、一八六四年、サンフランシスコとサンノゼをつなぐ鉄道が彼の農場を通過することになった。これにより農場の開墾が進んだ。マーフィは、鉄道の通過の交換条件として、マーフィ駅（現在のサニーベール駅）とローレンス駅の設置と、カリフォルニア全域の鉄道の無料パスをもらった。

一八八〇年頃までは小麦畑が中心であった。この小麦を使ってマーフィは、ビールを醸造していた。多分ビールにかける酒税を目当てに税法が変更になり、小麦に重税がかかるようになったので、税法対策上、有利な果樹栽培が中心となった。法律が景観を変えてしまうとは驚いたものである。

マーフィの領地は、彼の子孫と開発業者のW・E・クロスマンに渡った。一九〇〇年代初期、クロスマンは、土地の一部を分譲した。当時はマーフィ駅とベイビュー農場しかなかった。この辺りでは、街といえるのはマウンテン・ビューとサンノゼしかないも同然で、サニーベールは通過駅と農場しかなかった。

一九〇六年のサンフランシスコ大地震で、サンフランシスコ市からウールドグリッジという道路の地ならし機の会社とジョンソン・トラクターという会社が移ってきた。しかし一九五〇年頃までは、サニーベールは、ほとんど果樹園農場であった。

サニーベール市は、昔はシリコンバレーで最も治安の良い町として知られていた。スティーブ・ジョブズの友人のスティーブ・ウォズニアックが生まれ育った街である。

スティーブ・ウォズニアックの育った家

スティーブ・ジョブズの親友であり、相棒であるスティーブ・ウォズニアックが育った家は、サニーベール市エドモントン・アベニュー１６１８番地（1618 Edomnton Avenue, Sunnyvale）にある。昨日行ったクパチーノ中学校の真裏である。普通の家だった。一九五八年に建てられた家で、ベッドルームが四つ。バスルームが二つ。１７８平方メートル、54坪だ。

住宅の評価額はインターネットの不動産業者の評価で分かる。米国の土地バブルで土地と住宅の価格は高騰した。その後リーマン・ショックで住宅の価格は下がったとはいうものの、依然として高い水準にあるようだ。具体的な価格は記さないが、信じられない程高い。

スティーブ・ジョブズのロスアルトスの家と、そう大差

スティーブ・ウォズニアックの育った家

はない。この家だと、ジョブズ家とウォズニアック家の間に、経済的な格差はあまりなかっただろう。それほどコンプレックスを感じずに付き合えたはずである。

アンディ・キャップスの酒場

次にサニーベールで見たかったのは、アンディ・キャップスという酒場（Andy Capp's Tavern）である。ここにゲーム・メーカーのアタリの創業者ノーラン・ブッシュネルが、ポン（Pong）というゲーム機を試験的に据え付けた。初日はそれほどのことはなかったが、翌日からはお客が殺到し、ゲーム機のコインがあふれて詰まるほどの人気だったという伝説がある。

この成功によってアタリは経営的に確立し、やがてスティーブ・ジョブズがアタリに入社してくる。当時のジョブズは、長髪に髭もじゃのヒッピースタイルで、どこでも裸足で走り回っていた。風呂に入らないのでとても臭かったという。

アタリは、よくそんな男を採用したものだと不思議に思っていたが、スティーブン・ケントの『ビデオ・ゲームの究極の歴史（The Ultimate History of Video Games）』という本を読んで、

アンディ・キャップスの酒場（アタリの大成功の地）

当時のアタリはノーラン・ブッシュネルが人件費節約のために雇ったドロップアウトのマリファナと麻薬漬けの刺青男達の闊歩する、もっと凄い会社だったらしいと知った。ジョブズなど、多少変わってはいた程度で、ごく普通の男であったらしい。

アンディ・キャップスは、サニーベール市ウェスト・エル・カミノ・リアル１５７番地（157 West El Camino Real, Sunnyvale）にあった。現在はルースター・T・フェザーズ（Rooster T Feathers）というコメディ・クラブのお店になっていた。特に歴史的興味がなければ、なぜこんな店をはるばる訪ねて行くのかといわれそうなお店であった。

アップルの旧跡

ここで昨日に続き、またクパチーノを訪ねてアップルの旧跡を訪ねることにした。これは結構面倒そうなので、今日に回したのである。

スティーブ・ジョブズとスティーブ・ウォズニアックは、ロスアルトスのクリスト・ドライブ２０６６番地（2066 Crist Drive, Los Altos）でアップルIの基板を組み立てて、ポール・テレルのバイト・ショップに売った。

次にクパチーノ市スティーブンス・クリーク・ブールバード２０８６３番地（20863 Stevens Creek Boulevard, Cupertino）にあるビルの一隅に移った。

その後クパチーノ市バンドレー・ドライブ１０２６０番地（10260 Bandley Drive, Cupertino）に移った。

これがバンドリー1と呼ばれた。建物の真中にトイレがあり、その周りは四つの区画に分かれていた。管理職（ジョブズとマイク・マークラ）の個室と食堂と総務部門、エンジニアリングとソフトウェア部門、プロダクション（製造組立て）、テニス・コートかと皮肉られた何もないスペースの四つである。

行けばすぐ分かると思っていたが、これが甘かった。予想より大きく広がっているのである。

アップルの建物群は、大まかにいって、北は280号線のジュニペーロ・セラ・フリーウェイ、南はスティーブンス・クリーク・ブールバードに区切られている。東はノース・ブラニー・アベニュー、西はノース・ステリング・ロードに区切られている。この四角形の真中を南北にノース・ディ・アンザ・ブールバードが走っている。少し西に離れてバンドリー・ドライブが南北に走っている。このバンドリー・ドライブが最も重要な道路だ。

アップルの最初のオフィスはこの四角形の左下近くにあった。現在の本社はこの四角形の第1象限、つまり右上の部分にある。そのほかに平屋の建物がバンドリー・ドライブに沿っ

アップルの昔の建物の一つ

て主に左上にある。

実際に歩いてみたが、ものすごい数で、シャッターを切るのを途中で止めてしまったが、もっと撮ってくるべきだったと反省している。建物はいくつかの群に分かれている。写真と地図を頼りに全部整理した後で、グーグルにアップル・キャンパスの項があって、がっかりした。建物は以下の様に分類できる。

インフィニット・ループ群　IL1、IL2、IL3、IL4、IL5、IL6
バンドリー群　B3、B5、B6、B8
バリー・グリーン群　VG1、VG2、VG3、VG5、VG6
デイアンザ群　DA2、DA3、DA6、DA7、DA8、DA12
マリアーニ群　M1、M3
ラザネオ群　L1
フィットネス・センター　F1
スティーブンス・クリーク群　S6

番号が連続していない様だ。白地の看板に描かれたリンゴの色は使い分けているようだが、撮影してきた写真を見ても原則がはっきりしない。建物の数は57と発表されているから、こまごました建物がたくさんあるのだろう。ともかくすごい規模で、手狭で新しい宇宙船のような形をした本社が必要だという意味が良く分かった。

新キャンパスは、クパチーノの東北端で、現在のキャンパスの東1キロメートルほどに作られることになっている。北はイースト・ホームステッド・ロード、南は280号線で斜めに区切られている。東はノース・タンタウ・アベニュー、西はノース・ウルフ・ロードで区切られている。土地の大きさは768万4千平方フィート、71万3866平方メートル、21万5944坪である。ここに地上四階、地下二階の新本社が計画されている。

なお新キャンパスの北の部分、つまりプランアーリッジ・アベニューより北の部分は、HP（ヒューレット・パッカード）が使っていたが、アップルに売却した。HPが使っていた時代の代表所在地はクパチーノ市プルーンリッジ・アベニュー19091番地（19091 Pruneridge Avenue, Cupertino）である。

ジョブズが居なくなって本当に新キャンパスはできるのかなと思ったりした。

サンタクララ市

次はサンタクララ市を目指すことにしていた。先にも述べたようにサンタクララ市とサンタクララ郡は違う。サンタクララ郡はシリコンバレー全域を呑み込むほど広い。サンタクララの名の起こりはイタリアのアッシジの聖人キアラ（サンタ・キアラ・アッシジ）にちなんでいる。

サンタクララ市はスペインによるキリスト教の伝道に始まったが、次第に果樹園や木材の伐採・製材所などの農業地帯となった。サンタクララ市には樹齢の古いレッドウッドの木が鬱蒼と茂っていた。一八七四年にパシフィック・マニファクチャリング会社が数千本と言われるレッドウッドを伐採し製材して売り出した。ずいぶん乱暴だと思うが、これでかなり、見晴らしはよくなったようだ。

決定的なのは一九五〇年代の半導体事業の発展で、ほとんどのレッドウッドは切り倒され、果樹園はならして整地され、企業や住宅地となった。農業地帯から次第に半導体産業地帯となっていったのである。ただし黒煙にむせぶ、おどろどろしい重工業地帯とは違う。フレッド・ターマンのいう「煙の出ない工業地帯」である。

インテル

その昔、ＩＡＡ（インテル・アーキテクチャ・アソシエイション）という組織があった。インテルが周辺機器メーカー10社、私がパソコン系10社を集めて、計20社でＩＡＡという組織を作った。

当時、私はウィンドウズ・コンソーシアム顧問、ウィンドウズ・ワールド顧問団議長、オープンＭＰＥＧウィンドウズ・フォーラムＯＭＷＦ会長、インテリジェント・テレビジョン・フォーラムＩＴＦ副会長などを兼任していたので、優良な会員企業を集めるのは比較的楽だった。

インテルは秘密が好きだ。だからＩＡＡは非公開の組織となった。最初は冗談半分に秘密組織と言っていたが、非公開組織と言う方が良いということになった、私はＩＡＡ相談役会長になった。

ＩＡＡがどうして作られたかについては色々な説明を受けた。インテルが自社の枠組みだけにとどまっていることに不安を感じていたことは事実である。それ以外は判然としないものがあった。何でも機密に指定してしまうのが好きなインテルが戦略方針を明らかにするわけがない。

ある時、何となく分かったような気のすることが起きた。インテルの総帥アンドリュー・S・グローブが『インテル戦略転換』という本を書いた。原題は『パロノイド（偏執狂）だけが生き残る』であった。少し変わった題名だと思った。だが正直な本である。あまりに正直であっけにとられた。

一九八〇年代中期に日本の半導体の猛攻撃を受けたインテルは、ひそかにメモリー事業から撤退し、マイクロプロセッサー・メーカーに変貌しようとしていた。

ところがインテルの総帥であるグローブは、ソフトウェアについては、ほとんど何も知らなかった。そこでグローブは、よその会社に教えを乞うた。色々な会社の経営者に会い、話をしてもらって教えてもらったのである。これを読んだ時はまさかと思ったものだ。何と正直に書く人間かと思った。そういえば思い当たることもあった。

当時インテルがＣＩＳＣ（無理に訳せば、複雑命令セット・コンピュータ。悪口である）のｉ４８６とＲＩＳＣの（縮小命令セット・コンピュータ）ｉ８６０を同時に発売した。なぜどちらか一つに絞らないのか不思議に思ったが、グローブは、結局どちらが良いか分からなかったのである。どちらかは駄目になるので節操はないが、両方とも出しておけば安全である。

インテルは、そういう経緯もあってソフトウェア分野の研究に力を入れ始めた。そこでできたのがＩＡＬ（インテル・アーキテクチャ・ラボラトリ）という組織である。ＩＡＡが会員企業に提供したのは、主にＩＡＬの技術であった。まずプロシェアというビデオ・コンファレンス技術（誤解がなければテレビ電話技術と思えば良い）。インディオというビデオ圧縮技術、ディスプレイ制御技術、ＶＸＤグラフィックス・ソフトなどである。後にマイクロソフトにライセンスされた。

マイクロソフトの独占禁止法訴訟の中で明らかになったことだが、マイクロソフトは、こうしたインテルの動きを不快に感じた。一九九五年頃、ビル・ゲイツからインテルにＩＡＬの廃止が要求された。もし、インテルが要求を呑まなければ、マイクロソフトは、今後インテルのマイクロプロセッサーのサポートをしないとまで言った。マイクロソフトが特に問題としたのがナチュラル・シグナル・プロセッシング（ＮＳＰ）であった。これは事実上ＯＳ的な働きをしていて、マイクロソフトの脅威になり得るとした。また七百人を超えるスタッフを擁するＩＡＬがマイクロソフト以外の会社、たとえばネットスケープと連携してウィンドウズの枠をはみ出すなら、座視できないとした。あるマイクロソフトの幹部は「ネットスケープの空気の供給を断ってやる」と脅迫的な発言をした。有名な発言である。これらはすべてマイクロソフトの独占禁止法訴訟の証言録に残っている。

困ったインテルは、マイクロソフトの要求を呑んで、ひそかにＩＡＬを解体した。一九九八年にＩＡＬ担当のスティーブン・マクギーディが独占禁止法訴訟の中で司法省側の証人として証言した。無念であったのだろう。すべてを話した。むろん、そんなことをしたら当然インテルの中では居心地が悪くなる。実際そうなった。

結局、こういう事情もあって、ＩＡＡにはＩＡＬ情報が次第に届かなくなった。秘密裏に一時、解散してしまったのだから当然である。それでもＩＡＡは新しいマイクロプロセッサーの情報を提供できる利点もあり、ＩＡＡは何となく存続していた。会長をやっていた私は、いつしか、この組織はもう駄目かもしれないと思うようになった。優先的に新型プロセッサーの極秘情報が流されるという噂が立って、会員企業が１００社をはるかに超えてしまったのである。

また会員企業の社員なら人数制限はあるが、誰でも来れるということもあって、何百人かの人々が出入りするようになった。毎回違う顔ぶれなので顔も名前も覚え切れない、あの人はどういう人だろうと思うようになった。組織がうまく機能するには適切な大きさというものもあるらしい。

二〇〇〇年を越えた頃、ＩＡＡは歴史的使命を終え、活動を中止した。

そういうこともあって、インテルには多少縁浅からぬ所もあり、格別の思いを持っていたが、米国のインテル本社には行ったことがないと思っていた。

そこでまず創立当時のインテルの本社の所在地を見に行った。マウンテンビュー市イースト・ミドルフィールド・ロード３６５番地（365 East Middlefield Road Mountain View）にある。今はコジェンラという太陽電池の会社の工場になっている。非常に簡単な作りの一階建ての建物で、創業時の苦難が偲ばれる。

ミドルフィールド・ロードを挟んでインテルの本社の旧跡の反対側には、シマンテックの本社がある。住所はマウンテンビュー市エリス・ストリート３５０番地（350 Ellis Street, Mountain View）である。これは予想していなかったので驚いた。ここは一九五九年、フェアチャイルド・セミコンダクターからスピンオフして数年で失敗に終わったリーム・セミコンダクター（Rheem Semiconductor）の工場があった場所である。

シマンテックの建物を含む広大な一角は、昔フェアチャイルド・セミコンダクターの巨大な工場があった跡で、現在はシマンテックの本社の他にもグーグルの建物がいくつもある。マウンテンビューは、そこらじゅうグーグルの建物だらけだ。

私は一次元的な道路のことばかり考えているので、二次元的な面の掌握が弱い。

ワゴン・ウィール

一つ惜しかったと思うことがある。このイースト・ミドルフィールド・ロードをもう少し進んでノース・ウィスマン・ロードとぶつかる角にガソリン・スタンドがあるのだが、その隣に空き地がある。ここがシリコン・バレーで、最も有名なワゴン・ウィール（幌馬車の車輪の意味）というレストラン兼カジノがあった。店名からも西部劇に出て来る酒場を意識したものだと分かる。

住所はマウンテンビュー市イースト・ミドルフィールド・ロード２８２番地（282 East Middlefield Road Mountain View）である。この本の校正の段階で気付いた。残念であった。

ワゴン・ウィールでは、一九六〇年代から一九七〇年代、フェアチャイルド・セミコンダクター、ナショナル・セミコンダクター、インテルなどの従業員達が毎晩集まった。後にアップルで活躍するマイク・マークラ、マイク・スコット、ＡＭＤの創業に参加するジャック・ギフォード、ロバート・ワイルダー達がフェアチャイルド・セミコンダクター時代、毎晩の様に飲んでいた。一九九〇年代はネットスケープの従業員などで賑わった。シリコンバレーの命名親であるドン・ホーフラーも、ここでよく取材していたという。

ワゴン・ウィールは、一九九七年、カード・ルームでのトラブルが原因で閉鎖され、二〇〇三年にブルドーザーでつぶされた。

この周辺では、憎しみがあると、何でもブルドーザーで、とことんつぶしてしまうらしい。ライバルの工場も買収して不要となれば徹底的にブルドーザーでつぶしてしまったらしい。カルタゴをローマ軍が徹底的に破壊しつくしたようなものだろう。怨念のようなものを感じる。

次にインテルの現在の本社に行って見た。サンタクララ市ミッション・カレッジ・ブールバード２２５０番地（2250 Mission College Blbd. Santa Clara）にある。青いガラスの入った印象的な建物である。ついに初めて来たかと思った。

しかし、よく考えてみると、インテルの本社にはずっと昔、ツアーで来たことがあった。全く忘れていたが、蜂の巣のようにパーティションで区切られた大部屋を見せてもらったり、ディスカッションをしたのである。きれいさっぱり忘れていた。

インテルの本社

アドバンスド・マイクロ・デバイセズ　AMD

インテルの次はAMD（アドバンスド・マイクロ・デバイセズ）を訪ねようと思った。

かつてある日、私の大学にAMDの人が来て、顧問になってくれと依頼があった。今、私はインテルのIAAの相談役会長という顧問のような仕事をやっているから、ライバルのAMDの顧問は無理ですと言った。ところが当時のAMD日本法人の社長は、東京電機大学の出身だから何とか頼むと言われたのである。そんな無茶なと思ったが、それではまずインテルに聞いてみて下さいと言った。通るわけがないと思った。

ところが、それがなんと驚くなかれ、OKになってしまったのである。

IAAは低迷状態にあったし、インテルは私との出会いの頃の小さな会社でなく、はるかに巨大な世界一の会社になっていた。一方、私は私立大学の無名の一介の教授のままである。力が開きすぎた。別れの時が来たのかもしれな

アドバンスド・マイクロ・デバイセズ（AMD）

いと思った。

AMDの顧問（AMD Global Consumer Advisory Board）の仕事は技術のギャップという文系的なテーマを扱ったものだった。日本人は私一人、アジアからは韓国の大学教授一人で、後は北米、南米の大学教授ばかりだった。当然、世界中で会議を開くことになり、最初はサンノゼのAMDの施設で会議が開かれた。以後は世界各地で開かれ、家内と楽しく海外旅行をさせて頂いた。何年か続いたこの仕事もバブル崩壊で終わってしまった。

AMDの本社には行ったことがなかったように思った。これは残念なことである。この際、行ってみようということになった。サンタクララから少し引き返しサニーベールに戻るが、101号線に乗れば6キロメートルほどで数分でサニーベール市AMDプレース（AMD Place, Sunnyvale）に到着する。

派手好きなジェリー・サンダースの作った白塗りのお城のような建物だ。ここもついに来たかと思った。もっとも一九六九年九月にAMDが創業した時は、本社は数百メートル離れたトムソン・プレイス（Thomson Place, Sunnyvale）という所にあったらしい。

しかし、建物を見ている内に、おぼろげな記憶が戻ってきて、一九八三年に南カリフォルニア大学USCの客員教授の肩書きで、半導体のシンポジウムに来たことを思い出した。30年ほど前のことで全く忘れていた。そうだ、あの時は、私が一人で地図を見ながらレンタカーを運転して来たのだと思い出した。齢《よわい》35にして運転覚えたてなのに、マイクロプロセッサーのためとはいいながら、よくもロサンゼルスからやってきたものだと感心した。

疲れていたとはいえ、モーテルのドアーの鍵を外側にさしたまま寝てしまったこと、サンフランシスコ空港でレンタカーを返す時に車内に財布を忘れて困っていた時、親切な黒人の従業員が回収してくれたことなど、様々な思い出があざやかに蘇ってきた。よく無事でロサンゼルスに帰れたものだ。

モーテルから大観覧車が見えたことを思い出した。地図を調べてサンタクララ市のカリフォルニアズ・グレート・アメリカ（California's Great America）という遊園地に間違いないと気付いた。だからグレート・アメリカ・パークウェイ沿いのホリデイ・インに泊まったのだと思う。ただモーテルの場所は少し動いたような気がする。

シンポジウムのパーティでは中国人やメキシコ人の大学教授がとても親切にしてくれた。彼等は一体どうしているだろうかと、なつかしく思い出した。

サン・マイクロシステムズ

一九八〇年代後半から一九九〇年代前半にかけての私の仕事はＯＳ／２の仕事が多かった。ＯＳ／２については日本ＩＢＭと密接に協力して『ＩＢＭのＯＳ／２戦略』という本を初めとして何冊かの本を書いた。日本ＩＢＭのＯＳ／２部隊の指揮官は何人かいたが、最後はＳ氏だった。日本ＩＢＭの人とは大体馬があったが、これは私と年齢が近かったせいもあるだろう。当時パソコン業界を仕切っていた人達は、みんな若く、私より10歳程度は年下だった。Ｓ氏とは非常に良く気があって、時々よく飲んだ。彼が日本ＩＢＭを辞めて、サン・マイクロシステムズの日本法人に入社し、ステップを踏んで社長になったので、サン・マイクロシステムズには自然と関心がわいた。

ただ残念ながらサン・マイクロシステムズの米国本社には行ったことがなかった。どこにあるかすらよく知らなかった。エンジニアリング・ワークステーションの雄、サン・マイクロシステムズは、マイクロソフトとあまりに激しい戦争を繰り広げすぎ、疲弊して二〇〇四年にマイクロソフトと和睦したが、体力が衰え、二〇一〇年一月にオラクルに吸収合併された。

今回の旅行の前には、シリコンバレーの各都市の写真の入った本をかなりたくさん買い込んでいた。アドレスは当てにならないこともあるので、写真を眼に焼き付けておこうと思ったのである。アドレスをデジタル記憶するのでなく、風景を記憶するアナログ記憶方式だ。

中に一枚気になる昔の写真があった。サンタクララに城塞のように孤高としてそびえる立派な建物があったのだ。これが一時期、カリフォルニア州の州都となったサンノゼにあるなら不思議はない。州都らしく豪壮な建物はたくさんある。ところが19世紀のサンタクララは農業地帯で、畑ばかりの田舎町であったはずだ。この壮大なアグニュー・デベロップメント・センターとは何だろうと不思議に思っていた。

ところが、ここがサン・マイクロシステムズの本社であって、もとは一八八九年に建設された精神科の患者を治療する巨大病院だっ

旧サン・マイクロシステムズ本社跡
（今はオラクルの看板が出ている）

たと知った時には驚いた。中央にレンガ作りの五階建ての塔があったが、一九〇六年の大地震で崩壊した。この時の地震では111人の患者が亡くなったという。一九〇八年に再建された塔は時計台になった。

この跡地をサン・マイクロシステムズの社長のスコット・マクニーリーが政治力を行使して一九九六年に入手し、サン・マイクロシステムズの本社とした。夜中に幽霊が出るという、まことしやかな噂が囁かれたそうだ。困ったものである。

サン・マイクロシステムズが購入した際には、四つの建物だけを残して44の建物を取り壊したという。日本出発直前に二つの施設の建物配置図と航空写真を研究してみた。昔の病院の配置図とサン・マイクロシステムズの配置図はかなり違うが、基本の配置は同じである。

日も落ちつつあったが、まだ時間はあったので、サンタクララ市ネットワーク・サークル4150番地（4150 Network Circle, Santa Clara）の旧サン・マイクロシステムズ本社跡を訪ねてみた。図面は頭に入っているつもりだったが、外からは航空写真のようには見えない。半周して、やっと赤い屋根の時計塔がわずかに見えた。

現在はオラクルのサンタクララ・キャンパスという看板が出ている。

モフェット飛行場

101号線を通過する人は必ず巨大な海軍モフェット飛行場を眼にする。あまりにありふれているので写真は最後に撮ろうと思っていた。これも失敗だった。アドレスはノートしていなかった。サンタクララ市とマウンテンビュー市の境だから、すぐ分かると思っていた。すぐ家内と次男から苦情が出て、あわてて本をひっくり返し調べた。どうやったのか疲労がたまっていて覚えていないが、何とか基地の正門にたどりついた。正式なアドレスは、マウンテンビュー市コディ・ロード158番地（158 Cody Road, Mountain View）である。

到着したが、困ったことに基地の中は見えない。見えることは見えるのだが、写真にならない。昔は少し高さのある101号線を走る背の高い観光バスから見ていたから、ハンガー1という巨大な格納庫や滑走路脇に駐機している対潜哨戒機P3Cオライオンは良く見えたのだが、ここからでは見えない。もっとも海軍の基地としての機能は終了しているので、対潜哨戒機P3Cは展示用以外はないだろう。ただ輸送機のC－130は何機か見えるようだ。

その内、めったに参ったと言わない家内が疲れたと言った。無理もない。ものすごく走り回っているのだ。モフェット飛行場とNASAは、あきらめようと思って引き返すことにした。

それでも途中で走りながら車窓からわずかに見えるハンガー1という巨大格納庫の写真を何枚か撮った。あれ変だなと思ったのは、ハンガー1が骨組みだけになっている。日本に帰ってから調べてみた。二〇〇三年頃、ハンガー1を覆っていたパネルからPCBや鉛やアスベストなどの有毒物質がサンフランシスコ湾に流れ込んでいるという苦情と指摘があった。そこで二〇〇八年頃からパネルを剥がし始めた。今ではパネルは全部剥がされて骨組みだけになっている。この骨組みも解体してしまうかどうかは、まだはっきり決まっていないようだ。

さてクリスマスということで休憩できるようなお店は全部閉まっている。マクドナルドでさえ早仕舞いしている。日本では想像もつかない。エル・カミノ・リアルまで行って、どこか休憩できる所を探すことにした。昨日、クリスマスイブでも開いているレストランがあった。あれはインド系だった。キリスト教に関係ないレストランをさがせば良いはずだ。しばらく走ると中国レストランがあった。パンダ・エクスプレスという中国レストランだった。ここでやれやれとしばし休息した。

しばらく休憩した結果、家内の元気が回復したので、サンフランシスコに戻ることにした。

「もう今日でシリコンバレーの探訪は終わりだから、悔いのないように見れる所は全部見ましょう」

と家内が言った
「もういいよ。サンフランシスコに戻ろう」

と私は言ったが、相談の結果、もう二つ見ることにした。最初の日にあきらめたネクストとエレクトロニック・アーツである。再び１０１号線に乗り、レッドウッドシティに向かう。

ネクスト

アップルを追放されたスティーブ・ジョブズは、ネクストを設立した。最初は本社をウッドサイドのジョブズの邸宅に置いていたが、翌年スタンフォード・リサーチ・パークのパロアルト市ディア・クリーク・ロード３４７５番地（3475 Deer Creek Road, Palo Alto）に移り、そこに三年間いた。

一九八九年、ネクストは、レッドウッドシティ市チェサピーク・ドライブ９００番地（900

Chesapeak Drive, Redwood City）に居を移した。ジョブズがここを選んだのは、当時自宅のあったウッドサイド市マウンテン・ホーム・ロード４６０番地から真っ直ぐ84号線一本で15分で行けたこともあるのではないだろうか。地図を見ながら考えた。

サンフランシスコ湾沿いの目的地に着いても、ネクストが消滅したのは、かなり前のことだから、ネクストなんて看板はあるわけがない。本に出ていた写真の記憶をたどって、ここだろうと思っても自分の記憶を信じて良いのかどうか分からない。あたりを全部撮っておくことにする。ネクストの社内はあきれるほどお金をかけたといわれている。当時の社内を見たかったと思う。

次にエレクトロニック・アーツに向かうことにする。

エレクトロニック・アーツ

１０１号線経由でわずか5分で到着したが、エレクトロニック・アーツは探しにくかった。だだっ広い埋立地の中をぐるぐる走り回っても看板が見つからない。暗くなり始めてきたので、よけいに探しにくい。レッドウッド市レッドウッド・ショアーズ２０９番地（209 Redwood Shores Parkway, Redwood City）のはずだがと手帳を見直した。大体なぜエレクトロニック・アーツにこだわったのだろうか。それはトリップ・ホーキンスに興味があったからだ。もともとホーキンスは、アップルにいた。

どうしても見つからないので、引き返す判断をした時、次男が「あった」と叫んだ。なるほど近寄ってみるとＥＡと書いてある。こんなに地味では見つかるわけがないと思ったが、やれやれとほっとした。

撮影中に完全に日が落ちた。
予定はすべて終わったので、サンフランシスコに戻ることにした。

一二月二六日

ピクサー

今日は探訪最終日である。みんなの疲労も激しいので、午前中ピクサー（PIXAR）に行き、午後はナパ・バレーに行くことにする。リーランド・スタンフォードが地盤を築いたサクラメントはあきらめた。

ピクサーは、サンフランシスコの対岸のエメリービル市パーク・アベニュー２００番地（200 Park Avenue Emerville）にある。ベイ・ブリッジを渡ることになる。サンフランシスコから対岸に渡るにはゴールデン・ゲート・ブリッジとベイ・ブリッジがある。サンフランシスコ湾の入口にあるのがゴールデン・ゲート・ブリッジで、さらに

ピクサー

湾内に入って出会うのがベイ・ブリッジだ。正式にはサンフランシスコ・オークランド・ブリッジという。ベイ・ブリッジは略称である。

ベイ・ブリッジは、中間点にあるイェルバ・ブエナ島を経由している。西側をウェスタン・スパンといい、東側をイースタン・スパンという。このイースタン・スパンは現在付け替え工事が行われていて、二〇一三年には完成するという。何でも変わって行くのだなと感じた。

一九八六年一月、スティーブ・ジョブズは、ジョージ・ルーカスのルーカスフィルムのコンピュータ部門を買収し、独立した会社ピクサーにした。ジョブズは、新会社の株式の70％を所有した。ピクサーは、次第にアニメ映画に的を絞って行くが、会社につぎ込んだ資金は5千万ドル以上になっていたという。

一九九九年『トイ・ストーリー2』で、ピクサーの成功が間違いなくなった時点で、ジョブズは、エメリービルにあったデルモンテの古い缶詰工場を壊してピクサーの本社を作った。

ジョブズは、ケチだという説があるが、たしかに周辺には古いレンガ作りの建物が並んでいて、地価が高いとはとても思えない。中は全く見えない。ただグーグルの航空写真や、いろいろな資料のおかげで、どういうスタジオが最初に作られたかは分かる。

ピクサーのスタジオは、長方形をした二階建てである。設計はアップルストアを設計したピーター・ボーリンである。屋上には明かり取りの三角形の屋根が波打つように配置されている。これはＨＰの建物の模倣だろう。屋内の配置としては真中にトイレがあり、周囲に個室があり、真中のトイレを囲むオープンな空間がある。これはアップルのバンドレー1という昔の本社と基本的に同じ構造だと思う。

人は過去をなかなか切り捨てられないもののようだ。

二〇〇六年五月にウォルト・ディズニーが74億ドル分のウォルト・ディズニーの株式でピクサーを買収した。この結果、ジョブズは、ウォルター・ディズニーの株式の7％を所有し、最大株主となった。夢のような大成功である。

夢のような大成功といえば、ジョブズは、沈みかけたアップルに乗り込み、見事にアップルを再生させた。最初は年俸1ドルしか受け取らなかったが、次第に大きな夢と現実を望むようになる。

二〇〇〇年一月に最高経営責任者CEOに就任したジョブズは、ガルフストリームVという専用ジェット機をアップルの社用機として買わせた。購入費用は４０００万ドル、アップルの最終的な負担は８８００万ドルであった。為替の変動が激しいので単純に日本円への換算はむずかしいが、１ドル百円として40億円と88億円である。

またジョブズは、二〇〇五年頃から、全長78メートルのヨットをオランダのフェッドシップに建造させていた。建造費は1億３７５０万ドルだったという。ジョブズの死後1年経過した二〇一二年一〇月二八日にオランダのアールスメールで、お披露目になった。ジョブズは、マウンテンビュー・ドルフィン水泳クラブで泳ぎは習ったものの、決して得意ではなかったのに、どうしてヨットに乗ろうとしたのだろうか。もっとも水泳が不得意だからといってヨットにのってはいけないという法はない。

このヨットは伝説的デザイナーのフィリップ・スタルクが設計した。スタルクは、東京の墨田区にある特徴的なオブジェを載せたアサヒのスーパードライホールの設計者である。首都高速道路で通過する度に、どうしてこんな奇妙なものを造ってしまったのかと気の毒に思う。

完成したヨットは、ビーナス号という名前がついたが、お世辞にも美しい船とはいえない。ビーナス号の設計料としてスタルクに900万ドルが支払われる約束だったが、360万ドルが不払いだったらしい。二〇一二年一二月、ビーナス号は設計料の不払いで差し押さえられた。

その件は一二月二五日、ホテルのテレビで知った。ジョブズの遺族の弁護士によれば、支払いについては解決の方向にあるという。遺族の主張によれば設計料は建造費の6％だとして、もめているらしい。計算では825万ドルくらいにはなるはずである。大富豪リーランド・スタンフォードの死後、残された妻はキャッシュの不足に苦しんだというが、膨大な資産を残したジョブズも、キャッシュ（現金）という流動性資産は案外少なかったのではないだろうか。

なにかスティーブ・ジョブズの打ち建てた王国の将来に影を落としているような事件である。

これで一応すべての予定を終えたのでナパ・バレーに向かう。

本当はリーランド・スタンフォードが、資産の基礎を築いたサクラメントの数十キロメートル東北にあるコールド・スプリングスや、エル・ドラド渓谷近くのミシガン・シティや、サクラメントを訪ねたかった。さらにスタンフォードがブドウ畑を持っていたテホマ地域にも行ってみたかった。またサンノゼにあるシスコにも、もう一度行ってみたかった。

ただ、明日は帰国するので時間的な余裕がないこと、65歳になった私の体力から考えて無理と判断した。

四日間の総行程は640キロメートルだった。

第2部

シリコンバレーはいかにして作られたか

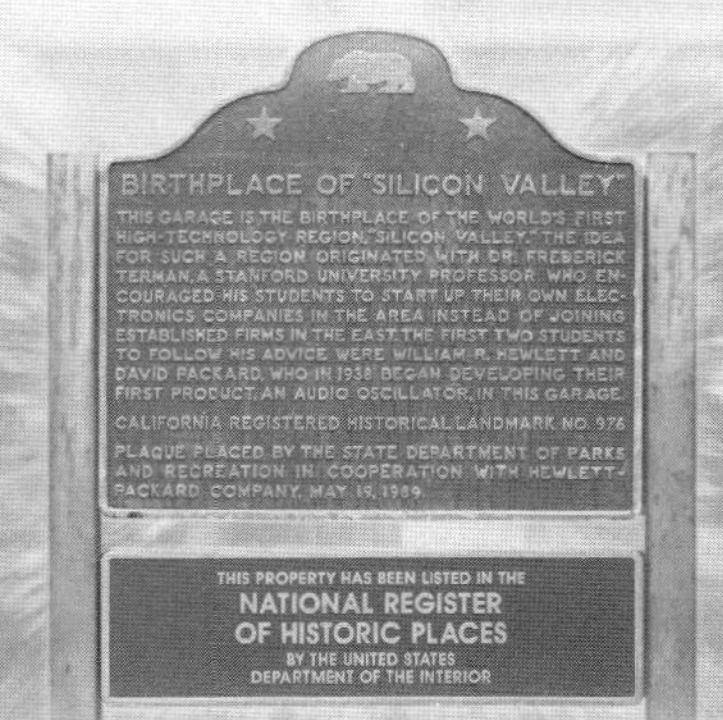

シリコンバレー発祥の地の一つ
HP のガレージの作業所の銘板

第1章　スタンフォード大学

二〇〇五年六月、スティーブ・ジョブズは、請われてスタンフォード大学の卒業式でスピーチをした。このスピーチは癌の告知を受けたジョブズが内省的に生涯を振り返った感動的な名スピーチとして有名である。

ジョブズは、スタンフォード大学の卒業生でもなく、在籍したことすらない。強いてつながりを探せば、一九九五年にジョブズと結婚した妻のローリン・パウエル・ジョブズが、スタンフォード大学の経営学修士課程で学んでいたこと、さらにローリンが二〇一二年九月にスタンフォード大学の評議員になったこと、スティーブ・ジョブズが癌の手術をスタンフォード大学のメディカル・センターで受けたこと位である。

二〇一一年一〇月一六日、ジョブズの追悼式がスタンフォード大学のメモリアル・チャーチで執り行われた。ここでジョブズの実妹で、小説家のモナ・シンプソンが感動的な追悼のスピーチを行なった。彼女のスピーチではウォルター・アイザックソンによるジョブズの伝記にも描かれていないような事実が述べられていた。

ジョブズが終《つい》の棲家《すみか》としたのは、スタンフォード大学の直近にあるパロアルト市ウエイバリー・ストリート2101番地（2101 Waverley street, Palo Alto）の英国風の家である。スタンフォード大学がジョブズの追悼式の会場に選ばれたのは、ジョブズの家がすぐそばにあったからだけでなく、ジョブズが、シリコンバレーとスタンフォード大学と深くつながっていたからだろう。

シリコンバレーで最も重要な大学がスタンフォード大学である。スタンフォード大学がなければ、シリコンバレーはなかったとさえいわれる。

大陸横断鉄道のセントラル・パシフィック鉄道の創立者のリーランド・スタンフォードの息子リーランド・スタンフォード・ジュニアが、16歳の誕生日の二ヶ月前に腸チフスで亡くなった。一人っ子を失った両親の悲しみは大きかった。両親は息子のリーランド・スタンフォード・ジュニアの名前を永久に残すためにスタンフォード大学を設立した。スタンフォード大学は、正式名称をリーランド・スタンフォード・ジュニア大学という。

スタンフォード大学は、米国西海岸屈指の大学として非常に有名だが、その創始者のリーランド・スタンフォードについては、残念なことに日本では、あまり紹介されていないようだ。ここではノーマン・E・チュートローの書いた『ザ・ガバナー（知事） リーランド・スタンフォードの生涯と遺産』やスチュアート・ギルモアの『スタンフォードにおけるフレッド・ターマン』などを参考にして紹介する。どちらも1146ページと642ページと分量の多い本であって、とても読めないと思ったが、ついつい全部読んでしまった。まことに面白く読める本である。

リーランド・スタンフォードの少年時代

スタンフォード家は、17世紀に英国から新大陸に渡ってきた。一六四四年、トーマス・スタンフォードがマサチュセッツ州コンコルドにいたことが確認できる。その後ニューヨーク州を経て、一六八〇年メイン州チャールズタウンに移動している。

スタンフォード家は、米国の独立戦争後、バーモント州ダマーストンを経て、ニューヨーク州オールバニーに移った。もう少し正確に言うならば、オールバニーの北方数キロメートルのウォータープリートという川沿いの村である。リーランド・スタンフォードの父親ジョシュア・スタンフォードは、ここで宿屋と酒場を経営していた。一八二四年五月九日、アマサ・リーランド・スタンフォードが、この地で誕生する。アマサという名前はあまり使われない。リーランド・スタンフォードが良く使われる。

ウォーターブリードの北西にスケネクタディという町があり、ウォーターブリードとの間には、人の往来が多かった。直接の関係は全くないが、後年、HP（ヒューレット・パッカード）のデイビッド・パッカードは、スケネクタディのGE（ジェネラル・エレクトリック）に勤務することになる。

一八三六年、スタンフォード家は、エルム・グローブ・ファームという農場に引越す。オールバニーとスケネクタディを結ぶ街道沿いにあった農場である。スタンフォードの父親ジョシュア・スタンフォードは、この街道の建設を手伝った。ジョシュア・スタンフォードは、道路、橋梁、エリー運河の建設などを請け負っていた。ただの宿屋の主人や農民ではなかった。エルム・グローブ・ファームの近くを鉄道が走っており、これが後に鉄道王となるスタンフォードに与えた影響は大きかったという。スタンフォードは、少年時代、自宅の畑でとれた農作物を街へ持って行って売り、お金を儲けた。また18歳の時には薪を集めて売った。一般的な少年と違うのは、大勢の少年を雇って薪を集めて売ったことである。これによって二千ドルを儲けたという。商才に長けた少年だったわけである。

スタンフォードの教育は、エルム・グローブ・ファーム時代、学校が遠すぎたので、先生に週に何度か農場にきてもらったという。本好きの子供であったが、特に聡明というほどではなかった。

一八四一年、17歳の時、スタンフォードは、オネイダ・インスティチュート・オブ・サイエンス・アンド・ライブラリーという大学予備学校に入学した。しかし、すぐにクリントン・リベラル・インスティチュートという学校に転校した。毎日、数時間の農作業があったのを無駄だと嫌ったという。

その後、スタンフォードは、シラキュースに近いカゼノビア・セミナリーという学校に入学する。哲学が好きだったと伝えられる。卒業はしなかった。本人もドロップアウトだったと後年認めている。

弁護士としてミシガン湖畔の辺境を目指す

一八四五年、リーランド・スタンフォードは、オールバニーの弁護士事務所に勤める。

一八四八年、ニューヨーク州から一定の弁護士資格を認められる。オールバニーで良い求人があったにもかかわらず、スタンフォードは、辺境を目指した。最初はシカゴに行った。嘘か本当か分からないが、埋立地にできたシカゴには蚊が多かったので、さらにスタンフォードは、ウィスコンシン州のポート・ワシントンに移った。ミシガン湖の西岸にある小さな町である。

当時、ウィスコンシン州は、米国の最も新しい州で、東海岸から到達できる、最果《さいは》ての地であった。ここでスタンフォードは弁護士事務所を開いた。彼の弁護士事務所には父親の援助で膨大な法律書が揃っていた。ミルウォーキーより北では、最良の蔵書であったという。裁判所の判事が判決文を書くために、しばしば本を借りにきた。

一八四九年スタンフォードは、フリーメーソンに入会する。フリーメーソンに入会したことは、後にカリフォルニアのサクラメントの金鉱近くに移動した時に役に立ったようだ。この地でスタンフォードは、ホイッグ党から立候補したりして政治への関心を深めている。眼光鋭く恰幅も良く、お酒も誰よりも強かった。

一八五〇年、スタンフォードは、ジェーン・エリザベス・ラスロップと結婚する。

一八五二年、スタンフォードは、ポート・ワシントンを離れ、一旦オールバニーに帰る。火事で事務所が全焼したからとか、ドイツ系移民の大量移入で仕事を失ったからとか、選挙に立候補したが落選したからとか諸説ある。

ゴールド・ラッシュのカリフォルニアへ

リーランド・スタンフォードが次に目指したのは、カリフォルニアだった。実はスタンフォードの五人の兄弟達は、カリフォルニアのサクラメントにおり、金鉱ブームで大成功していた。スタンフォードは、弁護士業で稼いだ蓄えと父親からの援助を元手にカリフォルニアに向かう。兄弟達は金鉱採掘者達を相手に物資を売る商売でサクラメントで大成功を収め、スタンフォード・ブラザース・サクラメント・ストアという巨大な店舗を持っていた。

スタンフォードは、兄弟達からの援助を受けて、一八五三年、サクラメントの東北方、数十キロメートルのコールド・スプリングスにニック・T・スミス・アンド・リーランド・スタンフォード・ストアを開業する。金鉱採掘者相手の雑貨屋である。ニューヨーク出身のニック・T・スミスと共同経営だった。ここは一八四八年、ジェームズ・マーシャルが初めて金鉱を発見してカリフォルニアのゴールド・ラッシュを呼び起こしたコロマの地から5キロメートルと近かった。

スタンフォードは、直接、商売に励んだことも事実だが、彼はその法律知識や訴訟知識を有効に活かした。土地の売買の正式な契約書をどう作るか、契約の法的有効性はどうか、銀行から正式にお金を借りるにはどうすべきか、また法的に有効な貸付をするにはどうすべきか、会社を設立したり、登記するにはどうすべきかなど、スタンフォードでなければ分からないことが沢山あった。

一八五〇年、エル・ドラド渓谷近くのミシガン・シティという場所で新たに有望そうな金鉱が見つかった。金鉱採掘者達がそちらに移動したので、一八五三年、スタンフォードも店をミシガン・シティに移動する。

一八五四年頃、スタンフォードは健全な思想を持ち、公平な人との評判を得て、治安判事に任命された。裁判はエンパイヤ・サロンという酒場で行われていたが、一八五四年スタンフォードはこれを買収する。抵抗なしに一番儲かる場所を手に入れたのだから不思議な魅力を持った人だったのだろう。

一八五五年、それまで四年間、単身赴任で、妻のジェーンを実家に残していたスタンフォードは、彼女をカリフォルニアに迎える。当時、カリフォルニアは無法者の西部であり、東部から行くには、ニカラグアを通過するか、パナマを通過するか、はるか喜望峰を回って行くしかなかった。最短でも三週間ほどかかった。文字通りの僻地であった。ここに若い妻をすぐに連れて行くのは無理だった。

一八五七年、ミシガン・シティに火事があり、スタンフォードの店は無事だったが、町はほとんど全焼した。そのため一八五八年ミシガン・ブラッフという町が新たに作られた。

リーランド・スタンフォードのビジネス

一八六〇年代、リーランド・スタンフォードは、優秀な金鉱を手に入れる。破産した金鉱事業者の金鉱を競売できわめて安い価格で手に入れた。もっとも、この場合、負債も引き継ぐ形で入手する。法律をきわめて有効に使い、裁判所の決定に基づいて合法的に入手するのである。この金鉱による収入がセントラル・パシフィック鉄道の事業参加にきわめて大きな原動力となり、セントラル・パシフィック鉄道の社長になれた。金鉱だけでなく銀鉱についても同じようなやり方で入手する。ただし、金鉱事業ほどには儲からなかったようだ。

さて、一八五〇年代、スタンフォード兄弟は、サクラメントで十分儲けたので、他業種に進出したくなった。進出の先は石油精製業であった。本拠をサンフランシスコに移し、当初はケロシンとランプをオーストラリアに売ろうとした。進出は成功し、スタンフォード兄弟はオーストラリア、ニュージーランド、ペルーなどに進出し、米国西海岸で最大の石油精製業者となった。

しかし、良いことは続かないものである。資本主義につきものの定期的な恐慌には襲われたし、競争は激しく、ケロシンの価格は下がった。そこで一八六九年スタンフォード兄弟は、石油精製業の一部をスタンフォードに売却した。また同じ年、サクラメントのスタンフォード・ブラザース店舗をスタンフォードに売却した。

一八七八年、スタンフォード兄弟は、事業拡大に失敗し、次々に破産し、スタンフォードに借金を肩代わりしてもらい、事業を売却する。スタンフォードは、このようにして、次第に巨大な資本の蓄積に成功する。

政治への進出

一八四六年四月から一八四八年四月、米墨戦争（米国とメキシコのと戦争）があった。この戦争は米国に圧倒的に有利に展開し、米国の勝利に終わった。戦後、米国はテキサス、カリフォルニア州、ネヴァダ、ユタ、アリゾナ、ニューメキシコ、ワイオミング、コロラドなど広大な領土を獲得した。多少、不思議な偶然でリーランド・スタンフォードは、米墨戦争が終わってから、カリフォルニアにやってきた。

一八五六年、リーランド・スタンフォードは、共和党結成の活動的なメンバーになった。一八五二年の大統領選挙敗北後、ホイッグ党は奴隷制反対派と奴隷制賛成派に分裂し、奴隷制反対派は新しく共和党を結成することになる。共和党の中心人物がエイブラハム・リンカーンであった。

スタンフォードは、弁護士という知的職業につき、ビジネスでは成功し、資金も豊富であった。彼が政治家となるのは、ある意味で必然であった。しかし、政治家として成功するには、運やタイミングもある。共和党は一八五四年に新しく結成されたばかりであり、対立する民主党は、一八五〇年から一八六二年カリフォルニアで圧倒的に優勢であったが、米国とメキシコの戦争後、奴隷制賛成派と奴隷制反対派に意見が分かれていた。スタンフォードにとっては絶好のタイミングであった。

一八五七年、スタンフォードは、サクラメントの市会議員に立候補するが、落選する。一八五九年、カリフォルニア州知事に立候補するが、これも落選する。一八六〇年シカゴで開かれた共和党全国大会の代議員に選ばれたが、出席しなかった。ここまでは良い所なしである。

一八六〇年一一月、リンカーンは、第16代アメリカ合衆国大統領となった。スタンフォードは、リンカーンの熱心な支持者であった。リンカーンの大統領就任に南部諸州は反発し、一八六一年四月、南北戦争が勃発する。この戦争は一九六五年四月まで続く。

スタンフォードは、一八六一年六月一九日、再びカリフォルニア州知事候補に推挙された。九日後の六月二八日、スタンフォードは、セントラル・パシフィック鉄道の社長に就任する。知事候補者が営利会社の社長になるというのは奇妙な感じを受けるが、スタンフォードの公約は、大陸横断鉄道の建設と奴隷制反対であり、リンカーンと一致していた。新しく獲得した広大な領土を効果的に統治、活用するには大陸横断鉄道がどうしても必要だったのである。

リンカーンの大統領当選、南北戦争の勃発、大陸横断鉄道建設政策、民主党奴隷制度反対派の支持などの諸要因があって、一八六一年九月四日、スタンフォードは、カリフォルニア州知事に当選する。こうしてセントラル・パシフィック鉄道の社長、カリフォルニア州知事の座を射止めたスタンフォードは、政治力を行使して鉄道法の援護を受けたりしながら、巨大な独占資本家に成長していく。その長い過程については大変面白いのだが割愛する。

スタンフォードのセントラル・パシフィック鉄道は、一八六九年五月には東から建設を進めてきたユニオン・パシフィック鉄道と合流し、大陸横断鉄道の建設は終わった。合流点で金のスパイクを打ち込んだことは有名である。もっとも、すぐ後でスパイクを引き抜いた。

この間、セントラル・パシフィック鉄道は、一八六七年のウェスタン・パシフィック鉄道の買収、一八六八年のサザン・パシフィック鉄道の買収や、零細鉄道の買収を繰り返し、一八七二年までには、カリフォルニアのほとんどの鉄道を支配してしまった。残ったのは五鉄道、路線長でわずか59・5マイルだけであった。絶対的な独占体制であった。一八七六年にはサンフランシスコとロサンゼルス間が開通した。スタンフォードは、当然、マーク・トウェインの揶揄したような金メッキの新興成金になる。

その後、全米の鉄道は、東のユニオン・パシフィック鉄道と西のサザン・パシフィックの二社が独占する。サザン・パシフィックは、ケンタッキー州に本拠を置く持株会社で、傘下にセントラル・パシフィック鉄道とサザン・パシフィック鉄道を収めていた。むろん一八九三年の死の直前までスタンフォードが社長であった。蛸《たこ》の漫画で風刺されるような冷酷な資本家といわれたコリス・ハンチントンが社長に交代するのはスタンフォードの死の直前である。

リーランド・ジュニアの誕生と夭折

一八六八年、サクラメントで44歳のリーランド・スタンフォードと39歳のジェーン・スタンフォードに男の子が授かった。結婚後18年で初めて子供ができた。以後、子供は授からなかった。子供の名前はリーランド・デビット・スタンフォードであった。小公子のように美しい子供であった。きわめて聡明で思いやりのあるやさしい子供であったと伝えられる。お金で買えるものは何でも買い与えられたが、甘やかされて駄目になることはなかった。

14歳の頃、子供は自分の名前はリーランド・デビット・スタンフォードではなく、リーランド・スタンフォード・ジュニアだと主張し始めた。父親の継承者であることを主張したのである。ただし、完全に生まれた時の名前を捨てて、改名したわけでもない。これは現在のスタンフォード大学の名称にかかわる問題なので、些細な問題のようだが、ある意味で重要な問題である。

スタンフォード夫妻は、リーランド・スタンフォード・ジュニアをいずれはハーバード大学に入学させようと考えていた。入学前に見識を広めさせるため、度々、欧州に長期の家族旅行をした。

一八八三年の旅行はパリに始まり、ニースを経て、コンスタンチノープルに到着した。クリスマスをウィーンで過ごし、ブカレストからコンスタンチノープルに戻った。

リーランド・スタンフォード・ジュニアは、ボスポラス海峡に見物に行ったが、冷たい強い風が吹いていた。海峡を渡る蒸気船に興味をひかれ、一日中、外で過ごした。コンスタンチノープルに戻ると、気分がすぐれなかった。冷たい風が悪かったのか、コンスタンチノープルの下水が不潔だったからかは分からない。むろん、全く関係がなかった可能性もある。

トルコを出てギリシアのアテネに行った。記録に残るほど寒い冬だった。膝までつかる雪の中をリーランド・スタンフォード・ジュニアは、歴史的な史跡を見学した。これも良くなかったという可能性がある。コリント地峡を経て、イタリアのブリンディジに上陸した。汽車でナポリに行った。当時、ナポリには、色々、衛生上の問題があるといわれていた。ナポリからローマに行くと、リーランド・スタンフォード・ジュニアは、軽いチフスの症状があると診断された。

健康回復のためにフローレンスへ向かった。どこでチフスに罹ったのか、それは分からない。純粋培養に近い育て方をされて、免疫力が弱かったのかもしれない。

ともあれ、一八八四年三月、リーランド・スタンフォード・ジュニアは、フローレンスのホテルで、15歳10ヵ月の生涯を終えた。

スタンフォード夫妻の悲しみは、尋常ではなかった。もう生きていても何の意味もないとさえ思うほどだった。しばらくして愛児の思い出のために大学を作ろうという考えがリーランド・スタンフォードの胸中に湧いてきた。

パロアルト・ストック・ファーム

リーランド・スタンフォードは、一八六九年にサクラメントに豪壮な館を建てた。また一八七六年にサンフランシスコのノブヒルにも豪壮な館を建てた。両者共に都会にあった。

一八七六年、自分と自分の家族が都会の喧騒を離れてリラックスできる郊外の地を欲しいと思った。またトロッターという速足の競争馬を育てたいと思った。一八七〇年代後半から、スタンフォードは、多少保守的になり、これ以上の事業の拡大を望まなくなった。スタンフォードは、ワイン作りと競争馬に余生の情熱を傾けたいと思った。スタンフォードは、自分は農民であると広言してはばからなくなった。

スタンフォードが、目を付けたのはサザン・パシフィック鉄道沿いの、パロアルトの地であった。ここにパロアルト・ストック・ファーム（パロアルト牧畜場）という農場を作ろうとしたのである。

スタンフォードは、一八七六年から一八九二年にかけてパロアルト周辺の20件８４４８エーカーの買収を行なった。パロアルト・ストック・ファームは、壮大な農場で、六百頭から千頭の競走馬が飼育されていた。調教用のトラックがいくつもあった。

この農場で競走馬が全力で走った時に、四本の脚が全部地面から離れることを、写真家を雇って写真撮影をして証明したことは有名である。お金に糸目をつけずに最新の機器を購入させて撮影をさせたが、本の著作権の問題で写真家に訴えられるという変なおまけもついた。

スタンフォードは、また農場と家畜用の水を確保するために巨大な人造湖を作った。現在ラグーニータ湖と呼ばれ、ジュニペーロ・セラ・ブールバードに面している。

スタンフォード大学の開校

リーランド・スタンフォードは、一応の教育は受けていたものの、大学という世界には素人であった。そこで、スタンフォード夫妻は、当時の一流大学の学長達からアドバイスをもらうことにした。ハーバード大学、ジョン・ホプキンス大学、コーネル大学、MIT、ハーバード大学の学長からじっくり話を聞いた。人の話をちゃんと聞いたことは立派である。だが、ハーバード大学の学長から話を聞いた時、談たまたま計画の実現にはどのくらいの資金が必要だろうかということになった。当時のお金で5600万ドルだろうと示されると、ジェーン・スタンフォードは言ったという。

「おお、リーランド、それなら私達も払えるわ」

大学を創設することを、建物を買うことと同じぐらいにしか考えていなかったナイーブさを示す話として今に伝えられる。

しかし、スタンフォードは、ただの人ではなかった。スタンフォード大学の創設に当たって、一八八五年、まず州法の制定に手をつけたのである。

この法律のユニークな点は、もし大学の創立者が亡くなっても、その妻が大学の資産の管理権を継承できるとした点である。スタンフォードが亡くなってもジェーン・スタンフォードがスタンフォード大学の管理権を持てるとした。こういうことは普通の人は思いつかない。

一八八五年一一月一一日、リーランド・スタンフォード・ジュニア大学創設の準備が開始された。まず24人の理事が選任された。

次はスタンフォード大学をどこに作るかが問題となった。当時スタンフォードは、カリフォルニアに主に三つの大農場を持っていた。ブドウ栽培中心のテホマ地域のビナ農場、小麦栽培中心のビュッテ地域のグリッドレイ農場、サンタクララとサンマテオ地域にまたがるパロアルト・ストック・ファームであった。総面積は7万8540エーカーであった。

この内、パロアルト・ストック・ファームの約8000エーカー、3310ヘクタール（993万坪）がスタンフォード大学用に当てられることになった。そこで新設のスタンフォード大学は、全米で最大の敷地面積を持つことになった。ただし世界にはもっと大きな敷地面積を持つ大学はある。またスタンフォードがスタンフォード大学に寄贈した土地は、自己所有分の10％程度であり、すべてを寄贈したわけではない。

スタンフォードの理想は、ホレーショ・アルジャーの立志伝小説に登場する若者を育てることであった。貧しい少年が刻苦精励の果てに大成功を収めるという、米国資本主義の神話である。ただ実際にできたスタンフォード大学は、その理想とは正反対になってしまった。

またスタンフォードは、大学に隣接する地域で飲酒すること、酒を製造すること、酒場を作ることを禁じた。自分は無類の酒豪なのに、若い人には酒は有害で、勉学の妨げになるというのである。またこの場合、自分のワイン製造は除外していた。身勝手というべきだろう。

スタンフォードは、スタンフォード大学内で男女は完全に平等であることを主張した。女性だからといって、専攻できない分野があったり、女性の入学者数を制限することを許さなかった。実際の運用では、一時期、妻のジェーン・スタンフォードによる500人以下という制限はあったようだが、スタンフォード大学は女性の入学者の数が多いことで有名であった。半数を超えることもしばしばであった。

スタンフォード大学の初代学長は、コーネル大学出身のデイビッド・スター・ジョルダンであって、スタンフォード大学創設当時には、コーネル大学の影響がきわめて強かった。

一八九一年一〇月一日、リーランド・スタンフォード・ジュニア大学が開校した。

ユニバーシティ・パーク

セントラル・パシフィック鉄道には、ビッグ・フォーとかザ・アソーシエイツと呼ばれる四人がいた。リーランド・スタンフォード、コリス・ハンチントン、チャールズ・クロッカー、マーク・ホプキンスの四人である。

一九八三年から私は一年間南カリフォルニア大学に客員教授として滞在し、南パサデナに住んでいた。近くにハンチントン・ドライブという道路や、ハンチントン・ライブラリという施設があって、なぜそんな名前が付くのだろう思った。実は、この場合のハンチントンは有名なコリス・ハンチントンでなく、甥のハンチントンであったことは、つい最近知った。

さて、ここに一八五九年生まれのティモシー・ノーランが登場する。ノーランの両親はアイルランドからの移民で、メイン州に到着した。父親のパトリック・ノーランは、金融の魅力に引かれ、一八六二年、単身カリフォルニアを目指した。パトリックはある程度、成功を収め、家族を呼び寄せたが、家族がサンフランシスコに到着する前に、不幸にも突然溺死してしまう。妻のキャロライン・ノーランは、息子のティモシーを連れて、サクラメントに行き、マーク・ホプキンス家の家政婦になる。ティモシーは、サクラメントで育ち、マーク・ホプキンスの同僚のスタンフォードとも親しくなる。

一八七八年にホプキンスが亡くなると、ティモシーのハーバード大学進学の夢は消え、ホプキンス家の資産管理の仕事をするようになった。

一八七九年ホプキンス夫人は、ティモシーを正式に養子にした。こうしてティモシー・ホプキンスが誕生する。ティモシーは、一八八二年養母フランセス・ホプキンスの姪のメアリー・ケロッグ・クリッテンデンと結婚した。結婚祝いにメンローパークにあったシャーウッド・ホールをもらう。

つまり、ティモシーはサンフランシスキート・クリークからレーベンスウッド・アベニューまで、サザン・パシフィック鉄道からミドルフィールド・ロードで囲まれた２８０エーカーのメンローパークの土地をもらった。ここにティモシーは、スミレや菊を植えてサンフランシスコで売った。

ティモシーは、一八八三年から、セントラル・パシフィック鉄道に勤めはじめ、一八八五年にサザン・パシフィック鉄道が設立されると、経理担当になった。また同じ年、スタンフォード大学の経理担当になった。

さて、スタンフォードは、スタンフォード大学に隣接するサザン・パシフィック鉄道の線路を越えた北東方向の地域に住宅地を設けたかった。それでお金儲けができるからである。ただスタンフォードは、独占資本家として非難されていたし、次の合衆国大統領になるかもしれないと一部に噂されていたので、自ら手を汚したくなかった。せっかく気前の良い所を見せたスタンフォード大学の評判も落ちてしまい、大統領にもなれなくなってしまうからである。

そこでティモシーが代わって土地の買収を進め、碁盤の目のように区画して一九九〇年にユニバーシティ・パークとして分譲を始めた。同じ名前が別の場所のペリー・アベニューにもあった。ここはもちろんスタンフォードの意向を受けた禁酒地帯であった。

ティモシーが新しい分譲地をユニバーシティ・パークと名づけてパロアルトとしなかったのは、パロアルトという名前をスタンフォードがひどく気に入っていたので、パロアルトという名前は、パロアルト・ストック・ファームにだけとっておこうとしたという。

一八九二年にユニバーシティ・パークは、パロアルトになる。

カレッジ・テラスとメイフィールド

さてパロアルト・ストック・ファームの東側に隣接する土地があった。ここではドイツから移民してきた二人の農民が、それぞれ60エーカーずつ持って耕作していた。スタンフォードは、この土地を入手したがったが、二人の農民は頑固に首を縦に振らなかった。それどころか一八八〇年代末にアレクサンダー・ゴードンという不動産業者に売ってしまった。ゴードンは、この土地を整備して細かく区画し分譲しはじめた。あろうことか、ここをパロアルトと勝手に命名し、リーランド・スタンフォード・ジュニア大学の街として宣伝した。ここは現在カレッジ・テラスと呼ばれている。

さらにもう少し東に行くとメイフィールドという街があった。ここは早くからできていた街であり、禁酒を要求するスタンフォードに抵抗していたが、次第にスタンフォードやスタンフォード大学の勢力に脅かされ始めた。

パロアルトは次第に南東の方向に拡大して行き、一九二五年にはメイフィールドは、パロアルトに合併されてしまう。

スタンフォード帝国の黄昏

一八九三年五月三一日、リーランド・スタンフォードは、死去した。当時全米七位といわれたほど膨大な財産を残した。50万ドルから100万ドルにのぼるといわれたが、法廷の調査では18万ドルであったという。現在の貨幣価値に直すと2兆円弱であろうといわれている。膨大な資産ではあったが、親戚や尽くしてくれた人達への遺産分与や、気前の良すぎた寄附や、妻のジェーン・スタンフォードの派手で乱脈な資産管理で、あっという間に雲散霧消してしまう。スタンフォードの死後もジェーン・スタンフォードは、スタンフォード大学内に装飾過多の派手な建物を作っていた。

スタンフォードの所有していた土地は、約8万エーカーと広大であったが、地価も安く買手がつかない土地も多かった。債券の多くは法廷闘争を恐れてスタンフォード大学や協会などに寄附された。

カリフォルニア北部のビナの広大なブドウ園はスタンフォード大学に寄附された。しかし、経営は赤字であったため、ジェーン・スタンフォードは、多くの従業員を解雇し、給料も半分以下に削った。このため優秀な従業員は逃げ出し、ブドウ栽培は次第に廃れて行った。残るブドウ園も火事や地震で姿を消していく。

パロアルト・ストック・ファームには馬も千頭いたが、スタンフォードの死後、すぐに680頭が売却された。残る320頭も漸減していく。

何より問題は現金の形で所有する流動資産が少なかったために、多数の教職員に給与を支払い続ける大学経営のような多額の現金を必要とする事業を経営していると、すぐ資金繰りに行き詰まってしまうのである。

ジェーン・スタンフォードの所有していた大量の高価な宝石を海外のオークションで現金に変える試みも無駄であった。本物の宝石でも買う時と売る時では、落差が激しいが、必ずしも本物ばかりではなかったのではないか。虚栄とか虚飾というものは何の役にも立たないものだと思い知らされる。

一九〇五年にジェーン・スタンフォードも死去する。彼女の死は毒物によるもので、ミステリーじみている。そういうことを面白く書いた本もあるそうだ。ただ、困窮の内にでなく、富豪のままにこの世を去れたのは幸せだったと思う。

一九〇六年のサンフランシスコ大地震で、スタンフォードがカリフォルニア全域に作り上げた建物と施設は、ほとんど全部倒壊してしまうか消失してしまう。スタンフォード大学も壊滅的な打撃を受けた。

特に打撃が大きかったのはスタンフォードの死後、ジェーン・スタンフォードが精力的に作り上げた建物群である。彼女は、スタンフォードと違い、建物の土台や基礎工事をあまり重視せず、建物の外観や装飾の方に気を使った。

たとえばメモリアル・チャーチにベニスのサン・マルコ寺院を真似《まね》た塔を作った。地震で壊れたが、塔は作り直されなかった。全体との調和を欠いたからである。それにサン・マルコ寺院にはあまり似ていなかった。

この大地震でスタンフォードの帝国はある意味で一旦幕引きとなり、スタンフォード大学は新しい時代に向かう。スタンフォード大学が立ち直るには多大の努力と日時を必要とした。

第2章　スタンフォード大学周辺の企業の誕生

以下では、サンタクララ渓谷に花開く無線通信産業とスタンフォード大学の関係を調べていくことにしたい。最後に分かることだが、ばらばらに見える登場人物はすべて一人の人物、スタンフォード大学のフレッド・ターマンにつながっている。以下はターマンとその知り合いや弟子達がどのように電子産業の産業基盤を築いて行ったかの物語である。

サイ・エルウェル

サイ・エルウェル（Cyril Frank Elwell：シリル・フランク・エルウェルの略称）は、一八八四年、米国人の両親の間にオーストラリアに生まれた。一九〇二年に米国に渡り、スタンフォード大学を目指した。一九〇六年にサンフランシスコ大地震があったことは、エルウェルに何らかの意味で電波通信の重要性を意識させたものと思われる。

エルウェルは、サンフランシスコ大地震の後、スタンフォード大学の500号館に大きなアンテナを設置して一九〇六年から一九〇八年まで屋根裏部屋で無線の実験を続けた。

一九〇八年にスタンフォード大学の理事のティモシー・ホプキンスからアンテナの撤去命令を受

けた。後に、この屋根裏部屋が後にフレッド・ターマンの通信研究所になった。。

大学を追い出されたエルウェルは、パロアルトのクーパー・ストリートとエンバーカデロ・ストリートの交点すなわちクーパー・ストリート1431番地に家を買い、75フィートの木製のアンテナを二本建てた。次にエマーソン・ストリートとチャニング・アベニューの交点すなわちエマーソン・ストリート913番地に巨大なアンテナを建てた。

この頃、フランシス・マッカーティという早熟な少年が無線電話技術を手がけた。これを事業化するため、一九〇二年、マッカーティ無線電話会社が設立された。ところがマッカーティは、不幸にも、若くして馬車の事故で亡くなってしまった。

困った資本家達は、スタンフォード大学のハリス・ライアン教授に助力を求めた。ライアン教授は、エルウェルを推薦した。エルウェルは、マッカーティの無線電話システムを調べてみたが、否定的な結論に達した。

エルウェルは、無線電話の性能を改善するために、デンマークの技術者バルデマー・ポウルセン（Valdemar Poulsen）のアーク送信機に着目した。

ポウルセンは、一九〇三年にアーク送信機を発明した。欧州ではほとんど注目されない特許であったが、若いエルウェルは、ポウルセンの技術を使えば、マルコーニの特許を回避できることに気がついた。

イタリアの企業マルコーニの特許に抵触することなしには、無線通信設備を持てないことは米国にとって頭の痛いことであった。特に米海軍にとっては、問題であった。そもそも放送（Broadcast）という言葉は米海軍で艦隊への一斉指令を意味する言葉であった。

一九〇九年、これが若さのなせるすごいことだが、エルウェルは、デンマークのポウルセンの許を訪ねて数ヶ月滞在した。エルウェルは、ポウルセンの特許の米国での独占使用権を獲得した。巨大な企業の参入を恐れたからである。

特許の使用料は高かったので、エルウェルは、米国の東海岸の資本家に出資を求めたが、ことごとく断られた。そこでエルウェルは、スタンフォード大学学長のデイビッド・スター・ジョルダンに接近した。ジョルダン学長は5百ドルを出資し、チャールズ・D・マルクス教授、ジョン・キャスパー・ブランナー教授も助力した。

フェデラル電信会社

これによってサイ・エルウェルは、一九〇九年、ポウルセン無線電話電信会社を設立した。サイ・エルウェルは、帰国する時に出力100ワットのポウルセン・アーク送信機を持ち帰り、出力5キロワットのポウルセン・アーク送信機を二台コペンハーゲンに発注してきた。写真で見ると、予想と違い、ずいぶん立派そうな機械である。

エルウェルは、一九〇九年、パロアルトから送信し、ロスアルトスとマウンテンビューでの受信に成功した。また一九一〇年、サクラメントとストックトンでの50マイルの距離での通信に成功する。

エルウェルは、ポウルセン・アーク送信機の製作工場をパロアルトに作った。デンマークのポウルセンの送信機は高かったからである。しかし、エルウェルは、たちまち資金繰りに困った。そこで、これは見込みがありそうだと目をつけたサンフランシスコの資本家ビーチ・トンプソンが出資する。そこで、一九一〇年、アリゾナにアリゾナ・ポウルセン無線会社が設立された。むろん税金逃れである。その後、アリゾナ・ポウルセン無線会社は、フェデラル電信会社と社名変更する。

最初の実用的な送信局は、サンフランシスコの太平洋岸の47番街と48番街、それにノリエガ通りとオルテガ通りに囲まれた地域にあった。残っている写真を見ると１００メートルほどの大きなアンテナである。出力12キロワットと30キロワットのポウルセン・アーク送信機につながっていた。

一九一二年にはサン・ブルーノ・ポイントに二番目の送信局ができた。当時、世界最大の１３０メートルのアンテナを持っていた。サンフランシスコとホノルル間の無線通信サービスが開始された。

エルウェルは、一九一三年、資本拠出と引き換えにフェデラル電信会社の社長になったトンプソンと対立するようになる。こういうことは良くあることだ。スティーブ・ジョブズも自分の作ったアップルを追い出されている。エルウェルは、その後、活動の舞台を英国に移すことになる。

一九一四年エルウェルは、スタンフォード大学に出力５キロワットのポウルセン・アーク送信機を寄付した。その後もスタンフォード大学に出力12キロワットのポウルセン・アーク送信機と付帯設備を寄付した。

米海軍はフェデラル電信会社に接近し、その技術を採用した。第一次世界大戦では、米海軍の多数の艦船がポウルセン・アーク送信機を搭載した。

フェデラル電信会社は、第一次世界大戦前後、パリのエッフェル塔、ボルドー、リヨン、ロンドン、ローマなどに設備を供給した。ボルドーの局の送信出力は１０００キロワットであった、戦後この局は米政府からフランスに売却された。一九二一年、フェデラル電信会社は中国政府と５００万ドルの契約を結び１０００フィートのアンテナを建設した

一九二〇年代、ラジオは爆発的なブームとなり、パロアルトには多くのラジオ工場ができた。

しかし、フェデラル電信会社は、やがて黄昏を迎える。

一九二七年、フェデラル電信会社は、マッケイ・カンパニーに買収されてしまう。したがってフェデラル電信会社の所有していた送信局はすべてマッケイ・カンパニーに帰属することになった。そんな中でもフェデラル電信会社は、送信機を作り続けた。

一九二八年、ＩＴＴ（International Telephone & Telegraph：適切な訳語はない。国際電話電信会社とでも訳せる）がマッケイ・カンパニーを買収した。さらに一九三一年、ＩＴＴの方針でフェデラル電信会社は、東海岸のニュージャージー州に移動した。

ＩＴＴとマッケイ・カンパニー、フェデラル電信会社の関係は資料が非常に少なく、まとまった本では、ロバート・ソーベルの『ＩＴＴ』に出ているくらいである。

フェデラル電信会社跡（古い建物は残っていない）

ただ、この本は原著の139ページで、『(フェデラル電信会社は) ニュージャージー州ニューアークにあった小さな工場で無線電信の送信機と受信機を製造していた小さな会社』と紹介していて、パロアルト時代のことは知らないようである。その意味で全面的に信頼してよいのかどうか分からない。フェデラル電信会社の凋落は、ある意味で、ポウルセン・アーク送信機から先へ進めなかったことに原因があるだろう。ここで気付くことは、企業は常に変化を追及して行かなければ、やがて力を失ってしまうということである。

リー・ド・フォーレスト

一九一一年、フェデラル電信会社に東海岸から非常に有名な人物がやってくる。リー・ド・フォーレストである。私は彼の名前は知っているし、業績も知っているが、どんな人なのかについては何も知らなかったに等しい。そこで二〇一二年に出版されたマイク・アダムスの『リー・ド・フォーレスト　ラジオ、テレビジョン、映画の帝王』と、一九五〇年に出版された『無線の父　リー・ド・フォーレストの自伝』ウィルコックス&フォレット社刊を読んだ。どちらも翻訳はないように思う。ド・フォーレストは、想像以上に波乱万丈の生涯を送った人である。

さて、そもそもリー・ド・フォーレスト (Lee de Forest) は、何と読むのか、それが長い間、悩みの種であった。一般的な語学常識に従うならリー・ド・フォーレと読むのが普通である。私も昔書いた本の中でそういう方針をとった。それをリー・ド・フォーレストと変えたのには理由がある。

ド・フォーレスト家は一六三六年に新大陸にやってきて、ニュー・アムステルダム（現在のニューヨーク）のオランダ人居住区に住みついた。米国としては非常に古い家系で、一代、二代前に米国に来たわけではない。したがってフォーレではなく、米国式の読みのフォーレストかなと思った。ＰＢＳ（パブリック・ブロードキャスティング・システム）の『空の帝国　ラジオを発明した男達』という番組を収録したＤＶＤで、発音を聞いているとフォーレストといっている。そこでリー・ド・フォーレストと記すことにした。また古くは de Forest と記したが、彼の父親は De Forest と記した。息子に至って de Forest に戻した。

ド・フォーレストは、一八七三年アイオワ州カウンシルブラフスに生まれた。彼の父親は会衆派教会の牧師であった。音楽好きの家庭に生まれたこともあって、生涯、彼は美しい音楽を愛した。四人の妻の内、三人がオペラ歌手であったことからも、音楽好きが伺われる。

南北戦争終了後、15年立った時、父親は南部のアラバマ州タラディーガにある黒人学校タラディーガ・カレッジの学長に就任した。父親が17年間学長を勤めたこともあって、ド・フォーレストは、少年期をタラディーガで過ごした。人種差別の激しい南部で黒人学校の学長ということで、ド・フォーレスト家は、厳しい差別と偏見にさらされた。それもあってか、ド・フォーレストは、いつも図書室にこもり、孤独な少年時代を送った。

ド・フォーレストは、電気と機械に強い関心を持つ子供であった。廃材で裏庭に蒸気機関車の巨大な模型を作ったことは有名である。この時代の子供は、みな鉄道にあこがれた。

一八九一年、ド・フォーレストは、マウント・ヘルモン予備学校に入学した。この学校時代に、彼は次第に宗教から離れていく。

一八九三年、ド・フォーレストは、コネチカット州にあるイエール大学のシェフィールド科学学部の機械工学科に入学した。学部は三年制で、大学院は三年制であった。ド・フォーレストは、一八九六年に大学院博士課程に進む。非常に真面目な学生で、可能な限りの多くの電気工学書を読んだ。一八九八年米西戦争が勃発すると、ド・フォーレストは、キューバでの戦いに従軍した。

戦争はすぐ終わり、除隊後、博士課程の最終学年で無線技術について勉強した。特にジェームズ・クラーク・マクスウェルとハインリッヒ・ヘルツの著書や論文について勉強した。

ド・フォーレストの研究の特徴は文献調査を広く行うことであった。彼はバルデマー・ポウルセンの研究に興味を持った。またオリバー・ロッジの『電気の現代的視点（"Modern View of Electricity"）』を読んだ。一八九八年には注目すべき特許という題で21項目をノートに記している。ただ生涯、論文では必要な引用を省いたために告訴に悩まされることになる。

ド・フォーレストの博士論文は『平行した線の終端からのヘルツ波の反射』であった。この研究でド・フォーレストは、レッヘル線を扱った。この研究のためにド・フォーレストは、ブランリーの発明したコヒーラーを検波器とする受信機を使った。コヒーラーは、扱いにくく、マルコーニの無線システムの最大の弱点であった。

独立した研究者・事業家になる

リー・ド・フォーレストは、一八九九年、シカゴのウェスタン・エレクトリック社に雇われた。仕事は電話の交換機製作であった。この仕事は、あまりド・フォーレストの想像力を刺激するものではなかったので、時間が取れたときには、図書館で最新の技術論文を読んだ。そこで彼はE・アスキナスの論文に出会った。それはコヒーラーに代わる検波器のアイデアで、水やアルコールなどの液体を使うものであった。ド・フォーレストは、これを改良してグリセリンを使った独自の検波器を作り上げた。これに電話のイヤーホーンをつけて受信機とした。

ド・フォーレストは、ウェスタン・エレクトリック社で友人となったエドワード・スマイスに金銭援助してもらい、一九〇〇年、特許を申請した。

一年経たずして、ド・フォーレストは、ウェスタン・エレクトリック社を辞め、ミルウォーキーでジョンソン博士の助手になった。ジョンソン博士がド・フォーレストの検波器に目をつけ、その権利を自分に譲るように要求した。ド・フォーレストは、これを拒否したため、すぐ首になった。28歳の青年の生きるための闘いが始まった。ド・フォーレストは、ウェスタン・エレクトリシアンという雑誌の編集者になり、アーマー工科大学で非常勤のアルバイトをした。

最初の屋外実験は一九〇一年、ミシガン湖に浮かべたボートから岸辺にHという文字を送信するものであった。この様子がシカゴの新聞に好意的に取り上げられた。そこでこれに力を得て米国無線電信会社が設立された。設立資金はスマイスが出した。

一九〇一年、ニューヨークで開かれた国際ヨット・レースで、ド・フォーレストの無線システムとマルコーニの無線システムが競うことになった。ヨットに搭載した無線システムからレースの状況を報道するものだった。これは互いの無線システムが干渉しあって、どちらも何も受信できなかった。当時の送信機は火花を使うもので広帯域に過ぎた。特定の周波数を使うものでなかった。受信機には、特定の周波数に合わせて選択受信する同調回路がなかった。

米国無線電信会社は、ほどなく倒産した。ド・フォーレストは、スマイス以下の社員を残したままニューヨークに向かい、再起を目指した。ここでエイブラハム・ホワイトという投資家と出会い、一九〇二年、米国ド・フォーレスト無線電信会社を設立した。ド・フォーレストの無線システムは、米海軍に好評で、かなり売れた。

ド・フォーレストは、一九〇二年から一九〇六年にかけて、米海軍と米陸軍信号部隊に無線システムを売り込む。一九〇四年セント・ルイスで開かれた世界博覧会で、米国ド・フォーレスト無線電信会社は、巨大な送信塔を建てて他を圧倒した。

一九〇五年、日本海軍がロシア海軍を撃滅した日本海海戦では、無線通信システムが大活躍した。哨戒艦の信濃丸が無線で「203地点に敵の第二艦隊見ゆ」という電文を全艦隊宛てに発信し、これが奇跡的大勝利のきっかけとなった。無線の重要性が世界に広く認知された由縁である。

ところが、ド・フォーレストの液体検波器スペードは、カナダのフェッセンデン研究所の特許侵害であるとして訴えられていた。ド・フォーレストは、かなりきわどいこともやっていた。三年間の法廷闘争の後、一九〇六年、ド・フォーレストは、敗訴し、特許侵害の罰金を取られた。

一九〇六年一一月、社内の内紛も重なって、ド・フォーレストは、米国ド・フォーレスト無線電信会社の副社長の座を辞することになる。五年間の苦労の後、ド・フォーレストの手許にはほとんどお金が残らなかったという。

エジソンの電球とエジソン効果

電球を発明したトーマス・アルバ・エジソンは、電球を使用していくと、電球の内側にカーボンが付着するのに気がついた。このカーボンの煤がたまってくると、電球の出力効率が落ちてきた。エジソンは、電球のフィラメントは、燃焼すると電子を電球のガラスに向けて放出しているに違いないと考えた。このカーボンの煤がたまるのを防止するために、エジソンは、電球内にフィラメントを囲むように金属箔を封入してみた。エジソンの面白い所はこれからである。金属箔をプラス側につないでみると金属箔とフィラメント間には電流が流れた。金属箔をマイナス側につないでみると、金属箔とフィラメントの間には電流は流れなかった。

一八八三年、エジソンは、これを特許として申請した。俗に言うエジソン効果である。現在ではエジソン効果は物性物理学で仕事関数やショットキー効果に関連して学部の物理で習う。

実は、もうこれで交流を直流に変換する整流作用を持つ二極管が事実上できているのだが、エジソンは、もうそれ以上は研究しなかった。もったいないことである。

ジョン・アンブローズ・フレミング

ジョン・アンブローズ・フレミングは、一八四九年、英国ランカシャー州のランカスターに生まれた。一八七〇年にユニバーシティ・カレッジ・ロンドンを卒業すると、ロイヤル・カレッジ・オブ・サイエンスで化学を学んだ。ここでボルタ電池に出会い、最初の論文テーマとした。経済的に逼迫したので、一八七四年には、パブリック・スクールで科学の講師をした。

学資がたまったので、一八七七年、27歳でケンブリッジ大学に入学した。ここでフレミングは、ジェームズ・クラーク・マクスウェルの講義を聞いた。私などはうらやましいと思うが、マクスウェルの講義は難解そのもので捉えどころのないものだったという。ある時などマクスウェルの講義に出席していたのは、フレミングだけだったという。

ケンブリッジ大学を化学と物理学の分野で首席で卒業すると、ケンブリッジ大学の機械工学実験の実演者を一年間勤めた。その後、ノッティンガム大学の物理と数学の教授を一年間勤めた。随分、複雑な経歴であるが、ここでまた進路変更がある。

一八八二年、ノッティンガム大学を離れると、フレミングは、ロンドンのエジソン電灯会社に「エレクトリシアン」という翻訳しにくい役職として勤めた。電灯システムや交流システムについて助言を与えた。この時代にフレミングは、エジソン効果について知ったようである。

一八八四年、フレミングは、ユニバーシティ・カレッジ・ロンドンの電気工学の教授に就任する。この時代、フレミングは、フレミングの法則を考え出した。頭の悪い学生に分かりやすく教えるために工夫したといわれている。私自身の経験を振り返ってみると、中学、高校で、右手だの、左手だの、どの指が、電気、磁気、力だのと暗記させられて苦心した。大学でベクトル解析を使った電磁気学を習ってみると、何という実に馬鹿馬鹿しいことをやらされていたと思った。少し上の立場に立つと、おかしなことに苦しまずに済むのである。

一八九七年、ユニバーシティ・カレッジ・ロンドンにペンダー研究所が創設され、フレミングは、所長に就任した。

オーディオン

一八九九年にはフレミングは、マルコーニ社の科学アドバイザーとなった。一九〇〇年、マルコーニ社が大西洋横断無線電信を行うための装置の設置を担当した。多分、この経験でマルコーニ社の無線電信システムの欠点はコヒーラーを使うことだと知ったのだろう。フレミングは、コヒーラーの代わりにエジソン効果を使った二極管が使用できると気が付いた。そこでフレミングは、二極管管を開発した。

フレミングの開発した受信システムは、アンテナから受信した交流電流を、二極管で整流して直流電流に変換し、ガルバノメーターなどの直流電流計で計測した。

マルコーニ社はさっそく一九〇四年にフレミングの二極管を使ったシステムを採用した。そこでフレミングは、特許を申請し、一九〇五年特許を取得した。『交流電流を連続電流に変換する装置』というものであった。もっとも程なく二極管よりすぐれたクリスタル検波装置が発明されたので、マルコーニ社はそちらに全面的に切り替える。

リー・ド・フォーレストという人は、いくらかきわどい人で、おそらくフレミングの発明を知って、次々に特許を申請し取得した。有名なものには次のようなものがある。他にも沢山ある。

『振動に応答する装置』　米国特許836070、一九〇六年
『無線電信』　米国特許841386、一九〇六年
『微弱な電流を増幅する装置』　米国特許841387、一九〇七年
『スペース電信』　米国特許879532、一九〇七年

最初の特許は、フレミングの二極管が一つの電池しか使っていなかったのを、二つの電池を使うようにしたものである。陰極のフィラメントを加熱するための電池をA電池（図中はB′電池）と呼び、陽極のプレートと陰極のフィラメントの間に新しく電池を挿入し、これをB電池と呼んだ。高い電圧をかせぐための工夫である。

二番目の特許は、主に電池として乾電池を使うようにしたものである。

三番目の特許は、二極管にグリッドと呼ばれる第三の極を付け加えたもので、微弱な電流を増幅できると主張した。

四番目の特許は、三極管を無線通信に適用できるとしたものであ

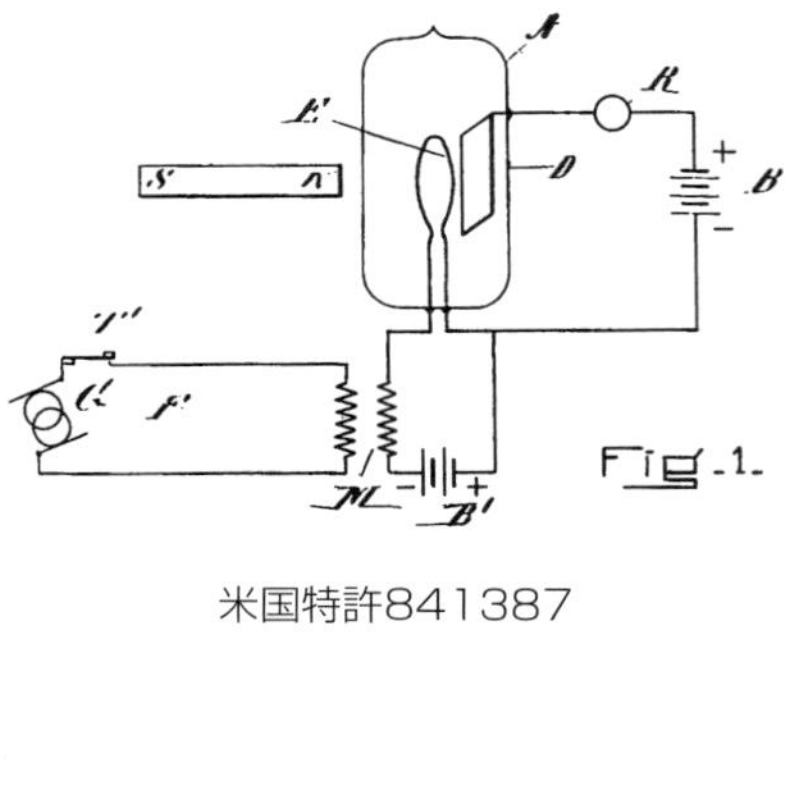

米国特許841387

る。

ド・フォーレストは、三極管をオーディオン（Audion）と呼んだ。ラテン語のオーディオ（Audio）とギリシア語のイオン（ion）を結び付けた中途半端な造語であると皮肉られたという。

ド・フォーレストは、オーディオンの動作原理自体をあまり良く理解していなかった。オーディオンは、実際には三極管でありながら、二極管として使われていた。それはド・フォーレストの自伝からも確認できる。たとえば「新しい二極管オーディオン検波器（the new diode Audion detectors）」という言葉が出てくる。

一九〇六年、フレミングは、ド・フォーレストが自分のアイデアを盗用したとして訴えた。二番目の発明までは、フレミングの二極管をわずかに変更しただけであったから、訴えられても仕方のない部分もあった。フェッセンデン研究所の訴訟で敗訴したばかりであったし、よく訴えられた人である。

無線電話への転進と再度の倒産

リー・ド・フォーレストは、しばしば研究の方向を変える人で、一九〇六年頃から研究の方向を無線電話に変えた。無線電話の送信機にはマルコーニ流のスパーク放電でなく、ポウルセンのアーク放電を使った。雑音も少なく連続波を生成できたからである。これは音声を送る際に、変調という操作がたやすく出来ることで有利であり、重要であった。受信機には検波器としてオーディオンが使われていた。マイクには電話機の送話器、イヤーホーンには電話機の受話器を使った。バランス良くできたシステムであった。

一九〇七年、ド・フォーレストのド・フォーレスト無線電話会社ができた。ド・フォーレストの無線電話装置はさっそく米海軍に採用された。事業は好調で一九〇七年、会社はド・フォーレスト無線電信電話会社と名前を変えた。

ド・フォーレストは、自分の開発した無線電話で愛をささやき、一九〇六年最初の妻のマリエッテ・マザリンと結婚するが、数週間で離婚してしまう。あまりにロマンチストだったからとか、妻が実はある会社の重役の愛人であって、関係を偽装するために結婚したからなどと言われている。

ほどなくド・フォーレストは、二番目の妻のノラ・スタントン・ブランチを迎える。彼女は隣室に母親と住んでいた。ノラは、コーネル大学を卒業した土木工学の技師であった。女性参政権の闘士で、しっかりした人であった。ド・フォーレストのニュージャージー州ニューアークの無線電話製造工場をみずから監督したりもした。

ド・フォーレストのド・フォーレスト無線電信電話会社は、順風満帆に見えたが、一九〇九年突然倒産してしまう。経営陣に不正があり、会社には一銭も残っていなかった。ド・フォーレストの油断であった。ド・フォーレストと経営陣は、株主から訴えられ、逮捕、投獄の危機に陥った。

パロアルトと三極間増幅装置

リー・ド・フォーレストは、ほどなく西海岸に姿を現す。西海岸の無線通信施設の視察と言っているが、株主訴訟の結果、逮捕、投獄されるのを恐れて西海岸に逃げ出したというのが、本当の所だろう。パロアルトのフェデラル電信会社のサイ・エルウェルは、ド・フォーレストのオーディオンに強い関心を持っていた。フォーレストがサンフランシスコに行った時に、二人の出会いが実現した。

ド・フォーレストは、西海岸で働いても良いというようなことを匂わせたらしい。喜んだエルウェルは、フェデラル電信会社のビーチ・トンプソン社長の了解を取り付けて、きわめて高給でド・フォーレストを雇い入れた。

ところが一九一二年三月、突然、ド・フォーレストの目の前に二人の連邦保安官が現われた。はるばる東海岸からド・フォーレストを株券詐欺の容疑で逮捕しにきたのである。礼儀正しい連邦保安官は、ド・フォーレストに連行まで午後10時まで待つので、身辺を整理するように通告した。

ド・フォーレストにとって、頼みのエルウェルはホノルルに出張していたので、非常に困ったようだ。しかし、幸いなんとかトンプソン社長に電話が通じた。トンプソン社長は、即座に一万ドルの保釈金を払ってくれたので、ド・フォーレストは、逮捕を免れ、監獄に入らずにすんだ。

しかし、ド・フォーレストを除く会社の社長以下の逮捕、投獄、有罪判決によって、ド・フォーレスト無線電信電話会社は壊滅し、米国マルコーニ社の独占が確立した。これは米海軍を当惑させた。第一次世界大戦後、国防上の理由から、米国の無線通信の主導権を、外国勢力のマルコーニ社から奪い返すために、米海軍の肝煎りでＲＣＡ（ラジオ・コーポレーション・オブ・アメリカ）が成立することになる。ＲＣＡの成立には、米国の国防の大義を盾にした強引とも思える部分もある。

傷心のド・フォーレストは、パロアルトのフェデラル電信会社の研究所でひっそりと三極管の研究に取組んだ。結果的にはこれが良かった。ド・フォーレストは、三極管を研究しているうちに増幅回路を自家薬籠中のものとし、実用化したのである。それまでのド・フォーレストが外注していたオーディオンは、真空度が低くノイズが多かった。これをX線管用の真空ポンプを使って真空度を上げた。また初期のオーディオンは増幅度が低かったため、多段接続にして増幅度を稼いだ。さらにこの多段接続回路には安定性に問題があったので、ネガティブ・フィードバックに当たる工夫をして安定性を確保した。これによって増幅回路はかなり実用的なものになった。

ただしド・フォーレストは、何事にも詰めが甘く、オーディオンは、写真を見ると、これが三極管かと思う程度の原理的なものだし、電球製造会社に製造させたものに少し手を加えた程度のものだったようだ。製造に対する要求仕様もかなり大雑把なものであったようである。何とか動作するかもしれないが、特性のバラつきは大きかっただろう。工業製品としての三極管になるのはAT&T傘下のウェスタン・エレクトリック社が作るようになってからである。

ド・フォーレストは、時代の寵児であり、詩を作ることの好きなロマンチストであり、女性関係も派手で、結婚も四回した。他にも色々トラブルの多い人で訴訟になることが多かった。訴訟の弁護費用で財産をすってしまうことが度々あった。

弁護費用がかさんだため、ド・フォーレストは、三極管の特許をAT&T（アメリカ電話電信会社）に5万ドルという安値で売ってしまった。AT&Tは45万ドルの支払いを覚悟していたという。これによってAT&Tは真空管増幅器の特許を独占し、放送事業をしばらく独占することができた。放送は電話の一種であるという屈折した論理である。この辺りの話については、私の『ニューメディア時代の知的生産の技術』（講談社文庫）で書いたことがある。

一九一三年ド・フォーレストは、フェデラル電信会社を辞めてニューヨークに向かう。

この後も、映画などの分野でド・フォーレストの活動は続くのだが、我々の物語からは退場して行く。

米国の僻遠の地であるパロアルトにド・フォーレストが行き、そこで時代を画する三極管増幅回路を作ったということだけを記憶していただければ良い。簡単な歴史の本には、それだけしか書かれていない。

アマチュア無線家達の文化

サンフランシスコの湾岸地域（ベイ・エリア）は早くからアマチュア無線が盛んな地域であった。一九二〇年には１２００人のアマチュア無線の免許を取得した人々がいて、全米のアマチュア無線人口の10％を占めていた。アマチュア無線家についてはクリストフ・レクイエが『メイキング・シリコンバレー』で面白い考察をしている。

アマチュア無線家は、同志的で濃密な社交性を有しており、平等主義と民主的な理想を持っており、技術革新とリソースフル性を尊重し、競争はするが情報は共有するというのである。つまり助け合い文化である。誰よりも優れた技術を誇るが、達成した後は、惜しみなく仲間と情報を共有する。米国のアマチュア無線で代表した全米無線リレー連盟ＡＲＲＬも競い合いと自由な情報共有を主張していた。

マイクロコンピュータが登場した頃、ビル・ゲイツがマイクロソフトＢＡＳＩＣのコピーを止めるようにと、ベイ・エリアのホームブリュー・コンピュータ・クラブに公開状を送ったが、一笑に付された。情報は共有すべきもので、それを姑息にも金儲けの対象にするとは呆れて物が言えないというのが、アマチュア無線文化を引き継いだベイ・エリアの人々の論理だったろう。

一九二二年、米国商務省は波長２００メートル以下の短波の周波数帯をアマチュア無線家に割り当てた。当時は遠距離通信は長波が向いていると信じられ、米軍、ＲＣＡ、ＡＴ&Ｔ，放送網に長波が割り当てられたのである。ところがアマチュア無線家に割り当てられた短波が次第に通信距離を伸ばした。短波を使うには真空管回路の採用が不可欠で、アマチュア無線家は競って開発を続け、成果の情報を公開し、共有して行った。

チャールズ・リットン

チャールズ・ビンセント・リットンは、一九〇四年サンフランシスコに生まれた。少年時代、レッドウッドシティの自宅でアマチュア無線に熱中した。サンフランシスコのカリフォルニア・メカニカル・アーツ高校で機械工学の勉強をした。真空管があまりに高いので自分でガラスを吹くことを覚えて真空管を作った。高校を卒業する頃には真空管作りにかけては相当の腕前になっていた。

一九二四年、リットンは、スタンフォード大学の機械工学科を卒業した。この年、リットンを初めとするスタンフォード無線クラブは、短波でオーストラリアとニュージーランドとの通信に成功した。

一九二五年、電気工学科を卒業したリットンは、一九二五年から一九二七年にかけてＡＴ&Ｔベル電話研究所に勤めた。ここでリットンは、長距離海外電話のための短波無線システムの開発部に所属し、計測器と短波受信機を設計した。

一九二七年リットンは、カリフォルニアに戻り、フェデラル電信会社に勤め、真空管技術の責任者になった。大恐慌の時代、フェデラル電信会社は、ＩＴＴに買収され、一九三一年ニュージャージー州に移ることになった。リットンは、カリフォルニアに残り、ラルフ・ハインツによってサンフランシスコ市ナトマ・ストリート２１９番地（219 Natoma Street, San Francisco）にあったハインツ＆カウフマン社に入社した。

ウィリアム・イーテルとジャック・マクルー

ここで二人のアマチュア無線家が登場する。一人目は、ウィリアム・イーテルである。彼の父は航空機エンジンの設計を志したが資金不足で行き詰まり、石材業者になった。イーテルの叔父はオークランドにホール・スコット自動車会社を設立した。ホール・スコット自動車会社の得意は小型のスポーツカーであった。また航空機エンジンの設計・製造もした。リバーティ・エンジンと呼ばれたエンジンは第一次世界大戦で米軍の航空機に搭載された。

イーテルは、金属加工の手伝いや機械の操作をして欲しいという父親の希望もあって、ロスガトス高校で機械工学の知識を身につけた。彼が最も好きだったのは、ホール・スコット自動車会社を訪ねることで、機械工場の現場知識や複雑な機械の操作を覚えた。

二人目は、ジャック・マクルーである。彼の父はサンフランシスコの小さな材木業者であった。マクルーの叔父は、製材工場を持っていた。マクルーは、サンフランシスコのカリフォルニア・メカニカル・アーツ高校で機械工学を学んだ。卒業後、近くの短大に進んだ。

一九二九年イーテルは、ハインツ&カウフマン社に入社した。翌年マクルーもハインツ&カウフマン社に入社した。こうしてリットン、イーテルとマクルーの三人がハインツ&カウフマン社に揃った。

一九二九年、ハインツ&カウフマン社は、サンフランシスコに本拠を置くダラー・スティームシップ社という船舶会社から、ハワイ、グアム、中国、フィリピン、米国を結ぶ大規模な短波無線ネットワークを作るように依頼される。それだけでなくダラー・スティームシップ社は、ハインツ&カウフマン社の株式を購入し、支配権を握る。スティームシップとは蒸気船という意味であり、船舶無線が重要であった。

伝家の宝刀　独占禁止法

少しさかのぼるが、一九二〇年代前期から、フェデラル電信会社やハインツ&カウフマン社は、無線通信の送信管を市場から調達できなくなっていた。RCA、GE、ウェスタン・エレクトリック、ウェスティング・ハウスなどの巨大企業が、市場独占を脅かしかねないフェデラル電信会社やハインツ&カウフマン社のような中小企業には大電力の送信管を売らないことにしていたからである。

むろん明確な独占禁止法違反であるが、背後には米海軍が控えており、国防の大義が優先していた。

巨大企業グループの最大の防壁は特許であり、特許のクロス・ライセンスによって巨大企業グループだけの権益を堅く防衛していた。後発の中小企業としては、巨大企業グループの特許の防壁をくぐり抜け、送信管を作り出さねばならなくなった。チャールズ・リットン、ウィリアム・イーテルとジャック・マクルーは、短波長（高周波）で動作する電力増幅用真空管ガンマトロンを開発した。

一九三〇年、米国商務省は、独占禁止法（シャーマン法）違反で、ＲＣＡ、ＧＥ、ウェスタン・エレクトリック、ウェスティング・ハウスを告訴した。18ヶ月後に同意審決がおり、すべてのクロス・ライセンスは破棄するように命令が出た。ＲＣＡは米海軍が後ろにいて、ＧＥ、ウェスタン・エレクトリック、ウェスティング・ハウスが出資していたが、これらの出資分はすべて回収し、ＲＣＡは独立した会社にさせられた。巨大企業同士で競争せよというのである。また弱小企業の保護が打ち出された。

こうなれば、ダラー・スティームシップ社は、子会社のハインツ＆カウフマン社の送信管事業に理解を示してくれるだろうとイーテルとマクルーは期待した。

しかし、さにあらず、ＲＣＡからの訴訟を恐れたダラー・スティームシップ社は、ハインツ＆カウフマン社が送信管事業に参入するのを許さなかった。

それどころか、ダラー・スティームシップ社は、ハインツ＆カウフマン社の運用経費削減と人員整理を強行し、ラルフ・ハインツとイーテルを除いた約50人の従業員を全員解雇した。しばらくして、やっとマクルーが再雇用された。こうなれば独立を考えるのは当然だろう。

イーテル&マクルー社とリットン技術研究所の設立

一九三四年、ウィリアム・イーテルとジャック・マクルーは、ハインツ&カウフマン社を去り、サンブルーノにイーテル&マクルー（ＥＩＭＡＣ）社を設立した。目指したのはアマチュア用の高品質の送信管だった。彼等がハインツ&カウフマン社を去った後、ダラー・スティームシップ社は、彼等が開発した電力増幅用真空管ガンマトロンの本格的な製造・販売に乗り出した。またＲＣＡ、ＧＥ、ウェスタン・エレクトリック、ウェスティング・ハウスなどの巨大企業は、彼等にとって恐怖であった。それでも彼等は開発を続け、一九三六年、最初の送信管ＥＩＭＡＣ150Ｔを売り出した。イーテル&マクルー社は、20代の若いアマチュア無線出身の若者中心の独特の会社であった。チャールズ・リットンの暖かい支援もあった。

一九三二年、リットンは、６０００ドルの資本で、リットン技術研究所を創立した。両親の住んでいたレッドウッドシティのイートン・アベニューの家の裏庭に小屋を建てて研究を続けていたらしい。この時代までのリットンについては、通り一遍のこと以外は、ほとんど何も分からないと書いてある専門書を読んだことがある。

リットンは、高い真空管技術を持っていたが、一九三五年頃、あることに気付いた。ガラスの真空管を作る作業は大変むずかしい技術である。リットンは、手作業を廃して、独自のガラス加工用旋盤を作った。これが東海岸の巨大企業に売れることが分かったのである。

さらに優秀な真空管は、真空度が高くなければならない。当時は水銀を使った真空ポンプが使用されていたが、リットンは、水銀を使わない独自の真空ポンプを開発した。これも良く売れた。すると一九三〇年代末にはリットン技術研究所の売上げの90%は真空管からではなく、真空管製造装置から上がるようになった。

一九四一年、リットンは、他の出資者と共に電力増幅管を生産するICE（インダストリアル・コマーシャル・エレクトロニクス）社を設立した。

第二次世界大戦は、他の会社同様、イーテル&マクルー社、リットン技術研究所、ハインツ&カウフマン社を急速に成長させた。

しかし、第二次世界大戦が終結すると、たちまち反動が来て、一九四九年にICE社は破産し、一九五三年にはハインツ&カウフマン社が破産した。イーテル&マクルー社は、新しい生産ラインを開発することによって乗り切った。それだけでなく一九四七年にはイーテル&マクルー社は、米国の電力増幅管の製造で最大のシェアを占めるようになる。

第3章　バリアン

アイルランドからパロアルトへ

バリアン（Varian）については、ヴァリアンと表記するのが良いのかも知れないが、一応バリアンと表記することにしよう。バリアン・アソシエイツは、マイクロ波機器では有名である。バリアン・アソシエイツは、ラッセルとシガードの二人のバリアン兄弟によって創設された。バリアン兄弟には、もう一人エリックという弟がいたが、気の毒にも影が薄い。

バリアン兄弟の両親は、共にアイルランド生まれである。一八九二年、ジョン・バリアンとアグネス・ディックソンは、アイルランドのダブリンで結婚した。アグネスは、オーストラリアに嫁いだジョン・バリアンの娘で、いとこ同士であった。ジョンは、当時、家業のブラシ製造工場で働いていたが、夢想家であり、あまりやる気がなかった。ジョンは、喘息と気管支炎に悩まされていたが、カリフォルニアの乾燥した気候が胸の病気に良いと聞いて、故国のアイルランドを捨て、一八九四年米国のニューヨーク市に到着した。

バリアン夫妻は、ニューヨーク市の神智学協会を訪ねた後で、ワシントンＤＣにいた親戚のオズボーン家を訪ねた。さらに汽車に乗って、はるかサンフランシスコに向かった。ここでも神智学協会の知合いを頼る。希望に満ちた約束の土地と考えていたサンフランシスコは霧が濃く、湿度が高くてジョン・バリアンの胸の病気には向いていなかった。

そこで様々な地を転々とした後、ニューヨークから移住していたオズボーン家の住んでいたサンタクララ・バレーのサンノゼの果樹園地帯に身を寄せた。しかし、ここも合わなかった。数年して東海岸のワシントンＤＣに戻り、ユーカリ油の事業を始めたが失敗であった。ここで一八九八年に長男のラッセル・バリアンが生まれた。

ワシントンＤＣを出たバリアン一家は、フィラデルフィアを経てシラキュースに移った。ここでも神智学協会の世話になった。シラキュースで一九〇一年に次男のシガード・バリアンが生まれた。

シラキュースで父親のジョンは、トルコ浴場に職を得てマッサージ師となった。一九〇二年トルコ浴場が閉鎖され、ジョン・バリアンが失職した。そこで再びオズボーン家のチェリー叔母を頼って、一九〇三年、西海岸のパロアルトにたどり着く。チェリー叔母は、サンノゼからパロアルトに移り住んでいた。

バリアン一家は、パロアルトのブライアント・ストリート１０５２番地（1052 Bryant Street, Palo Alto）のチェリー叔母の住んでいた家に転がり込んだ。ところが、チェリー叔母は、やんちゃで喧しい小さな子供達を多少持て余した。歳をとると、元気な子供のエネルギーにはついていけないものである。そこで半年後の一九〇三年八月、ブライアント・ストリート１０４４番地（1044 Bryant Street, Palo Alto）に空家ができると、チェリー叔母は、その物件を買い取って、バリアン夫妻に買い与えた。ここは地図で確認すれば、すぐ分かるが、スタンフォード大学の直近である。一九〇四年、三男のエリックが生まれる。父親はパロアルトでもマッサージや整体の仕事をしていた。この仕事はなかなか良い収入になり、患者も増えた。バリアン夫妻は、米国到着以来はじめて安定した生活を送れるようになった。

ここでジョンは、神智学協会の人民寺院に帰属することになる。神智学協会は、一九〇三年にパロアルトの南、約３６０キロメートルのハルシオンという太平洋岸の町に本拠地を移して、人民寺院を建設していた。ハルシオンという名前は、ギリシャ神話に由来する。ハルシオンは、その名前からも分かるように一風変わった、きわめてユートピア的な町であった。

安定した幸せな生活というのは永遠には継続しないものである。カリフォルニア州は、ある時、マッサージや整体については、免許を必要とすると定めた。免許を持たない者は、医者の下で手伝いとしてしか働けないことになった。ところがジョンは、必要な試験に通るだけの医学的な教育や訓練を受けていなかった。困ったジョンは、友人の医者のオフィスで働くようになったが、次第に彼のお客は減りはじめ、一九一四年には全く生活が立ち行かなくなった。

そこでハルシオンの町の神智学協会の友人が、アグネスに郵便局の職を世話するから、バリアン夫妻にハルシオンに移住するように勧めた。こうしてバリアン一家は、ハルシオンの町に移住することになる。ジョンは、ハルシオンの町で野菜の栽培にいくらか成功するが、彼らの生活は、きわめて豊かとはいえないものだった。

ラッセル・バリアン

長男のラッセル・バリアンは、少年時代、難読症で、のろまと言われていたが、強い意志と猛烈な努力で、これを克服した。全然、字が読めなかったわけではない。文章を読むのに非常に時間がかかっただけである。文章を書くのも苦手であった。実際、ラッセルは、生涯、誤字だらけの文章を書いていた。妻のドロシー・バリアンの書いたバリアン兄弟の伝記『発明家とパイロット』によれば、「美しい」を butiful（正しくは beautiful）と綴り、「簡単な」を symple（正しくは simple）と綴ったという。難読症は英語国民には意外な割合で起きる病気らしい。英語では綴りと発音が一致しないことにも関係があるようだ。実は後で出て来るＨＰのウィリアム・ヒューレットも難読症で苦しんだ。

また難読症の常で、数学の学習にも困難を感じることが多かった。

ラッセルは、一九〇七年、６歳の時、ミス・ジャクソンズ・スクールに入学し、一九一〇年９歳の時、カステリア・スクールに入学する。小さい頃から難読症の症状が出ていて学習に困難を感じていた。近視が強かったのでリットン・スクールに移された。ただラッセルは、記憶力が良かったので、文字からでなく、先生の話を記憶することで、勉強をする方法を身につけた。

ラッセルは、ハルシオンに引越した後、オケアノ・グラマー・スクールを一九一四年に卒業し、17歳の時、アロヨ・グランデ高校に進学した。すでに少し進級が遅れており、弟のシガードに追いつかれている。

高校時代、ラッセルは、物理学に強い関心を示し、一九一六年には『電気の実験』という雑誌でリー・

ド・フォーレストのオーディオンという三極真空管の記事を読んでいた。この三極管を使って，数千マイル先まで音楽を送れるのではないかと，友人に書き送っている。また電気やラジオの実験やいたずらに夢中になっていた。

ラッセルの高校卒業は，一九一九年21歳の時と伝えられる。周囲をあっと言わせたのはラッセルがスタンフォード大学に合格したことである。

スタンフォード大学に入学が決まった時に，ラッセル・バリアンは，お金の節約のためにハルシオンからスタンフォード大学までの360キロメートルを歩いた。使ったお金はわずか10セントであったという。この話はマイケル・S・マローンが書いているが，正確ではなく，ドロシー・バリアンによれば，実際は，ヒッチハイクで行ったので，歩いた距離は，ごくわずかであったという。夜11時にパロアルトに到着した。10セントは途中の食事代であった。

スタンフォード大学では，学内の植物園で果物や木の実の成っている場所を調査し，警備員が見回る前に朝早く，もぎとって食事代を節約したといわれる。これは逸話であって，毎回そうしたわけではない。

このような行動を見ていると粗野な育ちを感じさせることもあるが，ラッセルという名前自体，アイルランドの詩人ジョージ・ウィリアム・ラッセルから採っているし，バリアン一家は文人，詩人，音楽家とも非常に親しく交際していたし，進歩的な思想を持っていた。

ラッセル自身は，経済学，政治学，社会関係論など文科系に興味があったようだが，専攻とするにはたくさん本を読まねばならない。それは難読症のラッセルには，つらかったので，比較的に少し本を読むだけで済む理科系に接近していくことになる。

ラッセルは、大体の科目はなんとかクリアしたが、数学は駄目だった。全部駄目だったわけではなく、原理は理解するものの、計算をするのが苦手だった。このため何度も落第した。

物理学を専攻するのに、数学ができないのは、大きなハンディキャップである。しかし、ラッセルは、めげなかった。彼は数学的な問題が出ると、答を予想したのである。悪く言えば当て推量である。良く言えば物理的直感を働かせるともいえる。たまに物理学者でこういうタイプの人がいる。

ラッセルは、のろまな動作、ゆっくりとした話し方、ぼんやりして何を考えているのか分かりにくいこと、加えて長身の男として有名であった。

ラッセルは、学部を卒業すると物理学科の大学院の修士課程に入学した。ただし修士課程終了は一九二七年、29歳の時だから、いろいろ大変だったのだろう。指導はウィリアム・ハンセンであった。最初はガス封入X線管を設計し製作した。ラッセルは理論家で、機械工作は弟のシガードに及ぶ所ではなかったから苦労した。

結局、この研究によって一九二九年『小直径高出力のガス封入X線管』と『軟X線に対するコンプトン高価の密度測定』という論文が学会誌に掲載された。

さすらいの研究者

修士課程修了後、ラッセル・バリアンは、研究を続けたかったが、奨学金の返済もあり、両親の経済的援助も望めなかったので、就職を考えることにした。様々な曲折を経て、サンフランシスコのブッシュ電気会社に就職した。半年間でスタビライザーに続いてオシロスコープの仕事をこなすと、会社がつぶれた。そこでラッセルは、スタンフォード大学に戻った。

一九二九年八月、ラッセルは、今度はテキサス州ヒューストンのハンブル石油会社に就職した。振動する磁気計器という物理的な手法で石油の存在を探し当てるのが仕事だった。

ここで一番重要な出来事は、スタンフォード大学時代に一緒に部屋を借りていたウィリアム・ハンセンから手紙がきたことである。スタンフォード大学時代、ラッセルは、ラジオの回路測定に使用する増幅器を手がけていた。これをハンセンが引き継いでいた。ハンセンは、この増幅器を完成させたが、理論的には起きるはずのないハウリングが生じていたのである。そこでハンセンは、この問題について理論計算をした結果をラッセルに送ってきた。原稿には多数の間違いがあり、図もなかった。ラッセルは、ゆっくりと時間をかけて検証を進めて、結果をハンセンに送った。これが後の伏線となる。

ラッセルは振動する磁気計器に関して一九三〇年米国特許を申請し、一九三四年に米国特許を取得する。しかし、その以前の一九三〇年二月、ラッセルは、ハンブル石油会社を首になった。大恐慌下で大変な時期に失職したのである。

テキサス州ヒューストンからスタンフォード大学に戻ったラッセルは、ハンセンと回路の測定装置を完成させた。さらに少し話が先走るが、弟のシガードと考えていた航空機用の航法装置についてのアイデアの検討をした。そこでラッセルは、サンフランシスコに行き、特許専門の弁護士ドン・リッペンコットに会った。アイデアそのものは、すでに先に考えていた人がいたため、没になったが、話の中でリッペンコットは、フィロ・ファーンズワースのファーンズワース研究所の話をして、紹介状を書いてあげると言った。

ファーンズワースは、当時、弱冠24歳であったが、テレビの研究では有名であった。一九二二年、16歳の時にテレビ用の撮像管のアイデアを出していた。一九二六年、20歳の時には、テレビジョンの研究所を設立した。21歳の時にはすでに撮像管は試作に成功していたが、実用化にはまだ程遠かった。ちょうど世界大恐慌の時代であり、資金繰りが厳しくなっていた。同じくテレビの先覚者ＲＣＡのウラジミール・ツボルキンがファーンズワース研究所を訪ねてきたりして何とか期待を持たせたりしたが、厳しい状況であった。

一九三〇年三月、ラッセルは、ファーンズワース研究所で、金属からの二次電子放射の研究を任された。これはラッセルにとっては、非常に興味深いテーマであった。またラッセルは、かなり長い間、静電気除去の研究もしていた。

ファーンズワース研究所は、すぐに倒産してしまうが、フィラデルフィアに本拠を置くフィルコという会社が支援に乗り出す。バリアン兄弟は、投資にも深い関心を持っており、ファーンズワースの新会社にラッセルが９００ドル、シガードが１２５０ドルを投資した。

新会社は西海岸のサンフランシスコから東海岸のフィラデルフィアに移転した。ラッセルは、新会社でドイツ語の文献を読みながら、蛍光物質の研究を続けていた。結局、新会社はテレビ事業に破れ、一九三三年七月倒産する。当然ラッセルは、再び首になった。しかし、この会社で多くの発明をし、特許法と特許申請の手続きについて学んだ。ラッセルは、やり残した仕事を片付けた後、一九三三年九月カリフォルニアに戻った。

カリフォルニアに戻ったラッセルは、静電気除去システムや障壁層電池についての研究を進めながら、UCバークレーのフェリックス・ブロック教授に助言を求めながら、フィジカル・レビューに論文を投稿した。この論文は一九三四年一一月に採録される。発明や論文はかなりの数に上っていたが、ラッセルが、スタンフォード大学の教員になる道は堅く閉ざされていた。一時は高校の先生になろうとさえした。

一九三四年九月ハンセンが、国内留学先からスタンフォード大学に戻り、再び共同で部屋を借りるようになると、少しは風向きも変わり始める。

シガード・バリアン

バリアン家の次男のシガード・バリアンは、子供の頃から機械いじりが好きだった。父親が買った中古で、シリンダーの壊れた一九〇一年製オールルズ・モービルという自動車をバラバラに分解し、修理しようとしたりした。一九一八年にはオートバイを購入し、これを乗りまわして、遠方にまで出かけた。機械工作の好きな行動的な子供であった。

シガードは、一九二〇年にアロヨ・グランデ高校を卒業すると、カリフォルニア・ポリテクニック・スクールに入学した。専門技術学校である。ここでシガードは、機械工学を学んだが、じきに学業に飽きてしまい、二人の友人とともにモーターの修理などをする会社を作った。

シガードは、一九二二年に南カリフォルニア・エジソン会社に入社する。いろいろな現場を経験した後、レドンド・ビーチで飛行機が離着陸するのに出会った。たちまちシガードは、飛行機の魅力の虜になった。お金をためて一九二四年から飛行機の操縦を習い始めた。

一九二四年八月に第一次世界大戦で使用されて、戦後、不用品となった複葉の練習機カーチス・ジェニーを買った。価格は４００ドル程度といわれる。きわめて安い買い物であった。飛行機の維持費用の獲得のために胴体に広告を貼り付けたり、飛行機の操縦を教えたり、遊覧飛行をやったり、曲芸飛行までやった。

一九二六年、操縦士の資格に関して政府の規制が厳しくなると、連邦航空局ＦＡＡの資格を取った。この頃からシガードの肺結核がひどくなり始め、一生彼につきまとうことになる。

一九二九年シガードは、テキサス州ブラウンズビルに旅立った。パンアメリカン航空は、子会社を使って、メキシコと中米への路線を開設することになったのである。シガードはこの路線の操縦士になった。

シガードは、メキシコと中米へと飛んだ。ここで気がついたのはメキシコの地図のでたらめさで、沼地と書いてある所が山だったりした。また夜間や天候不順の日に安全に着陸することの難しさを知った。当時、スペリー・ジャイロスコープ社がジャイロスコープを航空機用に改造して航法用に使えるようになっていた。しかし、このジャイロスコープは、実際には十分使える物にはならなかった。後にスペリー・ジャイロスコープ社が、一番早くバリアン兄弟のクライストロンに目をつけ、出資したのは、こういう事情があってのことだろう。

そこで、シガードは、夜間や悪天候でも、安全に飛行できる装置の開発を考えた。様々なアイデアを思いついたが、エンジンのシンクロナイザーなどのアイデアも出た。

またシガードは、パナマ運河地帯の防備の脆弱性を危惧し、もし、パナマ運河地帯が敵国ドイツに占領されたら、米国が夜間爆撃を受ける可能性があると心配していた。そういうことは制海権を持たないドイツには無理だと思うが、シガードは、真剣に心配したのである。シガードは夜間でも航空機の飛行が検出されなければならないと考えた。最初の構想はドップラー・レーダーのようなものだったらしい。

一九三五年、バリアン兄弟は、ハルシオンの町で家族経営の研究所を立ち上げることになった。二人とも自分の仕事を投げ打って、この装置の開発に取り組むことになった。

ウィリアム・ハンセン

これまでも何度か登場しているウィリアム・ハンセン（愛称ビル・ハンセン）は、一九〇九年、カリフォルニア州フレスノに生まれた。祖父はデンマークからの移民であった。ウィリアム・ハンセンの父親は12歳から働きに出て、夜学に通った。数学と力学が得意であった。一八九五年から金物屋を経営することになる。

ハンセンは、子供の頃から、天才の片鱗を見せていた。成績優秀なため高校は14歳の時、二年間で卒業し、一年間、フレスノ技術高校に通う。大学に入るには若すぎたからである。ここで大学に入る準備をした。

一九二五年、ハンセンは、16歳でスタンフォード大学の電気工学科に入学した。途中で専攻を物理に変え、一九二九年に学士号を取得し、一九三三年に博士号を取得する。学部、大学院での研究は一貫してX線である。一九二八年から、共著であるがX線に関するいくつもの論文を学会誌に発表している。

一九三三年、ハンセンは、ナショナル・リサーチ・フェローシップによってMITに留学する。ここで有名な電磁気学の権威ジュリアス・アダムス・ストラットンに会ったし、フィリップ・マコード・モースの影響で境界値問題やグリーン関数の扱いに習熟した。

モースは、ハーマン・フェッシュバッハと共著で『理論物理学の方法』という2000ページに及ぶ二巻本を出している。私も南カリフォルニア大学に客員教授として滞在している時に読み始めたが、残念ながら第一巻を何とか読んだ位で、第二巻は読めなかった。残念である。一旦途切れてしまうと、なかなか元には戻せないが、読んだ範囲では想像していたより、ずっと具体的で、実際的で分かりやすい本であった。

ハンセンは、MIT留学当時もX線管の研究をしていた。ハンセンは、強力なX線出力を達成するためには、X線管に単に高電圧をかけるより、高周波で電子を加速した方が良いのではというアイデアを持った。電子を加速するというアイデアが面白い。

ハンセンは、閉じた導体内の電磁界を、ベクトル・ポテンシャルと球座標系を使って解析したという。普通はこういうやり方は、複雑で面倒になるので敬遠するものだが、ハンセンは、やってのけた。応用数学が得意だったのだろう。結果は閉じた導体内部には安定したモードが存在し、損失の少ない共振器が得られるということだった。そこで三極管と組み合わせると、低損失の高周波発振器が作成できるのではないかということになった。

一九三四年、ハンセンは、ＭＩＴを離れ、スタンフォード大学物理学科に戻り、助教に昇進する。ハンセンがＭＩＴで抱いていたアイデアは、ルンバトロンとして実現した。ルンバは、むろん、ダンスのルンバである。電子がルンバを踊っているという意味だ。実際上は発振器なのだが、空洞共振器の側面が強調されることが多い。

ここでバリアン兄弟については、ラッセル・バリアンの二度目の妻であるドロシーの『発明家で飛行家：ラッセル・バリアンとシガード・バリアン』という本が詳しい。しかし、ドロシー・バリアンは、ハンセンとバリアン兄弟とフレッド・ターマンの関係については、ほとんど言及していない。これは多分、後年バリアン・アソシエイツができて、しばらくしてから、フレッド・ターマンを役員に迎えるために、ドロシーが役員を降ろされたことにも関係があるのではないかと思う。

ハンセンは、アンテナからの放射に興味を持ち、一九三六年にＩＲＥに論文を出した。この論文を読んだフレッド・ターマンは、ハンセンの研究を激励し、ハンセンが電離層での電波伝搬に興味を持つように仕向けた。ハンセンとターマンは、アンテナの共同研究をして、一九三八年『指向性放射システム』の特許を申請した。指向性アンテナ・システムのことである。

ルンバトロン

ラッセル・バリアンは、ウィリアム・ハンセンの考えた空洞共振器ルンバトロンがヒントになると考えて、ハンセンをハルシオンの町に招いて意見交換をした。

シガード・バリアンは、一九三六年スタンフォード大学に行って自分達の研究のアイデアを聞いてもらおうと強く主張した。押しかけである。スタンフォード大学物理学科の主任教授デイビッド・ウェブスターは、彼等の話を聞いてくれた。ウェブスター教授は、学長のレイモンド・ウィルバー教授に話を持って行った。

この間一九三七年、ハンセンは、スタンフォード大学の準教授に昇進した。

一九三七年四月二八日に話がまとまり、バリアン兄弟の二人は、スタンフォード大学の物理学科の無給の研究助手として採用され、実験室と工作室の使用許可、学部教員との相談の許可がおりた。また材料費として１００ドルを供出すること、開発成功の暁にはスタンフォード大学とバリアン兄弟でロイヤリティを折半することが取り決められた。いくら物価が違うとはいえ、ずいぶん安いと言わざるを得ない。バリアン兄弟も後にそう言っている。とはいえ、ハンセンの支持があったにせよ、ドロップアウトの二人のあてになりそうもない話に１００ドル出すのは冒険だったかもしれない。

クライストロン

様々な苦難の末、ラッセル・バリアンは、速度変調という考えに行き着いた。一九三七年八月に試作品が出来て、クライストロンと名づけた。ギリシャ語の動詞クリスに電子管を意味するトロンを結びつけ、クライストロンと命名された。クリス（κλυσ）とは、浜に当たって波が砕ける動作を示すと説明されていた。

昔から奇妙な名前だと思っていたが、実際にギリシャ語辞典に当たって調べてみると、全く違うので驚いた。なお英語の発音としては、クライストロンとクリストロンの二つがある。ギリシャ語の造語語源からいえばクリストロンだが、日本国内の慣用に従い、クライストロンと表記する。

彼等の研究の進捗状況については、ドロシー・バリアンの本が詳しい。私も40年以上前の学生時代に基礎電子工学でクライストロンについては勉強した覚えがある。なつかしくページを開いてみた。

クライストロンに限らず、新しい発明の開発と実用化には長い時間がかかる。無給だから、貯金の取り崩しである。ずいぶん大変だったと思う。ラッセルが、時々スタンフォード大学の果物やナッツを食べたというのもこの頃ならばうなずける。アイルランド人らしい我慢強さで、無一文になって追い詰められても決して諦めなかったアイルランドの文学者ジェームズ・ジョイスを思い出した。

ラッセルは、研究に際して日付の入った克明なノートを残している。特許を意識した場合には絶対に必要だろう。一九三七年の秋のクライストロン試作成功を受けて特許の申請も行われた。

だがクライストロンを実際に本格的な製品にするためには、さらに開発費が必要である。軍も会社もなかなか取り合わなかった。ところが一九三八年にスペリー・ジャイロスコープ社が援助してくれることになった。年間2万5千ドルである。クライストロンが製品化した場合、総売上げの5％をスタンフォード大学が取り、バリアン兄弟が5％、ウィリアム・ハンセンが若干もらえることになった。一九三八年の後半から、クライストロンの開発に、フレッド・ターマンとスタンフォード大学の電気工学科が関与するようになってくる。物理学科だけでは。主に人的資源が十分でなくなってきたからである。

この産学協同のクライストロン開発事業は、話としては美しいが、なかなか大変なものだったらしい。教授はクライストロン製品化に専従するように言われたり、スペリー・ジャイロスコープ社の研究員や技師は居場所がなかったり、シガード・バリアンが肺結核になったりした。

一九三九年にエドワード・ギンツトンというロシア出身のスタンフォード大学の大学院博士課程の学生がターマンの指示でクライストロン開発に参加した。

一九三九年二月ボストンでクライストロンが組み立てられ、航空機に搭載されて計器だけによる着陸に成功した。クライストロンの出力は300ワット、波長は40センチメートルであった。

バリアン兄弟のクライストロンは、航空機に搭載できる程度の大きさだったので軍事的に重要であった。実は英国は送信機用のマグネトロンと、受信機用のクライストロンを独自に開発していたが、英国のクライストロンは、あまり性能が良くなく、マグネトロンは強力だったが大きすぎて、航空機の受信機用には搭載できなかった。バリアン兄弟のクライストロンは、英国空軍の戦闘機に搭載され、バトル・オブ・ブリテンでの英国空軍の大勝利に寄与したという。

一九四〇年から、クライストロンの開発は、東海岸のニューヨーク州ロングアイランドのガーデン・シティのスペリー・ジャイロスコープ社のカーチス・ライト工場で行われるようになった。ウィリアム・ハンセン、ラッセル・バリアンを中心とするグループは、クライストロンの実用化と本格的改良に取組んだ。

バリアン・アソシエイツ社

第二次世界大戦後、ラッセル・バリアンのグループは、カリフォルニアに戻り、一九四八年七月一日、バリアン・アソシエイツ社が、サンカルロス市ワシントン・ストリート98番地（98 Washington Street, San Carlos）に設立された。

サンカルロスは、レッドウッドシティの北側に隣接している。むろんレッドウッドシティと同じく、ランチョ・デ・ラス・プルガスの一部であった。もっとさかのぼると一七七五年にサンフランシスコ湾に乗り入れたスペインのサンカルロス号の乗組員が上陸して発見した。もちろん現地人は、いたわけで、オーロネ族の一部族であるラムチン族が住んでいた。この部族は気の毒なことにスペイン人の持ち込んだ病気や強制労働などでほぼ絶滅したという。

サンカルロスがなぜサンカルロスと呼ばれるのかについては諸説ある。

まず第一に一七七五年にサン・フランシスコ湾に最初に乗り入れたサンカルロス号に由来するという説がある。第二にスペイン王カルロス三世の名に由来するという説がある。第三に一七六九年一一月四日、ガスパル・デ・ポルトラがサン・フランシスコ湾を発見したのが、聖カルロス祭の日だったからだという説がある。どれが正しいのか分からない。

サンカルロスは、飛行機と縁の深い町である。バリアン・アソシエイツ社がサンカルロスを選んだのは、飛行機産業や飛行場があったからかも知れない。もう一つはもともと電子機器産業が盛んだったことがある。アンペックス、ダルモ・ビクター、イーテル&マクルー（EIMAC）社、リットン技術研究所などがあった。

さてバリアン・アソシエイツ社の取締役会のメンバーとなったのは、ラッセル・バリアン、シガード・バリアン、ラッセルの妻のドロシー・バリアン、スタンフォード大学のウィリアム・ハンセン、レオナルド・シッフ教授、エドワード・ギンツトンなどであった。スタンフォード大学の学生が多く働きにきた。

バリアン・アソシエイツ社の設立後、数ヶ月してドロシーに代わって、フレッド・ターマン教授が取締役に加わった。

バリアン・アソシエイツ社は、もともとクライストロンの商用化を目指していたが、リニア・アクセラレーターや核磁気共鳴装置などにも関心を示した。ラッセルの主張で友人知人だけの出資だけで外部からの出資を拒否すると主張したため、会社の運用はなかなか大変だった。

当初、資金が、2万2千ドルしか集まらず、ハンセンが自宅を抵当に入れ、1万7千ドルを提供したりした。ハンセンは、一九四九年五月二三日、39歳の若さで夭折《ようせつ》してしまう。死の直前、米国科学アカデミーの会員に選出されたが、間に合わなかった。彼の共同研究者は、何人かノーベル物理学賞をもらっているのに残念なことである。

バリアン・アソシエイツ社は、当初、民需を目指したが、実際は軍需が主になった。ほとんど軍需であったといってよい。バリアン・アソシエイツ社は、各種の軍用マイクロ波装置や、ダイアモンド・オードナンス・ヒューズ・ラボラトリーの依頼で反射型クライストロンを使用した核兵器用信管R-1を作った。進歩的な左翼思想の会社が核兵器の信管を作っていたのだから矛盾である。相当の苦悩があったようだ。一九五八年頃には、米国のほとんどすべてのミサイルは、バリアン・アソシエイツ社の反射型クライストロンを使用していた。

バリアン・アソシエイツ社は度々、資金不足に陥り、マイクロ波計測機器の販売権と製造権をヒューレット・パッカード社に売却した。これによってヒューレット・パッカード社は、マイクロ波計測機器部門へ進出することが可能になった。

一九五三年、バリアン・アソシエイツ社は、パロアルトのインダストリアル・パークに移転する。これがシリコンバレーの始まりとする説もある。ただバリアン・アソシエイツ社は、シリコンを原料とする半導体とは関係がなく、シリコンバレーの始まりは、ウィリアム・ショックレーの登場を待ってのこととする方が適切だろう。

ラッセル・バリアンは、アラスカへの旅行途中に心臓麻痺で一九五九年に死去。シガード・バリアンは、メキシコへ自家用機で飛行中、墜落で死去した。ラッセルの死後、エドワード・ギンツトンが最高経営責任者となった。

ギンツトンについては『われら電子を加速せり』という自伝がある。原題は『思い出す時々（"Times

to Remember〟)』で、邦題から受ける印象と、かなりニュアンスが違う。何本かの原稿をよせ集めた本で、統一性はないが、面白い本だ。

バリアン兄弟は、進歩主義的な思想を持ち、ギンツトンは、ロシア出身でもあったし、原爆の父と呼ばれながら、国家機密を漏洩した疑惑にひっかかったオッペンハイマーと交流があったので、体制側からは、いささか面白くは思われない存在であった。

今から見ると不思議だが、一九五三年、米国上院のジョセフ・マッカーシーの非米調査委員会とＦＢＩによって、バリアンの取締役会にフレッド・ターマン、レオナルド・シッフ、ギンツトンなど国家安全保障上思わしくない人物がいるのは遺憾とされ、取締役会から身を引かされた。いわゆる赤狩りに引っ掛かったのである。ギンツトンが怪しいので、彼が所属するスタンフォード大学物理学科の学科長であるシッフ、スタンフォード大学工学部長のターマンも胡散臭《うさんくさ》いという論理だろうが、ずいぶん無茶な論理だと思う。直ちに優秀な弁護士が動員され、嫌疑の払拭が計られた。ギンツトンは後に復権する。

しかし、バリアン・アソシエイツ社の技術は、冷戦体制下で重要であり、バリアン・アソシエイツ社は軍産複合体として巨大になっていく。

微妙な関係

一九三八年、チャールズ・リットンは、同じサンカルロスのごく近所にあったバリアン・アソシエイツのクライストロンの製造に力を貸した。バリアン兄弟は、リットン技術研究所からガラス加工用旋盤、スポット溶接機、真空ポンプなどの電子管製造用機器を購入した。リットンは、バリアン兄弟に助言を与えたが、その中で次第にクライストロン技術やマイクロ波理論に通暁するようになる。

ただリットンは、クライストロンの詳細な情報は与えられていなかった。クライストロンの各部寸法やその設計法については知らされていなかった。第二次世界大戦中の英国のチームでもそうであったが、正確な寸法が分かっていないと、クライストロンは正しく動作しないのである。

しかし、一九三九年、リットンは、ＩＴＴのためにクライストロンの製造を手がけ始める。ＩＴＴのフランス支社は、迫り来るドイツとの戦雲に備えて、レーダー用の適切なマイクロ波発生器を必要としていたのである。ＩＴＴは、スペリー・ジャイロスコープに特許のクロス・ライセンスを申し入れたが、その時は断られた。そこでＩＴＴは、リットンにクライストロンの製作を依頼した。

リットンは、ＩＴＴと密接な関係にあり、一九三〇年代後半には、ＩＴＴへのコンサルタント契約を結んでおり、ＩＴＴ傘下のフェデラル通信会社の研究所の監督をしていた。また彼のすべての電子管と無線関係の特許使用許可をＩＴＴに与えていた。

バリアン兄弟の発明したクライストロンは、実験室的な装置であり、不安定な扱いにくい装置で、安定した工業製品とは言い難かった。リットンの仕事は、これをきちんとした装置に仕上げることだった。この辺りから、実はバリアン兄弟とリットンの間には微妙な問題が発生し始める。

一九四〇年にはリットンは、クライストロンの試作品をＩＴＴに納めたが、すでにフランスはドイツに降伏した後だった。しかし、その後もＩＴＴは、リットンにマイクロ波管の注文を与え続け、リットン技術研究所は、事実上ＩＴＴの電子管研究所となっていた。

一九四三年、リットンの会社は、ＩＴＴの子会社フェデラル通信会社がＮＤＲＣ（国防研究委員会）からの契約を獲得したのを受けて、クライストロンの製造を放棄し、高周波用三極管とマグネトロンの製造に乗り出した。

実は一九四二年以来、フェデラル通信会社は、海軍から受けた高周波用三極管の製造に苦しんでいた。そのためＩＴＴは、フェデラル通信会社の担当マネージャを外し、リットンに代わりを頼んだ。そこで一九四二年一一月、リットンはニュー・ジャージーに移っていたフェデラル電信会社に二年間手伝いに行った。彼の努力は、すぐに実を結び、フェデラル通信会社は、大量の高周波用三極管を製造できるようになった。

一九四五年一一月、火事が起きて、リットン技術研究所が全焼した。この後、リットン技術研究所は、レッドウッドシティのイートン・アベニューから、数百メートル北のサンカルロス市インダストリアル・ロード９６０番地（960 Industrial Rd. San Carlos）に移転した。インダストリアル・ロードとブリッタン・アベニューの交わる辺りである。

サンカルロス市の歴史を扱った小冊子にリットン技術研究所の写真が二枚残っている。クワンセット・ハットと呼ばれる、かまぼこ型兵舎風の建物が二つ並んでおり、手前の駐車場には数十台の自動車が並んでいる。兵舎といっても、かなり大きなもので二階建てになっている。上部に窓があるのと、内部の写真を見ると天井が低いから二階建てで間違いない。兵舎風の建物は互いに横にもつながっているようだ。兵舎風の建物の内部には、ガラス加工用旋盤やボール盤が多数並んでいる。一つの兵舎には多分百人位は働いているように見える。

また先述のようにリットンは、一九四三年から、フェデラル通信会社でマグネトロンの研究を始めた。マグネトロンは一九四〇年に英国で発明されていたが、非常に製造のむずかしい装置であった。ちょうど一九四四年、米海軍は、日本がマイクロ波レーダーの開発に成功したことを察知した。これを妨害するためには、無変調連続波CWマグネトロンが必要であった。そこでNDRCは、無変調連続波CWマグネトロンの製作を命じた。これに成功したのはリットン技術研究所のみであった。丁寧に物を作るということは重要なことだろう。

リットン・インダストリーズ

戦争が終わっても海軍と陸軍航空隊は、リットン技術研究所にマグネトロンの製造契約を求めた。そこでチャールズ・リットンは、リットン技術研究所を改組することにした。一九四六年にリットンは、リットン技術研究所とは別の組織リットン・インダストリーズを設立した。リットン・インダストリーズは、真空管と真空管製造装置の製造を担当し、リットン技術研究所は、マイクロ波用電子管の設計・製造を担当することになった。一九五〇年に勃発した朝鮮戦争はリットンにとって追風となった。

一九五三年、リットンは、真空管製造部門のリットン・インダストリーズと、サンカルロスの工場と、マイクロ波関連の特許を、国防総省関係の仕事をしていたチャールズ・ベイツ・テフ・ソーントンの創立したエレクトロ・ダイナミクス社に125万ドルで売却する。リットン自身は、10年契約で年

7万5千ドルでコンサルタントとして雇われた。

この時、エレクトロ・ダイナミクス社の株式を上場前に買わないかと打診されたが、リットンは断った。上場後、億万長者になった人が続出して、リットンは物笑いの種になった。しかし、それは一つの選択であって、仕方のないことだろう。

リットンの名前は特に軍関係にきわめて良く知られていたので、エレクトロ・ダイナミクス社は、リットン・インダストリーズの社名を欲しがった。そこで一九五四年リットンは、リットン・インダストリーズの社名をエレクトロ・ダイナミクス社に売却した。リットンは自分の暖簾《のれん》の一部を売ったのである。

リットンは、獲得したお金で家族のための信託基金を作り、リットン技術研究所をサンカルロス市インダストリアル・ロード960番地（960 Industrial Rd, San Carlos）から、ずっと北方の閑静な山奥のグラスバレーのリットン・ドライブ200番地（200 Litton Drive, Grass Valley）に移転した。もちろん自宅も移転した。ここで彼は以後15年間ガラス加工旋盤や電子管製造機を作り続けた。引っ込んで家族のために幸せな老後を送りたかったのである。この場所は後にアタリの研究部門であるシアン・エンジニアリングが一部分を間借りすることになる。シアンはかなり成功するが消滅する。

その後、リットン・インダストリーズは、軍事産業としてきわめて大きくなり、二〇〇一年にノースロップ・グラマン社に買収された。

現在、リットン・インダストリーズ傘下のリットン・エレクトロン・デバイス社は、L-3コミュニケーションズ・エレクトロン・デバイス社となっている。リットン技術研究所が元々あったサンカルロス市インダストリアル・ロード960番地にあるのは、この名前の会社である。

イーテル&マクルー社の消滅

さてバリアン・アソシエイツのグループは、イーテル&マクルー社にクライストロン技術を教えた。米軍はどこか一社に技術が偏ってしまうことの危険さを知っていたので、技術の適切な拡散を望んでいた。またバリアン・アソシエイツにも協調主義と自由な情報共有を奉じるアマチュアイズムがどこかにあった。ところが、これが仇となり、一九五〇年代後半には、イーテル&マクルー社は、マイクロ波管分野で最大の製造業者の一つになってしまい、バリアン・アソシエイツを脅かす存在に成長してきた。イーテル&マクルー社の方でも、純粋なアマチュアイズムが薄れ、次第に苛烈な資本主義の論理に染まってきたのである。

一九五〇年代前半には、クライストロンの製造では、スペリー・ジャイロスコープが一位で、バリアン・アソシエイツが二位であった。ところが様子が違ってきた。ここをチャンスと見たイーテル&マクルー社が、高周波用三極管の利益をクライストロン事業につぎ込んで攻め込んできた。

一九五八年にイーテル&マクルー社は、サンカルロス市インダストリアル・ロード301番地（301 Industrial Road, San Carlos）に15万平方フィートの工場を作った。

これに対し、本家バリアン・アソシエイツは、高性能で高品質なクライストロンを次々に開発製造することでイーテル&マクルー社に対抗した。もともとアマチュア無線出身のイーテル&マクルー社と、スタンフォード大学の物理学科を母体とするバリアン・アソシエイツでは、基礎的な研究開発力が違う。イーテル&マクルー社は、テレビと高周波用三極管の分野では、支配的なシェアを誇ったが、クライストロン分野では、次第にシェアを失っていく。

一九六五年イーテル&マクルー社は、バリアン・アソシエイツに吸収合併された。この合併されたマイクロ波管部門は、一九九五年にＣＰＩ（Communications & Power Industries）社に買収される。

バリアン・アソシエイツの解体

一九九九年三月三一日、バリアン・アソシエイツは、次の三社への分社化を発表した。

◇バリアン・インク
◇バリアン・セミコンダクター・イクイップメント・アソシエイツ・インク
◇バリアン・メディカル・システムズ

バリアン・メディカル・システムズが、バリアン・アソシエイツを継承し、バリアン・アソシエイツは、発展的に解消することになった。バリアン・インクは、科学計測器部門で、バリアン・セミコンダクター・イクイップメント・アソシエイツは、半導体機器部門である。

バリアン・アソシエイツは、マイクロ波部門という会社発祥部門を切り捨て、医用機器分野で生き残ることを選んだのである。これは歴史的決定といって良いだろう。

バリアン・インクとバリアン・セミコンダクター・イクイップメント・アソシエイツ・インクがい

つかどこかの時点で他の会社に買収されてしまい、消滅することは、この時点で明らかだったろう。

　果たしてバリアン・インクは、二〇一〇年五月、アジレント・テクノロジーズに買収され消滅した。バリアン・セミコンダクター・イクイップメント・アソシエイツ・インクは、二〇一一年一一月、アプライド・マテリアルズに買収され消滅した。

　米国の文化は次第に青年期、成熟期を経て老年期の時期に向かっている。米国といえば、太く短くでも良いから成り上がりたい、思い切りお金儲けをしたい、お金こそがすべてで正義だという雰囲気があった。儲けたお金で、豪邸を買い、大きなヨットを買い、個人用のジェット機を買い、豪華な高級外車を買い、最後に美人の秘書と再婚したい。それがアメリカン・ドリームであったように思う。

　その本筋は変わっていないのかもしれないが、太く短くよりも長生きしたい、老後を楽しく生きたいという意志も感じる。これからは遺伝子医療と、老人医療と介護の時代かもしれない。スタンフォード大学の中の医用分野の研究所や施設の拡充の方向を見てつくづくそう感じる。時代は大きく変わって行きつつあるのだ。

バリアンは次第に身売りをして医用機器分野に特化して行きつつある

第4章　ヒューレット・パッカード

僕のもっと重要なゴールは、ヒューレットと彼の友達のデイビッド・パッカードがやったことをやろうということなんだ。それは革新的な創造性が吹き込まれ、.創業者よりも長生きする会社を作ることなんだ。

スティーブ・ジョブズ

最近の若い人は、ＨＰというとインターネットのホームページを思い起こすらしく、書名で『ＨＰウェイ』などとあると、ホームページの流儀を書いた本と勘違いするかもしれない。しかし、ここで言うＨＰとは、ヒューレット・パッカード社のことである。一九九九年にＨＰの最高経営責任者になったカーリー・フィオリーナという女性が、ヒューレット・パッカードでなく、ＨＰだと主張して、偉大過ぎる二人の影を薄くしようとしたことがある。不幸なことだと思っている。

ヒューレット・パッカードは、ウィリアム・ヒューレットとデイビッド・パッカードの名字をくっつけたものである。

正式にはウィリアム・ヒューレットは、ウィリアム・レディントン・ヒューレットである。どちらがどちらかというのは、米国人の知己でも間違えたというから、よく取り違えられるのは仕方がない。

私の解決法は、「デイビッド・パッカードといいながら痩《や》せの長身」と記憶するものである。実際、頭一つ分くらい背が違う。同じようにコンビでもスティーブ・ジョブズとスティーブ・ウォズニアックもそうであって、ジョブズの方が頭一つ分くらい背が高い。

デイビッド・パッカード

デイビッド・パッカード（愛称デイブ・パッカード）は、一九一二年コロラド州プエブロに生まれた。父親は弁護士で、母親は高校の先生であった。パッカードは、運動能力に優れていた。当時の子供の常で、火薬遊びに興じている内、左手に負傷した。生涯、左手の親指は不自由であった。両親にひどく叱られて火薬遊びはアマチュア無線に変わった。

プエブロのセンテニアル高校時代、パッカードは、アマチュア無線と運動には秀で、成績も優秀であった。父親は自分の跡をついで、弁護士になって欲しかったが、パッカードは技術者になりたいと思っていた。一九二九年にスタンフォード大学を訪れて、フレッド・ターマン教授の通信研究所の評判を聞き、是非、スタンフォード大学に入学してターマン教授の下で無線工学を勉強したいと思った。

スタンフォード大学に合格すると、問題になったのがスタンフォード大学の学費である。元々の理想とは逆に、お金持ちの良家の子弟が集まったブランド大学となっていたから、スタンフォード大学の学費は高いことで有名であった。加えて、一九二九年の大恐慌の後であるから、やりくりが問題になった。ところが皮肉なことに、大恐慌で破産が増加し、パッカードの父親が破産鑑定人になったことで、パッカード家の収入が安定し、問題は解決した。

ウィリアム・ヒューレット

ウィリアム・ヒューレット（愛称ビル・ヒューレット）は、一九一三年ミシガン州アナーバーに生まれた。父親はミシガン大学の医学部の教授であった。ヒューレットが3歳の時、父親はスタンフォード大学医学部の教授になり、サンフランシスコに移り住んだ。当時のスタンフォード大学の医学部はパロアルトではなく、サンフランシスコにあった。

ヒューレットは、少年時代から電気と物理学に興味があった。ヒューレットもラッセル・バリアンと同じように難読症に苦しんだ。多少、内向的な子供であった。とはいえ、ルガー拳銃を地下室で発砲して、危うく跳弾を免れたという少年らしい遊びもしたようだ。

ヒューレットが12歳の時に父親が脳腫瘍で亡くなった。ヒューレットの祖母は、こうした悲しみを乗り越えるために、ヒューレットと彼の妹と彼の母親を連れて、15ヶ月に及ぶ欧州旅行に出かけた。帰国後、ヒューレットは、ローウェル・ハイという大学入学の予備学校に入学した。難読症が、彼の学習効率を妨げた。成績が芳しくなかったのである。

ヒューレットがスタンフォード大学への入学を希望すると、高校の校長は、母親を呼び出して、お子さんの成績は、かんばしくなく、名門スタンフォード大学へなど、とても推薦できないと言った。そして次のように尋ねた。

「どうしてあなたのお子さんは、スタンフォード大学に入りたいのですか」

「彼の父親がそこで教えていたからですわ」

「もしやお子さんの父親は、アルビオン・ウォルター・ヒューレットですか」

「ええ」

答えると、校長が破顔一笑で言った。

「彼は、私の教えた生徒の中で最もすぐれた生徒でした」

こうしてヒューレットのスタンフォード入学は決まった。今では考えられないことだが、昔は牧歌的な時代であった。

ヒューレットは、スタンフォード大学入学に当たって、デイビッド・パッカードのような経済的悩みはなかった。父親の土地資産はあり、印税収入もあり、スタンフォード大学教員子弟の授業料軽減があったからだ。

スタンフォード大学時代のパッカードはキャンパスで最も目立つフットボールのヒーローで、ヒューレットは、いつも図書館で見かける存在であった。陽と陰で対照的であった。

デイブとビルの出会い

この二人が知り合ったきっかけは、ウィリアム・ヒューレットの高校時代の友人ノエル・エド・ポーターによるものだった。彼の感化によって、ヒューレットは、アマチュア無線に興味を持った。スタンフォード大学において、ポーターは、自分の無線局を持っているので有名だった、デイビッド・パッカードもアマチュア無線ファンであったので、ポーターの部屋に足しげく出入りした。ここでパッカードとヒューレットは、出会ったという。

ヒューレットは、自動車を持っていたので、可能な時は、いつでも二人して自動車でアウトドアの冒険に出かけた。こうした経験が二人の結びつきを堅いものにした。

またポーターの無線局は、フレッド・ターマン教授の通信研究所の隣にあった。したがってパッカードとターマンが知り合うのも必然的な成り行きだった。しかもターマンは、パッカードのことを入念に調べていた。

ターマンには、後年、「スティープルズ・オブ・エクセレンス（Steeples of Excellence）」として結晶する組織論哲学があった。ある特定の研究分野に特に優秀なエリートの人材だけを集めて優秀な組織を作るということである。

分かりやすい言い方では「陸上競技では3フィート跳躍できる人間が二人いるより、6フィート跳躍できる人間が一人いた方が良い」とか、「6フィート跳躍できる人間が何人もいるより、7フィート跳躍できる人間が一人いる方が良い」というものだった。

こうした考え方で、ターマンが最初に目を付けたのがパッカードであった。

一九三三年の春、パッカードは、ターマン教授に呼ばれて大学院の無線工学の講義をとるように言われる。学部生でターマン教授の講義を聴くように言われたのは、パッカードが最初である、この頃、カリフォルニア工科大学から転校してきたバーニー・オリバーという非常に優秀な学生がいて、パッカード、ヒューレット、ポーター、オリバーの四人は、友人になる。結局、四人は生涯ヒューレット・パッカードで一緒に働くことになる。

GEでの経験と現場を歩き回る管理

デイビッド・パッカードとウィリアム・ヒューレットは、一九三四年に学部を卒業した。仲間の四人は一緒に起業しようと話し合っていたが、少し予定が狂ってしまう。

まずパッカードに突然、ニューヨーク州スケネクタディのGE（ゼネラル・エレクトリック）から採用通知が来る。スケネクタディは、ニューヨークからハドソン川を遡《さかのぼ》った所にある。川といっても、一九二二年グリエルモ・マルコーニが730トンのエレットラ号という大型ヨットでニューヨークからスケネクタディまで遡《さかのぼ》って来れたような大きな川である。一八八七年年にはトーマス・エジソンがエジソン・マシン・ワークス社をスケネクタディへと移し、一八九二年にはGEの本部になった。スケネクタディは「魔法の家」と呼ばれていた。

大恐慌の後の就職難の時代であったので、フレッド・ターマンは、パッカードにGEへの就職を勧める。会社が始まるのは、一九三五年二月からであったので、パッカードは、一旦、故郷のコロラドに帰り、コロラド大学でいくつかコースをとって勉強する。

ヒューレットは、MITの大学院に進む希望を持っていたが、ターマンは、スタンフォード大学でもう一年勉強してから行くように勧めた。学力が不足していたからである。

さてパッカードがＧＥに入社してみると、ＧＥはエジソンの電灯会社、発電会社の伝統を引き継いだ強電会社であり、発電機、モーターなどを扱う強電部門が主流であった。ＧＥの中では、パッカードが希望するような無線分野や真空管回路は傍流であった。仕方なくパッカードは、上司の勧め通り、夜勤の冷蔵庫の故障検査部門に入った。これは大事な仕事ではあったかもしれないが、心躍るような面白い仕事とはいえなかった。

そこで社内の部門を探してみると、紆余曲折の後、真空管技術部門が見つかり、転属した。しかし、この真空管とは巨大な水銀蒸気整流管であり、故障が多く、頻繁に爆発する危険な代物であった。チャールズ・リットンの作る洗練された真空管とは大違いであった。

パッカードは、なぜこれほど真空管が爆発するのか不審に思い、製作現場に足を運んで一つずつ工程を検査してみた。すると製作現場の従業員が悪いのではなく、技術部門から適切な指示が出ていないのが問題であった。そこで現場の従業員と一緒にチェックを繰り返し、改善を積み重ねていくと、従来のように、真空管が爆発するようなことはほとんどなくなった。

ここで得た教訓がＨＰのＭＷＡ（Management by Walking Around：現場を歩き回る管理）となる。ＧＥで嫌な経験ばかりであったわけではない。ボビー・ウィルソン、ジョン・フルーク、ジョン・ケージなどの友人もできた。フルークは、後に有名な計測器メーカーを作った。小型の電子式マルチメーターでは、ナンバーワンである。マルチメーターというのは、複数の機能を持った計測器である。フルークは一九九八年にダナハー・コーポレーションという会社に買収された。

ウィリアム・ヒューレットの才能の突然の開花

スタンフォード大学に残ったウィリアム・ヒューレットにフレッド・ターマンは、*RC*発振器（同調回路を抵抗*R*と容量*C*で構成する発振器）をテーマとして研究するように言い渡した。この段階では、ターマンは、まだヒューレットを高く買っていなかったようだ。

一九三五年の暮にヒューレットは、思わぬ感激にひたる。ＭＩＴの大学院に合格したのである。多少お情けの感じがしないでもない。ただＭＩＴの大学院に進んだヒューレットは、今までのグズの彼とは違い始めた。

一九三五年ターマンは、電子計測の教科書を出版した。ヒューレットは、この本の１６４ページに間違いがあるのを発見して、それを手紙でターマンに報告した。ターマンの慌てる様子が目に浮かぶようである。劣等生のはずのヒューレットに、秀才の誉れ高い自分の過ちを指摘されたのだから。

一九三六年ヒューレットは、ＭＩＴの電気工学科で修士号を取得し、スタンフォード大学の大学院に戻ってきた。この当時も就職は大変厳しく、ヒューレットの就職口は、シカゴのジェンセン・スピーカーから一件あっただけであった。

ちょうどその頃、スタンフォード大学の電気工学科の学科長となったターマンは、ヒューレットとパッカードを自分の大学院生として呼び戻すことを考えた。

まず、ヒューレットをスタンフォード大学の電気工学科の無給の研究助手として採用し、自分の研究室の大学院生とした。医療用機器を開発したがっていた医者の研究を手伝わせ、収入の一助とさせた。

一九三七年ターマンは、ハロルド・ステファン・ブラックが提案したフィードバック回路の研究に取組んでいた、ターマンは、ＩＲＥ（無線技術者協会）の会誌に掲載された解説論文にヒューレットの名前も付け加えて、ヒューレットを感激させる。

この論文の中で、ターマンは、ヒューレットのR C同調回路を持つフィードバック発振器を紹介した。これは15セントの安価な小型電球を陰極のフィードバック抵抗として使用するという奇想天外なものだった。小型電球を挿入すると、フィードバック効果で可聴周波数の広い範囲に渡って発振器の出力の線形性が向上するという劇的なものであった。

理論を省略して結果だけ述べると、一般的な発振器は、共振周波数は容量Cの平方根に反比例するが、ヒューレットのR C発振器の共振周波数はR／Cに比例するものであった。同じ同調コイルCに対して、周波数範囲が広くなる。また出力回路に振幅の制御回路をつけるなどの工夫をした。これが後にＨＰの最初の製品モデル200Ａとなる。

デイビッド・パッカードも呼び戻す

一九三八年、フレッド・ターマンは、デイビッド・パッカードもスタンフォード大学の特別研究員として呼び戻し、また自分の研究室の大学院生とした。パッカードは、奨学金を年間５００ドルもらえたが、年収はＧＥでの半分に減った。これは新婚のパッカードには厳しいものであった。特別研究員としての仕事は、ラッセル・バリアンの補助をしてクライストロンの開発をすることだった。

ターマンは、パッカードのクライストロンの研究をサンカルロスにあったチャールズ・リットンのリットン技術研究所で行なえるようにしてくれた。

実はパッカードのスタンフォードへの復帰には、リットンが間接的に関与していた。リットンは、ワイド・グリッド真空管の特許を持っていたが、彼はこの権利をスタンフォード大学電気工学科に寄贈したのである。この特許に目を付けたスペリー・ジャイロスコープ社はスタンフォード大学電気工学科に千ドル払った。この千ドルの内の五百ドルがパッカードに支払われることになったのである。

リットンは、午後遅くに朝食をとり、夕方から仕事を始める癖があったので、パッカードは、午前中大学院の講義に出席し、午後はウィリアム・ヒューレットと作業をしたり、夕方から特別研究員としての仕事に取組むことができた。リットンは、親切な男で、話好きであった。彼の人生観やビジネスに対する考え方は、パッカードに大きな影響を与えたようだ。

アディソン街367番地のガレージの神話

一九三八年、デイビッド・パッカード夫妻は、パロアルトのアディソン街367番地の二階建の家の一階を借りて引越をする。その裏庭のガレージにウィリアム・ヒューレットが住み、二人はそのガレージを仕事場として使った。

アップルもフェアチャイルドもガレージを仕事場として事業を始めたことから、シリコンバレーのベンチャー企業は、ガレージと切り離せないという神話ができた。特に必然性がなくとも、わざわざガレージから会社を立ち上げた例もある。ジェフ・ベゾスのアマゾンがそれである。アマゾンは、必然性がないのに元ガレージだった所を仕事場として会社を立ち上げた。

ガレージの仕事場を持ったものの、何をやる会社であるかについては、二人ともはっきりした考え方を持っていなかった。二人とも発明王とか発明家ではなかった。ビジョンのようなものには欠けていた。二人は友人や知己の持ち込む仕事は何でもした。ボーリング場のボーリング・レーンの信号装置、天文台の望遠鏡を回転動作させる同調形モーター、自動洗浄トイレ、空調機の制御回路、ハーモニカの調律機器、電気刺激マッサージ器、何でも引き受けてやった。

カーリー・フィオリーナの時代、ＨＰはこの歴史的なアディソン街３６７番地のガレージを保存する作業をした。ヒューレットとパッカードは、このガレージにはさほどの感慨を持っていなかったと伝えられる。

パッカードは、米国人らしい価値観で、これから来る未来が大事で、過ぎ去った過去など問題にしていなかった。マーク・トウェインの書き物に同じような考え方を見たことがある。パッカードは、実際一九八九年まで50年間、一度もガレージを訪ねなかったという。

アディソン街367番地の裏庭の
伝説的ガレージ

ヒューレットは、次のように言っている。

「私はあの忌々しいガレージには、うんざりだよ。あれは単に古ぼけたジャンクに過ぎないよ」

しかし、そうはいっても、私などは見てみたいと思う。行ってみたいとも思った。地図を何度も確認し、グーグル・マップの画像を何度も見た。そして実際に行った。

ＨＰの最初の製品モデル200Ａ

一九三八年を通じて、デイビッド・パッカードがリットン技術研究所でラッセル・バリアンの研究の手伝いをしている間、ウィリアム・ヒューレットは、革新的な可聴周波数発振器の設計を完全なものにすべく努力していた。

フレッド・ターマンは、スタンフォード出身でＩＴＴのハロルド・バトナー研究開発担当副社長に、ヒューレットの可聴周波数発振器を見るように勧めた。ガレージを訪れて可聴周波数発振器を見たバトナーは、一台五百ドルで買おうといい、外国で特許を取るための５００ドルを提供しようと言った。

一九三八年の一一月には、より製品に近い試作品が完成した。そこで二人は、これをオレゴン州ポートランドで開かれたＩＲＥ（無線技術者協会）の会場に持って行き展示した。良い反応が得られたので、本格的に製品化することにした。

クリスマスまでには、きちんとした製品に仕上げ、写真を撮り、パンフレットを作った。製品の名称としては、ＨＰモデル200Ａとした。いきなり200Ａとしたのは、すでに他に製品を持っている大会社のような印象を与えたかったからである。

当時、価格は４００ドルが相場であったが、54ドル40セントとした。「緯度54・40度か、戦争か」は、一八四四年の米国のオレゴン・カントリー（後のオレゴン州）の北境と英国領の国境の確定をめぐって、もめた時のスローガンである。現在の国境は、緯度49度だから、かなり北方まで獲得しようとしたことが分かる。メキシコとの戦争でカリフォルニアを獲得した当時の米国の膨張主義を表現している。それを製品の値段にしたのである。子供じみた愚かなことをしたものである。事業に経験のない軽薄さであった。この価格では、作れば作るほど赤字になった。

一九三九年、パッカードとヒューレットは正式にパートナー契約を締結した。会社名は二人の名字を並べることとし、順番はコイン投げで決めた。ヒューレットが勝ち、社名はヒューレット・パッカード（以下ＨＰと略）となった。

価格が一桁安かったこともあって、モデル200Ａには注文が舞い込み、製作が本格化した。といってもガレージで作るわけであるから限度もある。キャビネットを買い込み、パネルを自作した。エナメルを吹き付け、パッカード家の台所のオーブンで焼き付け処理をした。これからしばらくの間、パッカード家の料理には塗料の薬品臭がただよったという。

ＨＰにとって何より幸運だったのは、チャールズ・リットンが打刻器などの本格的な設備を使わせてくれて、ある場合には手伝ってくれたことである。これによって手作りの稚拙さを免れた。

後に一九四五年一一月リットン技術研究所が火事になって生産設備を失った時には、先述のようにＨＰは夜間にＨＰの設備を貸してリットンの恩義に報いた。

当時のモデル200Aの写真や回路図、パンフレットは、現在もHPのホームページに保存されていて、見ることができる。また、こういう資料がきちんと保存されていることは大変良いことである。モデル200Aの蓋を外した内部も非常に美しい芸術的な仕上がりである。スティーブ・ジョブズがアップル製品の内部の美しさに非常にこだわったのも、ある程度HPの影響もあるかもしれない。

ウォルト・ディズニーの神話『ファンタジア』

モデル200Aは、原価割れしており、作れば作るほど赤字になる運命にあった。これを救ったのがウォルト・ディズニー・スタジオであると言われている。一九三八年のオレゴン州ポートランドのIREで(無線技術者協会)の会議にウォルト・ディズニー・スタジオのバド・ホーキンスが出席していた。ホーキンスは、スタンフォード大学の卒業生で、フレッド・ターマンとも連絡があった。ホーキンスは、モデル200Aをひと目で気に入った。一桁安かったからである。ホーキンスは、モデル200Aをアニメ映画『ファンタジア』マルハナバチの戦いのシーンに使おうとした。そのためには、モデル200Aに少し拡張を加える必要があった。これがモデル200Bとなり、71ドル50セントの値がついた。ホーキンスは、これを八台発注したのである。これによってHPは救われた。

HPは、優秀な機器なら、価格は低くなくとも良いことを学んだ。HPはモデル200Aの価格設定の失敗を二度と繰り返さないことを肝に銘じた。したがって後年、HPの機器の価格は次第に上昇し、業界最高となり、他社製品に比べて30%程度は高いのが当たり前になって行く。

ノーマン・ニーリー

当時、南カリフォルニアに、無線や音響関係の機器を委託販売する業者にノーマン・ニーリーがいた。ニーリーは、ＨＰの評判を聞き、ウィリアム・ヒューレットにロサンゼルスの無線技術者クラブでの講演を頼んだ。クラブでの講演に先立ち、司会者が次のようにやってしまった。

「旧来の知り合いを紹介したいと思います。ビル・パッカードです」

この噴き出したくなるような、おかしさがお分かり頂けるだろうか。二人の名前をまちがえてくっつけたのである。ヒューレットは、一瞬、苦虫をつぶしたような顔をしていたに違いない。

しばらくして、ニーリーは、アディソン街のガレージを訪ねてきた。ニーリーは、ＨＰの最初の販売代理店になった。口約束と握手だけだった。良い時代であったが、デイビッド・パッカードもヒューレットも多少お人好しの面がある。

ニーリーは、いくつかアドバイスをくれた。色々な雑仕事をこなすより、一つの製品に集中した方が良いということである。二人の主君に仕えることはできないし、二つの異なるビジネスをすることは、できないというのである。モデル200Ａは、航空機産業や軍に次第に売れるようになって行く。

またニーリーのもう一つのアドバイスは、一つのモデルだけにしがみつくな、一つのマーケット・セグメントだけに執着しすぎるなということであった。モデル200Ａの製品系列を増やせということであった。モデル200Ｂは、すでに誕生していたが、モデル200Ｃ、モデル200Ｄがこれに続く。

一九三九年秋、会社の仕事も本格化し軌道に乗ってきたので、ＨＰはページ・ミル・ロードとエル

・カミノ・リアル通りの角のパロアルトのページ・ミル・ロード４８１番地（481 Page Mill Road, Palo Alto）にある賃貸の建物に移転する。小さくはないが大きくもない建物だ。

第二次世界大戦で急成長

一九三九年の第二次世界大戦の勃発により、米国は参戦はしないものの、準戦時体制に入る。軍や国防産業用の計測器の需要が伸び出した。一九四一年の米国参戦により、ＨＰも大きく変わる。

一九四一年、雲行きが怪しくなり、スタンフォード大学在学中に陸軍予備役将校訓練課程に参加していたウィリアム・ヒューレットは、陸軍予備役部隊に招集され、陸軍航空機装備品整備部隊に配属された。異議申し立てで陸軍信号部隊研究所に転属となる。

デイビッド・パッカードは、陸軍信号部隊研究所の所長コートン大佐と面識があり、ＨＰの東海岸担当の販売代理店のブルース・バーリンガムもコートン大佐の所に良く出入りしていた。このコネを使って二人がコートン大佐にヒューレットは、ＨＰにいた方が国防に寄与できると説得したため、九

ページ・ミル・ロード481番地
（現在は建物はなく空地で、右隣にAT&Tの建物がある）

月にはヒューレットは、一時ＨＰに戻れた。しかし、一二月には日本軍の真珠湾攻撃があり、一九四二年、ヒューレットは、再び陸軍信号部隊に召集された。

陸軍信号部隊（Army Signal Corps）は、歴史的には信号部隊で、無線通信などの技術部隊である。第二次世界大戦中は、極秘にレーダーの研究開発を行なっていたことで有名な巨大な部隊である。同じ部隊にハワード・ボラムもいた。ボラムは、後にテクトロニクスを創立してトリガー掃引方式のオシロスコープ（日本ではシンクロスコープという）で有名になる。不思議なことに、このテクトロニクスのオシロスコープには、ＨＰが総力を挙げてもついに勝てなかった。この辺りにＨＰの技術開発の限界をさぐるヒントがあるかもしれない。

しかし、ヒューレットにとっては、陸軍信号部隊研究所は、最新の通信技術を学ぶチャンスとなり、視野を広げるチャンスになったはずである。また戦後、ヒューレットは日本の軍事技術の調査に派遣されている。八木アンテナで有名な八木秀次教授にも会っている。

ヒューレットは、一九四五年のクリスマスまでＨＰには戻れなかった。不在中、ＨＰはパッカードが守っていた。事業拡大に伴い、一九四二年ページ・ミル・ロード３９５番地に初めて自社所有の建物を建設した。これをレッドウッド・ビルという。これも写真で見る限り、あまり立派なものではない。

戦争はＨＰを巨大にした。一九四一年にはＨＰの従業員は七人、年間売上げは10万ドルであったが、一九四五年には従業員２００人、年間売上げは２００万ドルに成長していた。ＨＰの製品も可聴周波数発振器から、波形分析器、歪分析器、高出力の可聴周波数信号発生器、真空管電圧計と電子計測の分野に次々に広がって行った。あれこれ手を出さず、互いに関連のある製品のグループを作る戦略をとっていた。じわじわと確実に手を広げる戦略をとった。マイクロ波分野にも手を広げたが、これはバリアンなどに敵《かな》わなかったようだ。

一九四七年、ＨＰは株式会社になった。

理想の会社とＨＰウェイ

ＨＰは一九九〇年代まで理想の会社と思われていた。スティーブ・ウォズニアックの父親も、スティーブ・ウォズニアックもＨＰにいた。ウォズニアックがアップルに移れと言われても、なかなか応じられなかったのは、ＨＰが夢のように理想的で天国のように居心地の良い会社だったからだ。

たとえば、朝、会社に行くと自由に食べられるコーヒーとドーナッツが用意されている。午前10時と午後３時に10分間仕事を中断して、コーヒーとドーナッツを楽しみながら自由にディスカッションできるコーヒー・ブレークの時間もある。毎週金曜日には、ビール・バストという催しがあって、ビールが振舞われた。こうした慣習はシリコンバレーの企業全体に広がって行った。また年に一度は全社的ピクニックがあり、また福利厚生施設はきわめて充実していた。

何より重要なことにはＨＰには永久にレイオフがないと思われていた。米国では不況や苦境に陥ると、簡単に大量の従業員の首を切る。これをレイオフというが、ＨＰでは戦後の一時期を除いてほとんどレイオフがなかった。終身雇用制度と勘違いされることすらあった。

またＨＰは第二次世界大戦前から、従業員全員に報奨金制度を実施していた。生産高が一定の水準を超えると、基本給に応じて全員に賞与を払うものだった。戦後しばらくして、この制度は利益分配制度に変わった。１年以上勤めたＨＰの全従業員は利益配分を受ける資格を与えられた。

ＨＰには健康保険制度、奨学金制度なども充実していた。またＨＰには一九五九年に始まる従業員持株制度があった。ＨＰの従業員は給与の一定比率までＨＰの株式を優先株価（つまり割引価格）で購入できる。優先株価でＨＰ株を購入した従業員に対し、株式を保有することを義務付けなかったので、すぐに株式を売却してしまう従業員もいた。重役ですら売却するものがあった。こういうことをされると、ＨＰの支配権が次第に外部に移ってしまうので危険である。これに対しては、一定の歯止めがかかった。

そういう問題点はあったが、従業員持株制度は、ＨＰにとってキャッシュの確保という点からみれば、有効であった。給料を全額払う必要がなく、たとえば85％だけ払うだけで良かったからである。

またＨＰは工具や部品の管理はゆるやかであった。デイビッド・パッカードがＧＥで働いていた頃、ＧＥは工具や部品を従業員に盗まれないように厳重な管理と警備をしていた。これに反抗して従業員はむきになって工具や部品を持ち出した。この経験からＨＰでは倉庫と部品箱をいつも開けておくこととした。スティーブ・ウォズニアックがアップルⅠを開発した時の部品の一部は、ＨＰから持ち帰っていたようである。その経緯もあって、ウォズニアックがアップルⅠの製品化に踏み切る際にはＨＰの上司に報告した。

ＨＰでは空想的社会主義に近いほど、平等主義と個人の尊重と信頼が重視された。

資本主義の勃興時には、社会主義者達に糾弾されたように、利潤だけが資本家や経営者の唯一の目的であった。労働力は単に市場で売買される商品に過ぎなかった。今もそう考えている経営者もあるかもしれない。一九五二年、デイビッド・パッカードが歴史家のウォード・ウィンスローに語った話が残っている。

一九四二年、29歳のパッカードは、スタンフォード大学で開かれた戦時生産に関するコンファレンスに出席した。スタンダード石油やウエスチングハウス・エレクトリックのような巨大会社が支援し、当時経営学の導師であったスタンフォード・ビジネス・スクールのポール・ホールデン教授が司会を勤めた。話が経営者の責任に及んだ時、ホールデン教授は、経営者の責任は株主に対してだけであり、それだけであると言った。パッカードはこの時、敢然と言い放った。

「あなたは全く間違っています。経営者は従業員に対して責任を持っています。経営者は顧客に対しても責任を持っています。経営者は広く地域社会に対しても責任をもっています」

パッカードのこの発言に対して、ほとんどの人が笑ったという。嘲笑なのか、憐れみの笑いなのか、それは分からない。しかし、笑われてもパッカードは、信念を曲げなかった。

HPでは重役や管理職の特別な部屋は作らなかった。HPでは、巨大なフロアーを平等にパーティションで仕切り、個人のスペースをとった。隔絶した空間ではなく、覗き込んだり、話しかけたりも容易だった。蜂の巣のようであった。重役であろうと例外ではなかった。このスタイルもシリコンバレー中に広がった。

こういうことが可能であったのは、一九五〇年代を通じてHPが毎年のように倍々成長を遂げたことが背景にある。朝鮮戦争や冷戦による軍や国防産業からの需要が大きかった。

また、計測器という製品の特質もあった。計測器は個人が買うものではない。企業や軍の研究所の研究員が買ったのである。したがって購入する研究員にとっては、価格よりも性能や評判の方が優先した。多少高くとも個人の財布が傷むわけではない。その点がパソコンとは違う。

ＨＰの姿勢は一貫して保守的であった。ＨＰは現金が不足して非常に困ったことがある。そこでキャッシュ・フローには神経質になった。短期借入れはしても、長期借り入れはしないようにした。支出を手元資金の範囲内に収める方針で会社を運営し、成長のための資金は、借り入れではなく、主に利益によってまかなうこととしていた。多額の負債を抱えないのを企業方針とした。つまり、危険なことには手を出さない方針をとった。

したがって製品については非常に革新的なアイデアにかけるよりも、すでにうまく行っている製品のシリーズを次第に拡げて行く方策を選んだ。こうして少しずつＨＰ独特の考え方が出来上がって行った。ＨＰという企業の価値観、企業目標、プラン、慣行などを合わせたものであり、これをＨＰウェイという。

ＨＰコーポレート・オブジェクティブ

一九五七年、ソノマという保養地で会議が開かれ、ＨＰコーポレート・オブジェクティブが決まった。一九六六年に改訂された。少し長くなるが全文引用する。

①　利益　　利益は社会への貢献度の唯一最高の尺度であり、企業の力の究極的な源泉である

と認識すること。他の目標に矛盾することなく、最大限の利益を達成するよう努める

② 顧客　顧客に提供する製品とサービスの質、有用性、価値を、常に高めるように努力する

③ 事業　努力の的を絞り、絶えず新たな成長の機会を求めながらも、我々が能力を有し貢献できる分野のみを求めていくこと

④ 成長　成長は、力の尺度および存続の条件であることを強調する

⑤ 従業員　従業員に自分が貢献した会社の成功について分配を受ける機会など、雇用に伴う機会を提供する。成績に基づいて仕事の保証を与え、仕事との達成感によって個人的な満足を得る機会を提供する

⑥ 組織　個々人の士気、イニシアチブ、創造性を育てる組織的環境と、設定した目標・目的に向けて努力する際の幅広い自由を維持する

⑦ 市民性　企業の運営環境を形成している社会の一般市民や組織に貢献することにより、良き市民としての責務を果たす

こうしたＨＰウェイやＨＰコーポレート・オブジェクティブという考え方は大変素晴らしいものではあるが、これは一つの到達点であって、企業戦略の固定化、硬直化、保守化の危険がある。実際、一九九〇年代には矛盾が露呈してきた。

マイケル・Ｓ・マローンが提起した問題に、ＨＰの戦略『ＨＰウェイ』と『ＨＰコーポレート・オブジェクティブ』を分析し、論理的に完全に一貫しているか、自己撞着がないかについて考察せよと

いうのがある。少し難しいかも知れないが、読者におかれては課題として考えて頂きたい。これに関しては、マイケル・Ｓ・マローンの『ビッグスコア』パーソナル・メディア、同じマローンの『BILL&DAVE（ビル・アンド・デイブ）』（翻訳なし）なども参考になるだろう。

我々の叙述の流れの関係から、これ以後のＨＰの発展については、割愛するが、ＨＰウェイは、一九九〇年代後半、カーリー・フィオリーナ（正式にはカーラ・カールストン・スニード）という女性経営者の出現によって、アナクロニズムと嘲笑され、一挙に崩壊してしまう。

彼女が良いとか悪いとかは問題ではない。彼女が最高経営責任者に選出されるには、それだけの必然性があった。フィオリーナにとって、古き良きＨＰの完全解体が可能であったのは、彼女の能力というより、一押しすれば崩壊してしまうほどＨＰが内部的に変質していたからである。

あれほど優良企業であったＨＰが、どうしてフィオリーナの時代に大混乱に陥ってしまったのかについて読者が御自身で考えをまとめて頂きたい。

ヒントとしては以下の三点を上げておきたい。

◇組織の巨大化、肥大化、硬直化、保守化、官僚主義化

◇体質の変化　計測器の会社からコンピュータとプリンターの会社へ

◇軍と国防産業相手の軍需製品から、消費者相手のコモデティ製品の会社へ

これについては、『私はあきらめない』アーティストハウス、『私はこうして受付からＣＥＯになった』ダイヤモンド社、『ＨＰ　ＣＲＡＳＨ』ＰＨＰなどが参考になると思う。

私自身はＨＰが昔日の面目をとり戻してくれることを強く望んでいる。

第5章　フレッド・ターマン

スタンフォードで育ち、生き、生涯を終える

シリコンバレーは、スタンフォード大学の教授で工学部長フレッド・ターマンなしには、成立しなかったと言われる。ターマンは、スタンフォード大学のキャンパスに10歳の時から生活し、82歳でキャンパス内の自宅で生涯を終えた。

一九〇〇年六月七日、フレッド・ターマン（正式にはフレデリック・エモンス・アーサー・ターマン）がインディアナ州イングランドに生まれた。ターマン家はスコットランド、アイルランド、ウェールズ、ドイツ、フランス、イギリスの血が混じった家系で、18世紀に東海岸の植民地に入植し、次第に西を目指し、ケンタッキー州、オハイオ州を経てインディアナ州に到着した開拓農民であった。

父親のルイス・ターマンは、一八七七年インディアナ州のジョンソン郡に生まれた。勉強の良くできた子供で、12歳で高校を卒業し、インディアナ州ダンビルにあるセントラル・ノーマル・カレッジを一八九八年に二つの学位をもらって卒業し、ジョンソン郡に戻って高校の校長になった。一八九九年にアンナ・ベル・ミントンと結婚し、インディアナ州のイングランドの小さな村に住んだ。ターマンは、翌年、長男として生まれた。

フレデリック・エモンス・アーサー・ターマンという長い名前は、父親の大学時代の三人の友人の名前をつなぎ合わせたものである。高校時代にアーサーを外して、以後、正式にはフレデリック・エモンス・ターマンとしたが、生涯フレッド・ターマンと呼ばれるのを好んだ。

ターマンが生まれてすぐに、父親のルイス・ターマンは、肺結核となった。ターマンの家系は肺結核に悩まされていた。父親の兄弟姉妹が九人も50歳前に肺結核で亡くなっている。当時は肺結核が非常に猛威を振るっていた。この肺結核にはターマンも悩まされることになる。

ルイス・ターマンは、東海岸のクラーク大学に迎え入れられ、ここで博士号を取得する。東海岸で肺結核がぶり返したため、ルイス・ターマンは、気候の良い所での職を探し始める。

一九〇五年、ルイス・ターマンは、カリフォルニア州サン・ベルナルディオの高校の校長に赴任する。一九〇六年、ルイス・ターマンはロサンゼルスの北のハリウッドのロサンゼルス・ステート・ノーマル・スクールという単科大学の教授として赴任する。さらに一九一〇年、スタンフォード大学の教育学部の教員に迎えられる。ルイス・ターマンは、スタンフォード・ビネットＩＱテストの発明者として有名である。一九一二年、ルイス・ターマンは、助教授に昇進すると、スタンフォード大学のキャンパス内のドロレス・ストリート７６１番地に家を買った。

フレッド・ターマンは、13歳でパロアルト高校に進学したが、足しげくシリル・エルウェルのフェデラル電信会社に出入りしていた。

ターマンは、一九一七年、16歳でスタンフォード大学機械工学科に入学した。ターマンは、無線工学に強い関心を持っていたのに、なぜ機械工学科に入学したのであろうか。それはスタンフォード大学には無線工学の学科が学部には設置されておらず、大学院にしかなかったからである。そして無線工学を専攻するには、学部の機械工学の科目を取得しておかねばならないと定められていた。

ところがターマンは、一九一八年四月、突然、化学科に移った。この心変わりの理由は分からないと言われている。ただ想像できるのは、学業成績は優秀であったとはいえ、機械工学がターマンには合わなかっただろうということである。また化学科の学科長の息子がアマチュア無線の交信相手であったということもあるかもしれない。

転出した化学科もターマンには、あまり感激を与えなかった。ターマンは、相変わらず、フェデラル電信会社に出入りし、無線工学のあらゆる知識を吸収しようとした。

ハリス・ライアン教授の薫陶を受ける

フレッド・ターマンは、一九二〇年六月の化学科卒業後、修士課程に進み、工学部長のハリス・ジョーゼフ・ライアン教授の下で、電気工学を専攻した。当時のスタンフォード大学の課程は奇妙で、四年間、機械工学を学んだ上で、五年目に電気工学を専攻できるようになっていたのである。それだけまだ電気工学の力が弱かったということだろう。

ライアン教授は、コーネル大学の物理学科の当時新設されたばかりの電気工学コースの出身である。スタンフォード大学が出来た時に、最も影響力が強かったのがコーネル大学であり、スタンフォード大学の大学カラーもコーネル大学の大学カラーに影響を受けている。

ライアン教授は、一九〇五年八月にスタンフォード大学の電気工学科を強化するために採用され、一九三一年まで電気工学科長を勤めた。専門は高電圧送電網による電力伝送であった。当時、米国の電化のために高電圧送電工学が時代の中心的課題だった。高電圧の方が電力の損失を少なく効率良く電力を送れるのである。実際、フーバー・ダムからロサンゼルスに電力を送るのにも彼の理論が有用であったという。

ターマンの卒業論文は、ハリス・ライアン教授のテーマで、トランジェント・クレスト電圧計に関するものであった。この研究をまとめたものが学会誌の論文として採録された。ターマン最初の学会論文である。

西海岸から東海岸へ、そしてまた西海岸に戻る

一九二二年、フレッド・ターマンは、父のルイス・ターマン教授とハリス・ライアン教授の勧めもあって、東海岸のＭＩＴの大学院博士課程に進む。ターマンのスタンフォードでの学士の学位が、修士の学位に相当すると認定されて、修士課程を経ることとなしに博士課程に進んだのである。またＭＩＴの博士課程の学生は、主専攻と副専攻を準備することを求められていたので、電気工学を主専攻とし、化学を副専攻とした。

ＭＩＴでは、電離層の発見者の一人アーサー・ケネリー、数学者で後にサイバネティックスを提唱したノーバート・ウィーナー、メメックスで有名なバンネバー・ブッシュなど、そうそうたる大学者

に出会う。

ターマンは、指導教官バンネバー・ブッシュの下で最初に博士号をとった学生となる。博士論文は『伝送線路の特性と安定性』であった。

一九二四年、ターマンは、スタンフォード大学に戻った。ライアン教授は、ターマンを助教授に推薦した。一九二五年の九月から助教授になるはずであった。MITからも同じような提案があった。

しかし、ターマンは、きわめて不幸なことに肺結核にかかってしまった。絶対に助からないと言われたが、九ヶ月間、ベッドに寝て、胸を砂袋で圧迫するという、きわめて神秘的な治療法で回復に向かう。

闘病期間中の読書と転進

一九二四年の闘病期間中、フレッド・ターマンは、無線工学の教科書を読んだことになっている。。砂袋を胸の上に置いてベッドに横たわっていた人が、工学書を読めるものか疑問に思う。工学書は普通、鉛筆を持って計算することなしには読めないからだ。

ターマンは、闘病期間中も多数の手紙を書いたり、研究活動をしている。瀕死の病人にしては変だが、一番合理的な説明は、どの本にも書いてある「砂袋を胸の上に置いてベッドに横たわっていた」という記述に多少誇張があるということだ。また肺結核はそういう治療法では治らないと思う。

ここで、さらに困るのは、この期間に読んだ本についての二つの候補があることだ。

スチュアート・ギルモアの書いたターマンの公式の伝記『スタンフォードにおけるフレッド・ターマン』（スタンフォード大学出版刊行）では、ファン・デア・ベール（Van der Bijl）の『熱イオン真空管とその応用』（一九二〇年刊行）があげられている。ベールの『熱イオン真空管とその応用』は復刻版が手に入る。この本は分かりやすくやさしい。３９１ページしかない。あまり重くないからベッドで読める。時々ベッドから起きて計算すれば楽に読めるだろう。

ところが、マイケル・Ｓ・マローンの本では、ターマンが読んだのはコロンビア大学教授のハロルド・モークロフトの『無線通信の原理』（一九二一年刊行）であるという。この本はそう簡単には読めない。難しくはないが、寝て読める本ではない。９百数十ページの大冊で、なにより重すぎて手が痛くなる。マローンの本は、大局を見るのには非常にすぐれているが、どの本を読んでも事実の記述にかなり間違いがある。一方、ギルモアの本は、６４２ページもある大著で公式伝記であるから、こちらの方が正しいと信じたい。

どちらにせよ、ここで押さえて置くべきことは、一九二四年にターマンが高電圧送電工学から無線工学に専門を切り替えて、大きく舵を切ったのだということである。ターマンは、真空管回路に力点を移したのである。

さて多少面倒なことがある。20世紀の初め頃は、無線はワイヤレスであった。そして無線電信を意味していたが、次第にラジオ放送が普及してきたのである。トン・ツーの通信が、音声を流す放送も含むようになってきたのである。混乱が激しくなってきたので、一九一二年、米海軍はワイヤレスという言葉を廃止してラジオに変えた。ラジオとはラジエーション（放射）に由来しているといわれる。

しかし、この辺りは曖昧である。さらに困るのが日本語である。ワイヤレスもラジオも無線と訳してしまう。"Radio Communications"を「ラジオ通信」とは訳さない。無線通信と訳す。しかし、今さら一世紀近く前のことを、とやかく言っても仕方がないので、あまりうるさいことは言わないようにしよう。

打倒モーアクロフトの秘策

スチュアート・ギルモアによれば、一九二七年頃から、フレッド・ターマンは、上級生向けの教科書を書くことを計画していたという。数学はハロルド・モーアクロフトの本程度、分量はファン・デア・ベールの本程度にする予定であった。構成は独自のものをとった。

インターネットから無料でダウンロードできるから比べてみれば分かるが、ハロルド・モーアクロフトの『無線通信の原理』は、悠揚迫らざる調子で基礎の基礎から書いてある。一九二〇年代の無線通信のバイブルであり、「モーアクロフト」といえば、それだけで通じたという。

これに対して一九三二年に出版されたターマンの『無線工学（"Radio Engineerring"）』という教科書は、第一章から同調回路と真空管回路とその応用から始まる。直流回路や交流回路だの分かりきった基礎は書かず、いきなり実用上、重要な事柄から書いている。また類書にない独自の考察や研究成果が盛り込まれている。ページ数は750ページ、価格は5ドルに設定した。モーアクロフトのページ数、九百数十ページ、価格7.5ドルに対抗したのである。ターマンの教科書は、瞬《またた》く間にモーアクロフトの首位の座を奪い、全米の大学で採用されるようになった。ターマンの教科書は、一九三〇年代の無線工学のバイブルとなり、。「ターマン」というだけで通じるようになったという。

私もダウンロードはしたが、画面で本を読むのは嫌いなので、アマゾンで古本を取り寄せて読んでみた。モーアクロフトの本は、丁寧で分かりやすいが、分量が多いので読み切るのが大変である。ターマンの本は、数式をあまり使わず、終始、定性的な説明に終始しているため、やさしすぎる部分と、どう誘導しているのか分かりにくい部分がある。ただ面白いことは面白い。たとえば7ページにこんなことが書いてある。

「ポウルセンのアーク送信機は、電気アークの負性抵抗特性を利用して、直流電力を放射周波数エネルギーに変換している」

無線通信が好きな学生には全くたまらない本だろうし、無線通信に興味のない物理の学生は首をひねるだけだろう。実際、好き嫌いは分かれたようだ。またベストセラーといっても、一九三四年には毎月200冊というから、それほど売れてはいない。それにこの数字はおかしい。教科書は学期初めと試験直前に売れるもので、毎月コンスタントには売れないはずだ。

モーアクロフトの無線通信の教科書にしても、ターマンの無線工学の教科書にしても、マクスウェルの方程式が全く出て来ない。電波の世界を支配する基礎方程式は、マクスウェルの四つの方程式である。これを知らないと、どうして電波が発生するかを、きちんと理論的には理解できない。書かれていることを鵜呑みにするしかない。これも寂しい。

だが、ジェームズ・クラーク・マクスウェルは、基礎方程式から電波の存在を予言できても、実験的に電波を発生することはできなかった。実際に電波を発生させたのは、ハインリッヒ・ヘルツである。ただヘルツは電波の存在を実験的に証明できても、電波の通信への応用や実用化、商用化には乗り出さなかった。夭折したからだけではない。物理学者だったからである。電波を果敢に長距離通信に使ったのがマルコーニである。そして、それをさらに工学として分かりやすいものにしたのが、モーアクロフトであり、ターマンであった。その辺りの事情も理解しておくと良いのではないかと思う。

HPのデイビッド・パッカードは『HPウェイ』の中で次のように言っている。

「私のエレクトロニクスに対する熱意に本当に火をつけたのは、いまや伝説の人となったターマン教授の講義だった。この講義の内容が、ターマン教授の有名なテキスト『無線工学』の基礎になった。この本は、この分野で当時もっとも影響力のあるテキストだった」

スタンフォード通信研究所

一九二六年、フレッド・ターマンは、スタンフォード大学の電気工学科の非常勤の教員になった。当時スタンフォード大学の電気工学科の教員で博士号を持っていたのは、フレッド・ターマンだけだった。

スタンフォード通信研究所は、一九二四年一〇月設立されたが、ターマンは、一九二七年一月、ヘンリー・ハリソン・ヘンラインの跡を継いで、通信研究所の所長になった。

通信研究所は、当初500号館の二階の屋根裏部屋にあった。電気工学科長のハリス・ライアン教授の高電圧研究所の間借りである。床は弱く、重い無線通信機器類の重量に耐えられるか、しばしば問題になった。カリフォルニアにはあまり雨は降らないが、降れば土砂降りとなり、屋根から激しく雨漏りした。大恐慌の後は、屋根の補修費がないので、室内に木製の桶を並べて雨水を防いだ。ウィリアム・ヒューレットは桶に金魚を入れたという逸話がある。

オンボロとはいえ、この通信研究所は一九四一年まで長くターマンの牙城となる。

現在はターマン・エンジニアリング・ラボラトリー（ターマン技術研究所）になっている。ＵＲＬは、しばしば変更になることが多いので、あまり引用したくないが、執筆時点ではスタンフォード大学のキャンパス・マップで確認できる。http://campus-map.stanford.edu/index.cfm?ID=02-500

一九二七年、健康が回復したフレッド・ターマンは、正式にスタンフォード工学部電気工学科の助教授に任命された。普通の本では、ここから、いきなり記述が一九三七年に飛ぶ。もしくは次のような話が入る。

フレッド・ターマンは、学生達を定期的にベイ・エリア（サンフランシスコ湾岸地域）の会社に連れていった。多くはサイ・エルウェルのフェデラル電信会社から派生した会社であった。

◇レッドウッドシティのリットン技術研究所
◇パロアルトのカー・エンジニアリング（Karr Engineering）無線機会社
◇バーリンガムのイーテル・マクルー（Eitel-McCulloch:EIMAC）高出力真空管メーカー
◇サンフランシスコのフィロ・フランスワース（Philo Fransworth）テレビの開発メーカー

などである。

ターマンは、次のように言った。

「見て分かる通り、成功している無線機製造会社は、あまり教育を受けなかった人が創立した会社がほとんどだ。しかし、この分野に関する健全な理論的基礎があったほうが、ビジネス・チャンスは、もっと大きいはずだ」

ターマンは、このように巧みに説得して、優秀な学生を大学院の自分の研究室に集めた。

一九三一年に電気工学科長のライアン教授が退任した。退任後もライアン教授は依然として名誉教授として、ライアン高電圧研究所にとどまり、隠然たる勢力を誇示していた。

ここに学長、学部長、学内の権力者が互いに争う大権力闘争が始まり、一九三七年まで六年間、スタンフォード大学工学部電気工学科の科長のポストは空席であった。暫定科長は助教授が六年間勤めた。したがって、昇進人事は一切行われなくなり、六年間、電気工学科には教授はいなくなってしまった。助教授以下だけである。

ターマンも助教授にとどまったままであった。この間、ターマンは、優秀な大学院生を集め、企業との関係を強化し、研究費と人脈を獲得し、教科書や論文を精力的に書き続けた。長い雌伏の期間が続いた。

一九三四年にライアン教授が死去したことで、状況が変化し、一九三六年工学部長が交代し、一九三七年五月、ターマンは、正教授に昇格し、また電気工学科の学科長になった。

一九三五年頃からターマンは、アマチュア無線に距離を置き始めた。アマチュア無線家は、無線工学の原理を良く知らず、趣味に淫しているという意味のことをいっている。ターマンの変質である。簡単にいえば、ターマンは偉くなってしまい、学会で出世を目指す方向に転換し始めたのである。

無線研究所　ＲＲＬ

一九四一年、フレッド・ターマンは、ＩＲＥ（米国無線技術者協会）の会長になった。教科書での知名度に押されて一挙に表舞台に飛び出した感がある。ただし、まぐれや幸運でなったのではなく、地道な活動を精力的に続けて、実績を重ね、副会長を経て、会長になった。西海岸出身であることや、東海岸の有力な大企業の支援がないというハンディキャップを乗り越えて会長の座に上り詰めたのである。

ターマンは、ＩＲＥの会長として、とても優れた業績を残した。ここでの経験で、ターマンは、自分が優れた行政能力と管理能力を持っていること、困難な状況に対処することができ、手際よく有能な人材を発掘し抜擢し組織する能力があることに気づいた。

実はこの頃、スタンフォード大学では、次期学長をめぐってもめていた。教員の中で最も人気が高かったのがターマンの父親のルイス・ターマンであったが、理事会が教員の中からではなく、産業界から学長を招聘したいとしてもめていた。その内、フレッド・ターマンを学長にと言う声も上がった。これには父親のルイス・ターマンが反対した。学部長も経験していない息子が、いきなり学内政治に呑み込まれてはという親心だったろう。

そころが一九四一年一二月、真珠湾攻撃によって太平洋戦争が始まった。マサチュセッツ工科大学ＭＩＴでの恩師バンネバー・ブッシュの要請により、ターマンは、ハーバード大学で極秘の戦時研究の指揮を執るように要請された。ブッシュは、ルーズベルト大統領の信頼厚く、米国の戦時研究の指揮一切を取り仕切っていたのである。

米国のレーダー関係の戦時研究は、ＭＩＴの放射研究所を中心としたものが主力であったが、ブッシュは、ハーバード大学にもう一つ、レーダー妨害の研究所を作ろうとしたのである。

一九四二年一月にターマンは、ハーバード大学に赴任した。西海岸から来た、よそ者のターマンに指揮をとられては、ハーバード大学は、面白くなかっただろう。消極的な抵抗の跡も見てとれる。しかし、ターマンは、そんなことは歯牙にもかけず、自分の人脈を活かして、どんどん研究者を集めて行く。こうして出来上がった組織が無線研究所（ＲＲＬ：Radio Research Laboratory）である。主な研究はレーダー妨害で、たとえば大量のアルミ箔を空中散布する研究などがある。実用的な効果は、ともかくとして、大きな作戦の時には大量に使用された。

ターマンの人集めの能力は抜群で、一九四二年には２００人の所員を集め、一九四三年には８００名を集めた。その内、研究員は２２５名であった。むろんスタンフォード大学の優秀な大学生をどんどん採用した。

客観的に見て無線研究所は二軍であったが、ターマンは、無線研究所での地位を最大限に利用した。またワシントンの政界や官僚達との交流を深めた。戦後、スタンフォード大学が大量の政府資金を獲得できるようになったのは、この頃のターマンの人脈のおかげである。

無線研究所に赴任する前に、ターマンは、『無線技術者ハンドブック（Radio Engineer's Handbook）』を書き始めた。この本は一九四三年に出版され、20万部以上売れた。この本もターマンの知名度を高めるのに役立った。

一九四四年、無線研究所の仕事に目途がつくと、ターマンは、無線研究所からスタンフォード大学に戻ることになった。一九四四年一二月にターマンは、スタンフォード大学の工学部長に任命された。残務整理もあり、実際にスタンフォード大学に戻ったのは、一九四六年であった。

ターマンの無線研究所での活躍は、一九四五年ハーバード大学の名誉博士号を授与されたこと、一九四六年ナショナル科学アカデミーの会員に選出されたこと、米国や英国から名誉称号を授与されることなどで一応報われた。

スティープルズ・オブ・エクセレンス

フレッド・ターマンは、無線研究所時代に次のように考えていた。

戦後の時期は、スタンフォード大学にとって、重要であり、しかも極めて決定的である。スタンフォード大学は、その潜在的な能力を統合し、東海岸におけるハーバード大学のそれに並び称されるような地位の基盤を、西海岸においても創り出していかねばならない。さもないと、スタンフォード大学は、国民生活への影響においてハーバード大学の影響力の２％しか持たないダートマス大学のそれと同様なレベルに転落する。スタンフォード大学は、西海岸における支配的な存在になれる。しかし、それには達成のための計画に多くの年月を必要とするだろう。

無線研究所時代に、ターマンの理想は、ハーバード大学であったが、戦後は明らかにターゲットは

ＭＩＴになっていた。

ターマンは、スタンフォード大学に戻る前に、スタンフォード大学の質を向上させるための「偉大さをめざした20年計画」を考えていた。ターマンは、一九四六年から一九五九年まで13年間工学部長の職にあり、理想の工学部を作るのに努力した。

20年計画の根幹にあったのは、スティープルズ・オブ・エクセレンスというターマンの組織論であった。これは注意深く選択された分野の学科に、注意深く選ばれた優秀な教員と資源を傾斜的に集中的に配置するというものだった。

具体的には仮想敵としてのＭＩＴに対抗するには、スタンフォード大学工学部電気工学科の強化が必要であると考えていた。すべての分野でＭＩＴに対抗するのは無理で、まず電気工学科に集中して強化を図ることが重要であった。それを次第に工学部全体に及ぼしていく。ただスティープルズ・オブ・エクセレンスの思想が、はっきりした形態をとるのは、電気工学科での成功を受けた一九五〇年代中期を過ぎてからといわれる。

ターマンの戦略の基本は、戦時研究で得た経験と人脈を通じて、国から多額の研究費を獲得することだった。スタンフォード大学は国からほとんど研究助成を受けていなかった。この点については、ＭＩＴやハーバード大学、カリフォルニア工科大学等に比べてひどく見劣りがした。ここでいう国とは主に国防総省であり、研究というのは軍事研究である。

ターマンは、ＯＲＩ（海軍研究発明局）、米空軍、陸軍信号部隊、国家標準局などの国家機関からの援助を獲得していくが、最も頼りにしたのは無線研究所時代に培ったＯＲＩとのコネであった。スタンフォード大学は、ＯＮＲ（海軍研究局、ＯＲＩの後身）から多大な援助を受ける。
まず第一にレスター・フィールドの進行波管の研究がある。進行波管は、ルドルフ・コンフナーによって、一九四二年ＡＴ&Ｔベル電話研究所で開発された。その後、ジョン・パイエルスやレスター・フィールドによって改良された。

フィールドは、シカゴ生まれで一九三九年にパーデュー大学を卒業した。その後スタンフォード大学の大学院で学び、一九四三年に博士号を授与された。その後ベル電話研究所に就職し、進行波管の改良に従事した。フィールドは、一九四六年にターマンの引きでスタンフォード大学に戻ってきた。ＯＮＲは、ターマンの要請で、フィールドの進行波管の研究に一九四七年から毎年7万6千ドルの援助を与えることになった。フィールドの進行波管は高出力・低雑音であった。最初の三年間だけで3万ドルの特許料をスタンフォード大学にもたらした。四年後、フィールドは、32歳でスタンフォード大学最年少の教授になった。

第二にカール・ルドルフ・スパンゲンベルグの反射型クライストロンの研究がある。スパンゲンベルグは、オハイオ州立大学から博士号を取得した。一九三七年にスパンゲンベルグはターマンによってスタンフォード大学電気工学科にスカウトされた。スパンゲンベルグは、一九四一年から一九四三年スタンフォード大学でのクライストロンの研究の指揮をとった。その後、陸軍航空隊のコンサルタントとなり、ターマンの無線研究所に勤め、戦後スタンフォード大学に戻る。カール・スパンゲンベルグ反射型クライストロンがレーダーの局部発振器として非常に有効であったので、ＯＮＲは毎年14万1千ドルの援助を与えることになった。

第三に、オスワルド・ギャリソン・マイク・ビラード・ジュニア（以下マイクと略）の見通し外の電波伝搬と電離層の研究がある。マイクは、一九一六年ニューヨークに生まれた。父親は出版業者であり編集者でもあった。息子は自分の跡継ぎになるべきと考えていたのでマイクは一九三八年イェール大学の英文科を卒業した。しかし、マイクは16歳の時にアマチュア無線の免許を取得し、ターマンの『無線工学』などを愛読していたほどの無線好きであった。マイクは、何としてもスタンフォード大学に行き、フレッド・ターマンの下で勉強したいと思った。父親はむろん反対であり、ターマンが父親を説得した。マイクは、生涯、自分のオフィスの手近に読み込んだターマンの本を置いていたという。マイクがいかにターマンを尊敬していたかが分かる話である。

スタンフォード大学に着いたマイクは、一九三九年から一九四一年にかけて電気工学科の研究助手を勤め、一九四一年から一九四二年にかけて講師となった。かたわら大学院で勉強していたらしい。当時マイクが最もよく会った知名人はデイビッド・パッカードとウィリアム・ヒューレットであったという。第二次世界大戦が始まると、マイクは、ターマンについて無線研究所RRLに行き、レーダーの電波妨害の研究に従事した。戦争が終了すると、一九四六年スタンフォード大学に戻った。

一九四七年マイクは、SSM（抑圧搬送波単側波帯変調）を使った送信機を設計した。一九四九年マイクは、博士号を取得した。スタンフォード大学での研究は見通し外電波電波伝搬と電離層の研究であった。これらの研究に対しONRは毎年3万4千ドルの援助を与えることになった。

ターマンは、これらの研究を管理する組織として一九五一年に電気工学科の下にERL（電子研究所）を設置し、後に軍事研究の機密保持のためAEL（応用電子研究所）を分離設置した。

一九五五年、ＳＥＬ（スタンフォード電子研究所）が作られ、ＥＲＬとＡＥＬの両方を管理するようになった。

一九六〇年代後半ベトナム反戦運動が盛んになってくると、ＡＥＬは、過激な学生達の激しい抗議運動の目標になる。スタンフォード大学は、次第に軍事研究をメンローパークのＳＲＩ（スタンフォード研究所）に移すようになる。

ここで重要だったのは、物理学科と電気工学科の交流によるクライストロンの研究である。この路線を強化するものとして、一九四五年六月マイクロ波研究所が設立される。構想自体は一九四二年頃からあり、ウィリアム・ハンセンがターマン、フェリックス・ブロッホなどと意見を交していた。マイクロ波研究所の最初の所員はハンセンであった。クライストロンの研究が続けられ、スペリー・ジャイロスコープやＩＴＴの資金援助を受けた。一九四六年にはエドワード・ギンツトンがスタンフォード大学の物理学科に戻ってきて、マイクロ波研究所の二人目の所員となった。

この研究所の延長がＳＬＡＣ（スタンフォード線形加速器センター）である。線形加速器が大型化するにつれ、次第に巨大科学（ビッグ・サイエンス）の問題が浮上してきた。ターマンは、哲学的な問題には、あまり関心を持たないプラグマティストであったようである。

フレッド・ターマンの教育論

フレッド・ターマンの考え方で変わっているのは、学部生のためのプログラムに時間や資源を浪費すべきでないと考えていたことである。学部生にどんな種類の資源を振り向けても、決して大きな見返りを期待できない。その代わりに国家的な評判や見返りが期待できる大学院に努力を集中すべきだというのである。私などはそうかなぁと思う。学部も大事なのではないかと思う。

ターマンは、ある大学院に優秀な学生が集まるのは、その大学院の評判ではなくてお金の問題であるとした。当時ＭＩＴは大学院生一人当たり年額６００ドルを支出していたのに対し、スタンフォード大学は年額１５０ドルから３００ドルを支出していただけだった。これでは優秀な大学院生を惹きつけ確保することはできない。

たとえば、ＭＩＴの大学院生の75％は他大学出身でＭＩＴ出身者は25％に過ぎない。スタンフォード大学の大学院生の27％が他大学出身でスタンフォード大学出身は73％である。

この考え方は自分の大学の学生は優秀でないから、大学院生は他大学の優秀な学生を集めるべきだというのだろう。プロ野球の巨人軍のチーム作りの考え方を連想させられる。

すべてはお金が問題で、お金がなければ何もできない式の考え方である。たしかに無から有は生じないが、批判もあった。ターマンは、如何なる批判も意に介さず、外部資金獲得に邁進した。

ターマンは、さらに学部の定員はどの位にしたら良いか、成績はどのようにつけるべきかなどの細かいことまで考えた。ちなみにＡが15％、Ｂが35％、Ｃが35％、Ｄが15％と採点するのを推奨していた。週六日、毎日オフィス・アワーという学生との面会時間を設け、相談に乗った。講義も一生懸命やり、さらに執筆にも熱心であった。

スタンフォード・インダストリアル・パーク

一八八五年、スタンフォード夫妻がスタンフォード大学に寄贈した土地は、約8千エーカーつまり3千310ヘクタール（993万坪）であった。その他にカリフォルニアの土地を10万エーカー寄贈したという。この土地については一つ条件がついていた。いかなることがあっても売却してはならないというのである。しかし、リーランド・スタンフォードの死後、夫人のジェーン・スタンフォードが条件を緩め、パロアルトの農地を除いて土地の売却を認めた。牧場やブドウ畑は少しずつ売却されて行ったが、全体としてパロアルトの農地は、手をつけられない状況が続いた。

第二次世界大戦後、売却は許されないが、借地として貸し出すことまでは禁止されていないと智恵を出した者がいた。そこでスタンフォード・ショッピング・センター用に60エーカー、スタンフォード・インダストリアル・パーク用に80エーカー（9万7千坪）を貸し出すことが決まった。

スタンフォード・インダストリアル・パークは、スタンフォード大学の敷地内に企業が本社や研究所を設置することで、大学と企業の結びつきを強化しようというものである。

インダストリアル・パークの正式決定に到るまでは長い時間がかかり、正式決定は一九五四年位といわれている。その前に暫定的に貸し出しが始まったようである。バリアン・アソシエイツなどは、一九五一年に、ずいぶん早くから、インダストリアル・パークに進出している。

インダストリアル・パークは、フレッド・ターマンが提唱したものであるから、フレッド・ターマンに近い企業が参加した。最初にバリアン・アソシエイツ、次がＨＰと書いている本もあるが、実際には違う。順番でいえば、ＨＰの移転は、一九五八年とかなり後である。

少し後になるが、一九七〇年、ゼロックスのＰＡＲＣ（パロアルト研究所）がポーター・ドライブ３１８０（3180 Porter Drive Palo Alto）に入居した。ここはスタンフォード・インダストリアル・パークのある丘の中腹辺りにあった。一九七三年にさらに上のフットヒル・エクスプレスウェイという道路を越えて、現在のパロアルト市コヨーテヒル・ロード３３３３番地（3333 Coyote Hill Road Palo Alto）に移った。当時は一番高い奥の方の位置にあった。コヨーテの居そうな荒涼たる砂漠の丘にそそり立つ超近代的な建物郡であった。

ＰＡＲＣは、一九七三年、ＡＬＴＯ《アルト》という革新的なワークステーションを開発した。ＡＬＴＯには時代の最先端を行くＧＵＩ（グラフィカル・ユーザー・インターフェース）、スモールトーク、イーサネット、レーザー・プリンタなどの新技術が採用されていた。一九七九年にアップルのスティーブ・ジョブズがＰＡＲＣを訪れ、ＡＬＴＯを見て感動し、そのＧＵＩをリサやマッキントッシュに移植したことは有名である。剽窃《ひょうせつ》に近いが、ジョブズは、そんなことは気にしなかった。

スタンフォード・インダストリアル・パークには、一九六〇年までに40社が入居し、２０９エーカーに広がっていたが、さらに４５０エーカーに広がった。一九八〇年には１００社が入居し、６６０エーカーに拡張された。最近では、さらに１５０社、７００エーカーに広がっている。またフェイスブック（自社の新キャンパスへ移動した）、ＮＴＴドコモ、ＮＴＴデータ、ＳＡＰ、ＶＭウェアなどの企業の研究所も入居している。

スタンフォード・インダストリアル・パークは、一九九〇年代にスタンフォード・リサーチ・パークと名前を変えて現在に至っている。

優等協調プログラム　ＨＣＰ

一九五四年フレッド・ターマンは、工学におけるＨＣＰ（Honors Co-operative program in Engineering：優等協調プログラム）を開始した。この制度は企業の最優秀従業員を大学院に入学させるものである。そういう制度なら、どこでもありそうだが、授業料を通常の二倍に設定していることが違う。学生が半分、企業が半分を負担する。フルタイムでなく、働きながらパートタイムで修士号が取れる制度である。正規の学生よりはずっと少ない授業時間数で修士号が取れる。企業にしてみれば優秀な社員にとってのインセンティブになる。スタンフォード大学にしてみれば、一人当たりの授業料をまるまる余計にもらえて収入が増加する。優等協調プログラムは、インダストリアル・パークの構想と連動している。会社がスタンフォード大学の構内や近くにあるから簡単にスタンフォード大学にやって来れるのである。

ＨＣＰの他にも色々なプログラムがあるが割愛する。

スタンフォード・インダストリアル・パーク周辺の企業

スタンフォード・インダストリアル・パークには直接入居しなかったが、近くに居を構えた会社もあった。

まずシルバニア・エレクトロニック・プロダクツ（以下シルバニア）がある。シルバニアは、一九〇一年フランク・プアーがマサチュセッツ州ミドルトンの小さな会社の創設者の一人となったことに起源がある。会社は古い電球を安く買って、ガラスを切って古いフィラメントを交換し、再び新しい電球として売るのである。プアーは、会社のパートナーの持ち分を買い取り、同じマサチュセッツ州の少し海側のダンバーズに移って、ベイ・ステート・ランプ・カンパニーを設立した。プアーの兄弟達も会社を手伝うようになった。

一九〇九年、プアーと兄弟達は、ハイグレード白熱電球会社を設立した。今度は新品の電球を製造販売するようになった。一九二二年ハイグレード白熱電球会社は、バーナード・アースキン達によって買収された。社名はニルコ・ランプ・ワークスに変更された。一九二四年ニルコ・ランプ・ワークスはシルバニア・プロダクツ・カンパニーを設立した。電球は次第にテレビやラジオで使われる真空管に変わっていく。

シルバニアは、元々はテレビやラジオの真空管を作っていた。陸軍信号部隊は、一九四九年頃からミサイル攻撃に対する即応能力の構想を持っていたが、朝鮮戦争勃発と共に構想は本格化し、ミサイル誘導システム妨害の研究所を作ろうということになった。一九五二年、陸軍信号部隊は、スタンフォード大学に500万ドルで研究所の設立を打診したが、スタンフォード大学は辞退した。このため、シルバニアが名乗りを上げ、300万ドルを受け取ることになった。陸軍の主張でシルバニアの新しいEDL（電子防御研究所）は、スタンフォード大学に近いマウンテンビュー市ノース・ウィスマン・ロード123番地（123 North Whisrman Road, Mountain View）に作られることになった。EDLは従業員1300人、年間契約1800万ドルという巨大研究所となった。

スタンフォード大学との関係は濃密で、一九六〇年代初頭には、EDLから優等協調プログラムへの参加者は年間92名となった。EDLからシルバニアが派生させた研究所はマイクロ波物理研究所、偵察システム研究所があり、EDLからのスピンオフ組にはウィリアム・ペリーの電子システム研究所があった。こうして裾野が次第に広がって行くのである。栄えたEDLであるが、今はなく、跡地には建売り住宅が密集してできている。

一九五四年、GE（ゼネラル・エレクトリック）のマイクロ波研究所が、スタンフォード大学に作られた。GEマイクロ波研究所は、スタンフォード大学の教員、大学院生、リサーチ・アシスタントRAを数多く雇い、またコンサルタントとして契約した。一時はGEマイクロ波研究所のトップの研究者、技術者40人の内16人がスタンフォードの教員や大学院生であったこともあるという。またGEマイクロ波研究所は、スタンフォード大学の優等協調プログラムにも参加した。

一九五五年、シルバニアやGEに続いて、シカゴに本拠を置くTVとレーダーを専門とするアドミラル・コーポレーションもインダストリアル・パークに進出し、レーダー、誘導ミサイル、通信システムなどの研究を始めた。

一九五三年、レスター・フィールドがヒューズに移った後、スタンフォード大学大学院生のディーン・ワトキンスがスタンフォード大学のＴＷＴプログラムを引き継いだ。一九五七年、ワトキンスとヒューズ航空機のマイクロ波研究所で働いていたリチャード・ジョンソンは、マイクロ波管を製造するワトキンス・ジョンソン社を設立した。

ワトキンス・ジョンソン社は、初年度から黒字で、その後も黒字を出し続けた。ワトキンス・ジョンソン社は、一九五九年一一月にスタンフォード・インダストリアル・パークとパロアルト市ヒルビュー・アベニュー３３３３番地の土地の賃貸約契約を結び、入居した。

インダストリアル・パークに入居して、うまくいった企業ばかりではない。元々インダストリアル・パークは巨大軍事産業の研究所の集まりという性格が強かった。一九六〇年の調査結果では、17社が積極的に支持、15社は消極的だった。ホーフトン・ミフリン・カンパニーのような出版社は消極的であった。常識的に考えても当時のテクノロジーで出版社に寄与する所は少なかったと思われる。

スタンフォード・リサーチ・インスティチュート　ＳＲＩ

一九四四年、スタンフォード大学学長のトレシッダーは、フレッド・ターマンのアイデアに示唆を受けて全学部をまたぐような研究所を設立しようと考えた。一九四六年一〇月にＳＲＩ（スタンフォード・リサーチ・インスティチュート）が設立された。スタンフォード研究所とも訳すが、略称のＳＲＩの方が有名なので、以下ＳＲＩと記すことにする。

計画段階で、産業界向けの研究所でなく、学部と大学院の教育と研究を主体とした研究所を希望するターマンの構想よりも、シカゴにあるアーマー工科大学の研究所の構想を模範にしようという意見が強くなった。産業界向けである。

ＳＲＩは非営利の組織として設立された。産業界向けで、非営利というのは論理的に一貫していないと思われるが、実際にそうだったのである。ターマンは、自分の意見があまり取り入れられなかったので、ＳＲＩとは比較的疎遠になった。ただ学長の求めによって、ＳＲＩの事業についての調査は実施した。

SRI

一九四六年にＳＲＩが設立され、初代所長は、サンオイル・カンパニーから招かれた。スタンフォード大学では、以前から学内の要職について、産業界から採るか、学内から採るかについて、かなり激しい確執があった。大体は産業界の方が優勢である。

ＳＲＩの初代所長ウィリアム・タルボットは、ＳＲＩはスタンフォード大学とは全く別の独立的な組織と考えていた。ＳＲＩはスタンフォード大学と相談したり、協調したりすることなしに仕事を進めて行く傾向があり、これが軋轢《あつれき》の元になった。ＳＲＩはスタンフォード大学内の仮住まいからメンロー・パークのスタンフォード・ビレッジに移転した。タルボットは、一九四八年一月スタンフォード大学長トレシッダーによって更迭された。ＳＲＩとスタンフォード大学は、ＯＮＲ（海軍研究局）の資金獲得をめぐって重複した申請を繰り返し、衝突を繰り返した。こうした中でＳＲＩは次第に成長し、一九五五年には１０００人の所員を擁し、年間１０００万ドルの資金を獲得するまでになった。SRIはますます独立性を高めていく。

一九七七年、SRIは、SRIインターナショナルへと改称することになった。

ダグラス・エンゲルバート

SRIでは、ダグラス・エンゲルバートが一番有名である。彼はSRI内にオーグメンテーション・リサーチ・センター（Augmentation Research Center）を設立した。オーグメンテーションとは拡大とか増大という意味であるが、そのままでは何のことだか分からないかも知れない。人間の知性や創造性を拡大増加する手段としての機械やコンピュータを研究する施設である。エンゲルバートは、様々なマン・マシン・インタフェースやGUI（グラフィカル・ユーザー・インターフェース）を開発した。中でもマウスが最も有名だろう。普通はSRIといえば、反射的にエンゲルバートという位、有名である。

一九八六年十二月一九日のインタビューでエンゲルバートは、次のように言っている。

「無線工学についてのハンドブックを書いた男がいて、その本は、世界的に有名になった」

エンゲルバートのこの言い方は、フレッド・ターマンの名前も書名も覚えていないということだろう。多分、エンゲルバートが言っているのは、ターマンの『無線工学』ではなくて、『無線技術者ハンドブック』である。

エンゲルバートは、スタンフォード大学の隣にあるSRIの所長でありながら、スタンフォード大学の大立者のフレッド・ターマンの名前も思い出せないのだから傑作である。わざと知らない振りをしているのかも知れない。ただエンゲルバートは、インタビューで他の基本的事実も間違えてばかりいる。あまり記憶力の良くない人かもしれない。

ジョン・マルコフの『パソコン創世第3の神話』服部　桂訳、NTT出版を読んで驚いたのは、エンゲルバートが、人間の知性や創造性を高めるためにコンピュータを利用するだけでなく、みずから覚醒剤LSDを摂取して自分の脳に働きかけ、知性や創造性を高めることができるかを試していたことである。これには衝撃を受けた。

全学でのスティープルズ・オブ・エクセレンスの実践

一九五七年九月、フレッド・ターマンは、副学長になった。実は一九五九年まで工学部長であり副学長でもあった。一九四八年ドナルド・トレジッター学長が53歳の若さで亡くなったため、J・E・ウォーレス・スターリングが第五代スタンフォード大学学長となっていた。ターマンは、一九五七年から一九六五年のスタンフォード大学退職まで、スターリング学長の下で副学長として、スタンフォード大学の大改革に乗り出すのである。スティープルズ・オブ・エクセレンスの実践である。

改革の基本的な背景には、一九六一年に発表された『挑戦する時代のアクション・プラン（A Plan of Action for Challenging Era）』がある。

調べてみて驚くのは、ターマンによって、スティープルズ・オブ・エクセレンスがスタンフォード大学の全学部に渡って実践されることである。対象となったのは生物学、化学、自然史、分類学、生物科学、社会科学、人文科学、政治科学、歴史学、一般教養など広い分野にわたっている。

ターマンは、自分が無意味と感じた学科や施設は廃止したり、改組した。有名なのは地理学科の廃止である。また博物館や資料館のようなものには良い顔をしなかった。

学科の改組に当たっては、優秀な教員を採用することを最大の眼目に置き、教員の経歴と業績については徹底的に調べた。望ましいのはノーベル賞級の学者をスカウトすることであり、給料や研究施設については破格の待遇を与えることもあった。

ターマンの専門に関わる電気工学や物理学ならまだしも、学生時代に副専攻に過ぎなかった化学科にも強く介入した。それは良いとしても生物科学、社会科学、人文科学、政治科学、歴史学、一般教養についてターマンにどれだけのことが正しく判断できただろうか。ターマンの改革は、人文系の犠牲において行われたと評され、ターマンは、全能の神に近づいて来たとも、慈悲深き独裁者とも評されるようになった。ターマンは、仕事人間で、夜もなく昼もなくクリスマスも新年もなく副学長の仕事で働いた。

この副学長時代のスティープルズ・オブ・エクセレンスという持論の実践は、ターマン自身としては大いに満足し、充実していただろうが、実は本人自身にも大きな犠牲を伴うものだった。

一九六〇年代には、ターマンは、次第に技術面で追いついて行けなくなっていたのである。次章で扱うように、ターマンがトランジスターの発明でノーベル賞を取ったウィリアム・ショックレーをスタンフォード大学近辺に誘致したのは事実だが、ターマンは、既に半導体や集積回路については、ついて行けなくなっていた。

ターマンの著書や論文には、半導体やコンピュータという単語が出てこない。ターマンは、第二次大戦前後の無線工学と真空管やマイクロ波管を中心とする電子管工学の人だったのである。

こうしてターマンは、一九七〇年代初期には技術の進歩に決定的について行けなくなっていた。特に一九七二年頃からは活動が衰えた。対外的評価も落ちてきた。政府機関からの扱いが、最高機密（トップ・シークレット）扱いから、機密（シークレット）扱いに落ちた。

さらにターマンにとって痛撃となったのは、あれほど最先端と賞された著書が、時代遅れになって次々に絶版となったことである。一九七一年には『無線工学ハンドブック』が実質的な絶版になった。一九七二年には『電子無線工学』が絶版になった。一九七三年には『電子計測』が絶版になった。こうしてターマンは、次々に翼をもがれて行き、飛べない鳥になって行った。

一九六五年スタンフォード大学退職後は、ターマンは、コンサルタントとして活躍した。しかし技術面で最先端から離れたことは、次第に影響力を薄めることとなった。ただし、一九七〇年から一九七五年にわたる韓国のＫＡＩＳＴ（Korea Institute of Science and Technology：韓国科学技術院）へのコンサルタントは成功した。

一九七五年、最愛の妻のシビルが死去した。ターマンの病状も悪化した。それと共にターマンも次第にぼけて行った。一九八二年一一月、ターマンは、心臓病で死去する。

ターマンは、シリコンバレーの父であるといわれる。これには反対論もある。『シリコンバレー』

という言葉は、ターマンのスタンフォード大学退職後六年した一九七一年一月一一日のエレクトロニック・ニュース紙で、ドン・C・ヘフラーという新聞記者によって初めて使われた。したがってターマンの現役時代はシリコンバレーという言葉はなかった。だからシリコンバレーの父というのはおかしいというのである。

しかし、これは少し残酷である。私はフレッド・ターマンは、シリコンバレーの父といっても十分差し支えないと思う。

第6章　サンタクララバレーの曙《あけぼの》

ジャック・ロンドンが「心の喜びの谷」と呼んだというサンタクララ郡は、非常に広い地域で、北からパロアルト、マウンテンビュー、サニーベール、クパチーノ、サンタクララ、サンノゼおよびその南方までを含んでいる。間違えて欲しくないのは、サンタクララ郡とサンタクララ市は違うということである。サンタクララ市はサンタクララ郡の一部である。

もともとこの一帯はスペインの領土であった。したがってすべての土地はスペイン国王のものであった。こういう言い方をすると土着のインディアンのことは無視されているのが気の毒だ。

一八〇八年にナポレオン・ボナパルトの兄のジョゼフ・ポナパルトがスペイン王に即位すると、スペイン独立戦争が始まった。これに応じてメキシコ独立革命が起きる。一八二一年に第一次メキシコ帝国が建国されるが長くは持たず、一八二三年にメキシコ連邦共和国が成立する。ここでカリフォルニアの地は国王一人のものでなく、８００人程度の地主のものとなった。

一八四六年から一八四八年にわたる米墨戦争の結果、カリフォルニアは米国領となった。そのためサンタクララ郡は米国のものになった。すると旧メキシコ連邦共和国の地主の土地はどうなるのかという問題が発生してきた。これに対しては一応、旧地主の所有権は安堵することになっていたが、戦勝国側の米国人はなしくずしに入植を始める。また一八四八年の米墨戦争終了直後に始まったゴール

ド・ラッシュは多数の米国人の流入を招いた。支配者がまた変わり始めるのである
サンタクララ郡についてみると、一八九〇年代に成立したスタンフォード大学によって、パロアルトの地は開けた地であったが、その南は、広大な農地が広がるばかりであった。

海軍モフェット飛行場

一九三一年、サニーベール市は、サンフランシスコ湾に隣接する1000エーカーの農地を48万ドルで買い上げ、海軍飛行船の基地として使用する目的で合衆国政府にたった1ドルで売却した。村興《むらおこ》しとしての基地の誘致である。

一九三三年、飛行船基地が完成すると、海軍モフェット飛行場と名前がついた。海軍航空隊の父と呼ばれた海軍少将ウィリアム・エイジャー・モフェットにちなんだものである。この飛行場で、最も目立つものといえば、ハンガー1と呼ばれる巨大な格納庫である。飛行船が現役の時代には、82人乗組、全長784フィート（239メートル）という巨大な飛行船を収納できた。より小型の飛行船9隻が格納されている写真も残っている。また複葉機100機余りが格納されている写真が残っている。大型空母並みの巨大さで、あっけにとられる程だ。ハンガー1だけでなく、ハンガー2、ハンガー3もある

昔、私もシリコンバレーを訪れた時には、この飛行場のハンガー1の巨大さにはびっくりしたが、対潜哨戒機P3Cオライオンが数十機、無防備なまま駐機しているのを見て、その無邪気さには驚か

された。

この海軍モフェット飛行場の完成によって、多数の海軍軍人や軍属が周辺に居住することになり、サニーベールやマウンテンビューの地域に変化が生じ始めた。

NACAエイムズ研究センター

さて、ここにウィリアム・デュランドという人がいた。デュランドは、海軍大学を卒業し、ラファイエット大学から博士号を取得している。スクリューの専門家であったが、航空機のプロペラの研究に乗り出していた。スタンフォード大学機械工学科の教授である。

一九一五年、デュランドは、ウィルソン大統領によって、NACA（国家航空諮問委員会）の五人の委員の一人に任命された。65歳といえども矍鑠《かくしゃく》たるものである。一九三九年、フレッド・ターマンの指導教官バンネバー・ブッシュは、国家航空諮問委員会NACAの委員長に就任した。この年、ルーズベルト大統領は、サニーベールの海軍モフェット飛行場の西側にNACAの二番目の研究センターを設置する法案を議会に送った。法案は議会を通過し、一九四〇年、NACAエイムズ研究センターが開設された。この名前はNACAの委員長を一九一九年から一九三九年まで勤めるジョセフ・スウィートマン・エイムズにちなんだものである。

当初は風洞トンネルが主な研究施設であった。これによってスタンフォード大学の工学部は、航空機の風洞実験に大きく関わることになった。前述のようにSRI（スタンフォード研究所）の参入により、工学部との間に問題が起きたのは当然であった。

このＮＡＣＡエイムズ研究センターの開設によって、また多くの研究者や家族がサンタクララ郡に流入してきた。一九五八年、ＮＡＣＡエイムズ研究センターは、ＮＡＳＡに移管され、ＮＡＳＡエイムズ研究センターとなった。

一九五〇年頃のサンマテオ郡とサンタクララ郡

さて、ここで一九五〇年頃の様子を見てみよう。ここに存在する電子産業は主に次の四つである。

◇ヒューレット・パッカード　パロアルト
◇リットン技術研究所　サンカルロス
◇バリアン・アソシエイツ　サンカルロス
◇アンペックス　サンカルロス

四つの会社の所在地について検討してみよう。地図で検討してすぐ分かるのは、これらほとんどすべての会社がスタンフォード大学のあるパロアルトの北西方向のサンマテオ郡にあることである。パロアルトの北隣のメンローパークを一つ置いて北西にあるのがレッドウッドシティであり、そのまた、すぐ北西にあるのがサンカルロスである。したがってパロアルトの南東方向のサンタクララ郡には、まだ電子産業が成立しておらず、果樹園や畑が広がっていたことになる。

この南東方向に突如、ＬＭＳＣという巨大な企業体が出現する。

ロッキード・ミサイルズ&スペース　LMSC

ロッキード航空機会社は、アイルランド系の米国人、ロックヒード兄弟によって、一九一三年にアルコ・ハイドロ航空機会社として設立された。一九二六年にロッキード航空機会社と社名変更した。ロックヒードと正しく発音できる人は少なかったのでロッキードとしたという。

ロッキードの航空機で第二次世界大戦中、最も有名なのは双胴の悪魔と恐れられたP－38ライトニングである。日本海軍連合艦隊司令長官の山本五十六の搭乗していた一式陸上攻撃機を撃墜したのがロッキードP－38である。『星の王子さま』のサン＝テグジュペリが行方不明になった時の搭乗機はP－38の偵察型である。ロッキード航空機会社は、戦後の日本でロッキード事件という疑獄事件を引き起こしたことで有名である。

第二次世界大戦後の一九五三年、ロッキード航空機会社は、三段式ロケットのX－17とラム・ジェットX－7の開発をカリフォルニア州バン・ノイスの工場に統合した。

この部門は一九五六年、パロアルトに移転したが、一九五七年に、モフェット飛行場の東側のサニーベール市に移転した。この部門はロッキード・ミサイルズ&スペースと呼ばれることになった。長い名前なのでLMSCと略すのが普通である。

LMSCはロッキード航空機会社本体と違って、航空機ではなくミサイルが専門である。LMSCでは一九五六年から潜水艦搭載用の弾道ミサイルであるポラリス・ミサイル、トライデント・ミサイルが開発された。他にも大陸間弾道ミサイルや各種の宇宙ロケットが開発された。スティーブ・ジョブズが小学生の頃にはＬＭＳＣの従業員は２万５千人にもおよび、サニーベール周辺地域の様子を大きく変えた。見渡す限りの農場の中に大工場が出現したのである。

ＬＭＳＣの従業員は、マウンテンビュー、サニーベール、クパチーノ、サンタクララなどの地域に住んだ。この辺りに元々住んでいたのは、果樹園を切り開いた農民、果樹園での季節労働者、低賃金での移民などであって、流入してきた高学歴の白人技術者などとは、当然対立することになる。

ＬＭＳＣはサンタクララ郡の人口分布を変えただけでなく、やがて育ってくる半導体産業を育成することになる。初期の半導体は軽量で優秀ではあったが、とても高価で民需で使えるものでなく、採算など度外視した軍需産業のＬＭＳＣでなければ使えるものではなかったからである。このような事情でＬＭＳＣがサンタクララ郡を作ったとさえいわれる。

第7章　シリコンバレーの父　ウィリアム・ショックレー

シリコンバレーを理解するためには、もう一人どうしても理解しておかなければならない人物がいる。トランジスターでノーベル賞を受賞したウィリアム・ブラッドフォード・ショックレーである。ショックレーは一九一〇年二月一三日に英国に住んでいた米国人夫婦の間に生まれた。父親はウィリアム・ヒルマン・ショックレー、母親はメイ・ブラッドフォード・ショックレーである。

母親のメイ・ショックレーは、ニューメキシコ州とミズリー州で育った。数学と芸術に秀でた少女で、スタンフォード大学で地質学を学んだ。ロッククライミングに長じていたという。これは息子のショックレーにも受け継がれることになる。

メイ・ショックレーが地質学を学んだのは、義父が採掘業をやっていたことにも関係があるらしい。義父の手伝いにネバダ州のトノパに単身出かけて地質調査の手伝いをした。地図や航空写真で見れば分かるが、こんな荒涼たる砂漠の真中に若い女性が単身乗り込むのは並大抵のことではない。よほど勇気のある人だったのだろう。メイ・ショックレーは、女性として米国初の採掘測量士補となった。

父親のウィリアム・ヒルマン・ショックレーの家系は、メイ・フラワー号に乗り込んでいたジョン・アルデンにまでたどり着ける。ある意味では米国でも屈指の古い家系である。祖父は捕鯨のキャプテンであったという。

父親のウィリアム・ヒルマン・ショックレーは、一族がＭＩＴの創立に寄与した関係もあって、ＭＩＴの数学科に進んだ。中位の成績だったという。一八七五年、ＭＩＴを卒業したものの職がなく、世界中の六つの大陸を回って鉱山技師やコンサルタントとして働いた。またニューヨークで音楽を学び、欧州で言語を学んだ。八カ国語を話せたという。芸術、音楽、言語、文学に造詣の深い人であったという。その後一八九五年、ロンドンの採掘会社に就職した。鉱山業に従事していたものの、ビジネスは、あまり得意でなかったようである。

どういう偶然か、ウィリアム・ヒルマン・ショックレーは、ネバダ州のトノパにいたメイ・ショックレーに出会い、一九〇八年一月に結婚した。夫51歳、妻27歳と、24歳も齢の離れた夫婦であった。結婚後、二人はロンドンに旅立った。

ロンドンでは、ビクトリア・ストリートの上流の住まいで暮した。毎晩ウィリアム・ヒルマン・ショックレーは、タイプライターに向かって、ショックレーについて著しく克明な記録を残した。ロンドンでは夫婦のＭＩＴやスタンフォードの友達がいた。一番有名なのは、ハーバート・フーバーである。フーバーは後にスタンフォード大学の学長となり、やがて合衆国大統領になった。

ショックレー夫妻は、不動産や有価証券は持っていたようだが、現金がなく、追い立てられるようにして、度々引越しを繰り返した。

天才に成りそこねた少年

一九一〇年二月一三日、二人に初めての子供が生まれる。長男のウィリアム・ブラッドフォード・ショックレーである。ショックレーは、大変な子供であった。凶暴で癇癪持ちなのである。猛烈に噛み付き、すさまじく大きな声で泣き叫んだという。あやしても、罰しても全く効果がなかった。オカルト映画のようなものだったらしい。偉い教育学者の助言も全く功を奏しなかった。あまりにすさまじかったので母親のメイ・ショックレーは、子供は一人だけにしようと決めた。これも良かったのかどうか分からない。

ロンドンでは、ついに芽が出なかったので、ショックレー夫妻は、一九一三年に米国に戻った。最初はパロアルトのウェイブレイ・ストリートであった。ここはスタンフォード大学に近かった。近所にはスタンフォード大学の教員が多く住んでいて、プロフェッサー・ビル（教授町）と呼ばれていた。

相変わらず現金不足に悩まされ、ショックレー一家はウェイブレイ・ストリート沿いにジプシーのように度々引越しを繰り返す。

ショックレーは、奇妙な子供だった。友達は少なく、一人遊びが好きで、亀や爬虫類を集め、突然止めようのない癇癪を起こした。８歳の頃まで、ショックレーの教育は両親が行なった。

一九一八年ショックレーは、ミセス・ガーメルの私立学校に入学する。不思議なことに操行は優であった。

一九一六年頃から、スタンフォード大学のルイス・ターマン教授（前出のフレッド・ターマン教授の父親）は、パロアルト、サンフランシスコ、ロサンゼルスの子供達をスタンフォード・ビネットＩＱテストという方法でテストし始めた。ＩＱつまり知能指数のテストである。ＩＱが１３５以上だと天才ということになる。

ショックレーの８歳の時のＩＱは１２９であり、９歳の時の知能指数は１２５であった。つまりショックレーは、ルイス・ターマンによれば、天才ではなかったことになる。母親のメイ・ショックレーのＩＱは１６１だったという。父親は30代の頃、ＩＱは２００を超えていたという。それにしては彼の一生はパッとしなかった。ＩＱなどをあまり過信するのは考え物だと思う。自尊心の強いショックレーのＩＱの測定結果が天才の域に及ばなかったことが、ショックレーのトラウマになったようであり、彼の後半生の奇行の一因になったように思う。

後年、ショックレーは、「自分は知能テストでは天才ではなかったけれど、ノーベル物理学賞は取れた」と良く笑っていたという。つまりルイス・ターマンのＩＱテストは、必ずしも信頼できるものではないという証明にもなるのだが、60歳を超えて80歳までの20年間、ショックレーは、人種と知性とＩＱの問題で激しい不毛な論争に身を費やすことになる。特に黒人のＩＱは白人に比べて10は低いと言い放って大問題となった。

一八二〇年、父親はショックレーに躾《しつけ》を教え込むために、パロアルト・ミリタリー・アカデミーに転校させた。ここでも不思議なことに、操行は最高点であった。内側と外側が違う子供だった。

この頃、スタンフォード大学の物理学の教授のパーリー・ロスが近所に住んでいた。ロスは、Ｘ線の専門家であり、ショックレーに無線や物理の理論を分かりやすく教えてくれた。彼の影響がショックレーを物理の世界に進ませたのかもしれない。

一九二二年ショックレーが12歳で小学校を卒業すると、中学校は飛ばすことになった。一家はしばらくロンドンで暮す予定であったが、父親が病気になったので、再びカリフォルニアに戻り、一九二三年、パロアルトからロサンゼルスのノース・エッジモント・ストリート１１６８番地に引越すことになった。

ショックレーは、一九二四年ハリウッド高校に入学した。自宅から歩いても15分程度の距離である。科学と数学それに文章に優れていたという。科学では教師をしのぐほどだったが、優等の表彰はもらえなかった。教師が彼の人格を問題とし、表彰に値しないとしたのである。

一九二五年五月父親が69歳で死んだ。７５０００ドルの遺産を残したという。

ＵＣＬＡからカリフォルニア工科大学へ

同じ年、ウィリアム・ショックレーは、ＵＣＬＡ（カリフォルニア州立大学ロサンゼルス校。当時の名称はカリフォルニア州立大学南校）に入学した。ＩＱテストの結果がどうであろうと、15歳で大学に入学許可が出るというのは、やはり天才といっても良いようである。自宅からＵＣＬＡまでは歩いて通えない距離ではないが、直線距離で10キロメートル位はある。

一九二八年ＵＣＬＡの3年生の時にカリフォルニア工科大学（略称カルテック）に転校している。ＵＣＬＡを卒業したのではないようだ。カリフォルニア工科大学の当時の名前はスループ技術単科大学であった。カリフォルニア工科大学が有名になるのは、シカゴ大学から有名な物理学者のロバート・ミリカンを学長として招いたことにある。ロバート・ミリカンの最初の仕事は、大学名をカリフォルニア工科大学と変えたことである。工科大学といいながら、実際は、現在に到るまで純粋理論科学を中心とした大学である。

もっとも第二次世界大戦前後から軍用の固体ロケットの研究が盛んになり、ＪＰＬ（ジェット推進研究所）という付属研究所が大学本体よりも大きくなった。ここは中を見学したこともあるし、ＪＰＬの厚い歴史の本を読んだこともあるので多少は知っている。

私もロサンゼルスのＵＳＣ（南カリフォルニア大学）に客員教授として滞在していた頃、三男をカリフォルニア工科大学の幼稚園に通わせていたので、時々車でカリフォルニア工科大学に行き、子供を引き取るついでに、カリフォルニア工科大学の本屋に行った。それまで欲しいと思っていても、どうしても手に入らなかった理工学書が沢山並んでいて、驚いたものである。買える本は全部買ってしまった。教科書を見ても教育の質は非常に高いと思った。それに当時、物理学者のリチャード・ファインマンがカリフォルニア工科大学にいて、こういう大学で学べる学生は幸せだなと思った。

ミリカンは、カリフォルニア工科大学に来て二年目にノーベル物理学賞を受賞した。ハッブル望遠鏡で有名なエドウィン・ハッブル、光速の測定でノーベル物理学賞を受賞したアルバート・マイケルソン、ノーベル化学賞を受賞したリーナス・ポーリング、チャールズ・トルマンなどの俊秀の学者がミリカンの力で集められた。アルバート・アインシュタインも二度ほど講義をしにきたことがある。学問をするには最高の環境であった。

ショックレーは一九三二年カリフォルニア工科大学で学士号を取得した。

普通、天才といわれる人は、虚弱な体格のイメージに結び付けられることが多いが、この時代のショックレーは、均整のとれた体格で、健康器具の宣伝写真のモデルになったこともある。また手品に凝って生涯、時々手品を見せることがあった。

ＭＩＴとプリンストン

ここで、ウィリアム・ショックレーは、ＭＩＴ（マサチュセッツ工科大学）とプリンストンの大学院に願書を出す。ＭＩＴのほうが先に合格通知をくれたので、ＭＩＴに進んだ。指導教官はジョン・クラーク・スレーターであった。スレーターは、一九三〇年にＭＩＴ教授になったばかりで、一九三三年にはナサニエル・フランクと共著で有名な『理論物理学入門』を出版する。何でも出来る人で、物理学だけでなく、化学、マイクロ波まで手がけた人である。私も大学に入学したばかりの頃、スレーターとフランクの『理論物理学入門』は読んだ。分かりやすい本で感心した覚えがある。

この頃は、ショックレーとスレーターは、あまり肌が合わなかったようだ。後年はそうでもなかったらしい。ショックレーの『半導体物理学』吉岡書店の上巻140ページから2ページに渡ってスレーターのフィジカル・レビューの論文の図が載っている。元指導教官に対して気配りをしたのだろう。またスタンフォード大学からウィリアム・ハンセンもＭＩＴに来ていて、量子力学の講義をしていた。ショックレーとはドライブをしたりして接触はあった。

一九三三年八月、ショックレーは、アイオワ州シーダー・ラピッズ生まれのジーン・アルベルタ・ベイリーと結婚する。ショックレーは23歳、彼女は24歳であった。

指導教官のスレーターの指示で、ショックレーは、博士課程での研究テーマを塩化ナトリウム中の電子の波動作用に決めた。

フィリップ・マコード・モース

ウィリアム・ショックレーは、一九三六年、ＭＩＴで博士号を取得する。博士論文のタイトルは『塩化ナトリウムにおける電子帯構造』であった。ショックレーは、ジョン・スレーターよりも、フィリップ・マコード・モースのほうに強く影響を受けたらしい。ショックレーの『半導体物理学』吉岡書店の上巻125ページには、モースの『振動と音』から引用した一ページ大の図が入っている。やはり近しく思っていたのだろう

モースは、一九〇三年ルイジアナ州シュリーブポートに生まれた。一九二六年ケース応用科学大学の理学科を卒業し、プリンストン大学大学院に入学した。プリンストン大学に進んだモースは、プラズマ物理学の研究をする。プリンストンでモースは、たちまちカール・テイラー・コンプトンの影響に染まった。モースは、一九二九年博士号を取得する。一九二九年夏、モースは、ベル電話研究所で研究をする。後にノーベル物理学賞を受賞したクリントン・Ｊ・デイビソンの下で結晶格子中の電子の振舞いを研究した。ここでデイビソンは、モースにロッククライミングを教える。このロッククラ

イミングの技術をモースは、ショックレーに教えることになる。

モースは、一九三〇年から一年間ミュンヘン大学でアーノルド・ゾンマーフェルドの下で研究をする。一九三一年、MITの学長となっていたコンプトンは、モースをMITに呼び寄せた。コンプトンは、一八八七年オハイオ州ウースターに生まれた。一九〇八年ウースター大学を卒業し、同大学の講師を一年間勤める。一九一〇年プリンストン大学大学院に入学、一九一二年に博士号を取得する。リード単科大学の物理学講師を経て、一九一五年プリンストン大学の物理学準教授、一九一九年教授となる。コンプトンは、大変人望のあった人らしい。

一九三〇年コンプトンに、MITの学長になり、一九四八年までの長期間、学長を勤める。コンプトン効果の発見でノーベル物理学賞を受賞したアーサー・コンプトンは、弟である。

一九三六年六月、ショックレーは、博士号を取得した。

博士課程終了後の勤務先は、モースの推薦もあって、ニューヨークのマンハッタン島のウェスト・ストリート463番地（463 West Street, New York）のベル電話研究所となった。

ベル電話研究所

一九二五年、グラハム・ベルのベル電話会社の流れを継承するAT&T（米国電話電信会社）と、その製造部門ウェスタン・エレクトリックは、互いの研究部門を統合してベル電話研究所を設立した。

研究所の最初の所長はフランク・B・ジュエットであった。ベル研究所ということもあるが、略称である。正式にはベル電話研究所であった。一九九〇年代にベル電話研究所の名称を廃してAT&Tベル研究所になった。

ベル電話研究所は20世紀を通じて電気通信技術において世界に冠たる研究所であり、数多くのノーベル賞受賞者を輩出した。日本のNTTの通信研究所が模範とした研究所であり、ベル電話研究所の技術誌「BSTJ」はNTTの必読書であった時期もある。学会の海外論文委員会でも委員は必ずBSTJを読むようにいわれたことがある

だが時代は変わるものである。一九九六年にAT&Tベル研究所は、ルーセント・テクノロジーズとしてAT&Tベル・システムから独立した。カーリー・フィオリーナが、この時活躍した。この業績がきっかけでフィオリーナが後にヒューレット・パッカードの社長になる。

ルーセント・テクノロジーズは、かなり期待された会社だったが、実際にはあまり新しいテクノロジーを生み出すことはできなかった。ルーセント・テクノロジーズの失敗は何故だったかと問うのは、経営学セミナーの課題として適切かもしれない。長く独占状況下の微温湯的環境に甘んじていたこと、他社から安直に技術を買い集めて、その場しのぎをしようとしたことを綿密に実証的に論証すればよいだろう。ルーセント・テクノロジーズは二〇〇〇年頃には既に精彩を失っていた。

二〇〇六年、ルーセント・テクノロジーズは、事実上、欧州のアルカテルの傘下に入り、アルカテル・ルーセントになった。二〇〇八年にアルカテル・ルーセントは、物性物理と半導体物理の研究部門を切り離し、もっと市場性の高いネットワーキング、ハイスピード・エレクトロニクス、ワイヤレ

ス・ネットワーク、ナノ・テクノロジーなどの分野に注力することを発表した。マレーヒルの旧ＡＴ＆Ｔベル研究所は、残っているが、ホルムデルの旧ＡＴ＆Ｔベル研究所は不動産業者による再開発の対象となっている。二〇〇九年頃のホルムデルの旧ＡＴ＆Ｔベル研究所の荒廃の極の写真は時代の移り変わりを感じさせる。

ウィリアム・ショックレー　ベル研究所に勤務

一九二九年に始まった大恐慌の後、就職はきわめて悪い状況で、解雇はあるにしても、新規採用はほとんどなくなっていた。一九三六年に到って状況が改善され始めたが、ウィリアム・ショックレーの就職活動は、うまく行っていなかった。わずかにイェール大学の物理の講師の口が空いていた程度であった。しかし、それはショックレーの望む所ではなかった。

そこへベル電話研究所のマービン・ケリーが現れ、きわめて良い条件で、ショックレーを誘った。そこで一九三六年、ショックレーは、ニューヨークのマンハッタン島西岸のニューヨーク市ウエスト・ストリート４６３番地（463 West Street, New York）にあったベル電話研究所に就職することになった。

ショックレー一家は、ニューヨークの17番ストリート２５８番地（258 west 17th Street, NY）に住んだ。同僚が多く住んでいたグリニッジ・ビレッジに住みたかったようだが、経済的事情で少し離れた所に住むようになった。

この時代のショックレーは、体を鍛えることに意を用いた。バーベルで鍛え、サンランプで日焼けし、毎日研究所のドアーにぶら下がって懸垂をした。ロッククライミングにも熱中した。いわゆるひよわな天才とは少し違っていたようである。

研究はよくやっていたようだが、ピストルを車のダッシュボードにしまったりしているマッチョな変わり者の一面もあったらしい。ただ、ピストルを車のダッシュボードにしまうのは、米国ではかなり一般的なことらしい。そういう記事を新聞で読んだことがある。

ベル電話研究所で、ショックレーは、クリントン・デイビソンの下で研究をした。一九三七年デイビソンは、電子線の回折実験でジョージ・パジェット・トムソンと共にノーベル物理学賞を受賞した。デイビソンの上司は、ケリーであった。

当初、ショックレーは、ジョン・パイエルスと共に真空管部門で働いた。ショックレーは、、ベル電話研究所の同僚達と週一回、原子物理学と量子力学の最新の本の輪読をした。最初に読んだのは、ネビル・モットとハリー・ジョーンズの『金属と合金の理論と性質』であった。この輪読は四年あまりも続いた。この当時のショックレーは、そう人当たりも悪くなかったようだ。同僚となったウォルター・ブラッテンとは、この時代、家族ぐるみの交際をしていたようである。写真も残っている。

この時期ショックレーの研究は実りが多く、八編の学術論文を発表した。その内、一編はＭＩＴ時代からのものでフィジカル・レビュー誌に掲載された。また電子増倍管に関する特許も一つ取得した。

一九三七年からニュージャージー州マレーヒルに新しいベル電話研究所の建設が始まっており、一九四一年に完成するが、ショックレー一家は、ニュージャージー州に引越すことを考える。一時、ベル電話研究所はニュージャージー州ホィッパニーに移転していた。ホィッパニーの研究所は一九二六年からあった。二〇〇八年から閉鎖されており、二〇一二年に取り壊された。ニュージャージー州内の三大ベル電話研究所は、現在マレーヒルにあるものしか残っていない。

ショックレー一家は、ニュージャージー州ジレットに引越す。グーグルの地図を仔細に検討すると、ホイッパニーにも近く、マレーヒルにも近い。

一九四一年、家賃が値上げになったので、ジレットからニュージャージー州マディソン郡メープル・アベニュー45番地に引越す。この頃から夫婦仲が悪くなり始めたという。

ウォルター・ブラッテン

ウォルター・ブラッテンは、一九〇二年、米国人の両親のもとに中国の廈門《アモイ》に生まれた。ブラッテンの父方の一族はカロライナ州、テネシー州、イリノイ州、アイオワ州を転々としたようだ。父方の祖父は16歳の時にオレゴン・トレイルという幌馬車隊に参加してオレゴン州にやってきた。

私の子供の頃に『幌馬車隊』という白黒のテレビ番組があった。主題歌は今でも覚えているが

「遥かなる荒野のその果てに、今日もとどろく轍《わだち》の音

野越え山越え幌を連ね、行くは我らのワゴン・トレイン」

というものだった。歌は素晴らしかったが、米国とは何と歴史の浅い未開の国だろうと子供心に思った。

結局、父方の祖父はオレゴン州のウィリアメット渓谷に落ち着いた。

ブラッテンの母方の祖父は、ドイツのシュトゥットガルトに生まれたが、一八五四年に金鉱目指し

てサンフランシスコにやってきた。一八六六年にワシントン州のスネーク川の周辺で牧畜を始めた。

ブラッテンの両親は、ワシントン州のワラワラにあったウィットマン・カレッジで出会ったらしい。米国大陸のフロンティアは消滅していたが、米国人はさらなるフロンティアを求めて太平洋に進出した。フィリピン、日本、中国などである。ブラッテンの父親のロス・ブラッテンは、中国行きの話があると、勇んで参加し、結婚してすぐに身重になった妻を連れ、廈門《あもい》に渡った。ロス・ブラッテンは、現地で裕福な家庭の子弟相手に科学と数学を教えていた。ここでブラッテンは、生まれたのである。

廈門に渡ったものの、両親達はホームシックに取り付かれ、ウォルター・ブラッテンが1歳半になった一九〇三年にブラッテン一家は故郷のワシントン州に戻った。

ブラッテンが9歳になるまで、父親はワシントン州のスポケインで鉱山株を専門とする株式仲買人をやっていた。しかし父親のロス・ブラッテンは、デスクワークに飽きた。野生の血が騒いだのだろう。一九一一年、ブラッテン一家は、スポケイン北西のオカナゴン渓谷のトナスケットで牧場を経営することになった。こうした育ちもあって、ブラッテンもカウボーイ文化に深く染まっており、ウィンチェスター銃の名手だったようだ。長じてもカウボーイ的な所は消えなかったようで、ウィリアム・ショックレーと対立した時は、カウボーイ的な言動が出たといわれている。

両親のひそみに倣《なら》い、ブラッテンは、ウィットマン・カレッジに進学する希望を持っていた。そのためブラッテンは、モラン・スクールという予備学校に進み、一九二〇年に卒業した。

一九二〇年、ブラッテンは、ウィットマン・カレッジに入学した。物理と数学を専攻していた。続いてオレゴン州立大学に進み一九二六年に修士号を取得している。

さらにミネソタ州立大学の博士課程に進んだ。ここでブラッテンは、ノーベル賞学者ジョン・ハスブルーク・ヴァン・ヴレックと、ジョン・テート教授の指導を受けた。ヴァン・ヴレックは『物質の電気分極と磁性』吉岡書店という訳本がある。式は細かいが、分かりやすい本で、私も通読した。

ミネソタ大学には一九二七年エルヴィン・シュレディンガーが来て波動力学の講義をしている。ブラッテンももちろん聴講した。新力学の建設者に直接講義を聴けるとは、何というかけがえのない貴重な体験だったろうか。

ブラッテンは、一九二九年に水銀蒸気に対する電子の衝突というテーマで博士号を取得している。この間、一九二八年からＮＢＳ（米国標準局）の無線部門に勤務した。地球上各地の電波の周波数標準を比較するための携帯型クリスタル発振機を作った。

ブラッテンは、米国標準局に1年いて、このまま無線技術者になってしまうより、やはり物理学者として仕事をしたいと考えた。たまたま学会で、旧師のテートに遭遇し、テートが話をしていたベル電話研究所のジョセフ・ベッカーと知り合った。ベッカーは、一緒に仕事ができる求人に来ていた。ブラッテンとベッカーは、気が合い、その晩、早速ベル電話研究所の幹部と会った。

一九二九年八月一日、ブラッテンは、ニューヨーク市ウエスト・ストリート（463 West Street, New York）にあったベル電話研究所に採用された。ベッカーとブラッテンの共同研究のテーマは、金属からの電子の熱電子放出であった。最初は、タングステンの表面にセシウムやトリウムにコーティングしたものや、銅やニッケルの表面を酸化コーティングしたものを研究した。

ブラッテンは、第二次世界大戦中は潜水艦の探知検出の研究に従事した。

マービン・ケリー

マービン・ケリーは、一八九四年ミズリー州プリンストンに生まれた。高校を卒業生総代で卒業した後、ミズリー鉱山冶金学校に入学した。ユタ州の銅鉱山で夏期実習をした後、鉱山技師になる希望を捨て一般科学に転向し、一九一四年学士号を取得した。一九一五年ケンタッキー大学の数学科の修士号を取得した。続いてシカゴ大学の博士課程に進んだ。ここで有名なロバート・アンドリュース・ミリカンの指導を受けた。ミリカンは、一九二三年に電気素量の計測と光電効果の研究によりノーベル物理学賞を受賞している。

一九一八年博士号を取得したケリーは、ベル電話研究所のフランク・ジュエットと出会い、AT&T傘下のウェスタン・エレクトリック社の技術部門の研究者となった。一九二五年ベル電話研究所が設立され、ジュエットが所長になると、ケリーは、ベル電話研究所の研究者となった。

ケリーは、一九二八年から一九三四年にかけて真空管開発のディレクターとなり、一九三四年から一九三六年にかけて伝送機器と電子工学のディレクターになった。一九三六年、さらに研究全般のディレクターとなる。

ケリーは、真空管開発のディレクターを勤めた経験からAT&Tの電話交換機を真空管やリレーを使う方式から、固体素子を使う方式に変えるべきだと考えていた。真空管はかさばり、製造単価が高く、寿命が短く壊れやすく、発熱が大きく、動作開始に時間がかかったからだった。

一九三八年、ケリーはベル電話研究所の物理研究部門を改組し、ウィリアム・ショックレー、フォスター・ニックス、ディーン・ウールドリッジを固体物理学を研究する独立のグループに組み込み、ベル電話研究所の終局的な目標から逸脱しない限り、好きな研究をすることを許した。

みじめな失敗

ウィリアム・ショックレーは、ウォルター・ブラッテンとジョゼフ・ベッカーの酸化銅整流器の研究に興味をひかれた。当時、原理は、はっきりしないものの、酸化銅が整流器に使えることは経験的に知られていた。二極管は整流器に使えた。二極管にグリッドという第三の極を加えて、三極管にすると増幅ができた。そこで酸化銅のような固体素子に第三極を付加できれば増幅素子として使えるのではないかというのは、誰でも思いつくことである。しかし、思い付きを発明の形に持っていくのは大変なことである。実際、銅と酸化層の間に第三極を挿入できる間隔はあまりに狭く、実現は不可能だとあきらめた。

こうした事柄に関連してウォルター・ショットキーとネビル・モットが興味深い論文を発表していた。金属と半導体を接触させると、その境界に電気二重層が形成されるというのである。

これに刺激されて、一九三九年一二月二九日、ショックレーは、半導体を用いた増幅器は実現可能であると研究ノートに記している。問題はどうやってそれを実現するかである。

早速、簡単な実験をやってみたが、あまりに粗雑で失敗した。明らかにショックレーにはもっと繊細な実験に長けた人材が必要だった。そこでショックレーは、ブラッテンに相談した。「それは二、三年前にやってみたけれど、うまく行かなかった」とブラッテンは答えた。しかし、ショックレーがあまり強く主張するので、ブラッテンは、ショックレーの処方通りの実験を数ヶ月かけてやってみた。全く動作しなかった。みじめな失敗だ。

ラッセル・オール

ラッセル・シューメーカー・オールは、一八九八年、ペンシルバニア州のアレンタウン近郊のマカンギー（Macungie）という町で生まれた。オランダ系の人である。父親は元々は絵描きだったが、結婚後、定収を求める妻のすすめで木材業に転身した。父親の絵描きとしての才能をオールも受け継いだ。科学的なことを考える時、彼はまずイメージで考えた。

父親は、仕事の都合で都市から都市へ渡り歩いていた。5歳で入学した小学校はペンシルバニア州のレディングにあった。7歳の頃には電気のことをかじっていた。鍛冶屋、薬屋、時計屋などじっと観察した。オールは飛び級をしながら11年生を終了した。

一九一三年、15歳でキーストーン・ステート・ノーマル・スクールに入学した。

一九一四年、16歳でペンシルバニア州立カレッジ（現在のペンシルバニア州立大学）の電気化学工学科に入学した。大学ではクリスタル受信機やド・フォーレストの三極管受信機で放送を聴いた。シリコンをもらってきてピアノ線を挿し、いわゆる「猫の髭《ひげ》」と呼ばれる検波回路を使った受信機を作った。

第一次世界大戦中にカレッジを卒業すると、オールも陸軍信号部隊に徴兵された。陸軍信号部隊は、電気工学の卒業生を集めて無線兵教育をしていた。オールは、若すぎたので、フォート・マンモス、キャンプ・ウィリアムへと回された。ここで航空機用無線機の勉強をさせられた。

第一次世界大戦後の一九一九年、オールは、エレクトリック・ストレージ電池会社に入り、航空機搭載用ＳＣＲ68無線電話用の３２０ボルトの電池の開発に従事した。電池は有害な鉛や硫酸を使っており危険でもあったので、ウエスチングハウス電灯会社に入社した。電球製作の仕事は単調であったので、オールは、自分用の真空管を作った。後に物理部門に移って白熱電球の研究をしたり、様々な真空管を作ったりした。

オールは、不況でウエスチングハウス電灯会社を解雇されたが、短期間コロラド大学に職を得た。まもなく一九二二年にニューヨークに戻りＡＴ＆Ｔに就職した。五年間勤務した後、一九二七年にベル電話研究所に移った。オールのベル電話研究所での仕事は、無線関係であった。

一九二〇年代のラジオ受信機は、放送に使われていた比較的低い周波数の電波しか受信できなかった。そこでＦＭ（周波数変調）、テレビジョン放送、マイクロ波通信、レーダーなどに使われる、より高周波の電波を送受信できるようにすることが課題となっていた。不幸なことに当時の電子管はそのような高周波の電波を送受信できる能力が十分でなかった。

ベル電話研究所のホルムデル研究所で、オールと一緒に研究していたのがジョージ・サウスワースであった。彼は真空管を使って30メガヘルツ、波長にして10メートルくらいの高周波受信器を作ろうとしていたが、うまくいかなかった。酸化銅整流器も役に立たなかった。サウスワースは、第一次世界大戦中、陸軍信号部隊時代に使っていた「猫の髭」と呼ばれるクリスタル整流器を思い出した。このクリスタル整流器は、次第に真空管整流器に押されて、一九三〇年代には消滅しかけていたのである。サウスワースは、マンハッタンのジャンク屋に行き、古い「猫の髭」整流器を見つけ出した。早速買い求めてホルムデル研究所で実験したところが、非常にうまくいった。

この成功をサウスワースは、オールに話した。オールは、以前からこのことをよく理解していた。オールは、「猫の髭」に使う物質をいろいろ試して見た。その中で最も結果の良かったのが、周期表の第14族に属するゲルマニウムとシリコンであった。

第14族に属する元素は、C（炭素）、Si（ケイ素）、Ge（ゲルマニウム）、Sn（スズ）、Pb（鉛）、である。私も50年くらい前、大学受験のために、暗記法で「端渓《たんけい》に下衆《げす》なものなし」として覚えた。また昔は14族でなく4族といった。

ゲルマニウムやシリコンの結晶の表面を、猫の髭のように細いタングステン針金でつついて探していくと、ある場所で非常に整流作用の良い点が見つかる。動作はするのだが、どうして、これが整流作用を持つのかはずっと知られていなかった。オールは、この現象は、不純物によるものと考えた。ただし、量子力学を使った理論的な推論ではなく、実験の積み重ねによる推論であった。

オールは、一九三八年頃、もっと純粋なサンプルを作ろうと、シリコンの精製に取組んだ。この研究には上司の理解が得られず、頓挫しそうになったが、オールは、ベル電話研究所の最高幹部に訴え、研究の続行を願い出た。さいわい許可は下りたものの、オールは、一時期ストレスでノイローゼになった。

ＰＮ接合の発見

一九三九年、ラッセル・オールは、ベル電話研究所の冶金学者のジャック・スカッフとヘンリー・トウラーの助力を得て、シリコンのサンプルを小さな船型の容器に入れてヘリウム・ガスの中で高温で溶解、冷却して不純物を取り除いて精製し、黒い多結晶の棒を作り出した。

オールは、この棒をホルムデル研究所に持ち帰って、薄く切り出して電気的性質を調べた。すると、シリコンの整流機能はずっと一様になっていたが、奇妙なことに出来上がったシリコンには二種類あることに気がついた。オールは、ある冶金会社に作らせた純度99・８％のシリコンの棒をジョセフ・ベッカーのもとに送り、電気的な性質の測定を依頼した。まもなくベッカーは、送り返してきて、再現性のある測定はできないと意見をつけてきた。

オールが、シリコンの棒を測定装置にセットし、オシロスコープで観察すると、オシロスコープの画面上に奇妙なループが見えることに気がついた。オールは、これはシリコンの中に何かの障壁ができているのだと推理した。上司のハラルド・フリースと議論したが、はっきりした結論は出なかった。オールは、スカッフに頼んで、もっと炉の融解能力を上げて、もっと純粋なシリコンの結晶を作るように依頼した。

一九四〇年二月三日、オールが棒の中をどの程度の電流が流れているか電気抵抗を抵抗計で計っていると、棒の結晶構造が変化している部分があり、そこに障壁があった。この障壁がオシロスコープの画面に現れたループの原因に違いないとオールは考えた。

驚いたことに棒が40ワットの卓上ランプの光に照らされると、ループが大きく変化した。翌日、オールは、この結果をフリースに報告した。フリースは、この結果をマービン・ケリーに報告したが、無感動であった。

一九四〇年三月六日、オールはケリーのオフィスを訪ね、無線研究のディレクターのラルフ・ボーン、ベッカー、ウォルター・ブラッテンの前で実験を見せた。ブラッテンは仰天したという。思いつきであるにせよ何にせよ、ブラッテンを除いて、誰もこの現象を説明できなかった。ブラッテンは、シリコンの棒の中に障壁が生じているという見解を述べた。これによってケリーは、ブラッテンを大いに気に入ることになる。

以前から酸化銅整流器が光に照らされると、微小電流を発生することは知られていたが、これほどの電流が流れることはなかった。

このシリコンの棒には偶然に奇跡が起きていたのである。前年の九月、スカッフとトウラーがシリコンの棒を精製していた時、ひびが入らないように非常にゆっくりと冷却していた。シリコンの棒が凝固する際に、シリコンの棒の中の不純物が自然に分離し、棒の中央付近に障壁ができた。

ここからは、普通の物理の言葉で説明したほうが分かりやすい。障壁の一方の側の領域のシリコン原子は余分な電子をそのまわりに持った。他方の側の領域のシリコン原子は電子が不足していた。それらはN型領域、P型領域と呼ばれる。Pはポジティブ（正）、Nはネガティブ（負）である。領域間の障壁はＰＮ接合と呼ばれる。

ところが、光がサンプルのＰＮ接合部を照らすと、光の量子がエネルギーを注入する。すると電子はＰＮ接合を越えて流れ出すようになる。つまり光エネルギーが電気的エネルギーに変換されたのである。オールは、これからソーラー・セル（太陽電池のセル）を発明した。ＰＮ接合を利用したソーラー・セルは、従来のセレンを使ったソーラー・セルよりずっと効率良く太陽光をエネルギーに変換したのである。

偶然にできてしまったＰＮ接合を、きちんと意図したように作るには、この後、多大な努力を必要としたのだが、ともかくＰＮ接合というものが存在することが分かったのである。

Ｐ型とＮ型を分ける不純物

一九四〇年三月になって、ジャック・スカッフは、ラッセル・オールのシリコンの棒を詳しく調べてみた。ビル・ファンは、シリコンの棒を上の方から、真ん中にかけて、ゆっくりと冷却し、それを六分間硝酸で処理すると、きれいな分け目の線がシリコンの棒の表面に現れることに気がついた。この線より上がＰ型になっており、この線より下がＮ型になっていた。

それではどうしてＰ型とＮ型ができるのであろうか。スカッフとヘンリー・トウラーは、これはシリコンの中に含まれる、ごく微量の不純物によるものと考え始めた。

大雑把にいって、13族に属する元素が不純物であった場合はＰ型、15族に属する元素が不純物であった場合はN型になることが分かってきた。

第13族に属する元素は、Ｂ（ホウ素）、Al（アルミニウム）、Ga（ガリウム）、In（インジウム）、Tl（タリウム）である。これも半世紀前に暗記法で、「疱瘡《ほうそう》があるがばかりに陰惨《いんさん》たり」と覚えた。

第15族に属する元素は、Ｎ（ニトロゲン、チッ素）、Ｐ（リン）、As（ヒ素）、Sb（アンチモニー）、Bi（ビスマス、蒼鉛）である。

歴史的にはトウラーが、Ｎ型シリコンを切断している時に、Ｐ（リン）の臭いがして不純物はリンだと分かったという。だからAl（アルミニウム）を不純物として混ぜればＰ型シリコンができると想像でき、実際にしてみるとその通りになった。

マービン・ケリーは、ジョセフ・ベッカーとウォルター・ブラッテンにシリコンの開発の研究の舵取りを命じた。戦争はすぐそこに迫っていたのである

第二次世界大戦の嵐

一九三〇年代後半から欧州には戦争近しとの暗雲が垂れ込めていた。米国の第二次世界大戦参戦によって、ベル電話研究所の研究員達は、戦時研究に協力させられることになった。

ウィリアム・ショックレーは、一九四二年フィリップ・モースの率いる海軍のＡＳＷＯＲＧ（対潜水艦作戦グループ）に参加させられた。彼のグループはＭＩＴの教授エドワード・ボウルズに報告することになっていた。ショックレーは、駆逐艦から投下する爆雷の場合と航空機から投下する爆雷で

は信管の爆発深度を変更する必要のあることを発見した。また米国の爆撃機によるドイツ潜水艦の索敵撃滅と、ドイツの爆撃機から米国の護送船団を防御する方法などを研究した。ＡＳＷＯＲＧの作戦研究の方法論は統計学であり、戦後、作戦研究はＯＲ（オペレーションズ・リサーチ）として軍事とは離れた独自の学問分野となる。

ショックレーの仕事は、忙しさを増し、最高の優先度の許可証を持って全米や海外まで飛び回ることになった。ショックレーの居場所は、家族に対してさえも秘密であった。クリスマスでさえも自宅に帰れなかった。

ショックレーは、ペンタゴンやワシントンに頻繁に出向き、軍や政府の多数の高官と面会した。ワシントンではユニバーシティ・クラブに一室を持っていた。ＡＳＷＯＲＧは全世界に48人の職員を抱え、ワシントンにはモースとショックレー以下9人がいた。仕事の割には、小さな組織で、００７の属する秘密諜報組織なみである。

激務であったのだろう。一九四三年一一月六日、ショックレーはピストル自殺を図ったが、不発で一命を取り留めた。遺書が残っている。一九八九年のショックレーの死後に遺書が発見され、若い頃、自殺を図ったことが分かった。

ショックレーは、もともと海軍の対潜水艦作戦に従事していたが、対潜水艦作戦の目途《めど》がついてきたのと、海軍の機密保持のあり方に不満を持ったため、次第に陸軍航空隊に接近していく。一九四四年一月には、陸軍航空隊のためにフルタイムで働くようになった。主な仕事は、ＭＩＴの放射研究所が開発したプラン・ポジション指示スコープを装備したＢ－29戦略爆撃機隊の乗員の訓練であった。

一九四五年七月二一日、ショックレーは、上司のボウルズに連合軍が日本本土へ上陸作戦を行った際の死傷者数の予測を行なうことを提言した。

ショックレーの結論は、概略以下のようであった。太平洋戦線での戦死者の比率は、日本兵10に対して米兵1である。日本本土上陸作戦の場合、日本人の戦死者は１０００万人、連合軍の戦死傷者は１７０万人から４００万人、戦死者は40万人から80万人に上るであろう。

この報告がボウルズに渡ったことは事実だが、国防総省内部に回覧されたかどうかは分からない。他の部門からは発見されていないという。

二月にショックレーは、B-29戦略爆撃機隊の爆撃効果は、カーチス・ルメイ将軍が自慢する程ではないことを報告していた。こうしたことから、ショックレーの報告が米軍に原爆使用に踏み切らせたと見ることも可能だが、多分それは違うだろう。ショックレーには公式に原爆開発は知らされていなかったし、そもそもショックレーの地位は、原爆使用の決定に関与できるほど高いものではなかった。同じような分析は色々な組織が行なっていたはずである。

ショックレーは、ヘンリー・ハーレー・アーノルド将軍の個人的なスタッフとして、通常兵器と比較した場合の核兵器の費用対効果についても報告しているといわれるが、格別、目新しいとは思われない。そういう報告書はいくらでもあった。それにアーノルド将軍は、その頃、病気がちであり、陸軍航空隊の重鎮ではあったが、実質的な影響力を持っていなかった。

多少否定的に書いたかもしれないが、国防総省の幹部は、ショックレーを使える男として気に入ったことは事実で、ショックレーがＡＴ＆Ｔベル研究所に戻ってからも、パートタイムの顧問として重用した。この関係は生涯続いた。

戦時中におけるショックレーの仕事は、統計数字を分析し、予測や戦術を立案することが主であった。人事管理や人間関係には、ほとんど無縁であったことは注意すべきである。

戦争が終わり、ショックレーは、ニュージャージー州に戻ったが、夫婦仲は良くなかった。気持は荒れ、子供にも暴力をふるった。何か心の内に満たされないものがあったのかも知れない。それでも次男が生まれた。ショックレーは、一九四七年、ニュージャージー州マディソン郡アカデミー・ロード22番地（22 Academy Road Madison, NJ）に家を買った。

ベル電話研究所の改編

マービン・ケリーは、一九四四年にはベル電話研究所の執行副所長となり、一九五一年には所長になる。

ケリーは、技術的な業績よりも、技術の方向性や技術者の人事管理に優れていた。彼は激情的でアグレッシブであった。強い個性を持ち、しばしば研究所員に激しい言葉を浴びせた。あまり他人の意見を聞くタイプではなかった。しかし、その分、方向さえ間違っていなければ、大胆な革新を推進できる能力があった。

ケリーは、一九四五年ベル電話研究所の大胆な組織変更を行なった。解雇、降格を伴う厳しいものだった。

ケリーは、量子力学的アプローチによる固体物理学の基礎研究に重点を置くことにし、次の三つの新しい部門を設置した。

◇ディーン・ウールドリッジの率いる物理電子部門
◇ジム・フィスクの率いる電子ダイナミクス部門
◇ウィリアム・ショックレーとスタンレー・モーガンの率いる固体物理学部門

ウィリアム・ショックレーは、面倒な管理職的な仕事を嫌ったので、スタンレー・モルガンが引き受けた。またショックレーは、固体物理学部門全体を率いたが、さらに部門の中では、半導体だけに集中した小グループを率いた。ここにはウォルター・ブラッテン、ジェラルド・ピアソン、ヒルバート・ムーアがいた。後からロバート・ジブニー、ジョン・バーディーンが参加した。さらに数人のテクニシャン（技術補助員）がいた。

ジョン・バーディーン

ジョン・バーディーンは、一九〇八年、ウィスコンシン州のマディソン郡に生まれた。父親のチャールズ・ラッセル・バーディーンは、ジョン・ホプキンス大学医学部の初代の卒業生であり、ウィスコンシン大学の医学部の創設者の一人で、医学部長で解剖学の教授であった。母親も結婚前デューイ・ラボラトリー・スクールで教職に就いた経験があった。東洋美術とインテリア・デザインの専門家であった。結婚後は美術の世界で活躍した。

バーディーンは、早くから数学の才能を示した。マディソン郡のユニバーシティ高校に入学したが、高校卒業は15歳、マディソン・セントラル高校であった。飛び級はできたが、母親の死と高校で別のコースを取ったので飛び級はしなかった。バーディーンは、一九二三年に15歳でウィスコンシン大学電気工学科に入学した。きわめて優秀ではあったが、ビールを飲み、ポーカーとビリヤードに熱中し、水泳と水球に熱中していたらしい。医学部長の息子ということで、多少道楽息子的な一面もあったらしい。

ウィスコンシン大学は一九二八年に卒業する。五年間かかったのは、彼が興味を持っていた大学院の数学と物理の講義をすべて取ったためでなく、ウェスタン・エレクトリックの工場で夏期実習をしたが、面白すぎて秋学期までずれ込んだからだという。

大学院では順調で、一九二九年、電気工学で修士号を取得した。彼に影響を与えた教授は多くいたが、最も影響を与えたのは、ミネソタ大学のヴァン・ヴレック、客員教授のポール・ディラック、ヴェルナー・ハイゼンベルグ、アーノルド・ゾンマーフェルドであった。そうそうたる大学者ばかりである。

バーディーンは、一九二九年ケンブリッジのトリニティ・カレッジを志望したが、うまく行かなかった。そこでやむなく、ピッツバーグのガルフ石油会社に入社し、研究所に所属した。バーディーンは、一九三〇年から一九三三年にかけて磁気および重力による物理的な手法での探鉱研究に従事した。ラッセル・バリアンも同じような仕事をしていたことがある。

小さなオフィスで、毎日決まりきった仕事をするのに飽きたバーディーンは、プリンストン大学の大学院博士課程に入学する。プリンストンでは数学と物理を学び、ノーベル賞学者のユージーン・ウィグナーに師事した。フレデリック・ザイツにも指導を受けた。彼等は塩化ナトリウムのエネルギー・バンド帯の理論を開拓していた。

バーディーンは、固体物理学を研究し、一九三六年数理物理学で博士号を取得する。ポーカーに熱中するだけでなくガルフ石油時代からの趣味であるゴルフと派手で盛大なパーティに熱中したという。生涯二回ノーベル物理学賞を受賞したバーディーンの経歴から推測すると、堅物の学者と思われがちなのに意外な一面である。この時代ウォルター・ブラッテンの弟のロバート・ブラッテンと付き合い、ニューヨークのウォルター・ブラッテンを訪ねたりした。時々週末ウォルター・ブラッテンもプリンストン大学を訪ねてきて、バーディーン、ロバート・ブラッテン等と夜遅くまでブリッジに興じたという。ベル電話研究所に就職するずっと前から、バーディーンは、ブラッテンとは、遊び友達だったのである。

博士号取得の一年前の一九三五年、バーディーンは、ハーバード大学からジュニア・フェローのポストを提供される。三年間に渡って多額の奨学金と生活費を提供されるという結構な待遇であった。ここでバーディーンは、ジョン・ハスブルーク・ヴァン・ヴレックと、後にノーベル賞を受賞するパーシー・ウィリアムズ・ブリッジマンに師事した。

既にこの時代にＭＩＴのジョン・クラーク・スレーター教授を通じて、バーディーンは、ウィリアム・ショックレーを知っていたようである。バーディーンは、一九三八年から一九四一年、ミネソタ大学のジョン・テート教授の下で助教を勤めた。

バーディーンは、第二次世界大戦ではＮＯＬ（Naval Ordnance Laboratory：海軍兵器研究所）に四年間勤めた。戦争が終わると、ミネソタ大学に戻るかと思われたが、一九四五年一〇月からベル電話研究所に入所した。この陰には強力な理論家を求めていたショックレーの運動があったという。ベル電話研究所のディレクターのマービン・ケリーは、ミネソタ大学でのバーディーンの俸給の二倍を提示したという。

バーディーンは、一九四五年一〇月、ショックレーの研究グループに参加した。居室は、しばらくブラッテンとジェラルド・ピアソンと同室であった。ショックレーは、他の管理者と一緒に三階にいた。

ショックレーの電界効果増幅器

話は少し遡るが、一九四五年四月、ウィリアム・ショックレーは、電界効果増幅器のアイデアを出した。これはN型のシリコンの結晶に強い電界をかけると、N型のシリコンの表面近くに電子が励起され、これによってシリコン内の電子の流れが増加するはずというものであった。ショックレーは、モットとショットキーの理論を参考にしていたようである。ところが90ボルトの電圧をかけても何も変化は起きなかった。さらにもっと強い１０００ボルトの電圧をかけても何も変化は起きなかった。

一九四五年一〇月二二日、ショックレーは、ジョン・バーディーンに自分の電界効果増幅器の理論の検討を命じた。バーディーンは、プリンストン大学の博士論文の研究成果を使って検討した。

ショックレーは、電子の移動は半導体結晶の内部と同じく結晶の表面でも自由であると考えていた。ところがバーディーンは、半導体結晶の表面では電子はトラップ（捕捉）されており、また結晶の半導体内部に電子の流れである電流が流れ込むことはないとした。バーディーンは半導体結晶の表面で電子は障壁を作っており、表面順位を作っていると主張した。電気的二重層ができているとしたのである。一九四六年三月一九日のことである。正しい面もあるが、そうでないものもある。

ともあれ、これまでベル電話研究所内で量子力学を使って固体論を論ずるのは、ショックレーの独壇場であった。ところが正否はともかくとして、ショックレーを凌駕して量子力学を使って固体論を論ずることのできる理論家バーディーンが登場した。ショックレーの気持としては、さぞかし穏やかならぬものがあっただろう。

一九四六年三月末にバーディーンは、半導体の表面状態の理論を開示した。半導体の表面には二重層があり、外側は負で、内側は正とした。これはショックレーの仮説が成立しなかったことを説明したし、いくつかの実験事実を説明できた。

そこで固体物理学部門の半導体研究グループの研究開発のイニシアティブは、ショックレーからバーディーンに移った。バーディーンに押されてか、ショックレーは、少し身を引いた痕跡がある。マレーヒルのベル電話研究所ではなく、自宅で研究をすることが多くなった。ショックレーは、時々、実験室を訪れ、アドバイスをした。バーディーンとウォルター・ブラッテンを中心とするチームは、失敗を繰り返したが、その中で何か新しい発見を見出して行った。ショックレーは、これを「創造的失敗の方法論」と名づけた。

三月二一日、バーディーンは、ショックレーに実験の対象をシリコンからゲルマニウムに変えると通告した。

点接触型トランジスターの発明

一九四七年四月、ウォルター・ブラッテンとジェラルド・ピアソンは、ジョン・バーディーンのアドバイスに従い、ゲルマニウムの表面電荷を凍結することにより、ゲルマニウムの電界効果を観察するチャンスを増すことにした。そのため薄いゲルマニウムの薄膜を液体窒素で冷却し、フラッシュを焚いてみた。0・1ボルトにも満たなかったが、たしかに電圧の変化が観測できた。

ブラッテンとピアソンは、一九四七年九月には、冷却なしに常温でも光電効果を確かめられるようになった。ここで理論家のバーディーンは、半導体表面の振舞いと温度の関係を調べてみるようにアドバイスした。

そこでブラッテンは、魔法瓶にアルコール、アセトン、トルエン、蒸留水などを入れて実験してみた。こういう記述を読むと、中世の錬金術の実験記録を読まされているような気がする。

さらに光電効果を増すには、電圧のバイアスをかけることが重要であることが、物理化学者のロバート・ジブニーのアドバイスでわかった。正のバイアスをかけると、光電効果は大きくなり、負のバイアスをかけると、光電効果はほとんど観測されなくなった。

一九四七年一一月、ブラッテンとジブニーは、絶縁体の上に半導体のゲルマニウムを置き、その上に電解液の雫をこぼした。電解液の雫から離れた所に金属の電極を二つ付けた。電解液の雫に電線を垂らし、片方の電極との間に電圧のバイアスをかけ、交流の入力信号を加えた。また、別の電極との間に反対の電圧のバイアスをかけ、交流の出力信号を取り出した。増幅作用があったと報告されている（米国特許2524034の図参照）。

彼等は電解液中のイオンが表面電荷を消去する効果を生むと考えたのである。そうであれば、外部からの電界が半導体の内部に入り込めて、ウィリアム・ショックレーの悲願の電界効果増幅器が実現できる。

一九四七年一一月二一日、バーディーンは、ブラッテンに以下のようにアドバイスした。半導体の結晶の上に鋭い金属の針を刺し電解液で囲む。電解液の電圧を変化させる。すると半導体の抵抗を変化させられるだろう。それによって半導体内部の電子の挙動に変化を与えられるのではないかというのである。

ブラッテンは、今度は金属の導体板の上にN型ゲルマニウムを置いた。表面に近い所にはP型ゲルマニウムの層ができる。その上に電解液の雫をこぼした。パラフィンのワックスをコーティングしたタングステンの髭をN型半導体を押し付け、その接点に蒸留水を一滴たらした。それから細い電線をその蒸留水の雫の中に浸されたリングにつないだ。今度は電極の取り付け方が違う（米国特

FIG. 1

FIG. 3

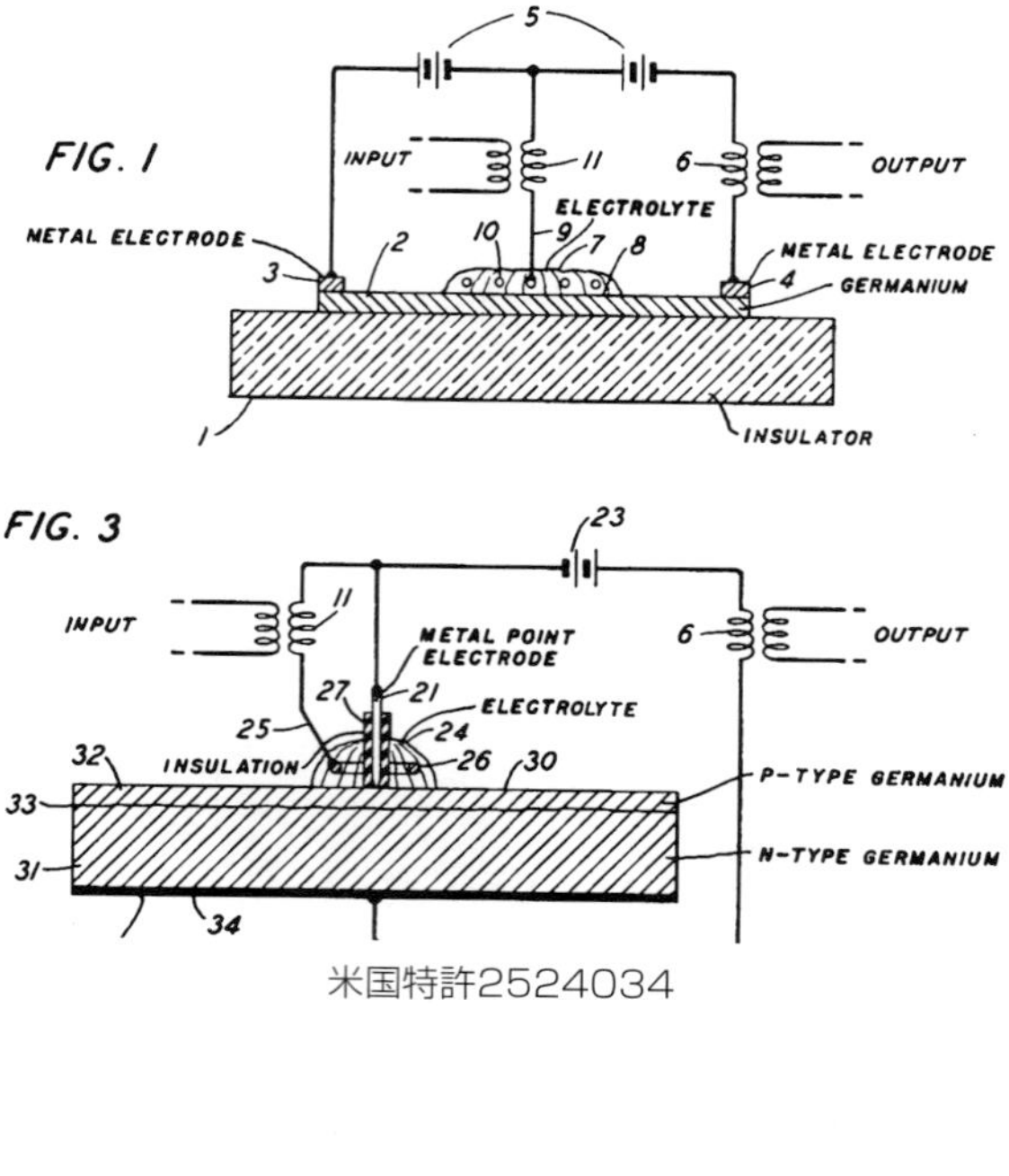

米国特許2524034

許２５２４０３４の図を参照）。そして正の電圧をかけた。すると電流がわずかに増加した。負の電圧をかけると電流の変化はなかった。原理的に増幅装置はできた。

それからブラッテンとバーディーンの二人は、あらゆる実験を繰り返した。シリコンの代わりにゲルマニウム、タングステンの代わりに金、パラフィンの代わりにラッカーなどいろいろ試した。電解液としてグリコール・ボラーテ（gu）を試したりした。

一九四七年一二月八日、バーディーン、ブラッテン、ショックレーの三人は、集まって議論をした。バーディーンは、シリコンの代わりにゲルマニウムを使うことを主張した。ゲルマニウムは、逆方向に非常に高い抵抗を示す。このことは、ゲルマニウムの表面の層は、非常にわずかな伝導電子を持っているに過ぎないと考えたのである。したがって外部から電界をかけて誘導された伝導電子は、ゲルマニウムの伝導率を大いに改善するに違いないと考えたのである。

一九四七年一二月一五日、ブラッテンは、バーディーンのアドバイスにより電解液をやめた。金属の導体板の上にP型ゲルマニウムを置き、表面近くのN型ゲルマニウムの層の上に電極をつけたのである（米国特許２５２４０３３の図を参照）。この工夫は、ジブニーの米国特許２５６０７９２に近い。特にバイアスのかけ方について問着の種になった。

FIG. 3

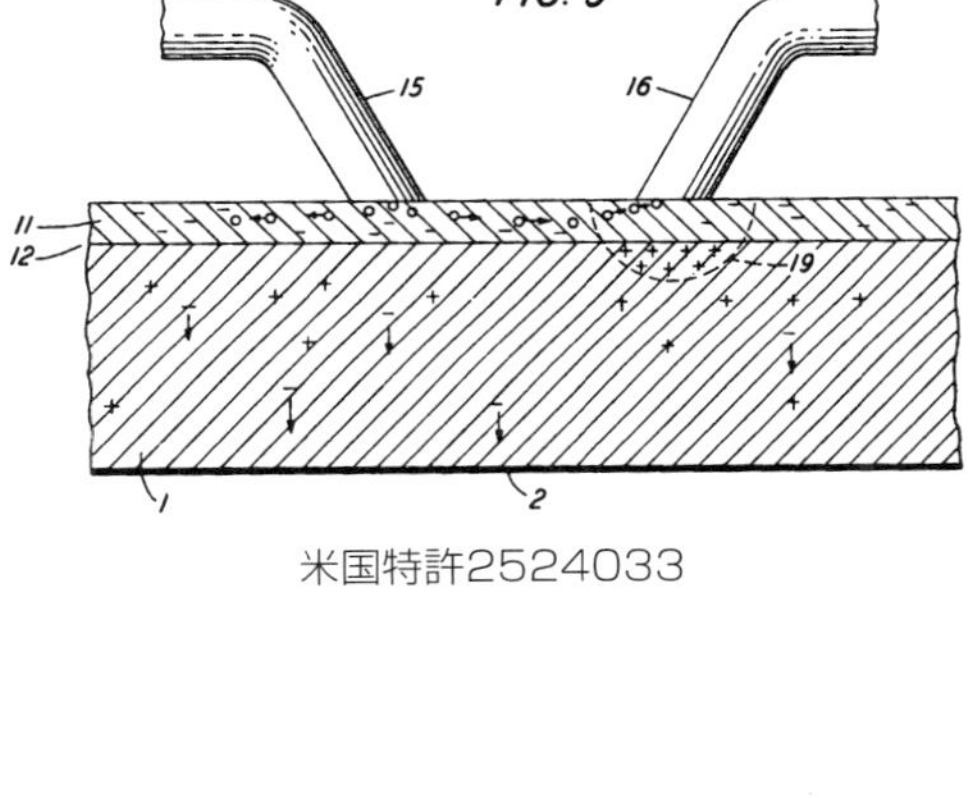

米国特許2524033

ロバート・ジブニーは、一九一一年デラウェア州ウィルミントンに生まれた。デラウェア州立大学の冶金学科を卒業し、ノースウェスタン大学で物理化学の博士号を取った。一九三六年大学院博士課程を修了すると、ベル電話研究所で働きはじめた。一九四五年まで科学部門で蓄電器の研究開発をしていた。それから新設の固体物理部門に移されたのである。ジブニーの妻は、喘息で東海岸の気候は合わなかったので、愛妻家のジブニーは、気候の良い西海岸に職を求め、一九四八年からロスアラモス研究所で働きはじめた。ジブニーとブラッテンの仲は悪くなり、生涯二度と口をきかなくなった。研究者にとって業績は命にも匹敵するものである。ジブニーは、ノーベル賞ももらえなかったし、業績は譲れないものだったのだろう。

一二月一六日、バーディーンは、N型ゲルマニウム上の二点の電極をできるかぎり接近させることが重要であることに気がついた。ブラッテンは、このため、三角柱のプラスチックの斜辺に金箔を貼り、これをN型ゲルマニウムに押し付けることにした。さらにブラッテンは、剃刀の刃を使って金箔をカットし、０・04センチメートル離すことにした。実際の装置は、何とも原始的な、おどろおどろしいものであったが、しかし、動作した（米国特許２５２４０３５の図を参照）。

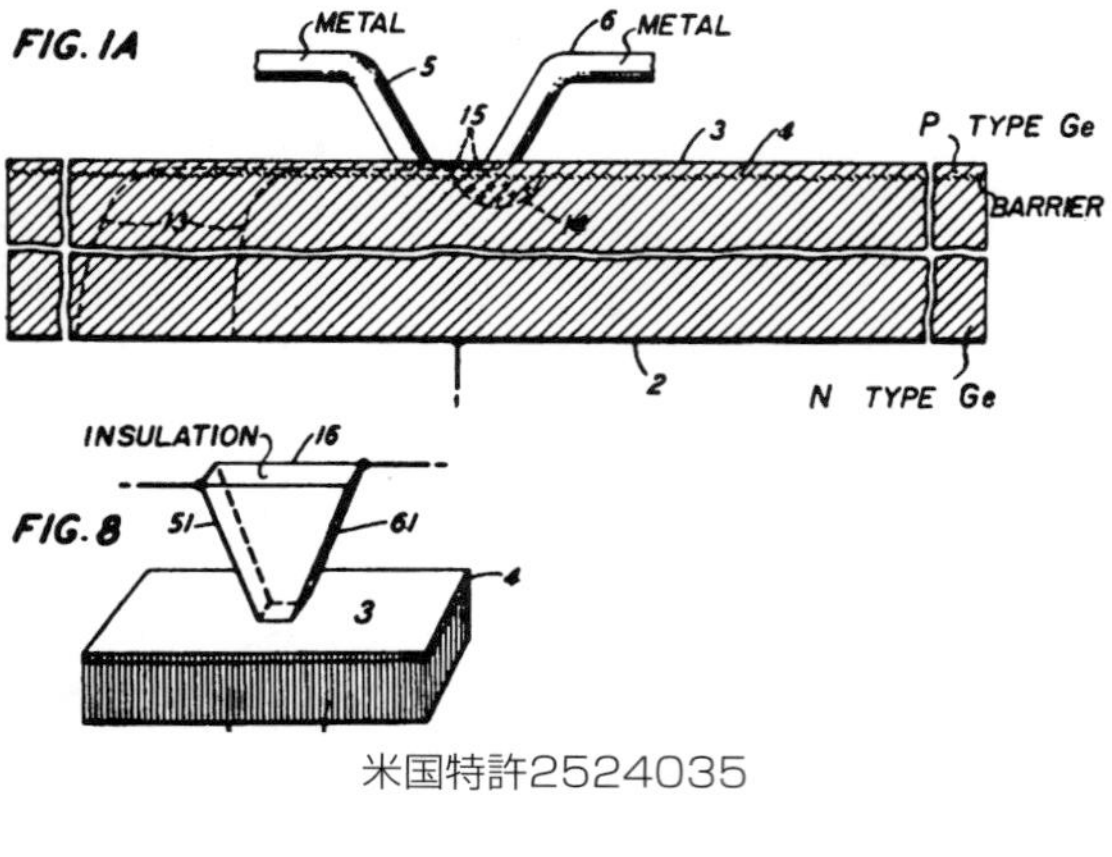

米国特許2524035

この時点では、どうしてこの装置が動くのか、本当には動作原理は分かっていなかったようである。何となくできてしまったというのが本当だろう。

実験装置の細かい部分を全部省略して単純化してみよう。一番下に金属導体があり、引き出し線がつながっている。これをベースという。その上にN型ゲルマニウムがあり、その上部表面のごく接近した二点に接点がある。正孔が注入されるように電圧のバイアスがかかった側をエミッタという。正孔の注入点という意味である。正孔を取り集めるように電圧のバイアスがかかった側をコレクタという。正孔の収集点という意味である。

エミッタ側から電流が流れ込まない時は、何も起きない。当然である。ところがエミッタ側から微弱な電流が流れ込むと、エミッタ側とコレクタ側の導電率は、大きく変化し、コレクタ側には、大きな電流が流れ、電圧が上昇する。つまり微弱な信号が大きな信号に変換されるので、これを増幅という。

実際の実験の記述は、もっと込み入っている。また現在では、研究ノートなどの資料も参照できるが、各時点でバーディーンとブラッテンが、どれだけどう分かっていたのかの解釈もなかなかむずかしい。本来は量子力学的な考察がからんでいる。仮に量子力学を知っていても、それをこの現象にどう適用するかは、もっとむずかしい。ロシアのボリス・ダビドフの有名な論文があって、これをショックレーも読んでいたようだが、歴史的にどう評価するかは、難しい。すべての論文がロシア語の原文で手軽に読めるようになることが望ましい。技術的には今でも可能だが、諸般の事情でできない。しばらくすれば可能になるかもしれない。

その他にも、実は多数キャリアーと少数キャリアーというものが存在していて、少数キャリアーの働きが重要なのだが、これもなかなかむずかしい。ショックレーでさえ、正孔という少数キャリヤーの働きを過小評価していた。バーディーンの理解も、ある意味では完全ではなかった。

一九六七年に出版された菊池誠氏の『半導体の話』ＮＨＫブックスという本がある。私も大学に入学した頃、読んだ覚えがある。家のどこかにあるはずだと思って探したが、もう50年近く前のことで見つからず、アマゾンで古本を買い戻して読み直してみた。送料の方が高い位、安く手に入った。

第三章と第四章が大変やさしくこの辺りの話を解説してくれている。さすがに良く売れた本だけのことはある。各段階の進展において、比較的はっきりと評価を与えている所がすごい。

それより少し本格的な解説はショックレーの『半導体物理学』吉岡書店にある。こういう古い話を克明に書いた本は、今はもうあまりないのではないかと思う。すべてがもう忘却の淵に沈みつつある。

トランジスターの名前の起こり

この画期的な装置に何と名前をつけたものかについては、ジョン・パイエルスが活躍した。

真空管では、グリッド（格子）とベースの間の微弱な入力電圧Vが、陽極と陰極の間に流れる出力電流Iに変換される。つまりVがIに変換される。I／Vという形（本来は偏微分 $\partial I/\partial V$）で、トランスコンダクタンスという。

ところが新しい装置では、エミッタとベース間の入力電流Iが、コレクタとベース間の出力電圧Vに変換される。つまりIがVに変換される。V／Iという形（本来は偏微分 $\partial V/\partial I$）で、トランスレジスタンスという。電圧を電流で割ると抵抗になる。抵抗のことをレジスタンスというと説明すれば多少分かってもらえるだろう。トランスレジスタンスを縮めて、回路素子的な名前にすると、トランジスターになる。こうしてトランジスターが誕生した。

読者のために一言申し上げておくが、こういう話は何も分からなくとも全く差し支えない。量子力学も偏微分も回路理論も全く何も知らないスティーブ・ジョブズでさえ、革命的なコンピュータを作ることができたのである。

ただし無知を誇るのは、ギリシアの哲学者ソクラテスにだけ与えられた特権である。一般的には知らないということは、きわめて恥ずかしいことだ。若い工学部の学生諸君には、きちんと基礎から勉強して頂きたいと思う。

軋轢《あつれき》の発生

こうして、一九四七年一二月一六日、点接触型トランジスターは発明された。今回調べてみて、私の誕生日の次の日と知ってびっくりした。

点接触型トランジスターの発明は、非常にむずかしい問題を引き起こした。

一二月二三日、ジョン・バーディーンとウォルター・ブラッテンは、ベル電話研究所の物理研究部門のディレクターのハーベイ・フレッチャーと研究所長ラルフ・ボーンにトランジスターの発明を報告した。電話の発明者グラハム・ベルの例にならって「ワトソン君、こっちへ来たまえ。君に用がある」とトランジスター増幅器で増幅してイヤーホーンで聞かせたとウィリアム・ショックレーは、記録している。

ベル電話研究所長ボーンは、ディレクターのマービン・ケリーを呼んで、トランジスターの特許を取るように指示した。ケリーは、ベル電話研究所の法務部門の弁理士ハリー・ハートを呼んだ。ハートは、バーディーンとブラッテンに個別にインタビューした。

ここで問題となったのが、ショックレーの処遇である。さらにややこしくしたのが、ショックレーが点接触型トランジスターでなく、接合型トランジスターの構想を抱いていたことである。ショックレーは、理論を点検した結果、左右にN型半導体を配置し、真中に薄いP型半導体を配置すれば、もっと構造的に安定した接合型トランジスターができることに気がついた。ただし、そのように都合良くN型半導体とP型半導体とN型半導体を接合する方法については、誰も知らなかった。

弁理士は、トランジスターの特許について、四本の特許を申請させた。最初の3本は、一九四八年二月二六日に申請された。

一本目は、ブラッテンとロバート・ジブニーを申請者とするもので、電解液を使用するものだった。正式名称は『半導体物質を使用する三極回路素子』で、米国特許2524034になる。

二本目は、バーディーンを申請者とするもので、半導体表面の下の反転層を使用するものであった。正式名称は『半導体物質を使用する三極回路素子』で、米国特許2524033になる。同じ名称の特許申請が二つある。

三本目は、ジブニーを申請者とするもので半導体表面を電解液で覆うものであった。

正式名称は『ゲルマニウムの電解液による表面処理』で、米国特許2560792になる。

四本目は、一九四八年六月一七日に申請された。バーディーンとブラッテンを申請者とする点接触型トランジスターの特許である。正式名称は『半導体物質を使用する三極回路』で、これも同じ名称の特許申請であった。米国特許2524035になる。

これを見ると、ショックレーの名前がどこにもない。ショックレーが実験の実務に関わっていないのは事実だが、開発のテーマを指示したことも事実である。こういうことは研究者の世界では良くあるが、誰が発明の名誉を担うかを決めるのは難しい。一番最後にショックレーの名前が入っていれば問題はないのだが、そうではなかった。

ショックレーは、点接触型トランジスターでなく、接合型トランジスターのアイデアを出した。ショックレーとしては、この接合型トランジスターの発明者になれれば、トランジスターの発明者に名前を連ねることができた。

ところが弁理士が調べると、一九三〇年一月にポーランド生まれで後に米国市民となったジュリアス・エドガー・リリエンフェルドが『電流を制御するための方法と装置』という名称で米国特許1745175を取得していたのである。他にも三本ほどの特許があった。これは厄介なことにショックレーのアイデアにきわめて似た所があった。私も特許書類をダウンロードして、図面を見た。リリエンフェルドのアイデアは、きわめて進んでいる。ただ気の毒なことに彼の知名度は全く低かった。

それでも、もし特許係争になった場合、敗訴などしようものなら、ベル電話研究所と本体の米国電話電信会社AT&Tは大打撃を受ける。そこで弁理士としては、ショックレーのアイデアを特許申請しなかった。

これによって、ショックレーは激怒した。一九四八年一月頃にショックレーは、バーディーンとブラッテンに、トランジスターの特許は、自分だけのものだといって、溝が生じていた。しかし、ここで対立は決定的になった。ショックレーは、ベル電話研究所の幹部に、自分をトランジスターの発明者として認めるようにと、強硬に申し入れた。

ベル電話研究所は、公式にトランジスターの発明者はバーディーンとブラッテンそれにショックレーであると認めた。ベル電話研究所の発表したすべてのトランジスター関係の写真には三人がなごやかに写っている。もちろんこれは政策的意図があってのことである。

一九四八年六月二六日、ショックレーは、『半導体材料を用いた回路素子』という名称で、接合型トランジスターの特許を申請している。これは一九五一年九月二五日、米国特許２５６９３４７として特許が下りた。リリエンフェルドの特許に抵触しなかったのかと不思議に思うが、ともかく特許は下りた。エネルギー帯を使った物理的な説明が出ているのが独特だろう。この時ショックレーは、特許書類にリリエンフェルドの特許を三件引用している。やはり審査の段階で問題になったのだと思う。ショックレーは、その後、徐々

Fig.1.

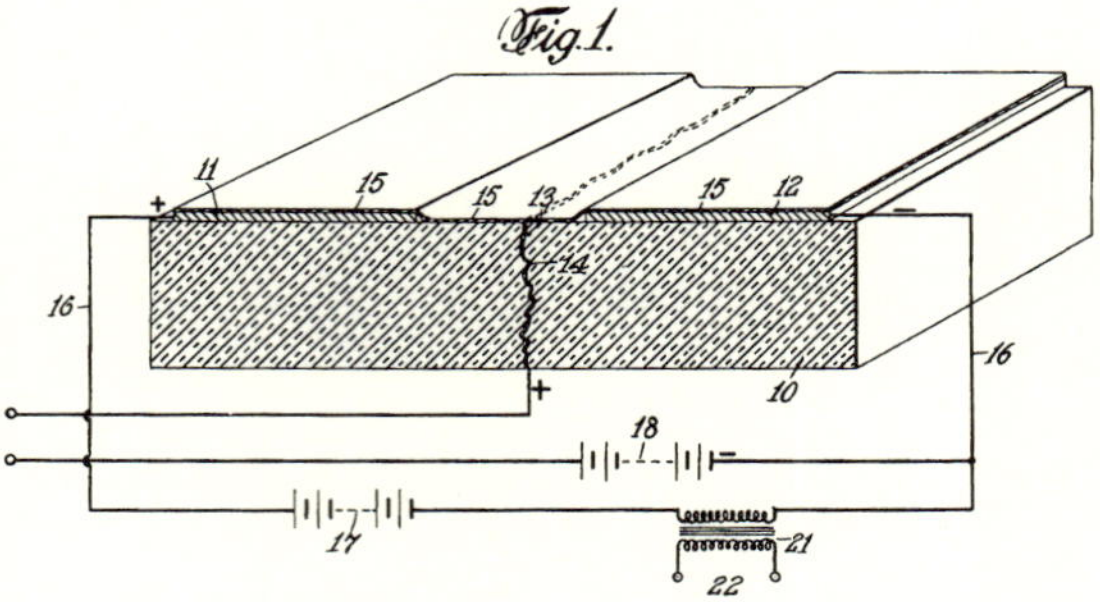

米国特許1745175

にリリエンフェルドの名前を引用文献から消して行く。

一九四八年六月三〇日、ベル電話研究所は、トランジスターのコンファレンスを開いた。反応は、意外に冷ややかだった。

ケリーは、点接触型トランジスターを実際の製品とするために新しい研究開発グループを作った。新グループの指揮は、、ジャック・モートンが執った。モートンは、当時マイクロ波帯で動作する真空管増幅器の開発の指揮をとって成果を上げていた。マスコミの反応は、良くなかったが、軍関係機関を初めとするグループから点接触型トランジスターのサンプルを希望する声が次々に上がった。この希望を満たすためモートンは、点接触型トランジスターの実験的な生産ラインを作って希望に応えた。

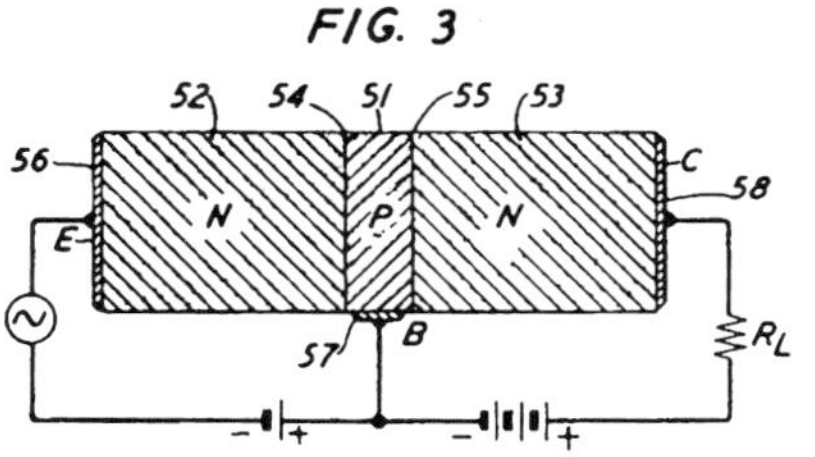

米国特許2569347

ジョン・シャイブの実験

この間、ウィリアム・ショックレーは、部下に命じて、点接触型トランジスターのエミッタとコレクタ間での電子と正孔の流れについて研究を進めた。

糸口となったのは、一九四八年二月一三日にジョン・シャイブが行なった実験である。シャイブは、N型ゲルマニウムのテーパーのかかった薄い板を用意した。N型ゲルマニウムの表面からは、P型表面層を除去した。N型ゲルマニウムの板の両側にブロンズ接点を作り、銀の引き出し線をつけた。すると40倍の電力増幅ができたのである。これは理解しがたい結果だった。つまり電流を運ぶものが正孔であるならば、正孔はゲルマニウムの表面だけでなく、電子が多数存在するゲルマニウムの中を通過できなければならない。ジョン・バーディーンとウォルター・ブラッテンだけでなくショックレーも衝撃を受けた。

一番成果が上がったのは、一九四八年七月ディック・ヘインズが行なったものである。ヘインズは、ゲルマニウムのフィラメントを作り、これにエミッタとコレクタなどの電極を取り付けた。ヘインズは、フィラメントに電界をかけて、エミッタからコレクタに電荷を運んでいるのは正孔であることを確かめた。またコレクタをフィラメントの反対側に取り付けて、正孔はゲルマニウムの表面近くだけでなく、ゲルマニウムの中を通過できることを示した。これはバーディーンの推論を否定する結果となった。さらにヘインズは、正孔の寿命が5から10マイクロ秒であることを示した。これによってエミッタとコレクタを接近させせなければならない理由が分かった。

ショックレーは、こうして点接触型トランジスターの動作原理を把握し、接合型トランジスターの実現に自信を持った。

一方、ブラッテンとウィリアム・ファンは、点接触型トランジスターのコレクタに数秒以下の短時間、大きな直流電流を流すとトランジスターの性質が著しく改善されることを発見した。これを化成（Forming）ととった。改善されてもトランジスターのばらつきは大きく、安定した工業製品にはなり得なかった。

こういう神秘的な偶然に支配される進展はあったものの、ショックレーは、点接触型トランジスターに、はっきり見切りをつけ、接合型トランジスターの研究に邁進した。

ゴードン・ティールとモルガン・スパークス

一九四八年二月、ベル電話研究所のゴードン・ティールがジョン・リットルの協力を得て、ゲルマニウムの単結晶を作り出した。これは一九一七年にポーランドの科学者ヤン・チョハラルスキーの発明した方法を使うものである。ゲルマニウムの種結晶をゲルマニウムを溶かした坩堝《るつぼ》に浸して、ゆっくりと回転させながら引き上げていくと、ゲルマニウムの単結晶の棒ができる。不均質な多結晶よりは均質な単結晶の方が半導体の研究には都合が良い。

この画期的な発明に対してウィリアム・ショックレーは、冷淡であったという。それまで実験には単結晶でなく、不均質な多結晶のゲルマニウムを使っていた。ウィリアム・ショックレーは、多結晶から均質な部分だけを切り出して使えば良いとした。これは迂闊《うかつ》な誤りと言えるだろう。

ウィリアム・ショックレーは、部下のモルガン・スパークスに接合型トランジスターの製作を命じた。自分が考案したトランジスターが実際にできるものだということを証明したかったのだろう。

モルガン・スパークスは自分でもＰＮ接合を作る方法を考えていたらしいが、ゴードン・ティールの引き上げ法を使って、ＰＮ接合を作ることにした。溶融したＰ型ゲルマニウムに、Ｎ型ゲルマニウムの種を浸してゆっくり引き上げるのである。すると出来上がったＰＮ接合は、理論的に期待された電圧電流特性を示し、たしかにPN接合が出来たことが証明された。

非常に簡単な説明の仕方をすると、このPN接合を種として、再び同じ動作を行うと、PNP型のトランジスターができる。出来上がったトランジスターは、あまり性能の良くないものであった。しかし動作はしたといわれる。したがって初の接合型PNPトランジスターが出来た。

これらはモルガン・スパークスとゴードン・ティールが、一九五〇年六月一五日、『半導体材料中でPN接合を作り出す方法』を特許申請し、一九五三年三月に米国特許2631356として成立している。成長型接合トランジスターの誕生である。

不思議なのは、ジョン・リットルとゴードン・ティールが一九五〇年一月一三日に『縦方向の結晶境界を持つゲルマニウムの棒の製造』を特許申請し、一九五四年七月一三日に米国特許2683676として成立していることであり、またゴードン・ティールが一九五〇年六月一五日に『半導体物体を製造する方法』を特許申請し、一九五五年一二月二〇日に米国特許2727840として成立していることである。

この三本の特許の図面に出ている製造装置は、ほとんど同じでものである。そして同一の日一九五〇年六月一五日に特許申請された二本の特許では、それぞれ別のPNPトランジスターとNPNトランジスターの図が出ている。どちらが先にできたのだろうと不思議になる。本によっては記述がNPNで、図がPNPになったりしていて大いに閉口する。また三本の特許成立の日付も不可解である。何か表面に出ないドラマがあったのだろうと想像される。

しかし、ともかく、性能がどうあろうと、ベースへの接点の取り付けが面倒臭かろうと、点接触型

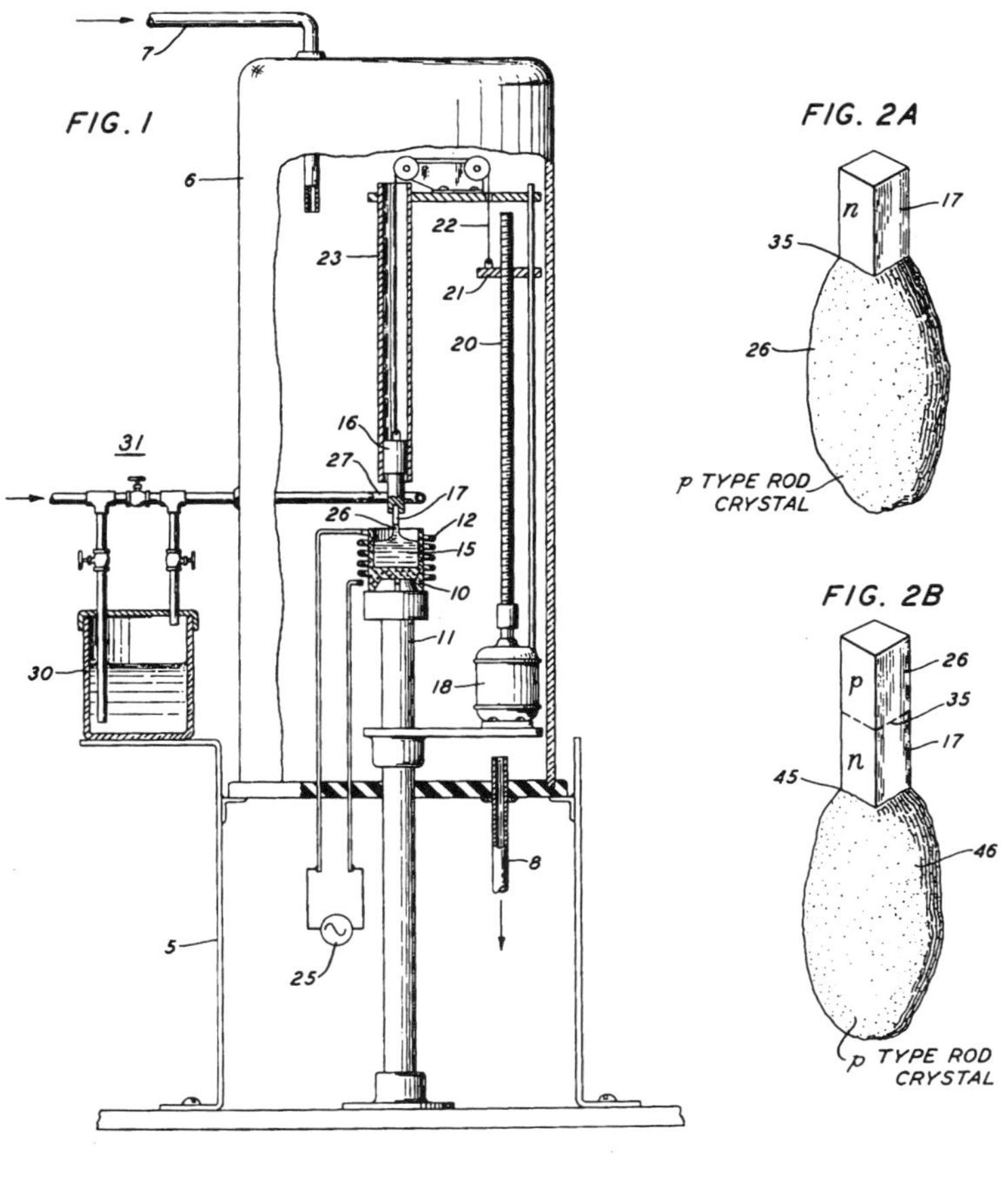

米国特許2631356

でないショックレーの主張する成長型の接合トランジスターが出来たということが重要だろう。

さらに一九五〇年、ウィリアム・ショックレーは、ニューヨークのバン・ノストランドという本屋から『半導体中の電子と正孔』（邦題『半導体物理学』）という550ページを越える厚い本を出版した。ウィリアム・ショックレーは、「正孔」を前に出したかったらしい。

一九五〇年、ショックレーは、ニューヨークのバン・ノストランドという本屋から『半導体中の電子と正孔』（邦題『半導体物理学』）という550ページを超える厚い本を出版した。ショックレーは、『半導体中の正孔と電子』として「正孔」を前に出したかったらしい。

私も学生時代に1冊購入したが、一九六八年には、多少古色蒼然としていた。ショックレーが多用する他の工学的例題とのアナロジー（類推）は冗長だった。もっと、ずっとてっとり早く要領良く解説した本がたくさん出ていた。そういう理由で昔は散漫に感じたものだが、今読み返すと面白い。とっておいて良かった。

ベル電話研究所の幹部は、軍部がトランジスターを国家機密に指定することを非常に恐れた。

ショックレーは、戦後も引き続いて国防総省と良い関係にあった。一九四九年、二年間の契約で兵器システム評価グループのディレクターに誘われた。ショックレーは、迷ったようだが、この誘いを断った。

一九五〇年に朝鮮戦争が起きると、ショックレーは、再び国防総省から呼ばれ、ミサイル迎撃用新型近接信管の研究など戦争遂行に関係した業務に従事する。また相変わらず世界中を飛び回り始めた。

ショックレーのベル電話研究所内部での評判は、芳しいものではなかったが、外部からの評価はそうでもなかった。ショックレーは、一九五一年、フィラデルフィア市からジョン・スコット賞をもらい、また41歳と年少ながら米国科学アカデミーの会員に選ばれた。また米空軍からも表彰を受けた。

ベル電話研究所は、トランジスターの発表を一九五一年になってやっと実行した。これは、一つには、トランジスターの製造が順調でなかったためもあるが、また一つには、ショックレーの接合型トランジスターがジュリアス・エドガー・リリエンフェルドの特許を侵害している恐れがあったためと思われる。

しかし一九五一年九月にショックレーの接合型トランジスターは、米国特許2569347として認可された。そこでベル電話研究所は、一九五一年一一月マレーヒルのベル電話研究所でトランジスターに関する五日間のシンポジウムを開くことになった。

シンポジウムには軍関係者が100名、一般人が300人参加したが、軍の機密保持に触れることを心配して、出席者は合衆国市民に限定され、全員が機密保持誓約書にサインさせられた。このシンポジウムの議事録は、機密扱いとなったが、広く頒布され、トランジスターの普及に役立った。

一九五二年から一九五三年にかけて真空管の時代は盛りを過ぎ、勃興してきたトランジスターに凌駕されるようになる。また一九五〇年に登場した電子計算機UNIVACは当初は真空管式であったが、あきらかにトランジスター時代の未来を保証するものであった。

ジョン・バーディーンとウォルター・ブラッテンのその後

一九四九年の早い時期に、ジョン・バーディーンは、ベル電話研究所長のボーンに自分はベル電話研究所を辞めることを考えていると話したが、あまり真面目にとりあってもらえなかった。

一九五〇年のある日、バーディーンとウォルター・ブラッテンは、フィスクを訪れ、ウィリアム・ショックレーの下では働けないと告げた。バーディーンとブラッテンの不満は、ショックレーが部下を自分のアイデアを確かめるためにだけ使い、その創造性を尊重しないことにあった。

ショックレーのトランジスターの研究グループは、一九五一年三月に改組され、ジャック・モートンの固体物理学グループと、ショックレーのトランジスター物理グループに分割された。バーディーンとブラッテンは、モートンのグループに移された。バーディーンは、ショックレーの接合型トランジスターの研究には入れてもらえなかったし、新しく彼の関心をとらえた超伝導の研究をさせてもらえなかった。それにバーディーンは、ショックレーが嫌いであった。

一九五一年七月、バーディーンは、ベル電話研究所を去り、イリノイ大学に就職した。フレッド・ザイツがイリノイ大学に移っていて、その引きもあったという。21年後の一九七二年にバーディーンは、超伝導の研究で再びノーベル物理学賞を受賞する。

ブラッテンは、一九六七年までベル電話研究所にいたが、ウィットマン・カレッジに移った。

第8章　ショックレー半導体研究所

めざましく進歩する半導体技術

半導体技術は、どんどん進歩して行った。その主なものを簡単に紹介しよう。半導体の教科書を書くつもりはないので、簡単な概観にとどめる。これだけの話題で厳密に書くと何冊かの本を必要とする。必要な場合、専門書を参照されたい。

まずゾーン精製法がある。

一九五二年にベル電話研究所は、ゾーン精製法を公開した。ウィリアム・ファンが発明し、完成させた方法で、純度９９.９９９９９９９％のゲルマニウムを精製できた。９が10個並ぶのでテン・ナインといった。これは国防総省の要請で2年間秘密になっていた。ファンは、一九一七年、ニューヨークのブルックリンに生まれた。少年時代から材料には才能を示し、18歳の時、大学の学位なしにベル電話研究所に入所した。一九四〇年クーパー・ユニオンの夜学で化学工学の学位をとった。

次に一九五一年に発明された合金接合型トランジスターがある。これはＧＥ（ゼネラル・エレクトリクス）のジョン・サビーが発明したＰＮＰトランジスターを製造する方法である。

Ｎ型ゲルマニウムの薄い板の両側にインジウムの小さな玉を押し付けて、４５０℃に熱する。するとインジウムはゲルマニウムに流れ込み、境界面にP型の層を作る。こうすれば簡単にPNP型トランジスターができる。すぐにPNPトランジスターに続いてNPNトランジスターも合金接合法で製造できるようになった。繊細な二重ドーピング法に比べて、合金接合法は簡単で大量生産に向いていた。また合金接合法は次第に改良され、洗練されたものになった。

さらにメサ型トランジスターがある。

一九五四年、PN接合の新しい製造法として拡散法が登場した。拡散法は一九四〇年代から存在していたが、ゴードン・ティールの単結晶製造法とファンのゾーン精製法による純粋な単結晶の製造法が登場するまでは、現実的なものではなかった。

そもそも新しい製造法が必要とされた理由は、高周波でも使えるトランジスターが欲しいということであった。当時のトランジスターは動作範囲がせいぜい10メガヘルツから20メガヘルツであった。

多少理論を省くと、高周波でも動作するためには、エミッタ領域とコレクタ領域の間にあるベース領域を薄くする必要があった。ベース領域を薄くするためには製造過程において厳密なコントロールが可能なことが必要であったが、これがなかなか難しいことであった。そこで拡散法が登場する。

不活性ガスに乗せて不純物原子の中でゲルマニウムを熱すると、不純物原子はゲルマニウムの表面から少しずつ結晶の中に浸み込んで行く。この現象を拡散と呼ぶ。拡散の作用は静かに、しかも平均して起きる。そこでN型ゲルマニウムのコレクタ領域の上に拡散を使って、P型のベース領域を作ると非常に薄くでき、しかも厳密に制御ができる。拡散法がうまく使えるためには、純粋で均一な結晶が必要である。

拡散法によるトランジスターは、N型ゲルマニウムのコレクタ領域の上に、P型のベース領域を作ると、さらにN型のエミッタ領域を作り、不要な部分を薬品で削り落として、さらにエミッタ電極、ベース電極を取り付ける。こうしてできた形が米国南西部の砂漠などの乾燥地帯にできる平らな上面を持つテーブル型の地形に似ていたので、メサ型トランジスターと呼ばれた。メサはスペイン語のテーブルを意味する。

次なる問題は、ゲルマニウムを選ぶか、シリコンを選ぶかであった。ゲルマニウムは、融点が938度程度だが、シリコンは、1414℃と高く困難を伴う。しかしシリコンは、高温環境でも冷却装置なしに動作させることができる。

一九五五年頃、ウィリアム・ショックレーのグループのモリス・タネンバウムは、最初の拡散型シリコン・トランジスターを作り上げた。

ガラスの天井に突き当たったショックレー

ウィリアム・ショックレーの『半導体物理学』を読み直してみると、彼がトランジスターの発明の簒奪《さんだつ》者であったという一部にある評価は、多少気の毒である。当初間違いもあったが、間違いは次第に克服され、理論は磨かれていった。理学も工学も良く通じている。量子力学を知っている人で、回路理論を彼ほど使いこなせる人は少ないだろう。またショックレーは、他の研究者の才能を見抜くことに長けていていた。ただし他の研究者を使いこなすのは大の苦手であった。

ショックレーの問題はいくつかあった。

第一に、自分で実験をするのが嫌いで、理論を考え予想を立てて他人に実験をやってもらうほうが好きだった。偉大な理論家というものは、とかく、そういう一面も持つものだが、何でそんなことをやらされるのか十分な説明もなく、単に実験をやれと命令されても、やらされるほうはたまらない。

第二に性格や行動がかなり奇矯であった。たとえば自宅に帰ると、地下室に作ったジムで筋肉を鍛えた。その位ならありふれているが、彼は大音量でオッフェンバッハの『パリの喜び』のレコードをかけながら懸垂などをするのである。運動会の玉入れ競争などで有名な『天国と地獄』が含まれている。別に悪いことはないが、想像するだけで、ずいぶん変わった人だと思う。

第三に偏執的で独裁的で他人とうまく人間関係を結べなかった。子供の頃からそういう一面はあった。

第四に国防総省との関係を断ち切れず、研究者として中途半端な所があったことである。

つまる所、ショックレーは、業績は評価されたものの、管理職には向いておらず、ベル電話研究所内部での昇進は絶望的であった。ガラスの天井に突き当たったのである。そこで彼はベル電話研究所の外に出ることを考えた。ついでにできることならお金を稼ぎたいと思った。

一九五三年の夏から秋にかけてショックレーは、ジャガーＸＫ120に乗って、欧州を旅行した。

一九五四年二月にショックレーは、ベル電話研究所を辞し、カリフォルニア工科大学の客員教授になった。数ヶ月で大学の教員という職に見切りをつけて一九五四年七月にワシントンに戻り、１年間の契約で国防総省の兵器システム評価グループの代理ディレクターとなることになった

一九五五年七月、45歳のショックレーは、国防総省の兵器システム評価グループの職を捨て、癌に

苦しむ妻と離婚し、自分の会社を設立することを決心した。会社設立のために ショックレーは、資金援助をしてくれそうな会社の経営者達に会った。その中にアーノルド・ベックマンがいた。

アーノルド・ベックマン

アーノルド・オービル・ベックマンは、一九〇〇年イリノイ州のカロームに生まれた。父親は鍛冶屋であった。ベックマンは、9歳の時に、家にあった古い化学の教科書を見つけた。そこにあった実験をしてみたいと思ったが、父親が道具小屋を片付けて実験室にしてくれた。

グラマースクールの頃から、ニッケルオデオンでピアノを弾いて小遣いを稼ぎ、高校を卒業生総代で卒業する頃には、父親より稼ぐようになっていたという。

第一次世界大戦が起きると、18歳のベックマンは、合衆国海兵隊に入隊した。基礎訓練を受けた後、ブルックリンの海軍基地に送られた。欧州戦線に送られる前に一九一八年八月に戦争は終わり、死なずにすんだ。

ベックマンは、一九二二年イリノイ大学の化学科を卒業し、一九二三年に同大学院物理化学科を卒業した。その後、カリフォルニア工科大学の博士課程に進学したが、一年ほどでニューヨークに戻り、ウェスタン・エレクトリックに入社した。そこで真空管の製造の品質管理に従事し、回路理論を学んだ。

一九二五年ベックマンは、カリフォルニア工科大学に戻った。一九二八年博士号を取得した。ベックマンは、空いた時間でナショナル・ポスタル・メーター社のコンサルタント業を始め、特殊なインクを開発した。有毒な物質を使っていたために製造してくれる業者がいなかったので、ベックマンは、自らナショナル・インク・アプライアンス社を作って製造することにした。株式の10％はベックマンが持ち、残りの90％はナショナル・ポスタル・メーター会社が持った。ベックマンは、一九三五年にｐＨメーターを開発した。

一九四〇年までには、ナショナル・インク・アプライアンス社はうまく行き、ベックマンは、カリフォルニア工科大学の職を辞し、会社名をベックマン・インダストリーズと変えた。

一九五二年、ベックマン・インダストリーは上場した。上場後ベックマンは、ベックマン・インダストリーズの株式の40％を掌握していた。ベックマン・インダストリーズは、ｐＨメーターで成功したが、後には誘導ミサイルから地震計まで多様な製品を作っていた。

新会社設立の相談

アーノルド・ベックマンとウィリアム・ショックレーは、二人共、カリフォルニア工科大学の卒業生であった。二人は一九五五年二月にロサンゼルス商工会議所のパーティで出会った。ベックマンは、商工会議所の副会長であり、ショックレーとリー・ド・フォーレストは、電子産業に対する多年の功績を表彰された。ショックレーを招待したのはベックマンであった。半導体分野への進出を考えてのことである。だが不幸にしてベックマンは、ショックレーの経営者としての資質を知らなかった。

一九五五年八月に、ショックレーから電話があった時、ベックマンは、非常に喜び、ショックレーをロサンゼルス近郊のニューポート・ビーチにあるバルボア・ベイ・クラブに招待した。二人はニューポート・ビーチを見晴らす豪勢なクラブやフラートン近くのベックマン・インダストリーズの本社で一週間なごやかに話をした。ショックレーは、自分が設立したい理想の半導体会社について語り、ベックマンは、快く出資を申し出た。

一週間が過ぎた頃、ベックマンは、弁護士に四ページに渡る覚書を作った。契約書に近いものである。一九五五年九月、ショックレーは、自分の弁護士を呼び、微細な修正を要望したが、ほとんどはベックマンが喜んで受け入れるものであった。

結局、ショックレーは、新会社の社長兼ディレクターに就任することになり、年俸は3万ドル、またベックマン・インスツルメンツの株式をオプションで4000株購入できる権利を得た。またベックマン・インダストリーズは、ウェスタン・エレクトリックにトランジスターの特許使用料として2万5000ドルを払った。

ベックマンは、自分の会社のあるロサンゼルス近郊に新会社を作ることを希望したが、ショックレーは、自分が育ち、母親が住んでいて、スタンフォード大学のあるパロアルトに近いサンタクララ郡を主張した。この話を聞きつけたスタンフォード大学のフレッド・ターマン教授は、ショックレーの強力な味方になった。

一九五六年八月からショックレーは、スタンフォード大学の電気工学科の非常勤講師に採用された。この関係は25年継続することになる。

全米から俊秀をリクルート

次は人集めである。ウィリアム・ショックレーは、古巣のベル電話研究所から人材を引き抜きたいと思っていた。ところが、ほとんどの人はショックレーと一緒に働くのを断った。表向きは家族が西海岸に引越すのを嫌っているからというものが多かったが、ショックレーの人柄を嫌っていたことは明らかだった。

一つだけ良いことがあった。一九五五年一一月二三日、オハイオ州コロンバスでショックレーは、二度目の妻メイと結婚したことである。ショックレーの子供達は、父親はグラマー美人と結婚したに違いないと思ったが、案に相違して知性派の女性だったことに驚いたという。

二人の新居はロスアルトスだったようだ。ショックレーの伝記には住所も示されているが、私が実際に行ってみると、第1部で述べたように実在しない番地であった。

新婚で元気が出たのか、一九五五年の暮れからショックレーは、全米を回って若くて優秀な人材を集めることにした。

一九五六年二月、アーノルド・ベックマンとショックレーは、サン・フランシスコのセイント・フランシス・ホテルで共同記者会見を開き、ショックレー半導体研究所の今後について説明した。

なぜベル電話研究所を辞めたかの質問については、次のように答えたという。

「人は一度しか生きられません。私は変化を求めて何か別のことをやりたかったのです」

ジェイ・ラスト

ジェイ・ラストは、大恐慌の年一九二九年ペンシルバニア州西部に生まれた。父親は製鋼所で働いていた。恐慌の余波は十年続き、その後は第二次世界大戦だった。ラストは、高校卒業後、ロチェスター大学に進み、光学を学んだ。ラストは、その後MITに進み固体物理学で博士号を取得した。学位論文の研究にラストは、ベックマン・インスツルメンツの分光測定器を使っていた。あまりに使い物にならないので、ラストは、ベックマン・インスツルメンツの社員に文句ばかり言っていた。そういう優秀な人ならということで、ベックマン・インスツルメンツに就職しないかと誘われたが、あの分光測定器と付き合うのは金輪際お断りと言った。アーノルド・ベックマンは、ウィリアム・ショックレーにジェイ・ラストに声をかけてみるべきだよと言った。

そこでショックレイは、MITに出かけて行きラストに接触した。ラストは、ショックレイに魅かれた。ベル電話研究所からも求人の誘いが来たが、断ってショックレー半導体研究所に就職することにした。ラストは、ショックレー半導体研究所に就職の決まった三番目の人だった。

だが、ショックレーは、もっと大きな魚を釣ろうとしていた。それがロバート・ノイスである。

ロバート・ノイス

ロバート・ノートン・ノイスは、一九二七年一二月一二日、アイオワ州バーリントンで生まれた。

父親のリベランド・ラルフ・ブリュースター・ノイスは、会衆派教会の牧師だった。母親のハリエット・メイ・ノートンもシカゴ近郊の会衆派教会の牧師の娘であった。ハリエットは、母親の母校であるオーバリン・カレッジに進んだ。オーバリンは、桜美林大学の名前の由来である。

ハリエットは、すでに婚約していたが、卒業後、結婚前に社会体験が必要として高校でラテン語と英語を教えた。一九二二年六月二〇日、二人は結婚した。ハネムーンの後、アイオワ州デンマークに赴任した。一九二三年に長男のドナルド・スターリング、一九二六年に次男のゲイロード・ブリュースター・ノイスが生まれた。子供が増えたので、父親は俸給のもう少し高いアイオワ州アトランチックに移動の運動をし、成功した。翌年一九二七年に三男としてロバート・ノートン・ノイスが生まれた。後に四男ラルフ・ハロルド・ノイスが生まれるが、兄弟は男ばかりであった。

ロバート・ノイスの最も幼い頃の記憶は、卓球で父を負かして、母に知らせた所、

「パパがあなたに勝たせてあげたなんて素敵じゃない?」

と言われて、ひどく困惑させられたことだという。

5歳の頃からノイスは、何においてもわざと負けたりするのは嫌いだった。

「そんなのゲームじゃない。やるんなら勝つためにやらなきゃ」

とノイスは母に向かって拗ねたという。

一九二九年の世界恐慌に端を発する農業恐慌は、アイオワ州アトランチックも襲った。農業地帯の困窮はひどくなる一方で、一九三六年一〇月父親は、アトランチックで最後の説教をして、アイオワ州ディコーラに移った。そこも駄目で、二年後にアイオワ州のウェブスター・シティに移った。ノイ

スは、10歳になっていた。さらに一年後父親の仕事はアイオワ州グリネルに移った。

グリネルは、ノイスにとって特別な街となった。これまでのように放浪が続くわけでもなく、12歳の時からグリネル・カレッジ卒業までノイスは、グリネルに落ち着いていられたのである。

グリネルは、会衆派のジョシュア・グリネルが開いた町で、会衆派教会と大学を中心とした町である。宗教色が強く、二十世紀になっても、お酒をおおっぴらに飲むことは憚られた。自宅ですらもブラインドを下ろさないと安心しては飲めなかったという。

トム・ウルフは、『ザ・ティンカリング・オフ・ロバート・ノイス』という小編で、グリネルの町とを巧みに描いている。二〇〇〇年に出たトム・ウルフの短編集『フッキング・アップ』では、『西に向かった二人の若い男』と改題されている。ベストセラーの『ザ・ライトスタッフ』を書いた作家だけあって素晴らしい出来栄えである。ただ、そのことがノイスの神格化につながったともいわれている。無料でインターネットからダウンロードできる。翻訳はないと思う。

ノイスの一生を描いた単行本では、レスリー・ベルリンの『ザ・マン・ビハインド・ザ・マイクロチップ　ロバート・ノイスとシリコンバレーの創成』という本が優れている。私もつい全部読んでしまった。

豚の酒盛りと思わぬ蹉跌《さてつ》

ノイス家の先祖のロイベン・ゲイロードは、一八四六年にグリネル・カレッジの創立に力を貸した。

ノイスの兄達は両親の期待に沿って成績優秀であった。それにひきかえロバート・ノイスは、いたずらっ子で宿題は忘れがちで操行点も良くなかった。

少年時代のロバート・ノイスは、空を飛ぶことに夢中であった。12歳の時に、２歳年上の兄のゲイロード・ノイスと一緒に子供の背丈ほどのグライダーを作った。ノイスは、そのグライダーで、グリネル・カレッジの馬小屋の屋根や、グリネル・カレッジの観覧席や、ノイス家の三階の窓から飛んだ。グライダーを自動車で引っ張って滑空しようとした。夏の夜など気球のおもちゃを作って夜空に飛ばしたこともあるようだ。

ノイスは、家に置いてあった百科事典を読み漁って、ラジオを作ったり、古い洗濯機のモーターを使って、ソリの後ろにプロペラをつけて滑ったこともあるという。当時の米国のごく一般的な、想像力豊かで、向こう見ずで、多少おっちょこちょいな科学少年であったようだ。

ノイスが、グリネル高校に入学して三ヶ月で日本軍の真珠湾攻撃があった。グリネルの町もグリネル高校も戦時体制に組み込まれた。それでも中西部の田舎の少年の暮らしはあまり変わらなかった。毎朝、高校に行く前に新聞配達のアルバイトをし、午後は花屋や郵便局でアルバイトをした。他方、煙草を吸い、花火のいたずらをする腕白少年であった。16歳で母親の一九三九年型プリマスという自動車を乗り回すようになった。

ノイスは中西部の田舎の出身だが、育ちの良い子供で、ルックスが良く、スポーツ万能、楽器も得意で、魅力的な微笑を振りまく陽気な少年であったから、むろんクラスの女の子にはもてた。この女性にもてるという特質は一生変わらなかったようだ、こういう記述を読んで、ノイスの写真の秘密が分かったような気がする。過剰なほどにカメラを意識した目線なのだ。

ノイスの成績は優秀で、数学と物理に才能を見せ、96％以下の成績を取ったことがなかった。教師の目を盗んで講義中にルーペを使って時計の分解修理をしたりしていたにもかかわらず、首席であった。

母親のハリエット・ノイスは、グリネル・カレッジの物理学の教授のグラント・ゲールに頼んで、ノイスにグリネル・カレッジの物理学の入門コースを聴講させた。ゲールの物理の講義は実践的なものであった。ノイスの成績は最優秀であった。

一九四五年、高校卒業後の夏、ノイスは、ゲールがオハイオ州のマイアミ大学で行なった講義に参加した。講義終了後、マイアミ大学から実験助手をやらないかと誘われ、驚愕する。思いも寄らないことであったが、辞退する。

この頃からノイスは、毎日一時間は水泳をするようになり、飛込みをするようになった。後に一九九〇年六月四日、プールに飛び込んで心臓麻痺で死亡することになる。

グリネル・カレッジに入学したノイスは、たちまち人気者になる。水泳の飛び込みでも活躍し、優勝したりする。アルバイトはいくつもしていたようだが、生活は派手でいつもお金には困っていたようである。またガールフレンドを妊娠させたりした。

ノイスは、寄宿舎にいたが、寄宿舎のパーティのために近所の農家から豚を盗んできて、みんなの酒盛りで食べてしまった。ノイスは、悪いことをしたと後悔し、農場に行って謝罪し、豚の代金を払おうとした。農場主は激怒した。この世には謝ればすむこともあるが、すまないこともある。ノイスは、それに気づいていなかったようだ。悪いことに農場主はグリネルの市長であった。また農場主から連絡を受けたグリネル・カレッジの学生部長も、退役したばかりの軍人であったので、ノイスを厳罰に処すように主張した。農場はグリネル市の外側にあったのだが、グリネル市の保安官が呼ばれて大事件になった。

アイオワのような農業地帯で貴重な家畜を盗むことは大罪であり、最低でも懲役一年、罰金１０００ドルの刑は免れなかった。当惑したゲール教授とグリネル・カレッジの学長は慰留に奔走したが、事はそう簡単に収まらなかった。グリネル・カレッジは豚の代金を支払い、罰金は免除となり、ノイスを首謀者とする学生達は、グリネル・カレッジから除籍は免れたが、グリネル大学から、しばらく追放、グリネル市からも追放という重い処分となった。父親のラルフ・ノイスは、会衆派教会の牧師の職を解かれ、イリノイ州サンドウィッチに移った。

ノイスは、追放された期間、ニューヨーク州マンハッタンのイクイタブル生命保険会社で働くことになった。ノイスの才能を惜しんだグリネル・カレッジの数学の教授が手を貸してくれたのである。ノイスは、ここでも稼いだお金は残らず演劇や映画の鑑賞、美術館の訪問、職場の美しい若い女性とのデートに使ってしまった。この時代、ノイスは、幸せではなかったようだ。グリネル・カレッジに戻れたのは三年後の一九四九年二月になってからである。

ノイスは、米空軍に入隊しようとしたが、色盲だったため戦闘機の操縦士にはなれないことを知った。ノイスは、いっそのこと兵役そのものから逃れることにした。

数学の教授は保険会計士の資格を取るように薦めた。ノイスは、保険会計士の試験には、合格した。イクイタブル生命保険会社は、彼を常勤で雇うと言ってきた。家族は大喜びしたのである。

この頃、ゲール教授は、物理学の講義で、きわめて革新的な新しいデバイスについて話した。それはニューヨーク州マレーヒルのベル電話研究所でウィリアム・ショックレー等が発明したトランジスターであった。三年もニューヨークにいたのにノイスは、トランジスターの発明を知らなかった。ゲール教授は、ウィスコンシン大学でジョン・バーディーンと一緒であり、グラント・ゲール教授の奥さんは、バーディーンを良く知っていた。またベル電話研究所のオリバー・バックは、グリネル大学の卒業生であった。バックは、つねづね古い実験装置や余った技術レポートをゲール教授に送っていたのである。

ゲール教授は、二個トランジスターを送って欲しいとバックに手紙を書いた。バックは、手に入るトランジスターを持っていなかったので、トランジスターに関するベル電話研究所の技術報告書を送ってよこした。ゲール教授とノイスは、この技術報告書を貪るように読んだ。

ゲール教授は、ノイスにＭＩＴの博士課程への進学を薦めた。ＭＩＴからの合格通知が来ると、ノイスは、固体の中の電子の振舞いを研究しようと決心した。

ノイスは、一九四八年、物理学と数学の学士号を取得してグリネル大学を卒業した。

ＭＩＴの博士課程進学

ロバート・ノイスにとってＭＩＴ進学は経済的にはきつかったようだ。ＭＩＴの物理学科から出る４００ドルの奨学金で学費は払えたが、教科書代、下宿代などで７００ドル程度不足していた。初めから不足は分かっていたので、グリネル・カレッジの最後の日々は木材運搬などの肉体労働で稼げるだけ稼いだ。しかし、ノイスは、デイビッド・パッカードなどと違い、真っ黒になって働く肉体労働は嫌いであった。そこでニューヨークに出てからは、センチュリー・カントリー・クラブのバーテンやウェイターなどのアルバイトをした。

一九三〇年にＭＩＴの学長になったカール・コンプトンは、若手の物理学者ジョン・スレーターにＭＩＴの改革を任せた。ＭＩＴの地位がどうして向上したかについては、いろいろな説はあるが、ともかく第二次世界大戦後には、ＭＩＴは工学に関してはナンバーワンになっていた。教授陣には、ヘルマン・フェッシュバッハ、フィリップ・モース、ビクター・ワイスコフ、ナサニエル・フランクなど世界最高の一流の教授が揃っていた。学生も優秀であった。

最初の学力調査のための試験は、田舎から出てきたノイスは、あまり成績が良くなかった。しかし次第に努力して成績を上げるようにする。ノイスは、四つの講義を選択した。モースの理論物理学、スレーターとフランクの熱力学と統計力学、スレーターの物質の量子論、ウェイン・ノッティンガムの電子工学である。ノッティンガムのセミナーにはバーディーンも来ることがあったという。

私はシリコンバレーの先覚者は三人いると思う。まずフレッド・ターマン、次にウィリアム・ショックレー、次にロバート・ノイスである。この三人に共通していることがある。それは三人ともＭＩＴで博士課程の教育を受けたことである。ウィリアム・ヒューレットもＭＩＴで修士号を取っている。やはり当時のＭＩＴは偉大であったのだろう。ＭＩＴを偉大にさせたのは何であったのか、大学関係者にとっては良く分析する必要があると思う。

ノイスの経済的状況は、ティーチング・アシスタントになることなどによって次第に改善されて行った。シェルからの多額の奨学金を貰えたのも大きかった。

こうして経済的に安定してくると、ノイスの学業研究以外の生活は、派手なビール・パーティを繰り広げたり、ミュージカルへ出演したり、女性をモデルに絵を描いたり、深夜までブリッジに熱中したり、女性とのデートに明け暮れるなど、相変わらずのボヘミアンぶりであった。

その一方で、ノイスは、光学機器会社のコンサルタントをしたり、ＭＩＴの電子研究所ＲＬＥの物理電子グループで研究補助をしたり、ハーバード大学の固体物理学の講義を聴講したりした。

博士論文の指導教官としてノイスが選んだのは、どちらかというと、他の著名な教授に比べて、うだつの上がらないノッティンガムであった。ノイスは、ノッティンガムの人柄が気に入っていた。ノッティンガムは、ニューハンプシア州のモナドノック山の麓にスキー用の山小屋を持っており、ノイスは、そこでスキーを覚えた。

ノイスは、博士論文のテーマとして『絶縁体上の表面状態の光電効果的研究』を選んだ。無難だが、一九四七年ベル電話研究所で既に研究されていたテーマであり、一九五一年となっては、あまり独創性の感じられないテーマである。単なる追試をしている感がある。それでも実験装置を一から作り、半導体のサンプルを作ることは良い経験となった。ところが途中でノッティンガムの小屋でスキーのジャンプをしている時、ノイスは、肩に怪我をした。それだけでなく、いろいろな問題が発生した。しかし、ともかく一九五三年ノイスの博士論文はまとまった。

一九五三年八月、ノイスは、博士号取得を機にベティ・ボトムレイと結婚した。

フィルコ

博士号取得後、ロバート・ノイスには、ベル電話研究所からは年俸7500ドルで、IBMからは年俸7300ドル、フィルコからは年俸6900ドルで誘いがきた。ノイスは、一番つましいフィルコを選んだ。半導体研究の進んでいない会社の方が自分の能力を発揮できるチャンスがあると考えたという。フィルコは、フィラデルフィア・ストレージ・バッテリー・カンパニーの略称である。ノイスは、フィルコのトランジスター開発の小グループを率いた。一九五三年一二月、ノイスの率いるグループは、サーフェス・バリアー・トランジスターを発表した。

点接触型トランジスターは原理的、構造的に大量生産に向かないが、フィルコのサーフェス・バリアー・トランジスターは大量生産が可能である。

ここにゲルマニウムの薄い細い板があるとしよう。これがベースとなる。その両側から液状のインジウム

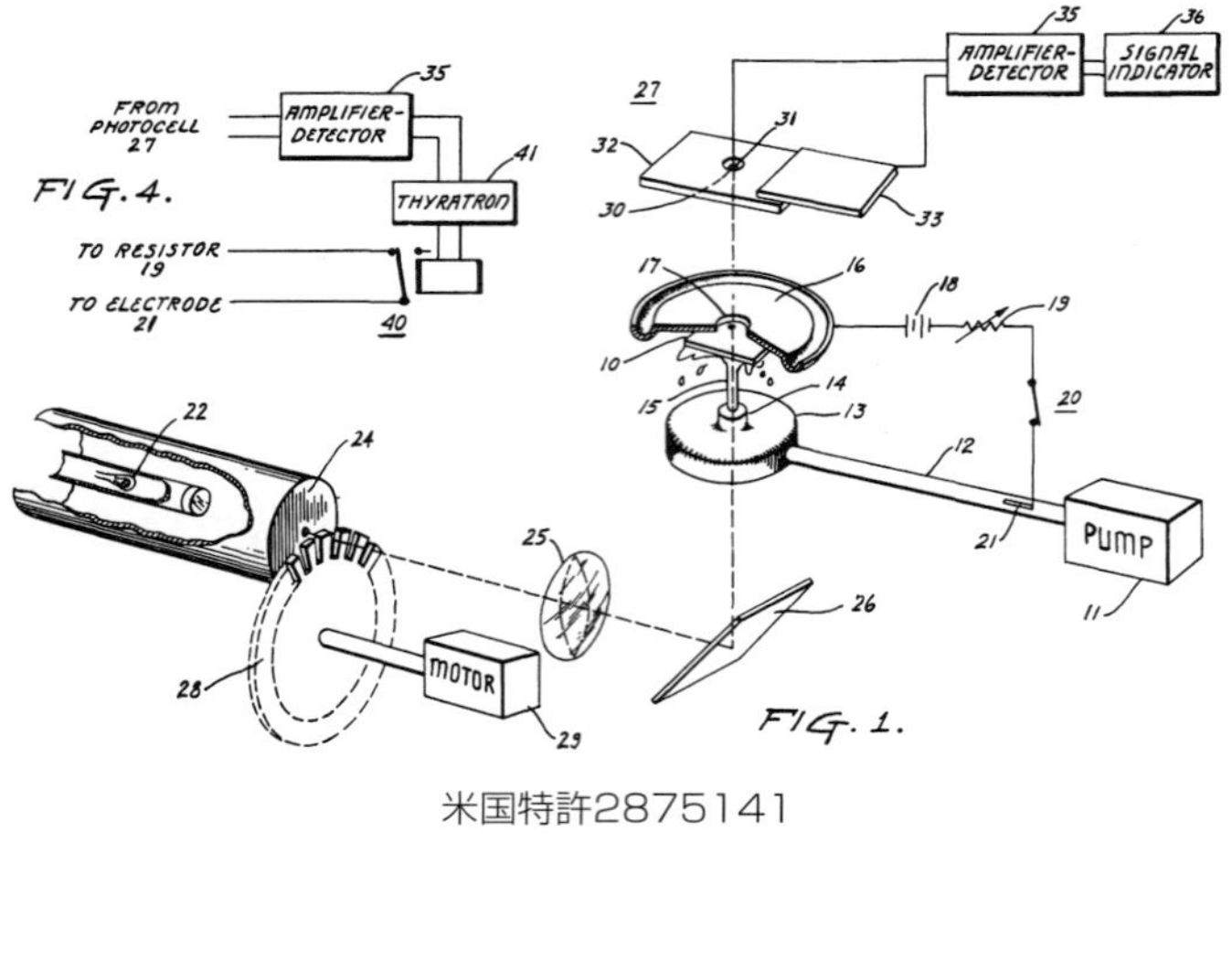

米国特許2875141

塩をジェット流で吹き付け、エッチングしてやる。そして電極を付けてエミッタとコレクタにする。合金型のトランジスターの出来上がりである。

ノイスに与えられた課題は、どこでエッチングを止めるか、どこで電極をつけるかを正確に決定する方法を考えることである。物理学の問題というよりは、機械工学の問題である。

ノイスのアイデアは、それを光のビームで照らしてベース幅を計ることである。ゲルマニウムの板が薄くなれば光の通りは良くなる。これは実に巧妙な考え方である。『半導体構造を形成するために使用する方法と装置』として米国特許２８７５１４１がおりた。

しかし、フィルコは、サーフェス・バリアー・トランジスターを円滑に生産できなかった。真空管製造時代の粗雑さではトランジスターはできないのである。またフィルコは軍の後押しを受けていたので、ノイスは、軍の理不尽な官僚性と向き合うことになったが、これには我慢ができなかった。

ショックレーの誘い

一九五六年一月一九日、ウィリアム・ショックレーが、

「こちら、ショックレーです」

とロバート・ノイスに電話をしてきた。神様から電話をもらって話をしたような気がしたとロバート・ノイスは、語っている。それぐらい、当時のショックレーは、トランジスターの父として有名だったのである。二人は月末に開かれる米国物理学会の後で会おうということになった。

ショックレーは、中西部出身のハンサムでスポーツマンのノイスが気に入った。ただショックレー半導体研究所に入所するためには、誰でも例外なくニューヨークのマクマリー・ハムストラ社の六時間にも渡る心理テストを受けなければならなかった。さらに知性と創造性を試すと称した奇妙なクイズがあった。解答時間はストップ・ウォッチで計測された。このおかしな知能テストを課すことはショックレーの奇妙な信念であった。

ゴードン・ムーア

ゴードン・E・ムーアは、一九二九年サンマテオ郡のペスカデロという漁村で育った。ペスカデロに最も近い病院はサンフランシスコにあったので、ムーアはサンフランシスコの病院で生まれた。10歳の時にレッドウッドシティに移った。彼の父親は執行官代理であった。

おもちゃの実験セットで黒色火薬などを作って遊んでいる内に科学に興味を持ち、セコイヤ高校時代にはニトログリセリンを作ったこともあった。半導体の事業にかかわった人は子供の頃に火薬の実験をした人が多い。

一九四六年にムーアは、サンノゼ州立大学へ進学したが、二年後、途中でUCバークレーに転学した。専攻は化学で、副専攻は数学であった。一九五〇年に卒業した後、カリフォルニア工科大学大学院に進学し、一九五四年、赤外線分光学分野の研究で博士号を取った。

当時カリフォルニアでは職を見つけるのが困難であったので、ムーアは、職を求めて一九五三年、東部のメリーランド州モントゴメリー郡シルバースプリングにあったジョン・ホプキンス大学の応用物理学研究所に入所し、炎のスペクトル線を研究するなど地味な研究をしていたが、研究チームの解散と共に退所した。ムーアは、職探しの一つにローレンス・リバモア研究所を訪ねた。ここでの研究テーマはムーアの希望とは合わなかったので、就職をあきらめた。

ところがショックレーは、ローレンス・リバモア研究所に友人を持っていたので、応募記録を見て、自分の必要としていた化学関係の研究者であるムーアの存在を知り、リクルートした。

ムーアは、釣りが好きだったと色々な文献に出て来る。ゴードン・ムーアの釣りは休息のための息抜きや、瞑想のためでなく、魚そのものを釣りたかったという評言がある。静かな紳士的な風貌の中にも戦闘的な性格を秘めていたのだ。

サンアントニオ・ロード391番地

一九五五年九月二三日、ベックマン・インダストリーの一部として、ウィリアム・ショックレーを所長とするショックレー半導体研究所を設立されることが発表された。

ショックレーは、新会社設立に当たり、二つの方針を立てた。

一つは、半導体の未来はシリコンにあり、ゲルマニウムにはないと断じた。この決断によってサンタクラ・バレーはシリコンバレーとなり、ゲルマニウム・バレーとはならなかったのである。

もう一つは、半導体の製造に拡散法（Diffusion）を使うことにしたことである。

ショックレー半導体研究所は、マウンテンビュー市サンアントニオ・ロード３９１番地（391 San Antonio Road, Mountain View）にあった。当時は木造だったようだ。広さは２２５５平方フィート、約２１０平方メートル、約63坪であった。実際に見ると、あまり大きなものではない。賃料は一ヶ月３２５ドルであり、仮の住まいのつもりだったらしい。

建物の内部は壁の周囲に沿って、実験机が並んでおり、入口の右側にショックレーのオフィスがあり、左側にオフィスがあった。建物の奥の方には、つつましいマシン・ショップが設けられていた。電子計測器はテクトロニクスやヒューレット・パッカードから購入できたが、半導体の溶解炉や単結晶引き上げ装置は手作りであった。

一九五六年六月には所員は60人になるが、主なメンバーは次の様であった。

（◆が後の裏切者の８人である。最終学歴等不明の人もいる）

◆ロバート・ノイス（一九二七年生、ＭＩＴ博士、フィルコ、半導体）
◆ゴードン・ムーア（一九二九年生、カルテック博士、ジョン・ホプキンス大、化学）
◆ジェイ・ラスト（一九二九年生、ＭＩＴ博士、固体物理学）
◆シェルドン・ロバーツ（一九二六年生、ＭＩＴ博士、ダウ・ケミカル、冶金）
◆ジャン・ホールニー（一九二四年生、ケンブリッジ大博士、ジュネーブ大博士、カルテック）
◆ビクター・グリニッチ（一九二四年生、スタンフォード大博士、ＳＲＩ，半導体）
◆ジュリウス・ブランク（一九二五年生、ニューヨーク市大学、ウェスタン・エレクトリック）
◆ユージーン・クライナー（一九二三年生、ニューヨーク大修士、ウェスタン・エレクトリック）

◇ディーン・ナピック　（一九一八年生、ウェスタン・エレクトリック、生産管理）
◇スムート・ホースレイ　（一九一六年生、博士、モトローラ、ベル研）
◇レオポルド・バルデス　（一九二八年生、博士、パシフィック・セミコンダクター、ベル研）
◇ウィリアム・ハップ　（一九二九年生、ＵＣバークレー博士、レイセオン）
◇ビクター・ジョーンズ　（一九二九年生、ＵＣバークレー博士、プラズマ・原子核物理学）

ロバート・ノイスは、初めからグループのリーダーであった。彼ほど半導体の最新理論に通じ、実務経験を積んだ男はいなかったからである。当初、ノイスは、どちらかというと、ショックレーに近かった。ボー・ロジェックの『半導体工学の歴史』に収録された給与表によれば、ノイスの月給は１０００ドルと高かった。

ゴードン・ムーアの月給は、７５０ドルとさらに安い。ノイスの75％度で、研究者の中でも安い方だ。ショックレーがどのように評価しているかが数字で分かる。

スムート・ホースレイは、ノイスほどではなかったが、グループの一方の雄であった。スムート・ホースレイは一九三〇年、米国の輸入関税を途方もない高さに引き上げたスムート・ホーリー法の提案者リード・オーウェン・スムートの一族であるという。ショックレーに最初に採用され、レイセオン、モトローラでしばらく働いた経験があり、他の所員より10歳ほど年長であった。シリコンバレーに多いモルモン教徒であったといわれる。給与面では９５０ドルと、それほどでもない。

シェルドン・ロバーツは、ダウ・ケミカルから来た。分析ラボを組織し、シリコンの性質を調べていた。月給は１０００ドルである。ジェイ・ラストは、月給６７５ドルである。最も安いほうだ。

ジャン・ホールニー（Jean Hoerni）を何と読むかは、私にとって頭痛の種であった。ふつうならジャン・ホールニーとなると思う。ムーアは、あるインタビューの中でジョンと呼んでいる。だからジャンとジョンと取り違えていると思ったものだ。ところが、チャールズ・スポークの本『スピンオフ』を読むと、18ページに「我々はジョン・ハーニー（John her-nee）と発音していた」と書いてある。みんなが閉口していたらしいと分かった。本書ではジャン・ホールニーを採用する。

ホールニーは、一九二四年九月二六日、スイスのジュネーブに生まれた。一九四七年にジュネーブ大学の数学科を卒業し、一九五〇年に物理学で博士号を取った。一九五二年に英国のケンブリッジ大学で物理学で博士号を取った。それから米国に渡り、カリフォルニア州パサデナのカリフォルニア工科大学の研究フェローを一九五二年から一九五六年まで勤めた。

電子の回折理論が得意で、これを分子や結晶による回折現象に応用したが、次第に半導体の理論や装置に接近して行った。元々は理論家であったが、ウィリアム・ショックレーの命令で、ジェイ・ラストやシェルドン・ロバーツと共にＰＮＰＮダイオード製作を命じられて、取組んだ経験から実験にも強くなった。

ホールニーは、激情家の一面も持っていた。カリフォルニア工科大学の助教にならないかと言われたが、国家への宣誓証言を拒否したため、なれなかった。マッカーシズムの最後の時代であった。ムーアがカリフォルニア工科大学大学院の出身だったので、ウィリアム・ショックレーの命令でホールニーをリクルートしに赴《おもむ》いた。ホールニーの入所は遅かったので俸給表にはない。

ディーン・ナピックは、ウェスタン・エレクトリックから来た。生産管理を担当していた。ショックレーの月給2500ドルに次ぐ月給1450ドルをもらっていた。ナビックは、ジュリウス・ブランクとユージーン・クライナーをウェスタン・エレクトリックから引き抜いた。ブランクは、月給835ドル、クライナーは月給1000ドルであった。この二人は、ショックレー半導体研究所の設備や工具や測定器などの整備に当たっていた。ナビックは、軍歴に関して詐称をしていたらしい。また後にスピンオフして、半導体の結晶成長と、ウェファーへのスライシングの会社を作った。ショックレー半導体研究所のノウハウを持ち出したといわれる。紹介者や推薦状を欠く一本釣りの採用にはそういう怖さがある。

ウィリアム・ハップとビクター・ジョーンズは、しばらくして早々に半導体業界から去って行った。ビクター・ジョーンズは、後にショックレーの推薦で、レスター・ホーガンの後釜として、ハーバード大学の教授になった。

ショックレー半導体研究所には、所長のショックレーの下に、いきなり30歳前後の博士号を持った所員が並んでいるような感じで、圧倒的に研究者優位である。経験豊富で老獪な管理職が不足しているのが問題である。

ウィリアム・ショックレーのノーベル物理学賞受賞

一九五六年一一月一日、ウィリアム・ショックレーがジョン・バーディーン、ウォルター・ブラッテンと共にノーベル物理学賞を受賞したことが報道された。

ショックレー等のノーベル賞受賞には、スウェーデン科学アカデミーの在外会員であったマービン・ケリーの力もあった。これによってショックレー半導体研究所の成功は約束されたも同然のように思われた。実はそうでもなかった。ショックレーは、引っ張りだこになり、ショックレー半導体研究所にいる時間が限られることになってしまった。

ショックレーは、当初シリコン・トランジスターの製造を標榜《ひょうぼう》していたが、途中から四層のＰＮＰＮダイオードの製造に目標を切り替えた。ベル電話研究所出身のショックレーは、電話の交換機にＰＮＰＮダイオードが向いていると知っていた。だがＰＮＰＮダイオードは製造が難しかった。だから仮にできたとしても価格は高くなる。しかし、ショックレーの考えでは、ＡＴ＆Ｔ（アメリカ電話電信会社）は独占企業体であったから、コストはあまり問題としていないはずであった。競争がないのだから、物が良ければ、それで良いはずだったのである。ショックレーは、ＰＮＰＮダイオードが、かなり高価になっても、ＡＴ＆Ｔは買ってくれると期待した。これは少し見込みが甘かった。

ロバート・ノイスは、ショックレーの考えは間違っていると考えた。新しい会社にとって重要なことは、何よりも売上げを上げてキャッシュ・フロー（現金収入）を確保することである。ＰＮＰＮダイオードは製造が難しく、信頼性の保証も難しく、買手も限られていた。ところがシリコン・トランジスターなら、いくらでも売れるはずである。

若い所員達は、拡散型シリコン・トランジスターを製造できるだけでなく、自分達で販売できると考えていた。彼等は、拡散型シリコン・トランジスターの市場は大きいと信じていた。しばらくしてノイス、ゴードン・ムーア、ジャン・ホールニーは、拡散型シリコン・トランジスターの製造に立ちはだかっていた問題のいくつかを解決していた。

一九五七年前半、ノイスを中心とするグループは、メサ型トランジスターの開発に的を絞っていた。実際には製造できなかった。当初、彼等は、ショックレーと可能な限り衝突しないように心がけていた。一九五七年ノイスが特許を取った時には、ショックレーの名前を先頭に置いた。

ノイスのグループは、ショックレーのいない時を狙って秘かに研究開発を続けた。ショックレーは、それでなくとも旅行好きであるのに、ノーベル賞をもらってからは、国内外部の講演や視察に出かけることが多くなった。ウィリアム・ショックレーが戻ってくると、またノイスのグループは、ショックレーの研究指揮に戻る。面従腹背そのものである。

ショックレーの信念は不動であった。彼は四層ダイオードの開発のために五人のチームを結成し、別の建物に移し、自ら指揮を執ることにした。ベックマン・インスツルメンツやＩＢＭが四層ダイオードの採用を断っても、ウィリアム・ショックレーの信念は揺らがなかった。

レスリー・ベルリンは『ザ・マン・ビハインド・ザ・マイクロチップ（マイクロチップの陰の男）』という本で「ショックレーにとってのＰＮＰＮダイオードは、エイハブ船長にとっての白鯨（モビー・ディック）のようだった」と表現しているが、言い得て妙だと思う。

全く新しいこと、誰も思いつかない独創的なものを目指すというのがショックレーの信念であった。他の人間が手がけていることを手がけるなどということは、彼のプライドが許さなかった。研究者としてはすぐれた資質だが、事業家としては向いていなかった。

ウィリアム・ショックレーの人事管理　支配と偏執性

ショックレーは、ある所員に「ショックレーは電子を見ることができるのではないか」と言わせたほど、すぐれた物理的直観を持っていた反面、研究所の管理と創造的な人々の管理にはどこか向いていない面を持っていた。

ショックレーは、権威ある雑誌に掲載された論文の毎年の平均的な本数は、創造性の目途になるとした。これを対数チャートにして研究者を管理しようとした。戦時中に絶大な効果を発揮したＯＲ（オペレーションズ・リサーチ）の方法論や統計学的な処理を人事管理に持ち込もうとしたのである。それはそれで良いのだが、彼は自分の科学的方法論を過信しすぎた。それに論文の本数が多いか少ないかを調べるのは、どこの組織でもやっていることだ。

ショックレーは、科学の進歩は、一人の天才か、少数の天才の集団によってなされると考えた。それより下の者は天才に従って指示された作業だけをすればよい。下のものは何も考えずにただ従えばよい。ボトム・アップの否定である。彼の考え方はトップダウン（上位下達方式）なのである。ショックレーの考え方は、フレッド・ターマンの考え方に少し似ている。

詰まる所、ショックレーには、所員をどう管理すべきかの考えがなかった。煩わしかったのだろう。

ショックレーは、所員に対しては著しく競争的、敵対的だった。所員が自分より優秀であるということには耐えられなかった。また誰かがちょっと失敗するとショックレーは、所員に「きみが博士号を持っているのは確かかね」と屈辱したりした。部下の誰かが何か研究をまとめると、すぐニューヨークのベル電話研究所に電話をかけて、評価を求めた。部下を信頼していなかったのである。ショックレーは、独創的な考え方を好んだ。たしかに創造性は人と同じでは生まれてこないが、それも程度問題である。わざと所員の意見に異を唱えることが多かった。ショックレーは、所員に対して気前良く給料を払い、学問的にも魅力的な人間だったが、一緒に働くのは地獄だったといわれる。ショックレーが、所員が嘘つきだと激しく攻撃したため、所員がニューヨークの心理テスト会社のマクマリー・ハムストラ社に行かされたことすらあった。ショックレー半導体研究所が開所して五ヶ月でシェルドン・ロバーツとジャン・ホールニーが出て行けと言われた。

秘書事件

ウィリアム・ショックレーの奇行については有名なエピソードがある。ある日ウィリアム・ショックレーの秘書がドアーに刺さっていた針で親指を切ってしまった。ショックレーは、悪意で誰かが秘書を傷つけようとしたものと思い込み、犯人を捜すために所員全員にサンフランシスコに行って嘘発見器のテストを受けるように命令した。一人だけテストを受けに行ったが、後の全員は嘘発見器のテストを拒否した。この事態にショックレーはしぶしぶ引き下がった。誰かがオフィスのドアーにメモを画鋲で貼ったが、なにかの拍子に画鋲の頭が取れ、針だけが残っていたことが分かった。こうしてショックレーと研究員の仲は険悪になっていった。

一九五七年五月、アーノルド・ベックマンのベックマン・インダストリーズは、業績不振に陥っていた。株価も下がった。この時点において、ベックマン・インダストリーズで出費の一番多かったのは、ショックレー半導体研究所であった。ベックマンは、パロアルトに飛び、ショックレーと話し合いを持った。経費の削減を求めるベックマンに対して、ショックレーは次のように言った。

「もしも君が我々がここでやっていることが気に入らないなら、私は、このグループを連れて誰か他の人の援助を受けることにするよ」

ショックレーはそう言い放つと、決然と部屋を出て行き、ベックマンは、静かに退室し、ロサンゼルスに戻った。所員達は、もしもショックレーがここを出ていくなら、彼一人でだとあきれたという。その後、所員達は集まって昼食を取る機会があったが、反ショックレーのゴードン・ムーアを中心とするグループと、親ショックレーのスムート・ホースレイ、ディーン・ナピックを中心とするグループに分かれ始めた。ロバート・ノイスは、どちらでもなかった。

ムーアを中心とするグループは、集まって相談した。ショックレー半導体研究所で何が起きているかをベックマンと話し合うべきだと結論が出た。代表者にはムーアが選ばれた。ムーアは、ベックマンに電話をかけ実情を話した。

ベックマンは、サンフランシスコに引き返し、ショックレーには告げずにムーアのグループと話し合いを持った。一九五七年五月二九日のことである。グループの要求は簡明だった。ショックレーを首にして欲しいというものだった。そうでなければ全員出て行くとの覚悟が伝えられた。

この間、ノイスの立場は微妙なものだった。ムーアを中心とするグループは、全員、反ショックレーであったが、ノイスは、どちらにもつかないところにいた。

中途半端な改善策

ウィリアム・ショックレーとロバート・ノイスは、改善策を求めた。所員の希望はショックレーを研究開発の現場から外すことであった。そこで妥協案が求められた。

ノイスは、自分が研究開発の責任者になり、研究所のマネージメントもすることを提案した。しかし、この提案はショックレーが気に入らなかった。ノイスは、きっぱりした所に欠け、押しが足りないというのである。

そこで暫定管理委員会を作ろうということになった。ノイス、スムート・ホースレイに加えて二人が選ばれた。しかし、この暫定委員会は一ヶ月と持たずに崩壊してしまった。アーノルド・ベックマンに迷いが出たのである。やはりショックレー半導体研究所の責任者は、ノーベル賞を受賞したショックレーだということになった。

そこでベックマンは、当面の解決策として、つぎのような提案をした。

◇誰も首にしない。

◇プロの管理者として、ベックマン・インスツルメンツからモーリス・ハニファンを派遣する。

◇非技術的な問題は、モーリス・ハニファンに任せる。

◇最終的な判断は、アーノルド・ベックマンがする

しかし、これはうまく行かなかった。

ゴードン・ムーアを中心とする7人、具体的にはムーア、ジュリウス・ブランク、ユージーン・ク

ライナー、ジェイ・ラスト、シェルドン・ロバーツ、ジャン・ホールニー、ビクター・グリニッチのグループは、あくまで反ショックレーであった。

ヘイドン・ストーン・アンド・カンパニー

七人のグループの結束が固くとも、これからどうするかは大問題であった。彼らをまとめてグループとして雇い、会社の中に半導体部門を立ち上げてくれるような会社はあるだろうか。

すると、一九五七年六月、ユージーン・クライナーが、父親が取引口座を持っているニューヨークの投資銀行のヘイドン・ストーン・アンド・カンパニー社に手紙を書いたらどうかと提案した。

クライナーは、一九二三年オーストリアのウィーンの裕福なユダヤ人の家庭に生まれた。父親は、いくつも靴の工場を持っていた。ナチス・ドイツが一九三八年にオーストリアに進駐してくると、ベルギーを経由して米国に亡命した。第二次世界大戦後、陸軍を除隊した後、GIビルを資金としてブルックリンのポリテクニック・インスティチュートの機械工学科を卒業し、ニューヨーク大学大学院のインダストリアル・エンジニアリング・コースを修了した。その後アメリカン・シュー・フォンドリー・カンパニーという靴会社に機械関係の技師として勤めた。その後、アメリカ電話電信会社AT&Tの製造部門であるウエスタン・エレクトリックに勤めた。仕事は電話の交換機のリレーの製造装置の開発であった。ディーン・ナピックとジュリウス・ブランクと共にショックレー半導体研究所に上級研究者の支援技術者としてウィリアム・ショックレーにリクルートされた。

ヘイドン・ストーン・アンド・カンパニー社は、一九七〇年にヘイドン・ストーン・インク、一九七三年にシアソン・ヘイドン・ストーン、一九八一年にシアソン・ローブ・ロードス、シアソン・アメリカン・エクスプレス、一九八四年にシアソン・リーマン・ブラザーズ、一九八八年にシアソン・リーマン・ハットン、一九九四年にリーマン・ブラザーズと発展して行く。

もちろんリーマン・ブラザーズとは、二〇〇八年九月一五日に史上最大の破産といわれるリーマン・ショックを引き起こして、世界中に大打撃を与えた有名な投資銀行である。しかし当時はヘイドン・ストーン・アンド・カンパニーは、あまり有名な会社ではなかった。

クライナーは、全員の同意が得られたので、ヘイドン・ストーン・アンド・カンパニーに手紙を書いた。『メーカーズ・オブ・ザ・マイクロチップ』という本に写真が収録されている。

日付と書名がないのが惜しい。本来は三ページ分の本文だけでなく、七ページ程度あったと思われる付録も採録してくれれば、もっと資料的価値が高かったと思う。これも残念だ。

これは一九七〇年代にジェイ・ラストがクライナーからもらったカーボン・コピーである。クライナーが持っていた原本はガレージの火事で消滅してしまった。そこには、こんな風に書いてある。

この予備目論見書《もくろみ》は、トランジスターと他の半導体デバイスの開発に一緒に従事している七人の上級科学者と技術者のグループを紹介するものです。付録1に彼等の経歴のスケッチがあります。現在のマネージメントに関して乗り越えられない問題があるために、このグループは

先進的な半導体ビジネスへの参入に関心のある企業を見つけたいと希望しております。もし適切な後援が頂ければ、このグループは、総計約30人の他の上級幹部や優秀な支援スタッフと行動を共にできると期待しております。適切な管理と財政的支援を提供されることにより、後援者におかれましては、良く訓練された技術グループを一度に獲得できる機会を得られることになります。

これを読むと、普通の手紙ではなくて目論見書を意識したものであることが分かる。「我々は」と書かずに、「このグループは」と第三者的に書いてある。また私の翻訳も下手だが、一般的な目論見書の文章に比べて洗練されているとはいえない文章である。さらに続く。

上級スタッフの多数を代表する7人の人々は、現在ベックマン・インスツルメンツのショックレー半導体研究所で働いております。ショックレー半導体研究所はウィリアム・ショックレー博士によって率いられております。ウィリアム・ショックレー博士は、ベル電話研究所勤務当時のトランジスターの発明への貢献に対して最近ノーベル物理学賞を受賞されました。ショックレー半導体研究所はトランジスターの開発研究を1年半続けてきております。この間、シリコン拡散デバイスの分野で多大の進歩がありました。これは１００万ドルを超える費用で達成されました。

この時点では、グループは7人で、ロバート・ノイスは仲間に数えられていないことが確認できる。

> 我々の不満は、主にショックレーの混乱し、やる気を喪失させるマネージメントに起因しています。我々が持っているような並外れて有能な技術的な人々のグループを惹きつけるには偉大な科学的才能は本当に有用ですが、彼等を使うにはすぐれた管理能力も必要です。この観点からリーダーシップにおける不適切性がアーノルド・ベックマン博士の注意をひくための最後の手段として持ち込まれました。アーノルド・ベックマン博士によって、いくらか調整もなされました。しかしながら、それらは我々が生産的で利益を生む組織として急速に成功して行く水準に、ショックレー半導体研究所内のモラルを引き上げて行くには不十分でした。一人一人去って行くよりは、我々は一緒にいたいというグループの気持が高まりました。我々はグループでいたほうが雇用者にとってずっと価値があると信じています。

ここに到ると、文章が混乱を起こし、「我々」という二人称と「彼等」という三人称が入り乱れている。主観性と客観性の使い分けが混乱している。また言葉の用い方も適切でなく、どうにも訳しきれない部分がある。つまり、十分に推敲された文章でもないし、それほど優秀な人の手になる文章でもないということだ。採用されなかったのは当然だろう。手紙はまだまだ続くが、この程度で十分と思う。

何の記録も残っていないようだが、本当はクライナーの父親が陰で運動して支えてくれたのだろうと思う。この程度の手紙では会社という組織は、ふつう動かせない。

『メーカーズ・オブ・ザ・マイクロチップ』は、他にも貴重な資料が盛り込まれた素晴らしい本だから、興味のある読者は是非お求めになって、直接原文をお読みになられるとよい。

ヘイドン・ストーン・アンド・カンパニーに送られた、この手紙は、アルフレッド・J・コイルとアーサー・ロックに渡され、二人がこの件を担当することになった。

アーサー・ロック

アーサー・ロックは、一九二六年、ニューヨーク州ロチェスターに生まれ、そこで育った。ニューヨーク州といっても、オンタリオ湖の沿岸である。父親はロシアからの移民でロチェスターでキャンディ・ストアを経営していた。少年時代、ロックは、家業の手伝いをした。

第二次世界大戦が起きると、一九四四年徴兵されたが、新兵の訓練が終わると終戦になった。実戦には参加せず、死なずにすんだ。ロックはGIビルを資金に使って、シラキュース大学に入学し、一九四八年ビジネス・アドミニストレーション学科を卒業した。一年間ニューヨークのビック・ケミカル・カンパニーで経理関係の仕事をした後、ハーバード・ビジネス・スクールに入学し、一九五一年経営学修士号MBAを取得した。専門は証券分析であった。MBA取得後、ロックは、ウェルトハイム・アンド・カンパニーを経て、ヘイドン・ストーン・アンド・カンパニーに入社した。

一九五七年にロックが、七人のグループの件を担当することになったのは、ロックが一九五五年にジェネラル・トランジスター・カンパニーへの投資の件を担当しており、半導体企業がどんなものか、ある程度の知識があったからである。

七人のグループの手紙を受け取ってから数週間後、六月の下旬に、ロックと上司のアルフレッド・J・コイルは、サン・フランシスコにやってきて七人のグループと会った。二人はグループが他の会社に雇われるよりも、誰かに出資してもらって自分達の会社を作ることを薦めた。また75万ドルでは不足で、100万ドルが必要だろうと説いた。

ここで七人のグループには、リーダーとしてロバート・ノイスがどうしても必要であった。ノイスは、経営者に近い役職をもらっているので信頼できないと主張する人間もいたが、やはりノイスなしにはグループは立ち行かないと考えられた。ノイスもかなり迷ったようだが、最後は説得されてグループに加わることになる。

コイルは、セレモニー好きのアイルランド人であったから、真新しい1ドル札を全員に配って、全員にサインさせた。各々の1ドル札には十人のサインが記された。この1ドル札は有名である。連判状のようなものだろう。

彼等はウォール・ストリート・ジャーナルの株式欄を見て、出資してくれそうな会社を35社選び出しすべてに当たってみた。一体どんな会社であったのかといくつか分かるものを上げてみると、リットン・インダストリーズ、ノース・アメリカン・アビエーション、イーテル・マクルーなどである。

しかし、結果はすべて駄目だった。当然だろう。いかにウィリアム・ショックレーに選ばれた俊秀のグループとはいえ、ほとんどが30歳前の若造の集団である。会社の経営経験もない。

ところが格好の人物が見つかった。シャーマン・フェアチャイルドである。

シャーマン・フェアチャイルド

シャーマン・フェアチャイルドは、一八九六年、ニューヨーク州オニオンタに生まれた。ニューヨーク市とシラキュースの間くらいにある。父親のジョージ・ウィンスロップ・フェアチャイルドは、共和党員で、あまり知られていないことだが、ＩＢＭの創立者で会長であった。一九二四年に父親が死んだので、一人っ子のシャーマン・フェアチャイルドは、父親の膨大な土地資産とＩＢＭの株式をすべて相続した。一九七一年に死亡するまでシャーマン・フェアチャイルドは、ＩＢＭの最大の個人株主であった。

一九一五年、ハーバード大学に入学した時、彼は新型のカメラ・シャッターとフラッシュを発明した。肺結核に悩まされていたフェアチャイルドは、医師の勧めで乾燥した気候のアリゾナに転地し、アリゾナ州立大学に転学した。昔は随分、肺結核が猛威をふるったようだ。この物語に登場する人の中でも、かなりの人が肺結核に苦しめられている。

アリゾナでフェアチャイルドは、ますます写真に打ち込むようになる。その後、肺結核の悪化に伴い、ニューヨーク州のコロンビア大学に転学した。こうした事情で、フェアチャイルドは、どの大学も卒業はできなかった。

一九一七年、第一次世界大戦が勃発すると、フェアチャイルドは、従軍を志願したが、肺結核後の病弱を理由に断られた。そこでフェアチャイルドは、何か別の面で国家のために役立ちたいと考えた。フェアチャイルドは、父親とワシントンに行き、国防総省から航空写真用カメラの契約を取った。予算は７０００ドルであった。航空写真用カメラ完成のためには４００００ドルかかり、差額は父親が負担した。

戦時中にはフェアチャイルドの航空写真用カメラは米国陸軍に採用されなかったが、戦後、米国陸軍に訓練用に二台だけ買い上げてもらった。

一九二〇年、フェアチャイルドは、フェアチャイルド・エアリアル・カメラ社を設立した。その後、米国陸軍はフェアチャイルドのカメラを20台買い上げた。そしてフェアチャイルドのカメラを航空写真用カメラの基準に定めた。後は伸びて行く一方で、第二次世界大戦中、連合軍が使用した航空写真用カメラの90％はフェアチャイルドの製品であった。

一九二一年、フェアチャイルドは、フェアチャイルド・エアリアル・サーベイ社を作り、航空写真撮影用に第一次世界大戦終了で余剰となったフォッカーD.VII複葉機を購入し、航空写真による地図事業にも乗り出す。飛行機好きのフェアチャイルドは、航空機搭載用カメラを搭載する飛行機まで設計してしまった。

一九二四年フェアチャイルドは、フェアチャイルド航空会社を作った。航空機製造会社である。この会社は、ある時点からフェアチャイルド航空機製造会社と呼ばれるようになる。フェアチャイルドが設立した航空機製造会社は二〇〇二年まで存続した。現在はロッキード・マーティンの傘下に入っている。フェアチャイルドの最近の航空機で有名なのは湾岸戦争で活躍したA－10サンダーボルトという、「イボイノシシ」という仇名《あだな》のずんぐりむっくりした地上攻撃機である。

一九四四年フェアチャイルドは、フェアチャイルド航空機製造会社の名称をフェアチャイルド・カメラ・アンド・インスツルメンツに変更した。

フェアチャイルドは、ＩＢＭの最大の株主であり、また音楽を愛し、美食を愛し、豪邸を有し、贅沢を愛する独身の大金持ちのプレイボーイであった。体重は２５０ポンド（１１３キログラム）もあった。ハワード・ヒューズのような男だったといわれる。

一九五七年、コーニング・グラス社の副社長であった37歳のジョン・カーターが抜擢された。経理畑の人であった。

フェアチャイルド・カメラ・アンド・インスツルメンツは、フェアチャイルドが次々に作った部門群で膨大に膨れ上がり、統制がとれなくなっていた。また利益の80％が国防関係に依存しているなど企業としては不健全であった。国防予算が引き締められると、たちまち危機に陥ってしまうのである。実際、そうなった。

カーターは、予算を22％削減し、不良採算部門のいくつかを売却した。一方で将来性の見込める分野への進出を図った。半導体分野への進出は論理的必然であった。フェアチャイルド・カメラ・アンド・インスツルメンツは、アルフレッド・Ｊ・コイルが接近してくる六ヶ月前から半導体分野への進出を検討していたのである。したがってフェアチャイルド・カメラ・アンド・インスツルメンツと八人のグループとの話し合いは順調に進んだ。カーターによってリチャード・ホジソンがフェアチャイルド側の交渉者となった。

リチャード・ホジソン

リチャード・ホジソンは、カナダの太平洋岸のブリティッシュ・コロンビアの北部地方の鉱山キャンプに生まれた。一家はコロラド州から来ていたらしい。それから一家は再びコロラド州デンバーに戻ったので、ホジソンは、小学校や中学校はデンバーの学校に通った。さらに一家はパロアルトに移ったので、ホジソンは、パロアルト高校を経て、スタンフォード大学を卒業した。一九三七年頃はまだ経済の状況は良くなく、就職もなかったので、奨学金をもらってハーバード・ビジネス・スクールに入学した。卒業すると西海岸に戻ってきて、サンフランシスコのスタンダード石油に入社した。

数年勤めた後、スタンフォード大学のフレッド・ターマン教授にリクルートされ、MITの放射研究所に勤めた。戦後、原子力委員会に採用され、ロングアイランドのブルックヘブン研究所でジェネラル・マネージャ兼エンジニアリング・マネージャとして働いた。科学者は自分に向いていないと考え、カラーTVのブラウン管を開発する会社を作った。一九五五年にホジソンの経歴に目をつけたシャーマン・フェアチャイルドに雇われたのである。八人のグループと接触した頃の肩書きはフェアチャイルド・カメラ・アンド・インスツルメントの執行副社長であった。

裏切り者の八人

一九五七年六月、アーノルド・ベックマンは、サンフランシスコのジャック・タール・ホテルにウィリアム・ショックレー夫妻を招いた。この席でベックマンは、ショックレーに率直に告げた。

「君が出て行くか、連中が出て行くか、二つに一つだ」

ショックレーは、そこまで事態が悪化しているとは思っていなかったようである。翌日、ショックレーは、所員を呼び出して対決に及んだ。ゴードン・ムーアが彼等の意思の固いことを告げた。ショックレーは、衝撃を受けて建物の外へ出ていってしまったという。

ショックレーは、八人のグループが出て行ってもショックレー半導体研究所には何の影響もないと外国の記者に語った。その後すぐにミュンヘンに飛び、ドイツの科学者をスカウトしてきた。ショックレーは、上意下達が通用するドイツ人や日本人などのほうが使いやすかったようである。

一九五七年八月二三日、ヘイドン・ストーンと八人のグループの間で大筋の合意ができた。

ベックマンは、八人のグループが出て行ってしまう前に彼等を呼んで釘を刺した。ショックレー半導体研究所で知り得た機密情報やノウハウを勝手に使わないこと、できれば半導体に関連しない分野で仕事をすることなどである。ベックマンは、１００万ドルをドブに捨てさせられたようなものだと愚痴をこぼした。

一九五七年九月一八日、八人のグループは、ショックレー半導体研究所を去って行った。八人は、しばらく自ら裏切り者の八人（The Traitorous Eight）を名乗っていた。裏切り者の八人という言葉はショックレーが使い始めたというのが一般的だが、明確な証拠はない。実際にショックレー半導体研究所を去ったのは35人であり、全員がいなくなったわけではない。しばらくは残留した人もいたのである。後にＭＯＳ技術で有名になるＣ・Ｔ・サー（薩支唐）は残留した。サーは、一九三二年、中国の北京生まれで、一九四九年米国に来た。一九五三年から一九五六年スタンフォード大学で進行波管の研究などで博士号を取り、一九五六年にショックレー半導体研究所に入所した。一九五九年にフェアチャイルド・セミコンダクターに移った。

またサム・フォック、ハリー・セロや他の多くの人もショックレー半導体研究所に残留した。しかし、結局はフェアチャイルド・セミコンダクターに移った。

その後のショックレー

一九五七年九月、アーノルド・ベックマンはウィリアム・ショックレーとの契約の更新を遅らせた。一二月になっても事態は進まなかった。一九五九年三月、ベックマンは、ショックレーとの契約条件の改訂を考え始めた。一九六〇年四月、ベックマンは、ショックレー半導体研究所をクリーブランドのクレバイト社に売却した。さらに一九六八年には、ＩＴＴに売却され、間もなく清算された。

一九六一年七月、ショックレーと妻のエミー、息子のリチャードは、ロスアルトスで夏を過ごしていたが、夕食をとるために、海岸沿いのカブリロ・ハイウェイを走っていた。ハイウェイには霧がかかっていた。すると突然、酒に酔った男が運転するステーション・ワゴンが中央線を越えて、ショックレーの車に正面衝突した。リチャードは道路に放り出され、両親達はフロントガラスを突き破って血だらけになっていた。ショックレーは骨盤を折る瀕死の重傷であった。ショックレーは一ヶ月入院し、妻のエミーは六ヶ月入院していた。彼等の怪我は生涯完治しなかった。この時、頭を強く打ったことが後半生の奇矯な言動の原因だとする人もいる。

一九六三年から一九七五年までショックレーは、スタンフォード大学のアレクサンダー・ポニアトフ教授となった。学外のアンペックスからの寄附金によって俸給をもらう教授である。フレッド・ターマンの力が働いていただろうことは間違いない。ショックレーの担当は電気工学と応用科学であった。固体物理学での経験を買われてのことだろう。半導体事業には失敗したとはいえ、ノーベル物理学賞までもらった人だから、スタンフォードの大学院生に良い刺激を与えてくれるだろうと期待されたのである。ところがそうならなかった。むしろスタンフォード大学のお荷物となった。

ショックレーの活躍は一九五八年くらいまでで、後半生の30年は悲惨の一語に尽きる。奇行と奇妙な発言が目立った。ナチスに近いと誤解されがちな人種、知能、優生学に関する発言が相次ぎ、黒人は白人に比べて明らかに知能が劣ると明言した。またノーベル賞受賞者の精液を保管する精液銀行に登録し、メンサに所属している知能指数の優れた女性にだけ提供するなどと言明した。こうした言動は一九七〇年代の学生運動の激しい抗議の対象になった。

これらについては意外な事実もいくつかあるが、それを記すのは本書の目的から逸脱するので省略する。

ショックレーは、一九七五年に65歳で定年を迎え、名誉教授となった。一九八九年に前立腺癌で亡くなるまでスタンフォード大学に研究室を持っていた。

第9章　フェアチャイルド・セミコンダクター

イースト・チャールストン・ロード８４４番地

一九五七年九月一九日、ショックレー半導体研究所をスピンオフした創立メンバー八人とフェアチャイルド・カメラ・アンド・インスツルメントの代表者とアルフレッド・J・コイルとアーサー・ロックは会合を開き、フェアチャイルド・セミコンダクター設立に関する契約書にサインした。

新会社の株式の総数は１３２５株で、投資会社のヘイドン・ストーンが２２５株、創立メンバー八人が一人１００株ずつ、全員で８００株保有することになった。残りの３００株は将来雇うマネージャのために取って置くことになった。1株5ドルであった。ロバート・ノイスは、蓄えがなく、両親にもなかったので、祖母に出してもらった。

新会社の株式はフェアチャイルド・カメラ・アンド・インスツルメントの子会社のフェアチャイルド・コントロールに議決権信託という形で預け置かれた。そこでフェアチャイルド・コントロールは、フェアチャイルド・セミコンダクターに１３８万ドルを18ヶ月間融資することになった。

またフェアチャイルド・コントロールは、フェアチャイルド・セミコンダクターが三年間連続で毎年30万ドル以上を稼げるようになるまでは、いつでもフェアチャイルド・セミコンダクターの全株式を300万ドルで購入できるオプションを受け取った。もしフェアチャイルド・コントロールが三年以上七年以内に買収する場合には、フェアチャイルド・セミコンダクターに500万ドル支払うことになった。ずいぶん複雑な仕組みをとるものである。

フェアチャイルド・セミコンダクターの会長には、フェアチャイルド・カメラ・アンド・インスツルメントの執行副社長のリチャード・ホジソンが、社長には、フェアチャイルド・コントロールの副社長のH・E・ヘールが決まっていた。それ以外にフェアチャイルド・カメラ・アンド・インスツルメントは、フェアチャイルド・セミコンダクターの取締役会に三人の役員を送り込んでいた。ヘイドン・ストーンと八人のグループからは、コイル、ノイスも取締役会に名を連ねた。

ホジソンは、ノイスにフェアチャイルド・セミコンダクターのジェネラル・マネージャ就任を要請した。ノイスは、逡巡した。自分にそれだけの力量があるだろうかと心配した。ノイスは、自分は研究開発の責任者になるだけで良いとした。私は結果的にこの選択は間違いだったと思う。

ホジソンは、ノイスの選択を受け入れたが、実質的なジェネラル・マネージャとして扱った。ホジソンは、一九五七年一〇月二日、フェアチャイルド・セミコンダクターの支度金として、ロスアルトスのランディ・レーン11645番地（11645 Lundy Lane, Los Alto）のノイスの自宅に3000ドルの小切手を送り、またフェアチャイルド・カメラ・アンド・インスツルメントの余剰設備を使用することを許した。

再びノイスの立場は複雑なものになった。マスコミは「ロバート・ノイスと七人の研究者」として扱った。しかし7人のグループにとっては、ノイスは、日和見で最後に参加したわけであるし、その人間の影に立たされるのは、たまったものではなかった。ゴードン・ムーアを中心とするグループの中でも、特にジェイ・ラスト、シェルドン・ロバーツ、ジャン・ホールニーに特にそういう不満が大きかった。

フェアチャイルド・セミコンダクター創立のタイミングは良かった。一九五七年一〇月四日、ロシアの人工衛星スプートニクが打ち上げられたのである。米国とソ連の宇宙開発競争が始まり、半導体の膨大な需要に火がついたのである。

一九五七年一〇月、フェアチャイルド・セミコンダクターは、パロアルト市イースト・チャールストン・ロード８４４番地（844 East Charleston Road, Palo Alto）の建物を二年契約で４万２０００ドルで賃借した。フェアチャイルド・セミコンダクターの敷地面積は、２２２５平方メートル、６７３坪で、建物の建築面積は、１４４００平方フィート、１３５６平方メートル、４１０坪である。壮大な日本の半導体工場を見慣れた私は小さいなと思ったが、八人には非常に大きい建物に見えたそうだ。一一月には本格的な引越しが始まった。

イースト・チャールストン・ロード844番地の
フェアチャイルド・セミコンダクター跡

ショックレー半導体研究所はマウンテンビュー市にあり、フェアチャイルド・セミコンダクターはパロアルト市にあるから、相当離れているような印象を受けるが、二つの建物は両市の境に近く、実際の距離は1キロ半程度しか離れていない。自動車なら数分である。

当時、多くの半導体メーカーは、トランジスターの材料にゲルマニウムを選び、合金法を採用し、一個ずつトランジスターを製造する方法を採っていた。これに対し、フェアチャイルド・セミコンダクターはトランジスターの材料にシリコンを選び、拡散法を採用し、大量生産とはいわないまでも多くを一度に製造する道を模索しようとしていた。二重拡散型メサ・トランジスターを製造しようとしていたのである。

フェアチャイルド・セミコンダクターの最初の組織図

トーマス・ヘンリー・ベイ（以下トム・ベイと略す）は、一九二五年、シカゴに生まれた。第二次世界大戦ではベイは、米海軍の操縦士の訓練プログラムに参加した。生涯、飛行機を愛した。戦後MITの電気工学科に入学し、一九四七年に卒業した。バーモント大学で教鞭を取った後、シカゴのアンダーライターズ・ラボラトリーズで働いた。

一九五一年にベイは、フェアチャイルド・カメラ・アンド・インスツルメントのセールスマンになった。その後ポテンション・メーター部門に移った。アナログの時代でなく、これからはデジタルの時代だと思ったベイは、インダストリアル・ニュークレオニクス社に転職した。

一九五八年二月、リチャード・ホジソンは、フェアチャイルド・セミコンダクターのセールス・マネージャとジェネラル・マネージャを探していて、ベイに声をかけた。ベイは、ジェネラル・マネージャを希望せず、結局フェアチャイルド・セミコンダクターのセールス・マネージャ兼マーケッティング・マネージャになった。ベイは長身で、ルックスも良く、服装にも大いに気を使っていた。

フェアチャイルド・セミコンダクターのジェネラル・マネージャがどのように決まったかについては、ホジソンが選んだという説と、創立メンバー八人が公募したという二つの説がある。チャールズ・スポークの『スピン・オフ』という本の44ページには、その広告の写真が載っている。副社長兼ジェネラル・マネージャを求むと書いてある。ただ広告を良く読むと、応募先はホジソンとなっているから、どちらにせよ、ホジソンを経由して決まったのだろう。

ジェネラル・マネージャには、エワート・ボールドウィン（以下エド・ボールドウィン）が就任した。ボールドウィンは、ヒューズ・セミコンダクターの幹部で物理学の博士号を持っていたという。製造のスペシャリストであった。ボールドウィンは、ＩＣＢＭを製造していたラモ・ウーリッジやヒューズ航空機やリットン・インダストリーズのように有望な軍事宇宙航空機産業に製品を採用してもらうには、製品の信頼性が大事だと強調した。潜在的な顧客の様子を見るために一九五八年二月、ロバート・ノイスを中心としたグループが前記の軍事宇宙航空機産業を視察した。顧客が強調したのは高い信頼性が必要だということだった。ボールドウィンは、高い信頼性を確保するには、厳重な検査が重要だと強調した。長時間耐久検査、耐振動検査、耐衝撃検査などいろいろあった。ボールドウィンは、古巣のヒューズ・セミコンダクターから製造のスペシャリストを十数人引き抜いた。製造は創立メンバー八人の苦手とする所であった。

ボールドウィンは、一九五八年八月には、70人だった製造工員を、一九五九年三月には、２２０人に増やした。また、マウンテンビュー市ノース・ウィスマン・ロード５４５番地（545 N Whisman Road, Mountain View）に新工場の建設を一九五八年五月に提案し、一一月には着手させ、一九五九年八月には完成させるなど辣腕ではあったが、創立メンバー八人とは、どこかすれ違い、親しくなれなかったという。フェアチャイルド・セミコンダクターの研究開発部門と製造部門の有名な対立は、すでにここに萌芽があったのかもしれない。

ボールドウィンは、フェアチャイルド・セミコンダクターに組織図を作ろうと言った。これも創立メンバー八人の発想になかった。客観的に見て、それまでフェアチャイルド・セミコンダクターには組織図はなかった。

この時、考えられた組織図は、ケミカル・ヘリテージ財団とＭＩＴが共同で出版した『メイカーズ・オブ・マイクロチップ』の81ページに収録されている。ジェイ・ラストの研究ノートの50ページのコピーである。一九五八年二月一七日の日付がある。恐ろしく悪筆で、鉛筆書きで、略語だらけで悩まされる。何とか解読した結果を示しておこう。

フェアチャイルド・セミコンダクターの組織は六部門で構成される。

◇研究開発部門　ＲＮＮ

デバイス開発　ＧＥＭ

マテリアル・プロセス　ＣＳＲ

デバイス評価　ＶＨＧ

技術コンサルタント
◇エンジニアリング部門　ＥＫ
　プレプロダクション・エンジニアリング
　エレクトロニクス計測　ＶＨＧ
　アプリケーション・エンジニアリング　ＶＨＧ
◇エンジニアリング・サービス　ＪＢ
◇マニュファクチャリング（製造）　ＥＫ
◇クォリティ・コントロール（品質管理）
◇セールス　ＴＢ

部門名等は分かりやすく、書き直したが、たとえばｍｆｇとあるのがマニュファクチャリングの略であるのには驚いた。各部門とその下の課の所に、鉛筆で薄く三文字か二文字の英文字がある。何のことか、お分かりになるだろうか？　今までの記述の確認に少し考えて頂けると良いと思う。ただし、分からなくとも問題はない。私も相当悩まされた。

さて、お分かりになったであろうか？　それでは、正解を示しておこう。これらは部門や課の担当者の略語なのである。ふつう記さないミドル・ネームのイニシャルまで使っているので分かりにくい。

ＲＮＮは、ロバート・ノートン・ノイス
ＧＥＭは、ゴードン・Ｅ・ムーア
ＣＳＲは、Ｃ・シェルダン・ロバーツ

VHGは、ビクター・ヘンリー・グリニッチ
EKは、ユージーン・クライナー
JBは、ジュリウス・ブランク
TBは、トム・ベイ

ここで、今まで紹介していない二人について述べておこう。

C・シェルドン・ロバーツ（通常シェルドン・ロバーツと略）は、一九二六年生まれで、一九四八年、レンセラー・ポリテクニーク大学の冶金学科で学士号を取得し、MITの大学院に進学した。一九四九年に修士号を取得し、一九五二年博士号を取得した。海軍研究所に勤めた後、ダウ・ケミカル社に勤め、ショックレー半導体研究所に入所した。ロバーツの仕事は、シリコンの単結晶の引き上げ法による製造と結晶面の方向を決めることであった、

ビクター・ヘンリー・グリニッチ（以下ビクター・グリニッチ）は、一九二四年、クロアチア移民の息子としてワシントン州アバディーンに生まれた。第二次世界大戦中は海軍にいた。海軍の士官養成プログラムでワシントン州立大学電気工学科に通うことができ、一九四五年学士号を取得し、一九五〇年に修士号を取得した。一九五三年にスタンフォード大学で博士号を取得した。フェアチャイルド・セミコンダクターの創立者の中で、ただ一人、正式な電気工学の教育を受けていた。

グリニッチは、博士号取得後、しばらくスタンフォード研究所SRIに勤めた。SRIでは、RCAの依頼で、テレビジョン受像機にトランジスターを使う回路を設計していた。

ある日、米国無線技術者協会IREのプロシーディングを読んでいたグリニッチは、奇妙な広告に

気がついた。簡単な換字式暗号で書かれており、解読すると、ショックレー半導体研究所の求人広告であった。いかにもウィリアム・ショックレーらしい悪戯《いたずら》心を感じさせる。解読結果に基づいて、ショックレーに電話し、面接の予約を取った。鋭い質問の詰まった面接を受けた後、グリニッチは、ショックレー半導体研究所に入所した。

組織図には担当者の書いてない部門がある。部門数に比べて人数が足らないのである。またジャン・ホールニーのように名前の出て来ない人がいる。元々は理論屋として雇われたので、最初の段階では、実験には割り当てられていなかったようである。

どちらにしても要するにフェアチャイルド・セミコンダクターには組織はなかった。各人がめいめい自律的に仕事をしていた。

創立当初のフェアチャイルド・セミコンダクター内での研究の実際の割り当ては、およそ次のようになっていた。

◇ロバート・ノイス、ジェイ・ラスト	ステップ・アンド・リピート・カメラの研究開発
◇ゴードン・ムーア、デイビッド・アリソン	拡散法と金属電極の研究開発
◇ジャン・ホールニー	拡散法
◇シェルドン・ロバーツ	シリコンの単結晶の製造
◇ビクター・グリニッチ	トランジスターのテスト機器と製造機器の製作
◇ユージーン・クライナー	引き上げ型単結晶製造装置の製作
◇ジュリウス・ブランク	単結晶をウェファーに切断する装置の製作

ここでデイビッド・アリソンは、創立メンバー八人には入っていない。アリソンは、米国の宣教師の息子で中国で生まれた。一九三八年米国に戻り、高校を卒業した。海軍に二年いた後、コロンビア大学物理学科に入学した。卒業後ＩＴＴ傘下のフェデラル電信会社に勤め、セレン整流器の研究に従事した。一九五六年、ショックレー半導体研究所に準所員として入所した。この間、スタンフォード大学の優等協調プログラムＨＣＰで電気工学科の修士課程を修了した。アリソンは、ゴードン・ムーアの自宅で開かれたフェアチャイルド・セミコンダクター設立の会合に参加できず、少し遅れて入社した。これが多少陰影を添えることになる。アリソンは、ムーアの下で研究をし、拡散技術の専門家になった。

ＩＢＭからの発注

一九五八年、フェアチャイルド・カメラ・アンド・インスツルメントは、戦略爆撃機Ｂ－58の偵察用カメラの契約をキャンセルされた。すでにアナログのカメラは過去のものだと米空軍が判断したためである。一方、しばらくしてトム・ベイは、ＩＢＭのフェデラル・システムズ部門が新型戦略爆撃機ＸＢ－70用の航法コンピュータの製作に難儀していることを聞きつけた。ＩＢＭは、航法コンピュータ用の信頼できる高性能トランジスターがないことに苦戦していたのである。

ベイは、シャーマン・フェアチャイルドが持っているＩＢＭのコネクションを利用することを思いついた。このコネクションでベイは、ＩＢＭに接近した。

一九五七年一二月二〇日、ニューヨーク州オウェンゴでのＩＢＭとの打ち合わせに、ロバート・ノイスは、ベイと一緒に出席した。ＩＢＭが必要としていたのは低消費電力のトランジスター、コア・ドライバーと呼ばれるトランジスター、サーボ・ドライバーと呼ばれる高出力電力のトランジスターの三種類で、そのどれも非常に高い信頼性を要求された。

ノイスは、かなり厳しいＩＢＭの要求に対してきっぱり言ってのけた。

「もちろん、できます」

設立されて数ヶ月で全く無名のフェアチャイルド・セミコンダクターのノイスの答に、ＩＢＭの関係者は、あっけにとられた。しかし、他に代わる会社もなかった。そこでフェアチャイルド、リチャード・ホジソン、トーマス・ワトソン・ジュニアが非公式に相談した。フェアチャイルドは、ＩＢＭの大株主であった。ともかく衆議一決して、フェアチャイルド・セミコンダクターにやらせてみることになった。

フェアチャイルド・セミコンダクターは、早速、ＩＢＭの要求する高性能トランジスターの開発製造に乗り出した。最初に製造すると決めたのはコア・ドライバーと呼ばれるトランジスターであった。この要求仕様はフェアチャイルド・セミコンダクターの拡散型シリコン・トランジスターに関する技術力が届く範囲にあった。

ＩＢＭは、まずサンプルとして、納期を六ヶ月に設定し、単価１５０ドルで１００個のシリコン・トランジスターを発注した。当時、普通のトランジスターの価格は５ドルであった。ＩＢＭはＰＮＰトランジスターとＮＰＮトランジスターのいずれかにはこだわらなかった。

問題はＰＮＰトランジスターが良いか、ＮＰＮトランジスターのどちらが良いか分からなかったことである。そこでフェアチャイルド・セミコンダクターは両面作戦を取った。ゴードン・ムーアとデイビッド・アリソンを中心とするグループは、ＮＰＮトランジスターを開発し、ジャン・ホールニーを中心とするグループは、ずっと難しいといわれていたＰＮＰトランジスターを開発することになった。

一九五八年五月二日、ムーアのグループは、ＮＰＮトランジスターの開発を終えた。この過程でノイスは、優れた直観のさえを見せた。ＮＰＮトランジスターの製造においては、Ｐ型シリコンにはアルミニウムの電極を、Ｎ型シリコンには銀の電極を使うのが一般的だった。ところが別々の金属の電極を取り付けるには複雑な工程が必要だった。ムーアは何とかこの工程を簡単にしたいと思ってノイスに相談した。

ノイスは、両方ともアルミニウムの電極にすれば良いと言った。これは常識に反する示唆であったので、ムーアは採用せず、他の方法をいろいろ試してみた。しかし、万策つきてノイスの示唆に従って、両方の電極をアルミニウムにしてみた。Ｎ型シリコンにアルミニウムの電極を取り付けると、余分なＰＮ接合ができるので、これを排除するのにかなり苦労したが、最後はうまくいった。

ノイスは、なぜそうするのが良いか理屈は分かっていなかったが勘が良かったのである。

ムーアのＮＰＮトランジスターを先行させることに決まったことは、誇り高きホールニーを怒らせた。ゴードン・ムーアのＮＰＮトランジスターは、一九五八年八月、２Ｎ６９６という製品として登場した。しばらく遅れてホールニーのＰＮＰトランジスターである２Ｎ６９７が出来上がった。

ステップ・アンド・リピート・カメラ

フォトリソグラフィは、写真技術から発達したものである。感光性の物質を塗布した物質の表面にパターンを使って光を当て、光の当たった部分とそうでない部分からなるパターンを生成する。技術少年ならばプリント基板でやったことがあるだろう。これをさらに半導体の製造に応用することが考えられる。

シリコンなどの半導体の薄板の上にフォトレジストと呼ばれる感光性物質を塗り、露光装置を用いてパターンを焼き付ける。大量生産することを考えればパターンをいくつもコピーしてしまえば楽である。そこで最初に設計パターンに基づき、レチクルを作る。これを縮小し、少しずつ移動しながらいくつも転写してやる。こうしてマスクを作る。

次に特殊なカメラを使う。これをステップ・アンド・リピート・カメラという。ロバート・ノイスとジェイ・ラストがその開発に当たっていた。

ノイスは、ラストと一緒にサンフランシスコの大きなカメラ屋に行き、焦点距離が適切な映写カメラ用レンズをたくさん買い込んだ。これを使ってステップ・アンド・リピート・カメラを自作することになった。期限は一九五八年三月と決まった。ゴードン・ムーアのＮＰＮトランジスターの開発の終了予定の期日である。このステップ・アンド・リピート・カメラを使って、シリコンのウェファー上にレチクルを縮小し、少しずつ移動しながらいくつも転写してやる。こうしてマスクを作って、ＮＰＮトランジスターの量産体制に入ろうとした。

このステップ・アンド・リピート・カメラの開発にはコダックも協力したようだ。

ジャン・ホールニーとプレーナー型トランジスター

一九五〇年代メサ型トランジスターの最終工程は大変であった。当時、女性は忍耐強く手先が器用と信じられていたので、何百人という女性が最終工程を担当した。ヘアネットをかぶり、作業衣を着て、手袋をし、高性能顕微鏡の助けを借りて、電極を取り付け、配線をした。作業が終わると、テストされ、パッケージされ、出荷された。私の子供の頃のトランジスター工場のイメージは正にそれである。

ところが一九五八年頃、非常に困った問題が起きた。フェアチャイルドのメサ型トランジスター２Ｎ６９６に欠陥問題が起きたのである。２Ｎ６９６のあるものは、パッケージの側面を鉛筆で軽く数回叩くだけで故障した。これでは困るということで保護用の金属パッケージを開けて調べてみると、中にごく細かい金属粉が付着していた。この金属粉が飛び跳ねて回路のショート（短絡）を起こすという悪さをしていたのである。どうしたら、余計な影響を与えることなしにメサ型トランジスターを保護できるかが問題になった。保護のために電極にワックスの滴を垂らしたりしたようである。

さらに２Ｎ６９６はオフするのに時間がかかった。高速のオン・オフ動作ができないということである。高速のコンピュータに使うには不適切である。

ここでジャン・ホールニーが画期的なアイデアを出した。

一九五七年一二月にホールニーはメサ型シリコン・トランジスターの表面に酸化膜をかぶせれば、露出されている接合が汚染されたり、ショートされたりするのを防げると主張した。酸化膜のアイデアそのものは一九五五年、ベル電話研究所のカール・フロッシュとリンカーン・デリックによって出されていた。

一般的な考え方では、半導体の表面に自然にできる酸化膜は邪魔者で薬品で洗い流すべきだとしているのだが、ホールニーは酸化膜は邪魔者どころか、メサ型シリコン・トランジスターの保護に使えると考えたのである。

そのアイデアはロバート・ノイスも確認したが、当時はフェアチャイルド・セミコンダクターは生き残ることで精一杯であった。まずIBM向けのトランジスターの製造が最優先であった。

一九五九年一月になると、ベル電話研究所も酸化膜の利用に積極的になったということが分かった。そこでホールニーは、アイデアを完成させ、一九五九年三月、この方法に基づくプレーナー型NPNトランジスターを完成した。

このプレーナー型NPNトランジスターのデモはいかにもホールニーらしいもので、トランジスターのパッケージを金槌で叩いたり、むき出しのトランジスターの表面に唾をかけ、それでもちゃんと動作することを立証して見せた。

ホールニーは、この方法を一九五九年五月、米国特許3025589『半導体デバイスを製造する方法』という表題で特許申請した。一九六二年五月二〇日特許が下りた。この方法で作られたトランジスターをプレーナー型トランジスターという。命名者はリチャード・ホジソンであったと言われている。

プレーナー型トランジスターの特許使用料を最も多く払ったのが日本のＮＥＣである。ノイスは、日本では神のようにあがめられた。

ホールニーは、また金をドーピングするという、常識を破った方法を試みて、シリコンＮＰＮトランジスターの高速化に成功した。金のドーピングなどゴミになるだけだという常識を打ち破った。

それまでシリコン・トランジスターは、ゲルマニウム・トランジスターより高温の環境でも動作できるので冷却装置を必要としないという長所があったが、動作速度では劣っていた。しかし、この工夫により、ゲルマニウムより高速になった。これは一九六二年七月一九日に特許申請され、一九六五年五月一八日に米国特許３１８４３４７『トランジスターの電子と正孔の寿命の選択的制御』となった。

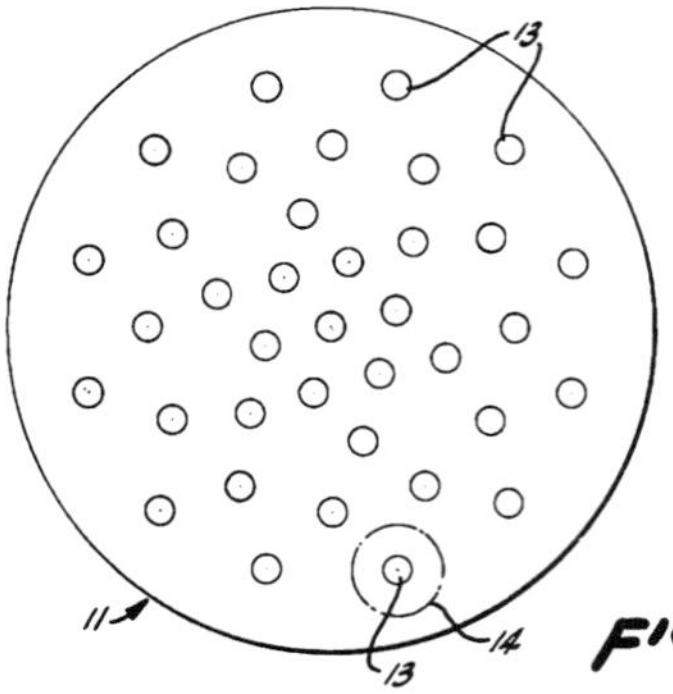

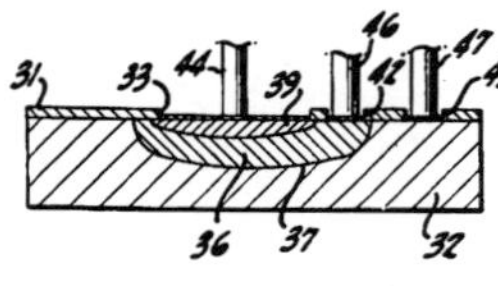

米国特許3025589

エド・ボールドウィンとレーム・セミコンダクターの悲劇

一九五九年三月、ジャン・ホールニーのプレーナー型NPNトランジスターのデモに一週間程先立つ頃、ジェネラル・マネージャのエド・ボールドウィンが、レーム・マニュファクチャリングの下に子会社レーム・セミコンダクターを作って独立するという話がウォール・ストリート・ジャーナルにスクープされた。

ボールドウィンは、怒って東海岸から飛んできたリチャード・ホジソンにあっさり首にされてしまう。ボールドウィンは、三月中にフェアチャイルド・セミコンダクターを辞めるつもりはなかったようだ。ただボールドウィンも黙って首にされるだけでなく、行き掛けの駄賃として八人の部下とフェアチャイルド・セミコンダクターの拡散型メサ・トランジスターの製造マニュアルを持ち出した。フェアチャイルド・セミコンダクターは、レーム・セミコンダクターを機密漏洩で訴えた。この件は、法廷外の示談で解決した。賠償金の支払いで解決したということだろう。

ボールドウィンは、拡散型メサ・トランジスターを、自分の持っているヒューズ以来の製造管理で製造すればと考えたようである。しかし、まことに気の毒なことであるが、わずか一週間程度後のホールニーのプレーナー型トランジスターの完成により、メサ型トランジスターは、過去のものになっていたのである。一九六一年一〇月、方向性の見誤りと内紛によって、レーム・セミコンダクターは、わずか二年で自滅し、レイセオンに買収されてしまう。

ボールドウィンのもう一つの悲劇は、フェアチャイルド・セミコンダクターの株式のオプションをもらい損なったことである。ボールドウィンはジェネラル・マネージャであったから、創立メンバーよりも多くのストック・オプションを要求していて、まとまらなかった。そこで一財産作り損なった。彼は生涯、後悔していたという。

空席になったジェネラル・マネージャの席を誰に割り当てるかが問題になった。ロバート・ノイスは、再び固辞した。

テキサス・インスツルメンツ

ベル電話研究所は、シリコン・トランジスターの研究開発では、ナンバーワンであったが、意外なことに初期のトランジスター業界の市場を支配したのは、テキサス・インスツルメンツであった。

テキサス・インスツルメンツの源流は、一九三〇年J・クラレンス・カーチャーとユージーン・マクダーモットが、ジオフィジカル・サービスを設立したことにある。テキサスに多い石油の探鉱のための人工地震サービスの会社であった。一九三九年にGSI（ジオフィジカル・サービス・インク）に再編された。

一九四一年、マクダーモット、J・エリック・ジョンソン、セシル・H・グリーン、H・B・ピーコックは、GSI社を買収した。第二次世界大戦中、GSI社は、米陸軍、米陸軍信号部隊、米海軍向けの電子機器の仕事をするようになった。地震探知で培った技術を潜水艦探知に使うようになった。

一九四五年パトリック・ハガティが、実験製造部門のジェネラル・マネージャに雇われた。この部門の国防関係の仕事のほうが、地震関係の仕事より多くなってしまったのである。そこで一九五一年会社は再編され、テキサス・インスツルメンツになった。テキサス・インスツルメンツは、ソビエトの核実験探知で名をなした。テキサス・インスツルメンツは、主に国防関係の兵器生産で成功した。

一九五二年にテキサス・インスツルメンツのマネージャは、ベル電話研究所からゴードン・ティールを引き抜き、中央研究所を作ろうと考えた。当時テキサス・インスツルメンツは従業員１７７０人のまだ比較的小さな会社だった。ウィリアム・アドコックやモートン・ジョーンズの助けを借りて、ティールは、ベル電話研究所で行なった研究の経験を活かして、一九五四年、成長型接合シリコン・トランジスターを開発した。これは軍の要求に合致した。シリコン・トランジスターはゲルマニウム・トランジスターよりも高温でも動作したからである。空調を必要としなかった。

しかし、成長型接合シリコン・トランジスターは、動作速度が遅く、高周波領域では使えない欠点があった。そこでテキサス・インスツルメンツは、高周波でも動作するシリコン・トランジスターを開発することになった。一九五六年アドコックのグループは、成長型接合と拡散法をミックスして、薄いベース領域を作り出し、高周波でも動作するシリコン・トランジスターを作り出した。

しかし、それでもコレクタの飽和抵抗が大きく、高電力を扱えないという問題があったが、テキサス・インスツルメンツは、軍用トランジスターの市場を抑え、一九五〇年代後半には米国のトランジスター市場の首位を確保していた。

ジェイ・ラスロップ

ここでテキサス・インスツルメンツで活躍したジェームズ・ラスロップ（愛称ジェイ・ラスロップ）について取り上げたい。

ラスロップは、一九二七年メイン州のバンゴーで生まれ、バンゴーから数マイル離れた同じメイン州のオロノで育った。MIT（マサチュセッツ工科大学）に進学したかったが、解析幾何学を学んでいなかったのでメイン大学で2学期だけ解析幾何学を学び、MITの学部、大学院修士課程、博士課程へと進んだ。専門はすべて物理であった。

ラスロップの父親は、昆虫研究家であったので、息子が生物学、とりわけ生物物理学に進んでくれることを期待していた。MITに進学して最初の学期、ラスロップは、すべての科目にA（優）を取ったが、生物学だけはF（不可）であった。帰郷したラスロップは、父親に言った。

「お父さん、僕は一つFを取ったけれど、心配しないで大丈夫。他は全部Hだったよ」

Fより下のHと言われて、父親は、さぞ仰天したかと思われるが、この当時のMITの採点表記は、現在のAをH（オナー：優等）とつけていた。笑い話である。こうして生物学に向いていなかったラスロップは、物理学を専攻することになった。

一九五二年、ラスロップは、マイクロ波によるガス放電で博士号を取得した。

その後、ラスロップは、ワシントンDCにあったNBS（米国標準局）に勤めた。そうした理由は一つには徴兵を免れる方策を採ったことにある。第二次世界大戦中はラスロップは、年齢的に徴兵されずに済んだ。しかし、第二次世界大戦後の依然として徴兵制度は存続していたため、ラスロップは、ＭＩＴ時代、ＲＯＴＣ（予備役将校訓練課程）を受け、徴兵を逃れた。その負い目もあって、国家のためにいささかでも、お役に立ちたいという気持があった。

米国標準局と近接信管

米国標準局は、もともとは物理量の標準を管理する役所であったが、戦前、戦中、戦後と、しばらくの期間は軍需兵器の開発をしていた。最も有名なのが近接信管である。これは砲弾の信管で、目標に命中しなくとも近くに行くと作動して砲弾を破裂させるものである。

ドイツのＶ－１号という亜音速のジェット推進ロケット弾を英軍が撃墜できたのは、レーダーと連動した近接信管採用の濃密な対空砲火の効果が大きかったといわれる。もっともＶ－１号の速度も遅く制御系もなっていなかったとする説もある。

近接信管の原語は Proximity Fuse である。動作原理を隠すためＶＴ信管（Variable Time Fuse）と呼ばれた。時間可変信管という意味である。この名称だと単にタイマーがセットされただけのようにしか思えないのがミソだ。またＶＴ信管を真空管信管（Vacume Tube Fuise）と解するのは、間違いなのだが、実際には本質を突いている。ＶＴ信管という名称が名称秘匿にはならなかったということだろう。砲弾の中に真空管回路を埋め込むという発想はきわめて奇抜である。

一九四〇年ＮＢＳ（米国標準局）の中にＯＤＤ（軍需開発部）が作られ、ハリー・ダイアモンドを中心とするチームが近接信管の研究に当たった。戦後も研究は続行され、一九五三年ＯＤＤは、ＮＢＳから国防総省に移管され、陸軍ハリー・ダイアモンド研究所になった。ダイアモンドを研究する研究所ではない。ハリー・ダイアモンドの業績を記念した信管の研究所である。

ジェイ・ラスロップがＭＩＴの大学院で知り合いだったジャッド・フレンチがＮＢＳにいた。彼の言葉でＮＢＳは良い環境で、国家のお役にも立てると考え、ジェイ・ラストは、ＮＢＳに入所した。

フォトリソグラフィの誕生

ＮＢＳ（米国標準局）に入所したジェイ・ラスロップは、真空管研究室に配属された。最初はＭＩＴの博士論文の研究に近いガス・トリガー管の開発を行なった。

近接信管は、高射砲弾、爆弾、ミサイルだけでなく迫撃砲弾にまで使われた。特に迫撃砲弾には有効な一面があり、大型の１２２ミリ迫撃砲弾から次第に中型の88ミリ迫撃砲弾に使われるようになった。ここでさらに60ミリ迫撃砲弾に使用するとなると、ミニチュア真空管回路でも収まらなくなった。もっと小型の回路が必要であった。そのために注目されたのがトランジスターである。

ラスロップは、ジェームズ・ナルの助けを借りて、一からトランジスターを作り始めた。ナルは、一九五二年、ジョージ・ワシントン大学を卒業し、ＮＢＳ（米国標準局）に入所し、電子管研究室に配属された。一九五六年ダイアモンドＤＯＦＬ（軍需信管研究所）に移動させられた。

ラスロップとナルは、ゾーン精製法でゲルマニウムを精製し、単結晶を作り、結晶をスライスし、拡散法や合金法でＰＮ結合やＮＰ接合を作り、電極を取り付け、デバイスとしてパッケージングした。たとえば彼等は、エッチングでメサ型トランジスターを作った。

非常におおまかに説明すると、まずＰ型のゲルマニウムの薄片を取り出し、これをコレクタにする。そこにスズ（Sb）をドーピングして金の電極を取り付けＮ型のベースを作る。次にアルミニウムの電極をつけＰ型のエミッタを作る。こうしてメサ型のＰＮＰトランジスターができる。

むろん各段階で適切な拡散を実行するには、何らかのマスクを通してワックスをスプレーする必要があった。しかし彼等には金属のマスクもフォトグラフィック（写真技術）によるマスクもできなかった。そこで彼等は顕微鏡を通常の逆方向に使って、パターンをゲルマニウム上に投影した。ずいぶん複雑なことをすると思うが、これはうまくできたという。

一九五七年一一月一日、二人はＩＲＥで『プリント回路の完全な部分であるトランジスターのフォトリソグラフィック製造技術（Photolithographic fabrication techniques for transistors which are an integral part of a printed circuit）』という発表をした。あまり意味の通じない英語の題名である。論文は締め切りに間に合わなかった。実際に調べると簡単な梗概《こうがい》しか残っていない。

「この論文はデバイスの形状と引き出し線の取り付けをコントロールするフォトリソグラフィック技術を使った製造方法について述べている。蒸着、プレーティング、エッチングのプロセスでのマスキングの方法が示されている。さらにこの技術は、引き出し線の蒸着を可能となるように拡張して、トランジスターがプリント回路の完全な部分となるようにできる」

論文本体は当日に会場で配布されたという。本体は残っていないようだ。

この論文で初めて「フォトリソグラフィ」という言葉が使われた。ナルが「フォトエッチング」よりは良いと言ったようである。「フォトリソグラフィ」という言葉が「プリント」という言葉と一緒に使われていたのでマスコミは飛びついた。トランジスターが印刷できるようになったとか、トランジスターが写真技術で、できるようになったと勘違いしたのである。マスコミも悪かったかもしれないが、意味不明の梗概を書く方も悪い。

ともあれ、フォトリソグラフィは、こうしてナルとラスロップによって誕生させられた。ただし、この段階では一度に一個のトランジスターしかできなかった。ラスロップがやりたかったのは一度に多数のトランジスターを作ることであった。それには、ロバート・ノイスが自作したステップ・アンド・リピート・カメラが必要であった。面白いことにラスロップは、ＭＩＴの大学院博士課程でノイスと一緒であった。就職しても行き来があったようである。

ラスロップは、この後、テキサス・インスツルメンツに転職する。

ジャック・キルビー

ジャック・セントクレア・キルビーは、一九二三年ミズリー州ジェファーソン・シティに生まれ、カンザス州グレート・ベンドで育った。アーカンサス川が大きく屈曲している地点にある町なので、グレート・ベンドという。父親は、カンザス電力会社という小さな会社の社長であった。少年時代はアマチュア無線に熱中した。一九四〇年代はラジオを聴くことに熱中した。

キルビーはカンザス州のグレート・ベンド高校卒業後、ＭＩＴに行きたかったが、数学のテストの成績が４９７点でＭＩＴの要求する５００点に三点足らずイリノイ大学の電気工学科に進んだ。

一九四七年にイリノイ大学卒業後、ウィスコンシン州ミルウォーキーにあったグローブ・ユニオン社のセントラルラボ部門に就職した。セントラルラボ部門は、ラジオやＴＶ受像機の部品や補聴器を作っていた。ジャック・キルビーは、セラミックの基板の上に、シルク・スクリーン技術を使って抵抗やキャパシタやミニチュア管などを配置した一種のパッケージ回路を設計、製作していた。

一九五二年、セントラルラボは、ＡＴ＆Ｔベル研究所からトランジスターのライセンスを取り、キルビーは、同僚のＲ・Ｌ・ウォルフと一緒にマレーヒルのベル研究所の二週間コースでトランジスターの勉強をした。ミルウォーキーのセントラルラボに戻るとトランジスター製作のプロジェクトのリーダーに任命された。チームは三人だった。キルビーのチームは、独力でゲルマニウム・トランジスタを作り始めた。製造機器からすべて手作りである。それにしても二週間くらいのコースの知識でトランジスターを独力で作るのは大変だったろう。

ＡＴ＆Ｔがトランジスターの技術を開放したのは、ＡＴ＆Ｔがあまりに強大なため、独占禁止法によって自社技術を他社にも開放しなければならなかったからである。

キルビーは、ミルウォーキーでウィスコンシン大学の大学院電気工学の夜間課程に入学し、一九五〇年に修了した。ずいぶん苦労した人であったようだ。物理学の正式な教育を受けていなかったのは多少のハンデになっただろう。セントラル・ラボでキルビーは、全部で12の特許を取った。

テキサス・インスツルメンツの夏休み

一九五八年ジャック・キルビーは、転職を考えてテキサス州ダラスのテキサス・インスツルメンツに応募した。半導体部門の研究開発マネージャのウィルス・アドコックの面接試験を数回受けて、採用が決まった。キルビーは、一九五八年五月、セントラル・ラボを去り、テキサス州ダラスのテキサス・インスツルメンツに向かった。

当時テキサス・インスツルメンツは、七月上旬に二週間工場の操業を止め、夏休みとする習慣があった。しかし、勤め始めて一年経過していない社員には夏休みは与えられなかった。したがってキルビーには夏休みがなかった。

キルビーは、五月の赴任以来、特に何をせよとは言われず、自分でテーマを探していた。それほど上からは評価されていなかったようである。どちらかといえば、上級研究者というよりは技術要員としての扱いではなかったかと思われる。

キルビーは、ラジオのＩＦ（中間周波数）ストリップ回路の半導体化と集積化はどうかと考えていた。しかし、これは見込みがないと分かった。

当時、ラジオやテレビやコンピュータなどの電子装置が複雑化しつつあった。入り組んだ配線をどうするか、『数の暴虐《ぼうぎゃく》（The Tyranny of Numbers)』と呼ばれる問題をどう解決するかが問題になっていた。米陸軍信号部隊はＲＣＡが提案したマイクロ・モジュールというアイデアを高く評価し、肩入れした。すべての素子を組み込んだモジュールを同じ形、同じ大きさに作り、配線も埋め込んでおくというものだった。そういえば、私も企業からの払い下げの米国製の計測器や通信機のジャンクを分解していた時、直方体の奇妙な素子を見た覚えがある。

テキサス・インスツルメンツは、キルビーが入社したころ、まさにマイクロモジュールに取り組んでいた。キルビーは、夏休みが終わると、特に自分から研究テーマを提案できなければ、マイクロモジュールの部隊に配置されるかもしれないと感じていた。キルビーは、マイクロモジュールは『数の暴虐』問題の答にならないと考えていた。

その内にキルビーは、半導体だけですべての活性回路素子、非活性回路素子を作り、機能素子から物理的な電線の配線を追い出してしまうことができるのではないかというアイデアに思い当たった。一九五八年七月、このアイデアをキルビーは、自分の実験ノートに記している。

そこでキルビーは、二週間の夏休み中、まず半導体を使った回路素子の小型化について考えを展開した。半導体で抵抗Rは簡単にできる。キャパシタンスCはPN接合の容量でできる。トランジスターやダイオードもすでにできていた。インダクタンスLは完全な小型化はできなかったが、このこと自身は回路を作る障害にならない。

こうして回路素子のアイデアが固まると、キルビーは、これを組み合わせて、フリップ・フロップ回路のスケッチを描いた。問題は回路素子を電線でつないでいる部分のあることだった。電線は排除できなかった。回路素子がぴったりくっつくとお互いに影響を及ぼしてしまうので、離して配置するしかないのである。

キルビーは、夏休み明けに戻ってきたアドコックスに自分の考えをまとめた報告書を提出した。アドコックスは、これは面白いと非常に興味を引かれ、社長のパット・ハガーティや重役のマーク・シェパードにも見せた。彼等も非常に感動した。しかし、アドッコクスは、興味を引かれた反面、本当にできるのかなと懐疑的なものも感じたので、キルビーに半導体を使って実際に回路を作ってみるように指示した。

そこでキルビーの言によれば、シリコンを使って回路を組み上げた。おそらく本格的な予算も与えられず、その辺に余っていたものを利用したようである。キルビーは、回路工作の腕も良く、それに運にも恵まれていたようである。一九五八年八月二八日に回路は完成した。この回路はすべてシリコンの回路素子で作られていたが、集積化されていなかった。この話は後から挿入されたものだろう。一九七六年のＩＥＥＥのトランザクション・オン・エレクトロン・デバイスの論文でそういっている。キルビーは、次に集積化した回路を作ろうとした。そこでキルビーは、ゲルマニウムの結晶の棒を手に入れて位相推移型発振器を集積型で作る。

このあたりのキルビーの記述は、時間の経過と共に曖昧に変わって行く。証言には明確な矛盾がある。いくつかキルビーの証言を読んで行くと、完全な整合性がとれず、「おや?」と思う。人間は完璧なものではないとは思うが、少し技術者倫理に抵触することではないかと思う。これについては専門家による同様の指摘もある。

ともあれ、一九五八年九月一二日、キルビーは、テキサス・インスツルメンツの重役達の前で、位相推移方式の発振器の集積回路のデモに成功する。オシロスコープの上に見事なアナログの正弦波が表示されたという。発振周波数は1・3メガヘルツだったという。

できればデジタルの波形が表示されてほしかったところである。二台目に作られたのは、デジタル回路でフリップ・フロップ回路だったという。九月一九日に完成した。

一九五九年三月、テキサス・インスツルメンツは、米国無線技術者協会ＩＲＥのコンファレンスで、プレス・コンファレンスを開催し、キルビーの集積回路を公開した。この時は固体回路といっていた。そのほうが適切であったように思う。

ロバート・ノイスのモノリシック集積回路

フェアチャイルド・コンダクター設立以来の最初の18ヶ月において、ロバート・ノイスが取った七つの特許の内、最も有名なのが一九五九年七月三〇日に申請した米国特許２９８１８７７の『半導体デバイスとリードの構造』である。これは今の言葉ではモノリシック集積回路と呼ばれている。

モノリシック集積回路のアイデアは、ノイスがずっと暖めていたものであったが、ジャ

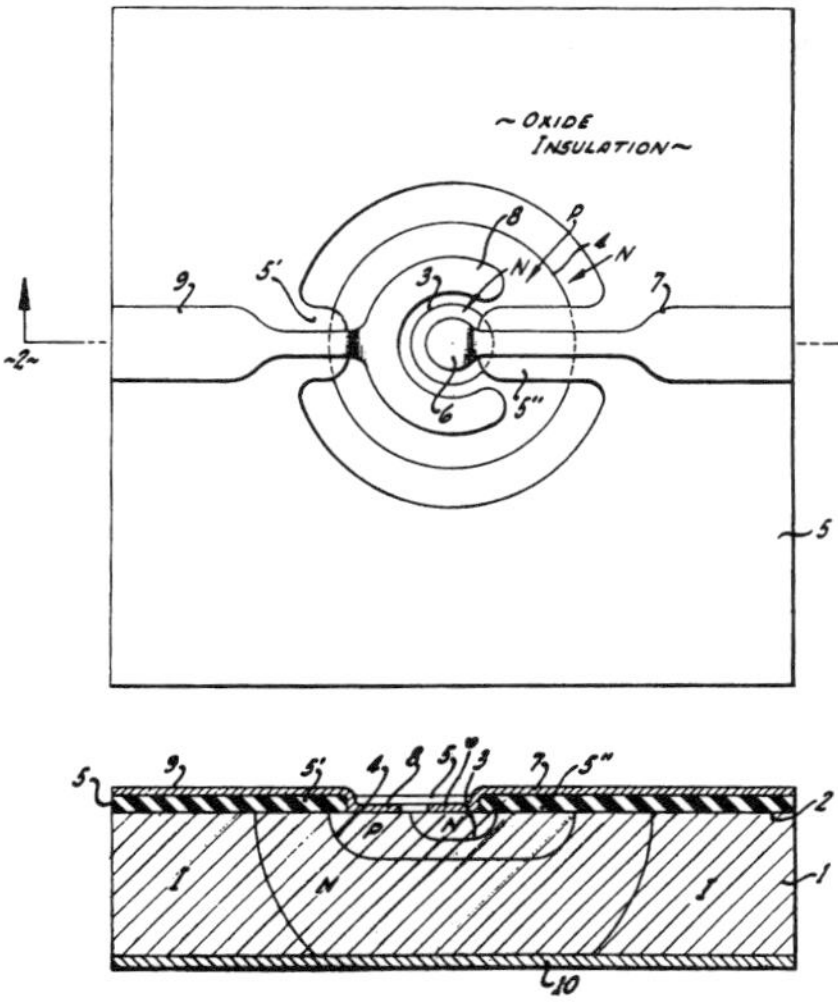

FIG-1
FIG-2

米国特許2981877

ン・ホールニーの酸化膜利用のアイデアに触発された。

モノリシック集積回路は、個別のトランジスターや抵抗RやキャパシタンスC（コンデンサ）やインダクタンスL（コイル）を基板上で電線でつなぐのではなく、シリコンですべての回路部品を作り上げてしまい、すべての部品をシリコン上に単一のものとして集積してしまうというものである。

このアイデアがいつ生まれたかについては、ノイスは、メモは残していたが、証人にサインしてもらっていなかった。一九五九年一月二三日と言われる。

ここで問題があった。集積回路上に配置された回路素子が互いに影響してしまうことがある。抵抗RやキャパシタンスCのような非活性回路の場合はともかく、トランジスターのような活性回路の場合は、うまく分離

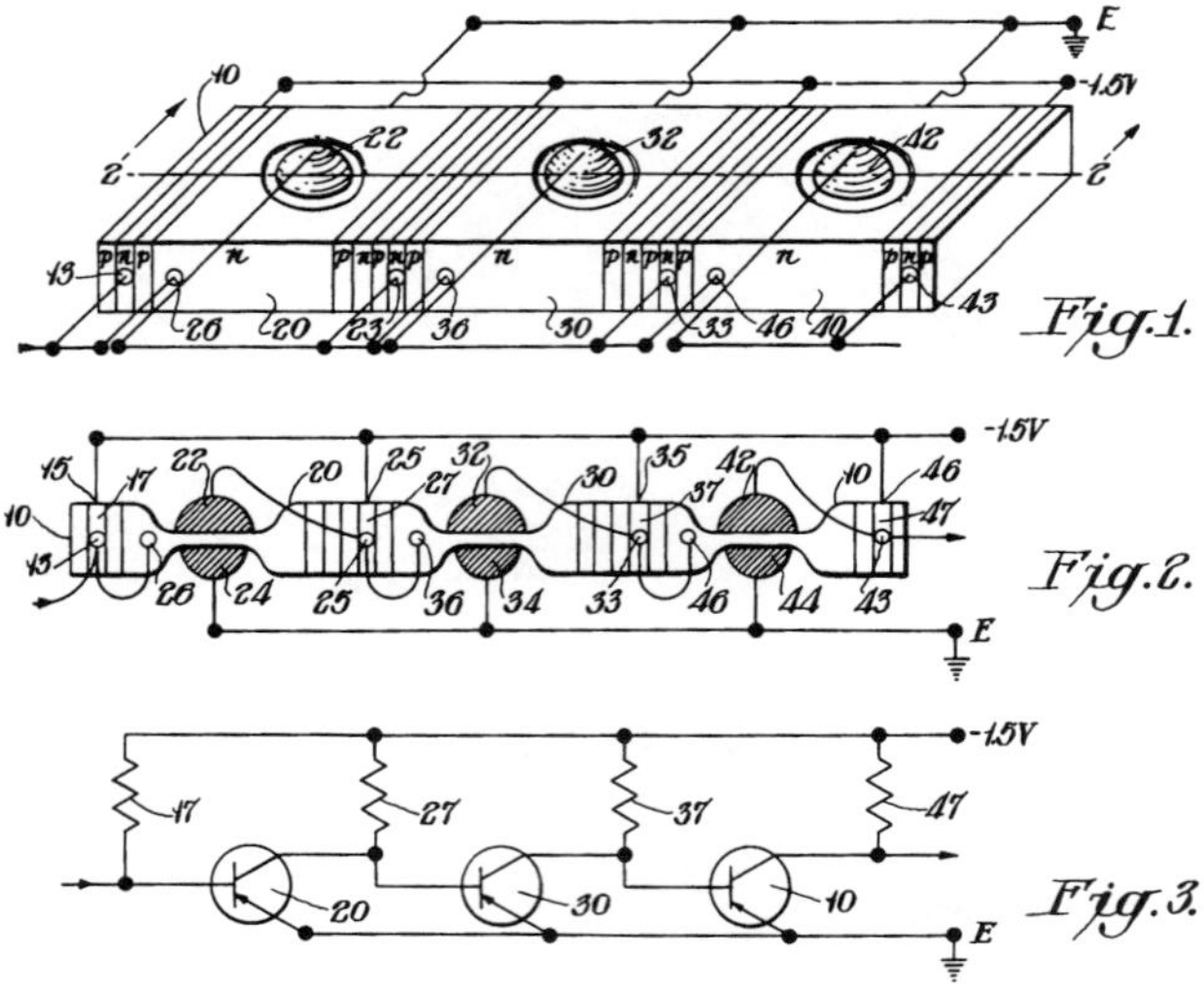

米国特許3029366

されていないと互いに影響を及ぼしてしまう。ジャック・キルビーのような空隙分離は邪道である。

この問題を解決するものとしてスプレーグ・エレクトリック・カンパニーのクルト・レホベックがうまい解決法を思いついた。ＰＮ接合を使って分離するのである。これは一九五九年四月二二日に『複数の半導体のアセンブリー』として特許申請され、一九六二年四月一〇日、米国特許３０２９３６６となった。スプレーグ・エレクトリック・カンパニーは、レホベックの特許をほとんど使わなかったし、レホベック自身が集積回路の研究を止めてしまったので、この研究はしばらく埋もれてしまった。

ノイスは、レホベックとは、独立にＰＮ接合による分離を考えていた。それは一九五九年七月三〇日に申請した米国特許２９８１８７７の『半導体デバイスとリードの構造』にもあったが、一九五九年九月一一日に米国特許３１１７２６０の『半導体回路の複合体』と米国特許３１５０２９９の『分離の手段を持つ半導体回路の複合体』を二本を申請した。後者は特にＰＮ接合による分離に絞っている。これら二本の特許は、集積回路の特許申請の遅れを埋め合わせ、後に非常に大きな効果を発揮する特許となった。しかし、この特許もしばらく埋もれる。また後にレホベックの特許との抵触の問題は難しい問題となった。

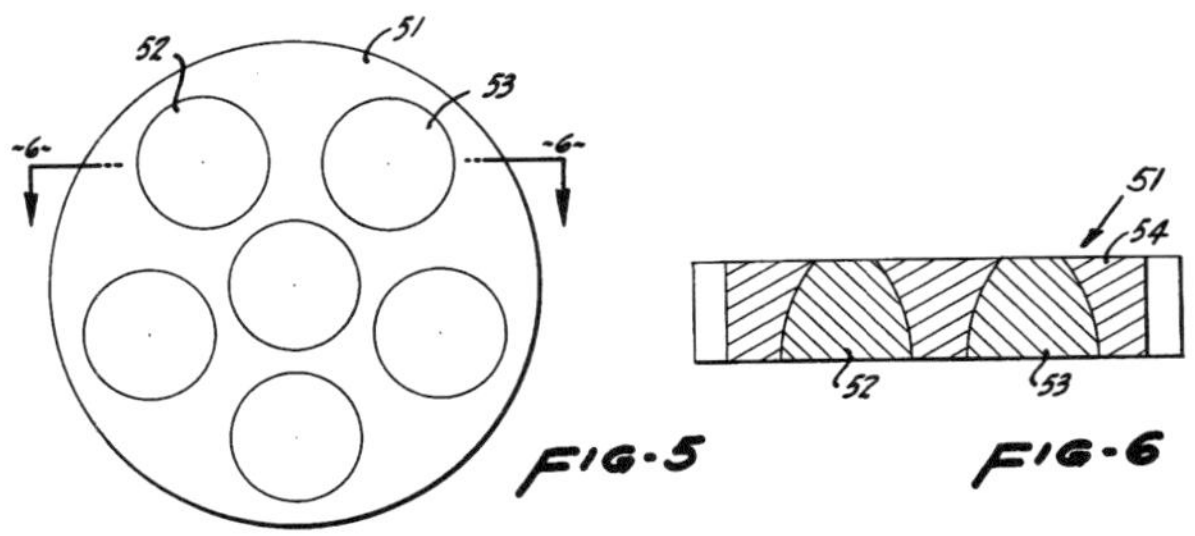

米国特許3150299

集積回路の特許の係争

ロバート・ノイスは、一九五九年七月三〇日に米国特許2981877の『半導体デバイスとリードの構造』の申請をした。特許の成立は、一九六一年四月二五日である。

しかし、ジャック・キルビーは、五ヶ月早い一九五九年二月六日に米国特許3138743『ミニアチュア化された電子回路』の申請をしていた。特許文書の中では、集積回路(Integrated Circuit)という言葉が確かに使われている。キルビーの特許の成立は、一九六四年六月二三日である。

特許申請は、キルビーが早かったが、特許成立はノイスのほうが早かった。

またキルビーの集積回路はワイヤーを引き回しており、全部シリコンで作った本当の集積回路

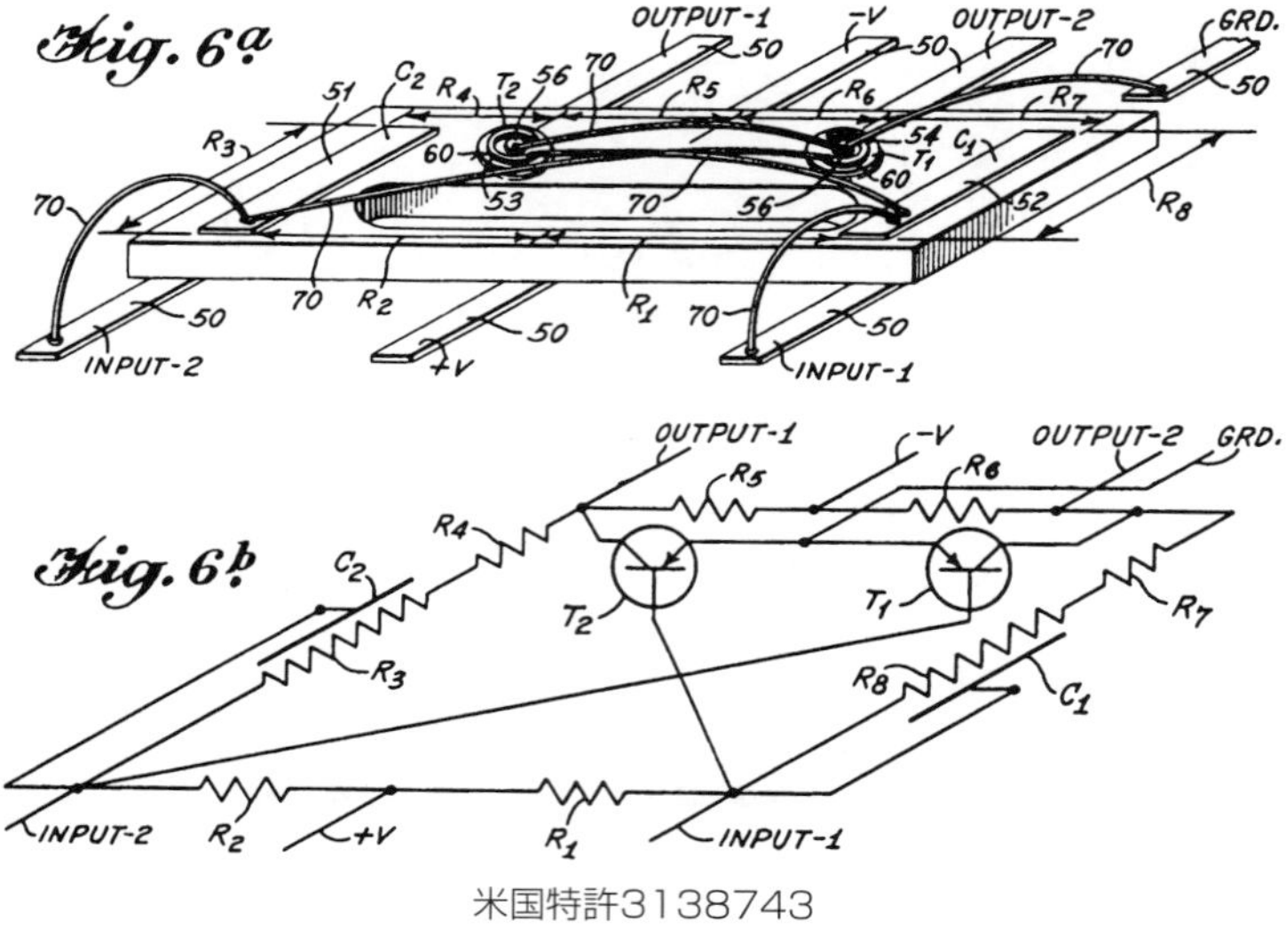

米国特許3138743

とは言い難かった。抵抗、容量などの回路素子の小型化には成功しているが、それらを完全に一体化して作り込んではいない。写真を見ると「これが集積回路?」というようなものである。

またキルビーは、特許文書の中で「N型領域の上に金の電極をつける」と書いているが、これはできない。ゴードン・ムーアが困ったのは、その問題であるし、キルビーの下で研究開発していたジェイ・ラスロップもそれはできないと明言している。キルビー自身もそれはできなかったと認めている。ノイスが示唆したようにアルミニウムの電極でなければならなかったのである。

一九六二年五月、テキサス・インスツルメンツは、フェアチャイルド・セミコンダクタをキルビーの集積回路の特許に違反しているとして米国特許商標庁に訴えた。両社は激しい非難を繰り返した。米国特許商標庁の特許抵触審査部はこの時、テキサス・インスツルメンツとスプレーグの係争についてはスプレーグの権利を明確に認めた。

その後、長い過程を経て最終的に、CCPA（関税特許控訴裁判所）は、特許の係争を二つの部分に分け、フェアチャイルド・セミコンダクターに対しては、プレーナー型集積回路に関して主張を認め、テキサス・インスツルメンツに対しては、単一の半導体に基本回路を組み込むことについて主張を認めた。玉虫色の解決を図ったわけである。

産業界の一般的な見解では、キルビーとノイスは、集積回路の共同発明者としている。シリコンバレーでは、ノイスを初の商業的に実用可能な集積回路を開発した人物としている。その辺が妥当な見解で、膨大な資料をいくら読んでも、どちらとは言い難い。追求して意味のある問題と、そうでなく不毛な問題があると思う。

ただ、テキサス・インスツルメンツは、集積回路を実際に製造するための技術が不足していた。必要な技術はフェアチャイルド・セミコンダクターに押さえられていた。一方フェアチャイルド・セミコンダクターは、集積回路の特許申請に出遅れた弱みがあった。

そこで一九六六年夏、両社はクロスライセンス協定を結び、お互いの特許を認めることになった。また両者以外で集積回路を製造しようとする会社は、両社と個別に特許の使用交渉をしなければならないことになった。特にテキサス・インスツルメンツは、キルビー特許で膨大な特許料収入を獲得した。日本の半導体産業は二〇〇〇年の富士通の特許係争勝利まで膨大な犠牲を強いられた。

キルビーの集積回路の特許は米国では一九六四年に成立したが、日本では25年も遅く一九八九年に成立した。テキサス・インスツルメンツの巧みな特許戦術と日本の特許庁の逡巡によって特許成立に25年もかかったことは大問題を引き起こした。日本でのキルビー特許の失効は二〇〇一年になった。米国では失効しているが日本では依然キルビー特許は有効だったのである。このため東芝、沖電気、三菱電機、日本電気などの日本の大手電機メーカーはキルビーの集積回路の特許を持っているテキサス・インスツルメンツに多額のロイヤルティーを払っていた。富士通だけはテキサス・インスツルメンツのキルビー特許を認めず争った。東京地方裁判所での勝訴に続いて一九九七年一〇月東京高等裁判所で勝訴した。最終的に二〇〇〇年、最高裁判所で勝訴した。

もう忘却の淵に沈んでしまった事件かもしれないが、日本の半導体産業は長く膨大な犠牲を強いられた。そのため日米貿易摩擦の一因ともなった。特許恐るべしと騒がれたこともある。今、その教訓は活かされているのだろうか。

その後のジャック・キルビー

ジャック・キルビーの人生における偉業は、基本的に一九五八年の七月から九月という短い期間に達成されてしまった。キルビーは、テキサス・インスツルメンツには一九七〇年までいた。キルビーは、一九五八年から一九六〇年までは、モジュラー回路と集積回路の開発を担当した。一九六〇年から一九六二年までは、半導体回路担当テクノロジー・マネージャを務めた。一九六二年から一九六七年までは、半導体回路担当マネージャを務めた。

この間、キルビーは、集積回路の伝道に従事し、集積回路について説いたが、受け入れられなかった。集積回路技術の信頼性は低く、歩留まりが悪かった。コストを気にしないのは軍用だけである。キルビーは、オートネティックス社と共同で、改良型ミニットマン・ミサイル用集積回路を開発した。その中には、ゲート、フリップ・フロップ、コア・ドライバ、センサー増幅回路など22種の新型集積回路があった。

また、キルビーは、集積回路開発担当マネージャ、半導体研究開発研究所の副ディレクターを務め、一九六五年九月ジェリー・D・メリーマンとジェームズ・H・バン・タッセルと話し合ってハンドヘルド型の電卓の開発を決意する。このハンドヘルド型の電卓は一九六七年完成し、特許としては一九七四年六月二五日、米国特許３８１９９２１『ミニアチュア・エレクトロニック・カルキュレータ』として成立する。

一九六七年、キルビーはテクノロジー・カスタマー・センター担当マネージャーを務める。

一九六八年副社長補佐になる。続いて一九七〇年、部品グループのエンジニアリング・テクノロジー担当ディレクターを務めた。

この年キルビーは、47歳にしてシリコン技術を使った太陽電池の研究に従事するためテキサス・インスツルメンツを辞めた。この後、形式的にはテキサス・インスツルメンツの非常勤の顧問をしていたことになっている。集積回路からはもう離れている。

キルビーは、一九七八年から一九八四年にかけて、テキサス州のテキサスA&M大学電気工学科の名誉教授を務めた。キルビーの人生は、モノリシック集積回路の発明者として世界中から寄せられる多くの顕彰にもかかわらず、平凡である。篤実で立派な人物と伝えられる。怖そうな顔をして写っている写真が多いが、にっこり笑って人のよさそうに写っている写真もある。60あまりの米国特許があるが、一九五八年のただ一つの業績だけが抜きんでており、それだけで歴史に残った。

キルビーは、二〇〇〇年、ノーベル物理学賞を受賞した他、多数の賞に輝いている。しかし、日本では特許係争の記憶もあり、あまり人気がない。特許は、ある意味で非情な世界である。

フェアチャイルド・セミコンダクターの変貌

一九五九年九月二日、フェアチャイルド・カメラ・アンド・インスツルメンツは、フェアチャイルド・セミコンダクターの全株を買収して完全子会社化した。現金であったわけではないが、３００万ドル分のフェアチャイルド・カメラ・アンド・インスツルメンツの株式１９９０１株と交換であった。

これを創業メンバー八人で分けたので、一人の取り分は約30万ドルになった。ロバート・ノイスは奨学金を返済し、祖母からの借金も返済した。新しい自動車を買おうか、家を買おうかと楽しい夢のような話になった。

一九五九年九月、ノイスは、ジェネラル・マネージャーとなった。ゴードン・ムーアは、研究開発部門の責任者となり、ビクター・グリニッチが研究開発部門の副責任者になった。ノイスは、フェアチャイルド・セミコンダクターがショックレー半導体研究所の過ちを繰り返さないように気を配った。たとえば従業員、とりわけ女性従業員の待遇改善には注意を払った。大雑把にいって、ヒューレット・パッカードの伝統に従ったように思われる。ただし、いかなる理由があろうと、女性従業員に就業時間中はトイレに立たせないなど英国の工場法時代を思い起こさせるような過酷な扱いもなかったわけではない。

一九五九年は、フェアチャイルド・セミコンダクターにとって良い年であった。従業員は７３７人に達し、売上げも対前年比14倍になった。株価も急上昇した。さらに拡大飛躍の時である。

一九五九年夏、ジャン・ホールニーは、ゴールド・プレーナー技術を使ったプレーナー・ダイオードに軍用の多大な需要があることに気がついた。そこで、ホールニーは、フェアチャイルド・セミコンダクターの製造部門のトップのフランク・グラディにプレーナー・ダイオード用の工場建設のアイデアを説いた。グラディは、親会社のフェアチャイルド・カメラ・アンド・インスツルメンツの副社長リチャード・ホジソンと社長ジョン・カーターを説いた。一九五九年一一月、ゴールデン・ブリッジを渡った対岸のサンラファエルに１００万ドルを投じたプレーナー・ダイオード工場の建設が発表された。マウンテンビューの工場にも75万ドルの追加投資が発表された。
フェアチャイルド・セミコンダクターの大躍進の時が始まったのである。

創業メンバー達の鬱積する不満

フェアチャイルド・セミコンダクターの創業メンバー達は、親会社に対しては全く無力であった。フェアチャイルド・セミコンダクターの予算は、親会社の社長のジョン・カーターに握られていた。カーターは、フェアチャイルド・セミコンダクターの成功は、危機にある会社を救済する自分の能力によるものと誤解していたので、フェアチャイルド・セミコンダクターの利益を次々に見込みのなさそうな会社の買収につぎ込み、フェアチャイルド・セミコンダクターの各部門への再投資や従業員への利益分配には使わなかった。

またカーターは、ストック・オプション贈与の決定権限も握っていたが、ロバート・ノイスがインセンティブとして配りたいと考えていた研究者、技術者、マネージャには、ストック・オプションは配られなかった。さらにシャーマン・フェアチャイルドは、ストック・オプションを忍び寄る社会主義思想と考えていた。

何より、シャーマン・フェアチャイルドは、どの株主よりも百倍も多く株式を保有していた。カーターですら、フェアチャイルド・セミコンダクターの創業メンバー八人の保有する株式の二倍の株式を保有しており、創業メンバー側には全く勝ち目はなかった。

フェアチャイルド・セミコンダクターは、海外への進出も目指した。

一九六〇年イタリアのオリベッティと手を組んでSGS（Societa Generale Semiconduttori）を設立することになったが、これはお荷物となっただけで、全く見込みがなかった。

一九六三年には、まだ社会主義体制下の香港にいち早く工場進出をした。ノイスは、香港の小さなラジオ会社に投資していて、香港進出を提案した。そこでチャールズ・スポークとジュリウス・ブランクが下見に行った。その後、ジョン・ボールドウィンに続いて、MITでノイスとルームメートであったジェリー・レバインが香港を視察に行った。ノイスは香港進出に積極的であったが、カーターは消極的というより、否定的であった。しかし、香港進出は人件費が安く成功し、米国の半導体会社が次々に香港進出をする呼び水となった。

フェアチャイルド・セミコンダクターの海外進出の責任者はフレッド・ビアレックであった。香港に次いで、韓国、インドネシアのバンドンなどに進出した。

トランジスターの時代には人件費の安いアジア進出は有利であったが、複雑な集積回路の時代に入ると、工数が増えて次第に人間の手には負えなくなる。自動化を推し進めたテキサス・インスツルメンツやモトローラは、次第に品質においても生産量においてもフェアチャイルド・セミコンダクターを凌駕するようになる。

ドン・バレンタイン

あまり知られていないことだが、フェアチャイルド・セミコンダクターは、優秀なセールスマンを持っていた。最も有名なのは、ドン・バレンタインとジェリー・サンダースである。

ドン・バレンタインは、一九三二年六月二六日、ニューヨーク州ヨンカースに生れた。生年月日については、誕生日を探すという方法で私が見つけたデータで、そう推定するしかない。ベンチャー・キャピタリストの常に漏れず全く秘密に包まれた人である。

バレンタインの父親は、トラック運転手の小さな労働組合の役員だった。バレンタインは、ニューヨーク州のカソリック系の中学、高校に通い、ニューヨークのフォーダム大学化学科を卒業した。バレンタインは一九五〇年代初頭にカリフォルニアに行き、冬でも雪の降らない温暖な気候の地域があることを発見し、必ずカリフォルニアに住むと心に誓った。

第二次世界大戦中は陸軍信号部隊に入り、除隊した後、ニューヨークのシルバニアに勤めた。真空管関係など色々な工場に配置された。その内にセールス・エンジニアリングに行き着いた。ある時カリフォルニアに行くチャンスがあったので、一九五七年にカリフォルニアに転勤となった。もう真空管の時代ではないとシルバニアを見切って、トランジスターの会社を探した。

シルバニアに見切りを付けたバレンタインは、レイセオンに勤めた。レイセオンで、バレンタインは、ロバート・グラハムと友人になった。二人ともレイセオンには飽き足らず、もっと、すぐれたトランジスターの会社はないかと手分けして探した。その結果、見つけたのが、ロサンゼルスのフェアチャイルド・セミコンダクターであった。

ロバート・グラハムが最初にフェアチャイルド・セミコンダクターに入社し、バレンタインがこれに続いた。バレンタインの上司は、ドン・ロジャースで、その上にマーケッティング・マネージャのトム・ベイがいた。ロジャースはベイが雇った二番目の男で、最初に雇ったのはハワード・ボブであった。二人ともヒューズ出身だったのが面白い。

当時は、まだフェアチャイルド・セミコンダクターは、小さな会社だったので、技術支援が必要な時は、ロバート・ノイスやビクター・グリニッチが来てくれたという。

バレンタインは、すぐに才能を認められ、ロジャースを追い抜いてマウンテンビューの製造部に呼ばれた。チャールズ・スポークが、ノイスの代わりにジェネラル・マネージャーになると、バレンタインは、彼の下につき、この関係は一九六七年のナショナル・セミコンダクターへのスピン・オフまで続いた。

バレンタインは、ロサンゼルスでジェリー・サンダースを雇った。当初はセールスマンとしてであったが、ロサンゼルス事務所長に抜擢した。

バレンタインの部下からは、社長になった大物が輩出した。マーシャル・コックスは、インターシルの社長になり、バーニー・マーリンは、AMIの社長になった。ジャック・ギフォードは、マキシムの社長になった。マイク・マークラは、アップルの社長になった。

バレンタインは、フィールド・セールスのトップになり、グラハムはプロダクト・マーケッティングのトップになった。バレンタインは、初めはユーモアに富んだ外向的な男であったが、次第に厳しい内省的な男になったという。五分間、会合に遅刻したセールスマンの首を簡単に切ったりした。フェアチャイルド・セミコンダクターのセールスマン部隊は海兵隊のような厳しい規律を持った一面もあったという。スポークによれば、これはバレンタインが、アイン・ランドの『肩をすくめるアトラス』を読んでからのことという。一冊の本を読んだだけで人柄が変わるというのは不思議だ。原著は買ったので、私もいつか読んでみたいと思っている。私がユー・チューブで、バレンタインの講演を見た感想では、屈折した渋いユーモアに富む人という印象を受ける。厳しさについては分からない。

バレンタインとグラハムの二人は次第にフェアチャイルド・セミコンダクターの内部で出世し、並び立たなくなった。グラハムが敗れてフェアチャイルド・セミコンダクターを去り、ＩＴＴセミコンダクターのマーケッティング担当副社長兼ジェネラル・マネージャになった。グラハムは後にインテルのマーケッティング・マネージャになる。

一九六七年にトム・ベイは、フェアチャイルド・セミコンダクターのマーケッティングを率いるのは、バレンタインか、サンダースかの決定をしなければならなくなった。ベイはサンダースを選んだ。そこで、バレンタインは、フェアチャイルド・セミコンダクターを去って、スポークと共にナショナル・セミコンダクターの設立に参加することになった。

この時、ノイスが最終面接をした。

「半導体会社を始めるには、もう時期が遅すぎるんじゃないか。どうして、ここに留まれないのか。我々は例外的といえるほどうまく行っている」

バレンタインは応えた。

「いや、先へ進むのが私の運命です」

一九六九年にノイスがインテルを創立するために、フェアチャイルド・セミコンダクターを去ろうとしている時に、バレンタインは、電話をした。

「ボブ（ノイスのこと）、二年前、あなたはもう遅すぎるといった。どうして今、一九六九年になって半導体会社を始めるんだい？」

その後、ノイスは、懇切にインテル設立に参加しないかと誘ってくれたという。

バレンタインは、後にアップルの設立に参加した。

ジェリー・サンダース

ウォルター・ジェリー・サンダースは、一九三六年シカゴ南部の貧民街に生まれた。ジェリーというのは、ジェレミアで、聖書にあるヘブライの預言者エレミアの名前である。サンダースが生まれた時、父親は21歳の修理工で大酒飲みで自堕落な人であった。母親は、アイルランド系の17歳であった。二人はジェリー・サンダースが幼い頃に別れた。サンダースは5歳の時、母に路面電車に捨てられた。そこでサンダースは父方の祖父母の家を訪ねて行ったが居なかった。そこの住人は、もうここには住んで居ないと言われた。悪い冗談で、祖父母は地下室に住んでいた。

サンダースの祖父は、イリノイ工科大学の前身のアーマー・インスティチュートの電気工学科を卒業していた。サンダースは、祖父母に育てられた。学校では良くできる生徒であった。

サンダースは、不幸な環境で育ったために、彼の人生における目標は、金持ちになって幸せな人生を送ることであった。シカゴではリンドブルーム技術高校に通っていたために、労働者階級の子供として差別されているように感じていた。

いつも手に職を持っているためには技術者になることだと祖父に教えられ、プルマン鉄道会社の奨学金をもらってイリノイ大学の化学工学科に入学した。ところがサンダースにとって非常に残念なことに、化学工学科はリベラル・アーツ・アンド・サイエンス学部にあったために、彼の思い描いた技術者にはなれそうになかったのである。ところが偶然、電気工学科に転学科ができた。

サンダースは、一九五八年イリノイ大学を卒業すると、悪い思い出の詰まったシカゴを離れたかった。そこでサンダースは、西海岸のロサンゼルスに行った。俳優になりたくて、ハリウッドの関係者の目に留まりたいとサンタモニカの海岸で時間を過ごしていた。スターになれば金持ちになれるからである。

一説によれば、サンダースはイリノイ大学在学中にシカゴの路上で不良との喧嘩で顎の骨と肋骨と頭蓋骨を骨折し、顔の整形をしていたため、ついに銀幕のスターにはなれなかったのだという。ものすごい美男のように伝えられているが、若い頃の写真を見ると、それほど傑出しているとは思えない。残っている写真が良くないのかもしれない。

そこでサンダースは、ロサンゼルス市サンタモニカ・オーシャン・パーク・ブールバード３３００番地（3300 Ocean Park Blvd, Santa Monica, Los Angeles）にあったダグラス航空機製造に入社した。サンタモニカの海岸に一番近い会社というので選んだ。最初はダグラスＤＣ８という旅客機のピッチ・

トリム補償器の仕事であった。その後DC８の空調設備の仕事に回った。さらに磁気増幅器の仕事に回され、パワー・トランジスターを使った電源装置の製作が必要になった。そこでモトローラと接触し、無事にモトローラのトランジスターを使った電源装置を組み上げた。この経験からモトローラに転職したいと考えた。

サンダースを面接したモトローラのセールス・エンジニアは、素晴らしい洋服を着て、きちんと身繕いしていた。けれども製品ラインについてはあまり知識がなかった。サンダースは昼食に誘われ、新車に乗せられ、豪勢な食事を奢ってもらった。サンダースは、これは間違えた。モトローラの営業ならば、素晴らしい洋服を着て、豪奢な車を乗り回し、接待費を使って豪華なレストランでの食事にありつけると知った。そこでサンダースは、モトローラのセールス・エンジニアに応募した。歳が若かったので、アプリケーション・エンジニアとして採用された。優秀だったのですぐセールス・エンジニアにしてもらった。南ウエスコンシン、南ミシガン、北インディアナ、シカゴ、イリノイと全米を駆け回った。大成功であった。

一九六一年、この実績に注目したフェアチャイルド・セミコンダクターのロバート・メジャースが、サンダースをスカウトした。フェアチャイルド・セミコンダクターの希望は、シカゴで働いてもらいたいということだったが、断固として拒否し、ロサンゼルス勤務を主張し、受け入れられた。

フェアチャイルド・セミコンダクターに入社したサンダースは、トム・ベイに強い印象を受けた。ベイの洗練された服装、たとえばブルックス・ブラザーズのスーツ、ボタン・ダウンのシャツ、ウィング・チップの靴などに影響を受けたようだ。これがサンダースのセールスマン部隊の服装スタイルの原点となった。

サンダースは、フェアチャイルド・セミコンダクター社内でロバート・ノイスに評価されていた。サンダースは、先に述べたようにドン・バレンタインと競り勝って、ワールドワイド・マーケティングのディレクターにまで上り詰めた。ただその後、恐ろしい試練が待ち受けていたのである。

マイクロ・ロジック・プレーナー開発プログラム

一九五九年、体制の整い始めたフェアチャイルド・セミコンダクターは、集積回路事業に本格的に乗り出すことになった。これはマイクロ・ロジック・プレーナー開発プログラムと呼ばれ、指揮を執ったのがジェイ・ラストであった。

ここで一番問題となったのが素子の分離の問題であった。フェアチャイルド・セミコンダクターにはロバート・ノイスの複数のＰＮ接合による分離の方法があったが、それは非常に複雑な拡散技術を必要としており、当時のフェアチャイルド・セミコンダクターの能力を越えていた。

ラストは、物理的分離の方法を考えた。これはエポキシなどの絶縁体を使うものであった。これを実現するため、ジェイ・ラストは、マイクロ・ロジック・プレーナー開発グループの強化を図った。ラストの業績は、マイクロ・ロジック・プレーナー回路を開発したというより、優秀な人材を集めたことにあったかもしれない。ただし、皮肉なことに結果として、それがフェアチャイルド・セミコンダクターの弱体化を招いたようにも思われる。

ラストは、ダイアモンド軍需信管研究所からフォトリソグラフィの専門家ジェームズ・ナルを引き抜いた。

ライオネル・カットナー

またジェイ・ラストは、テキサス・インスツルメンツからライオネル・カットナーを引き抜いた。カットナーは、オクラホマ州やテキサス州南部のドイツ系コミュニティの精神的指導者の息子として生まれた。カットナーは、テキサス州のサザン・メシジスト大学の化学科に入学し学士号を取得した。また化学、数学、物理を特に学んだ。卒業後、ワシントン州のハンフォード原子力製品オペレーションに入所した。プルトニウムの化学的精製をしていたというから、核兵器の研究をしていたようである。四年後、米国の核兵器開発のメッカであるロス・アラモス国立研究所に転職したいと考えた。当時まだ朝鮮戦争が続いており、カットナーは、一兵卒として徴兵されることを恐れた。そこでカットナーは、海軍に入り、士官養成コースを卒業し、海軍原子力兵器オペレーションに配属された。

一九五八年、カットナーは、海軍を辞めて、カリフォルニア州リバモアのローレンス放射研究所に応募したが連絡がなかったので、テキサス・インスツルメンツに就職した。ここでのメサ型ゲルマニウム・トランジスターには相当興味を惹かれたらしい。数ヶ月して海軍時代のコネでローレンス放射研究所から引きがあったので移動した。しかし、半導体研究への思いやまず、カットナーは、再びテキサス・インスツルメンツに戻る。そこでフェアチャイルド・セミコンダクターに行ったらどうかという同僚の言葉に、一九五九年九月カットナーは、フェアチャイルド・セミコンダクターへ転職する。ずいぶん屈折した経歴もあるものだ。

またラストは、ロバート・ノーマンの率いるフェアチャイルド・カメラ・アンド・インスツルメンツの研究開発部門との交流を深めた。特にイシュ・ハースは、緊密に連携して研究するようになった。

イシュ・ハース

イシュ・ハースは、一九三四年トルコのイスタンブールに生まれた。両親はユダヤ人とポーランド人であった。トルコ人であったわけではない。どちらかといえばユダヤ人であったのだろう。

一九五五年、ハースは、イスタンブールのロバート・カレッジの電気工学科を優秀な成績で卒業した。トルコの反ユダヤの風潮に嫌気がさし、ハースは、米国に渡り、プリンストン大学の大学院に入学し、物理学と数学を学んだ。一九五七年工学修士号を取得した。この間一九五五年から一九五六年の夏休みにＩＢＭの研究所で研修し、コンピュータに興味を持った。一九五七年から一九五八年フィラデル・フィアのレミントン・ランドに勤めたが、一九五八年フェアチャイルド・セミコンダクターに入社した。

一九六〇年五月ライオネル・カットナーは、物理的に分離したプレーナー型集積回路を作り出した。ただ、この回路は温度変化に対して十分安定しておらず、実用には向かなかった。そこでカットナーとハースは、再びロバート・ノイスのＰＮ接合による分離を検討した。フェアチャイルド・セミコンダクター内で開発された新しい拡散法を用いて、一九六〇年九月、分離したプレーナー型集積回路を作り出した。四つのトランジスターを集積したRSフリップ・フロップ回路である。Rはリセット、Sはセットである。フリップ・フロップは、0か1の状態を記録できる回路で、1ビットのメモリといっても良い。

一九六〇年一一月、ジェイ・ラストが分離したプレーナー型集積回路について報告すると、マーケッティングのトム・ベイは、激しく反対した。集積回路に注力すると、トランジスターの貴重な顧客を失うというのである。ノイスとゴードン・ムーアは、ラストを支援することもなく、沈黙したままであった。これによって創業者の八人の団結は崩壊した。

一九六一年二月、ラスト、ジャン・ホールニー、シェルドン・ロバーツは、フェアチャイルド・セミコンダクターを去ってしまった。

明確な支援を与えなかったにもかかわらず、一九六一年三月、ノイスとムーアは、マイクロ・ロジック・プレーナー型集積回路のファミリーを発表した。他に思いつくものがなかったからだろう。当時ムーアは、研究開発グループを超伝導材料とマイクロ波半導体に分けていた。どちらも失敗に終わる。

テキサス・インスツルメンツがフェアチャイルド・セミコンダクターに追いつくには、プレーナー・プロセスと分離の技術をマスターしなければならなかった。なかなかうまく行かなかった。

アメルコ

一九六一年、アーサー・ロックがニューヨークから500万ドルの資金を抱えてカリフォルニアに移って来て、トーマス・J・デイビスと共に、サンフランシスコにデイビス&ロックというベンチャー・キャピタルを開業した。

一九六〇年、以前リットン・インダストリーズの重役をしていたヘンリー・E・シングルトンとジョージ・コズメツキーは、ロックから45万ドルの支援を受けてカリフォルニア州ビバリーヒルズにインスツルメンツ・システムズという会社を設立した。

一九六〇年一〇月、インスツルメンツ・システムズは、アメルコの株式の過半数を取得した。さらにテレダインという社名とロゴを購入した。

一九六一年二月、先にも述べたようにフェアチャイルド・セミコンダクターの創業メンバーの内の三人、ジェイ・ラスト、ジャン・ホールニー、シェルドン・ロバーツとイシュ・ハースは、フェアチャイルド・セミコンダクターを去り、テレダインの下にアメルコ・セミコンダクター（以下アメルコと略）を創立した。もちろんロックの支援があった。

一九六二年一月にはユージーン・クライナーが、フェアチャイルド・セミコンダクターを去り、アメルコのコンサルタントになった。四人目の創業メンバーが去ったのである。

アメルコは、マウンテンビュー市テラ・ベラ・アベニュー1300番地（1300 Terra Bella Avenue, Mountain View）にあった。フェアチャイルド・セミコンダクターの製造部門からは直線距離で二キロメートル程度、自動車なら数分の眼と鼻の先の距離である。

アメルコは、賢明にも、フェアチャイルド・セミコンダクターとは、直接ぶつからないような製品を開発した。これにより、フェアチャイルド・セミコンダクターの制裁を受けずにすんだ。

ホールニーは、接合型ＦＥＴを完成させた。ＦＥＴは電界効果トランジスターの略である。接合型ＦＥＴは、アメルコの最も成功した製品となった。ラストは、リニア集積回路製品の開発に力を入れた。

意見の対立から、ホールニーは、一九六三年、突然アメルコを辞める。

シグネティックス

一九六一年六月、デイビッド・ジェームズ、ライオネル・カットナーが、ニューヨークでリーマン・ブラザーズと会合して集積回路の会社を設立することを相談した。

一九六一年八月、ジェームズ、カットナー、デイビッド・アリソン、マーク・ウィセンスターンが、フェアチャイルド・セミコンダクターを去り、翌一九六一年九月、シグネティックスを創立した。

シグネティックスの本社は、フェアチャイルド・セミコンダクターの本社からも工場からも遠くないサニーベール市ウェスト・モード・アベニュー６８０番地（680 West Maude Avenue, Sunnyvale）にあった。シグネティックスは集積回路だけを製造販売する最初の会社であった。

当初、シグネティックスは、すぐに集積回路の開発に入ったが、意外に難航し、一九六二年一一月コーニング・グラスから、全株式の51％と引き換えに225万ドルの資金援助を受けることで何とか生き延びた。

一九六三年の暮れ頃から、シグネティックスは、次第に業績を上げ、一九六四年にはサニーベール市イースト・アークス・アベニュー811番地（811 East Arques Avenue, Sunnyvale）に大規模な工場を建設した。この頃、シグネティックスは、シリコンバレーで最大の集積回路製造会社となった。

当初、ロバート・ノイスは、シグネティックスがフェアチャイルド・セミコンダクターで開発された技術を持ち出していないか心配した。実際、自分達自身がショックレー半導体で開発された技術を持ち出していた経験があったからである。ノイスは、証拠を掴んで訴訟に持ち込めと指示さえもした。

一九六四年、ノイスの指揮下で、フェアチャイルド・セミコンダクターの総反撃が開始された。恥も外聞もなくノイスは、シグネティックスの製品をコピーし、資本力、マーケッティング力、製造能力を総動員して反撃した。その上ノイスは、信じられないような非情な戦術を採った。製品を原価割れで販売したのである。シグネティックスの五ドルに対して、フェアチャイルド・セミコンダクターは、99セントの価格をつけた。

このため、シグネティックスは、たちまち危機に陥った。コーニング・グラスは、シグネティックスを経営能力欠如と批判して、一九六五年ほとんどの創業メンバーを追い出した。ある意味でシグネティックスの隆盛の歴史はここで終わりとなった。

ロバート・ノーマン

ロバート・ノーマンの生年は、はっきりしない。17歳の時に海軍に入り、除隊して高校に戻った。その後オクラホマ農工大学電気工学科に入学した。

一九五〇年から一九五二年、ノーマンは朝鮮戦争に従軍した、海軍の飛行艇に乗り組んで電子装置の整備に取り組んでいた。特に爆撃照準装置ＡＰＱ－５を整備していた。再び除隊して、オクラホマ農工大学に戻り、一九五四年に卒業した。

オクラホマ農工大在学中、ノーマンは、スペリー・ジャイロスコープで夏期実習に参加した。ノーマンは、先進武器システム開発部門のデジタル・セクションに配置された。当時スペリー・ジャイロスコープは、真空管式のデジタル・コンピュータＳＰＥＥＤＡＣを開発しており、そのプロジェクトに参加したり、ウェスタン・エレクトリック製の点接触型トランジスターの勉強をしたり、通信関係の仕事をしたりした。

一九五四年、オクラホマ農工大卒業後、ノーマンは、スペリー・ジャイロスコープに入社し、再び先進武器システム開発部門のデジタル・セクションに配置された。今度はデジタル・コンピュータや武器システムのトランジスター化とデジタル化に取り組まれることになった。ＳＰＥＥＤＡＣの仕事もした。

一九五五年から、ノーマンは、対潜水艦作戦用コンピュータの開発に従事した。ソナーのことと思われる。三つの水中マイクロフォンがあって、それらを対にして相関を取った。２０４８点のゲートを使用していた。磁気ドラム・メモリがあって、データを記憶した。

他にも海軍の原子力潜水艦搭載用のポラリス・ミサイル用のNAVACポラリス・コンピュータや、陸軍のサージャント・ミサイル用のサージャント座標変換コンピュータの開発に従事した。

ノーマンが最初に開発した対潜水艦作戦用コンピュータは、フィルコのサーフェス・バリアー・トランジスターを使ってDCTLを使用したマシン・ツール制御コンピュータであった。これはロバート・ノイスが開発したトランジスターを使っていて、どういう応用に使われていたかが具体的に良く分かる。索敵距離40キロメートルであったという。

スペリー・ジャイロスコープに在職中、ノーマンは、リップル・スルー・カウンターを使って、高速シリアル・キャリー・カウンターや高速パラレル・キャリー・カウンターを作った。またRTL（レジスター・トランジスター・ロジック）を使って、マグネティック・トランジスター・ロジックを開発した。

一九五九年三月、ノーマンは、フェアチャイルド・セミコンダクターにスカウトされた。面接はノイスとビクター・グリニッチが行なった。ノイスは、プレーナー・プロセスとDCTLについて話した。ノイスとしては、フィルコ以来、自分が肩入れしていたDCTLをノーマンが高く評価したことに秘かに満足したのではないかと思う。

一九五九年八月、フェアチャイルド・セミコンダクターに入社したロバート・ノーマンは、ビクター・グリニッチの下でデバイス評価に従事した。名前からは分かりにくいが集積回路の開発に従事したのである。

ノイスが、ノーマンに世話してくれた住まいは、ロス・アルトスのランディ・レーンにあった。ノイスの家は、すぐ近くにあったという。ここはコルテ・ビアから200メートルほどで、ウィリアム・ショックレーが住んでいたといわれる辺りである。

フェアチャイルド・セミコンダクターでのノーマンの最初の仕事は、ジェイ・ラストの下で、ライオネル・カットナーや、イシュ・ハースと共にRSフリップ・フロップ回路をプレーナー型集積回路で実現することであった。

一九六一年一二月、フェアチャイルド・セミコンダクターは、スタンフォード・インダストリアル・パーク内の9エーカー、36400平方メートル、11000坪の敷地に研究開発センターを開設した。ここにロバート・ノーマン率いるデバイス評価セクションが移転した。ノーマンは、この頃、半導体メモリの特許を取りたいと主張したが、ゴードン・ムーアは、そんな考えは馬鹿げている。そんな特許の申請は金の無駄遣いだと強硬に反対した。少しボケて来たのかも知れない。

ノーマンは、マイクロ・ロジックRTL製品を次々に投入した。RTLはアポロ宇宙船にも使われた。

一九六三年、ノーマンは、フェアチャイルド・セミコンダクターのデバイス開発部門の責任者であったフィル・ファーガソン、マーケッティング・マネージャのハワード・ボブ等と共に、フェアチャイルド・セミコンダクターをスピン・オフして、GMe（ジェネラル・マイクロ・エレクトロニクス）の創立に参加した。

ジェネラル・マイクロ・エレクトロニクス　GMe

シカゴに、一八七〇年代に創立されたというパイル・ナショナルという古い電気部品メーカーがあった。ここの社長にウィリアム・クロフトがいて、集積回路に関心を持っていた。ミニットマン・ミサイル用の電線で儲け、集積回路分野に進出したいと考え、コンサルタントを雇った。

コンサルタントは、海軍武器局にいた海兵隊出身のA・C・ローウェル大佐に眼をつけた。ローウェル大佐は、GM（ゼネラル・モーターズ）やノースロップなどの軍事産業とのコネクションが強いと言われていた。

コンサルタントの紹介で、クロフトは、ローウェル大佐に会い、新しく集積回路の会社を作りたいのだが、誰か適当な人物を知らないだろうかと尋ねた。すると、ローウェル大佐は。米国国家安全保障局NSAによく出入りしていたフェアチャイルド・セミコンダクターのハワード・ボブの名前を挙げた。

パイル・ナショナルは500万ドルを出資し、GMe（ジェネラル・マイクロ・エレクトロニクス）が設立された。この会社には非常に多くのフェアチャイルド・セミコンダクター出身者が採用されたので、フェアチャイルド・セミコンダクターに訴えられた。

GMeという会社名は、あたかもGMと何か関係があるように匂わせるためにつけられた。だから略号も、GMEでなく、GMeとした。GMを強く打ち出している。全くのはったりである。

GMeでは、RTLが開発され、数年中にRTL市場の98%を占めるに到った。

ここでGMeは、MOSの開発に取りかかった。フェアチャイルド・セミコンダクターから来たフランク・ワンラスがMOSの開発に取り組んでいた。これは非常に金食い虫であり、たちまち予算が足りなくなった。

一九六六年、パイル・ナショナルの社長のクロフトは、フィルコ・フォードにGMeを売却する。GMがフォードに買収されるのだから皮肉な冗談に近い。

ロバート・ノーマンとハワード・ボブは去っていった。ローレル大佐も去り、フィル・ファーガソンが最高経営責任者として、最後の一年を支えた。

インターシル

一九六三年にアメリコを去ったジャン・ホールニーは、ユニオン・カーバイドのコンサルタントをしていた。一九六七年、ユニオン・カーバイドのサンディエゴ移転を機に、ホールニーは、インターシルを創立する。

ホールニー自身も30万ドルを出資したが、アーサー・ロックを初めとするベンチャー・キャピタル、オリベッティ、生国のスイスから時計メーカーのオメガやポルテスキャップなどが出資した、デジタル時計用の集積回路を作るというふれ込みであったらしい

インターシルには、ユニオン・カーバイドからジョン・H・ホールやジョン・D・マーシャルのような花形技術者が入社し、フェアチャイルド・セミコンダクターからは、ディビッド・フラガーが入

社した。フラガーは、オペアンプ（演算増幅器）μA741を開発したことで有名である。このオペアンプは、私もずいぶん使ったことがある。

インターシルは、NMOSやCMOSも手がけたが、一番有名なのは、A／Dコンバータ、D／Aコンバータだろう。A／Dコンバータは、アナログ（連続）信号を、デジタル（離散）信号に変換するものである。D／Aコンバータは逆にデジタル信号をアナログ信号に変換するものである。

インターシルは、初期にはアナログ・デバイス社と良い関係にあったが、インターシルがバー・ブラウン社と提携関係に入ると、ふつうのライバル関係になった。

インターシルの悲劇は、アーサー・ロックが、アナログ関係をやめるように口を出してきたことである。デジタル時代に、なぜアナログかというのだろう。でも、これは素人アーサー・ロックの間違いであった。金の卵を産む鶏の首を飼い主が自分で絞めた。経営は取締役会中心に行われるようになり、ホールニーは、社長の座から降ろされ、アナログ部門は、漸減の方向に向かった。

スピンオフと半導体産業の構造的変化

フェアチャイルド・セミコンダクターからは、次々に従業員のスピンオフが発生し、一九六五年頃までには、フェアチャイルド・セミコンダクターから七社の半導体会社がスピンオフで生まれた。これは、シリコンバレーの伝統となった。シリコンバレー全体に半導体会社が広がって行くのである。どうして、フェアチャイルド・セミコンダクターからは、このようなスピンオフが発生したのだろうか？

アメルコのイシュ・ハース、ライオネル・カットナー、それにシグネティックスのデイビッド・アリソンの場合は、分かりやすい。彼等はフェアチャイルド・セミコンダクターに多大の寄与をしたにもかかわらず、創業メンバーでないという理由で何の分け前にもあずかれなかった。創業メンバーは多額の株式のオプションにありつけたが、彼等は、そうでなかった。

本来、功績を上げた人間には、株式のオプションを与えるべきだったのだが、親会社のフェアチャイルド・カメラ・アンド・インスツルメンツは、頑として応じなかった。とりわけシャーマン・フェアチャイルドは、忍び寄る社会主義として断固として、はねつけたのである。これでは馬鹿馬鹿しくていられない。

それでは、株式のオプションをもらえた創業メンバーは、どうして去ったのだろうか。むろん不満もあったろう。対等の原則が崩れ、序列が発生したこともある。研究優位から製造優位、販売優位、マーケッティング優位に移っていくこともあるだろう。

しかし、それもあるが、私は、これまでの半導体産業に構造的変化が生じたからではないかと思う。

集積回路登場前の半導体産業では、物質の構造理論に通じた物理学者が圧倒的に優位であった。

トランジスターを如何に作るかが問題だったのである。できてしまえば真空管回路の置き換えになるので、特に何に使うかは考えなくても良かった。入力インピーダンスを大きく、出力インピーダンスを小さくという要求が来る位だったろう。

だが、集積回路が出現すると、それが何に使えるかが重要になってくる。もっと分かりやすくいえばコンピュータに使うための論理回路という観点が重要になる。

私も学生の頃ハーバート・タブの『パルス・デジタルスイッチ回路』三巻を友人達と読んだ。大学では真空管回路しか教えていないのに、秋葉原からは真空管が姿を消し、店頭にはトランジスターが並んでいる。トランジスターだけでも不可解なのに、トランジスター回路を増幅回路としてでなく、論理回路として使うという。不可解そのものであった。それにあっちが上がると、こっちが下がるという、数学にのらない、一見初等的で、まだるっこしいような物の考え方には相当閉口した覚えがある。

だが、そこには留まらなかった。単体のトランジスターを組み合わせるのではなく、集積回路を使ったレディメードの論理回路が出現した。この論理回路にも一九六〇年代から、いろいろな論理回路の方式が出現した。主なものには以下がある。

◇ＲＴＬ　　レジスター・トランジスター・ロジック
◇ＩＩＬ　　インテグレイテッド・インジェクション・ロジック
◇ＤＴＬ　　ダイオード・トランジスター・ロジック
◇ＴＴＬ　　トランジスター・トランジスター・ロジック
◇ＥＣＬ　　エミッタ結合ロジック
◇ＭＯＳゲート、ＣＭＯＳゲート

これは詳しく説明すると、何百ページも必要になる。昔、私も勉強したハーバート・タブ、ドナルド・シリングの『デジタル集積回路』では、６５０ページも使って、これらだけを説明している。ただし、現在ではＴＴＬ、ＭＯＳゲート、ＣＭＯＳゲート以外は歴史的な価値しか持たない。

結果だけをいうと、フェアチャイルド・セミコンダクターは、ロバート・ノイスがフィルコ時代からダイオード・トランジスター・ロジックDTLを使っていたこともあって、DTLにこだわったが、これは失敗であった。シグネティックスは、RTLを採用してフェアチャイルド・セミコンダクターを凌駕した。さらにテキサス・インスツルメンツは、TTLで大成功した。フェアチャイルド・セミコンダクターは、MOSの開発・製造では成功しなかった。

使うだけなら、もう物理学は要らない。ある意味でトランジスターの構造だの、回路の構造だの、中身の理解は不要になる時代が来た。

このように新しい概念が次から次に現れては洪水のように流れ込んで来て、新しい分野が開けるならば、きっと新しいビジネス・チャンスがあるはずだと考えるのが自然だろう。そこで起業しないなんて法があるだろうか。

フェアチャイルド・セミコンダクターと、そこから派生した会社の関係を理解するには、Don Hoefler, Harry Smallwood, and James E. Vinclerが、一九七七年に作った「フェアチャイルド／シリコンバレーの系譜（Title: Fairchild/Silicon Valley Genealogy Chart）」が良いと思う。分かりやすい美しい系統図である。インターネットからPDFファイルをダウンロードできる。大きい紙に印字して持っていると大変便利である。一九七八年以後は自分で作るしかない。

集積回路は期待されたほどには、当初売れなかった。性能が十分でなく、価格が高かったからである。プロは設計の自由度を奪われるのを嫌った。

また一九六二年ロバート・マクナマラ国防長官が、国防費の削減を打ち出した。これによって一九六五年頃には国防関係の調達が半分ほどになった。ハイテク産業には打撃であった。

チャールズ・スポーク

さて、フェアチャイルド・セミコンダクターの創業メンバーの八人は、最初は対等であったが、次第に序列ができて行った。また、外部のＧＥから来たチャールズ・スポークが、創業メンバーのユージーン・クライナーやジュリウス・ブランクを追い抜いて製造部門のトップになった。

スポークは、一九二七年、ニューヨーク州のサラナック・レイクという小さな町で、ドイツ系両親の間に生まれ育った。元々、両親はニューヨークのグリーンポイントに住んでおり、父親は機械工をしていた。しかし、不幸にして父親は肺結核にかかり、療養のためにサラナック・レイクに移り住み、食料雑貨店を開いた。食料品チェーンのＡ＆Ｐが隣に店を開くという噂が届くと、父親はさっさと店を売り払い、タクシーの運転手になった。

スポークはサランテック・レイク高校時代は、ウェストポイント士官学校に入学することを夢見ていたが、彼女ができると、何年も窮屈な軍の学校に拘束されるのはたまらないと思った。それでも一九四五年六月、陸軍に入隊した。陸軍時代も余暇を利用してアルバイトをして上官に睨まれた。一九四七年に除隊し、サランテック・レイクノポール・スミス・カレッジに入学した。

一九四八年、スポークはコーネル大学の機械工学科に入学した。一九四九年、スポークは、彼女と結婚した。コーネル大学在学中は、毎年三ヶ月ＧＥで働いた。

コーネル大学卒業後、スポークは、GEに就職した。GEでの最初の仕事は製造トレーニング・プログラムであった。GEでは様々な仕事をした。現場での監督のような生産管理のようなことが多かったようだ。労務担当の一面もあったらしい。具体的な仕事としては、労働組合を懐柔しながら力率補正コンデンサーの組立てを進めることなどがあったようだ。

スポークが、一九五九年八月、帰宅してニューヨーク・タイムズを読んでいると、フェアチャイルド・セミコンダクターが製造マネージャーを募集している広告が掲載されていた。そこでスポークが、ニューヨークのマンハッタン・ホテルで就職面接を受けると、人事担当の副社長と製造担当の副社長が面接したが、昼前というのに二人の副社長は、あらゆる強い酒を飲んで酩酊していた。当時スポークがGEでもらっていた給料は年俸で7200ドルであったが、13000ドルを提示された。喜んだスポークは、一九五九年一〇月、家を売り払い、家財道具をまとめて、家族を連れて一路、西海岸に向かった。

スポークが、マウンテン・ビューのノース・ウィスマン・ロード沿いにあるフェアチャイルド・セミコンダクターの工場に到着してみると、採用した副社長たちは、何も覚えていないという。今さら東海岸に戻れないスポークが激しくフランク・グラディを問い詰めると、やっと思い出した。そこで部屋を与えられて入ってみると、同じ職で雇われたという先客がいる。同じ部屋に同じ製造マネージャーが二人いる。混乱のきわみである。さらに製造組織の組織など全く存在しない。柔軟といえば柔軟だが、あきれ果てたものであったという。

ユージーン・クライナーやジュリウス・ブランクは、製造の現場についてある程度の知識があったが、実際に製造の指揮をとっていたのは、製造実務の経験に乏しいゴードン・ムーア、ジェイ・ラスト、ロバート・ノイスなどの科学者であったとスポークが証言している。

ノイスは、フィルコで労働組合対策を経験していたが、GEでスポークが経験してきたような戦闘的労働組合との激しい対立ほどではなかったようだ。フェアチャイルド・セミコンダクターでの仕事というのも、本当は労働組合対策の労務担当の一面があったようだ。ある程度の誇張があったとしても、現実はそれに近かったのではないかと思われる。

企業規模の拡大と矛盾と危機

一九六一年には、フェアチャイルド・セミコンダクターは、パロアルトの研究開発部門と、マウンテンビュー市ノース・ウィスマン・ロード545番地（545 N Whisman Road, Mountain View）の製造部門に分かれていた。

マウンテンビューのノース・ウィスマン・ロードやフェアチャイルド・ドライブやエリス・ストリート沿いにあった製造部門は、22万6623平方メートル、6万8553坪と広大であった。

ロバート・ノイスは、親会社やオリベッティとの仕事に忙殺されており、製造部門との調整をチャールズ・スポークとゴードン・ムーアに任せた。

研究開発部門と製造部門は、ことごとく対立した。原因はいろいろあるだろうが、ショックレー半導体研究所以来、研究開発部門が博士号取得者中心で、排他的な雰囲気があったことも影響していたように思われる。論文業績が優先で、地味な現場作業を嫌う一種貴族的な気風がなかったとは言い切れない。ギリシヤの科学が工学でなかったのと、どこか似ているように思う。

一九六六年、ノイスは、副社長兼半導体部のジェネラル・マネージャであった。この時、親会社は、東海岸のニュージャージー州クリフトンに半導体試験機器部を作り、ノイスの職掌範囲とした。

そこで、ノイスは、マーケット部門の長をしていたトム・ベイに半導体試験機器部の運営を任せた。一方、ノイスの昇進で、空席となったジェネラル・マネージャには、チャールズ・スポークを当てた。するとノイスの近くから二人の重要な幹部がいなくなってしまい、フェアチャイルド・セミコンダクターの日常運営に支障が出ることになった。

一九六七年二月、スポークは、ナショナル・セミコンダクターの最高経営責任者ＣＥＯとしてヘッド・ハンティングされた。スポークは、フェアチャイルド・セミコンダクターに不満だった。他社に比べてフェアチャイルド・セミコンダクターの給料は安く、魅力的なストック・オプションもなかった。またフェアチャイルド・セミコンダクターの上げた利益をジョン・カーターが見込みのないベンチャー企業の買収に使っているのも不満だった。

スポークの去った後、ジェネラル・マネージャの空席を誰が埋めるかが問題だった。ノイスは、まず研究開発の責任者をしていたムーアに声をかけた。ムーアは断った。そこで東海岸からトム・ベイを呼び戻し、ジェネラル・マネージャに据えた。ビクター・グリニッチがトム・ベイの跡を継いで半導体試験機器部の責任者となった。しかし、人材流出の混乱は収まらなかった。そこでノイスは、親会社に頼んで、30万株のストック・オプションを要求し、１００人の中間管理職に配り、流出を防ごうとした。

この頃になると、ノイスは、経営に首を突っ込み過ぎ、研究開発には遅れを取り始めた。

フェアチャイルド・セミコンダクターの売り上げは、一九五七年の創業以来、毎年増加し、一九六〇年代半ばには親会社の総売り上げの75～80%を占めるようになった。またテキサス・インスツルメンツやモトローラとの競争も激しくなった。一九六六年時点で、半導体業界の一位はテキサス・インスツルメンツ、二位はフェアチャイルド、三位はモトローラとなっていた

しかし一九六七年の第3四半期の収益は、前年同期の300万ドルから134・7万ドルと95・5%低下した。株価は年初の92ドルから半分の52ドルに落ち込んだ。

一九六七年一二月、フェアチャイルド・カメラ・アンド・インスツルメンツの取締役会は、ジョン・カーターに不採算ベンチャーをすべて売却するよう命じた。これに対してカーターは、突然辞任を表明した。

フェアチャイルド・カメラ・アンド・インスツルメンツの取締役会は、後任の社長にノイスを選ばず、リチャード・ホジスンを社長に推薦した。ホジスンが社長になっても、フェアチャイルドの半導体部門の業績は好転しなかった。このため数カ月後、ホジスンが辞職させられた。そこで、最高経営会議が作られ、社長不在を集団指導体制で乗り切ろうとした。メンバーはシャーマン・フェアチャイルド、投資顧問のウォルター・ブルク、財務・税理顧問のジョセフ・B・ウォルトン、それにノイスであった。

時間を稼ぎながら、シャーマン・フェアチャイルドは、ノイス以外の新CEOを探し始めた。ノイ

スは、優柔不断で決断のできない人物だと思われたのである。それを察知したノイスは、秘かにムーアに声をかけ、新会社を創業する計画を慎重に進めた。

第10章　モトローラとフェアチャイルド

モトローラとポール・ガルビン

モトローラは、ポール・ガルビンによって創立された。ポール・ガルビンは、一八九五年にイリノイ州の農村地帯であるハーバードで生まれ育った。少年時代から事業家としての才覚を現し、地元の鉄道の駅で弟がポップコーンを売るかたわら、その帳簿付けを行っていたという。イリノイ大学に入学したが、二年在学したところで第一次世界大戦が勃発したため、米陸軍に入隊している。

一九一九年、ガルビンは二年間の軍隊生活を終えてシカゴに戻ってきた。シカゴに着いたガルビンは、テキサス州の石油会社への就職が内定していたが、出社するのは、しばらく先となっていた。そこで、つなぎの仕事として蓄電池会社に勤め始める。ところが、この仕事は長引き、二年にもなってしまう。結局、蓄電池事業は、ガルビンの一生の仕事になってしまう。運命のいたずらといえよう。

さて、一九二一年にエドワード・スチュワートと手を組んだガルビンは、ウィスコンシン州マーシュフィールドに、スチュワート・ガルビン蓄電池会社を創立した。この会社は、資金の問題やシカゴから遠く離れたウィスコンシン州にあったことなどの理由から、うまくいかず、一九二三年に解散してしまった。

傷心のガルビンは、シカゴに戻り、一九二六年までブラッシュ・キャンディ会社のエミール・プラッシュの個人秘書を務めた。この辺りの経歴は少々変わっている。だが、蓄電池会社への思いは断ち切れず、一九二六年には再びエドワード・スチュワートと手を組んで、今度はシカゴに蓄電池会社を作った。

しかし、彼らの製品であるラジオ用蓄電池の需要は少なく、一九二八年には破産してしまう。その後、会社資産は競売にかけられたが、ガルビンはその多くを買い戻したという。破産した人物が、競売に参加できるほどの資金を残していたという点は不可解だが、実際にそうなのだという。

こうした紆余曲折を経て、一九二八年にはシカゴのウエスト・ハリソン街に、ガルビン製造会社が設立される。資本金は６００ドルで、従業員は五人という小さな会社だった。主力製品はバッテリ・エリミネータというもので、蓄電池動作の家庭用ラジオを家庭用電源で使用できるようにした装置である。

さて、採算が軌道に乗った頃に、今度は大恐慌が襲ってきた。それまで、災難続きだったポール・ガルビンの人生であったが、今回は無事に大恐慌を乗り切ることができた。随分と苦労の多い人生に思える。

バッテリ・エリミネータは、蓄電池操作の家庭用ラジオが主流でなくなると、売れなくなる運命にあった。そこでガルビン率いるガルビン製造会社は、別の主力製品を見つけなければならなかった。

当時、自動車会社は自動車用ラジオを生産していなかったため、一九三〇年から自動車用ラジオを生産することにした。蓄電池から始まって家庭用ラジオを手掛け、それが自動車用ラジオへと変遷したのである。ガルビン製造会社が自動車用ラジオを自動車の販売代理店に売り、販売代理店が自動車に組み込むという流れだった。ガルビンが直接、自動車会社に製品を売るようになったのは、第二次世界大戦後である。

ガルビンは、動きを意味するモーションとラジオの観念を結び付けた合成語としてモトローラ(Motorola)をブランド名とした。これがモトローラという社名の公式の説明である。普通は、モーターカー（自動車）からモトローラになったというのが、定説となっている。

自動車を記述する英語は、時代によって、モーターになったり、オートになったりしている。自動車をモーターというのは、一九三〇年代の流行だったという。

モトローラの自動車用ラジオには、プッシュ・ボタンが初めて採用され、微細ツマミや音量コントロールが初めて使われた。デザインにも工夫が凝らされた。努力の甲斐あって、ガルビン製造会社は、一九三六年に自動車用ラジオ市場でリーダーとしての地位を確立した。この年、ガルビン製造会社は警察のパトロールカーに搭載される車載無線の分野に参入する。

一九四〇年になると、ガルビンは、ダン・ノーブルをスカウトし、ガルビン製造会社は軍用通信機の分野に乗り出した。陸軍信号部隊向けにＳＣＲ－536というハンディ・トーキーという携帯型の双方向ＡＭ（振幅変調）無線機を開発した。また翌年には、ＳＣＲ－300双方向ＦＭ（周波数変調）無線機の開発に乗り出している。

一九四二年、太平洋戦争が勃発すると、軍用通信機に注力した。片手で操作するハンディ・トーキーＳＣＲ－536と背中に背負うランドセルのようなウォーキー・トーキーＳＣＲ－300は、欧州戦線と太平洋戦線で大活躍した。

第二次世界大戦の戦争映画『コンバット』などに必ず登場するのが、この二つのモトローラ製無線機である。この辺りから、無線機に関するモトローラの神話が生まれたと推測される。

この年、ガルビン製造会社は、株式を上場している。モトローラと社名変更をするのは、一九四七年である。理由は、ガルビン製造会社という社名があまり知られておらず、モトローラという商品名は広く認知されていたからである。

戦後、軍用通信機の市場が縮小すると、次の市場を探し求める必要が出てきた。モトローラは、自動車会社GMの自動車用ラジオを独占し、フォードとクライスラーにも触手を伸ばした。一九四八年には、テレビ市場にも参入する。これは25年間続いたが、あまりうまくいかず、結局一九七四年に撤退した。モトローラはテレビの生産設備を、松下電器に売却することになる。

モトローラが成功したのは、半導体市場においてであった。一九五二年にパワー・トランジスタを製造し、一九五六年には自動車用ラジオに半導体を組み込んだ。また、ページャー（ポケベル）に半導体を組み込んでいる。得意の自動車と無線に、半導体を組み合わせたのである。

モトローラのガルビン王朝

一九五六年、ポール・ガルビンは、モトローラの会長に就任し、息子のロバート・ガルビンが社長となった。これから三代にわたるガルビン王朝が成立する。

モトローラ王朝第一代のポール・ガルビンは、一九二八年から一九五六年まで28年間、モトローラの社長を務め、モトローラを支配した。

第二代のロバート・ガルビンは、一九四〇年にモトローラに入社し、一九五六年に社長に就任した。一九六四年、ロバート・ガルビンは、会長になったが、一九九〇年まで最高経営責任者であった。ロバート・ガルビンは、二〇〇一年取締役会を退いた。

第三代のクリストファー・ガルビンは、一九九三年、社長兼最高運営責任者ＣＯＯに選ばれた。一九九七年一月にクリストファー・ガルビンは、最高経営責任者ＣＥＯに選ばれ、一九九九年六月会長に選ばれた。取締役会で造反が起き、二〇〇三年、クリストファー・ガルビンが会長兼最高経営責任者ＣＥＯの職を退いた。モトローラ王朝は、ここに崩壊する。

乗っ取り、買収が横行する米国で、三代続いて会社を支配できたのは珍しい。ＩＢＭのワトソン家が二代しか続かなかった。三代というのは、なかなかのものである。それだけに内在する矛盾も大きかったのだろう。

二〇〇四年、モトローラは半導体部門をフリースケール・セミコンダクター社として分社化した。

二〇一一年一月、モトローラは、二つに分かれた。モトローラの直系のモトローラ・ソリューションズと携帯電話とワイヤレスを主力とするモトローラ・モバイルである。

二〇一二年五月、グーグルがモトローラ・モバイルを買収した。時代が大きく変わり始めたのである。

ダン・ノーブルとウォーキー・トーキー

ダニエル・ノーブル（以下ダン・ノーブル）は、一九〇一年、コネチカット州ノーガタックに生まれた。ダン・ノーブルは、コネチカット州立大学工学部を卒業した。ハーバード大学やMITの大学院の講義も聴講したようだが、修士号を取得したとは、どこにも記されていない。その後ダン・ノーブルは、コネチカット州立大学で助教を勤めた。この間、大学の放送局の設置、運営に関わった。これが成功したので、ハートフォード大学からFM放送の送信システムの構築を依頼された。これは非常にうまく行った。

この評判を聞いてコネチカット州警察が、警察無線の双方向FM車載電話システム構築を依頼してきた。一九四〇年に完成したこのシステムは、全米最初の双方向FM車載電話システムであった。言葉が硬ければ、パトロール・カーに載せるFMを使った双方向無線電話である。

さらにこの成功を耳にしたモトローラのポール・ガルビンは、ダン・ノーブルに声をかけた。そこでダン・ノーブルは、一九四〇年にモトローラの研究所長として入社した。ダン・ノーブルの最初の仕事は、警察と米陸軍信号部隊向けのFM通信機器の開発だった。ダン・ノーブルは、米陸軍用のSCR－300というFMウォーキー・トーキーの開発指揮を執った。

第二次世界大戦後、ダン・ノーブルは、半導体開発に目を向けるようになる。ダン・ノーブルは、一九四九年、固体電子研究所を創立する。これが半導体製品部門に発展して行く。

一九五八年ダン・ノーブルは、レスター・ホーガンに眼をつけた。この頃、ダン・ノーブルは、モトローラの副社長で半導体事業部のジェネラル・マネージャをしていた。

レスター・ホーガン

クラレンス・レスター・ホーガン（C・レスター・ホーガンと表記されることが多い）は、一九二〇年、モンタナ州グレート・フォールズに生まれ育った。父親はグレート・ノーザン鉄道で働いていた。中学、高校と優秀な成績で卒業した。人気者であったらしい。

ＭＩＴに進学したかったが、父親の収入では無理だったので、モンタナ州立大学化学科に入学し、一九四二年卒業した。就職するよりも海軍に入ることを望んだ。四ヶ月間の士官養成コースを経てチェサピック湾に送られた。ここではベル電話研究所が音響追跡魚雷の実験をしており、その支援をするのが任務であった。ここでホーガンは、ベル電話研究所の執行副社長に非常に気に入られた。

ホーガンは、海軍を除隊すると、リーハイ大学に行き、一九五〇年に博士号を取得した。早速、ベル電話研究所に電話をして久闊《きゅうかつ》を叙《じょ》した。すぐにベル電話研究所に就職が決まった。仕事はマイクロ波ジャイレータ、アイソレータ、サーキュレータなどであった。オランダのフィリップス社のテレゲンの発見した非相反回路という新しいジャンルの回路であった。

ホーガンは、フェライトという物質を使えばマイクロ波導波管回路で非相反回路が実現できることを示した。私も学生時代に習ったマイクロ波非相反回路の発明者と、ホーガンが同一人物と知って、びっくりした。

ホーガンは、数学上の問題で助力を必要としていたので、ベル電話研究所にいたジョン・バーディーンに頼みに行ったが多忙を理由に断られた。次にウィリアム・ショックレーに頼みに行くと、これは素晴らしいと感激して二時間半ほど計算し、結果を教えてくれた。トランジスターの発明者と奇妙な接点を持っていたものである。

時間的には、ベル電話研究所入所が一九五〇年なので、一九四七年の点接触型トランジスターの発明に立ち会っていたはずがないが、ホーガンは、トランジスターの発明の経緯に良く通じていたようである。

マイクロ波非相反回路の業績で、ホーガンは、ハーバード大学のゴードン・マッケイ記念（講座）教授に引き抜かれた。一九五三年から一九五八年までホーガンは、ハーバード大学の教授職にとどまった。運の良い人もいるものだと思う。

一九五八年、ホーガンは、ダン・ノーブルによってスカウトされたが、大学教授のままで良いとなかなか応ぜず、良い条件を引き出すのに成功した。かくしてホーガンは、モトローラの副社長兼半導体事業部のジェネラル・マネージャに就任した。

ホーガンは、一九五八年六月、ダン・ノーブルにスカウトされてモトローラに着任すると、部門の技術者をほぼ全員首にしてしまい、古巣のベル電話研究所の研究員を引き抜いて置き換えた。

ホーガンは、たしかに辣腕《らつわん》の経営者で、モトローラの一九五八年の500万ドルの売上げを、一九六七年には2億3000万ドルまでに伸ばした。ホーガンは、半導体事業部への投資を拡大させ、半導体生産設備を当初の6万8千平方フィート（6317平方メートル、1911坪）から、一九六四年には、111万8千平方フィート（10万3900平方メートル、3万1420坪）にまで拡大した。

一九六八年、ホーガンをフェイルド・セミコンダクターの社長にスカウトするという話が浮上した。元々は、プレーナー技術のライセンスの話し合いだったというが、ひょんな事から、スカウト話になった。良いアイデアと思われたが、ホーガンは、例の如く、なかなか応ぜず、最後は、一九六八年六月二五日、退職三日前のロバート・ノイスまでが説得に赴いた。

そこで、ついにシャーマン・フェアチャイルド自らが、ホーガンを説得にフェニックスに飛んだ。このシャーマン・フェアチャイルドとの交渉の過程で、フェアチャイルド・セミコンダクターの社長という当初の話がフェアチャイルド・カメラ・アンド・インスツルメンツの社長という話になった。またフェアチャイルド・セミコンダクターの副社長とジェネラル・マネージャーを兼ねることになった。

現在わずかに入手できる一九六九年のフェアチャイルド・カメラ・アンド・インスツルメンツの年次報告書には、ホーガンがフェアチャイルド・カメラ・アンド・インスツルメンツの社長とはっきり記されている。シャーマン・フェアチャイルドは、会長になっている。

ホーガンが応じた条件は、年俸12万ドル、株式のオプション1万株、さらに将来9万株を購入するための無利子ローンなど、当時としては破格のものであった。

モトローラは、ホーガンが去ると即日、フェアチャイルド・カメラ・アンド・インスツルメンツを不公正な競争、独占禁止法違反、不公正な商慣行で訴えたが、ホーガンは、全く意に介しなかった

ホーガンの英雄達

一九六八年八月、レスター・ホーガンが、モトローラを去り、フェアチャイルド・カメラ・アンド・インスツルメンツの社長になると報道されると、モトローラの株式は10％下がり、フェアチャイルド・カメラ・アンド・インスツルメンツの株式は19％上がった。

この前後、色々な歴史書は、フェアチャイルド・カメラ・アンド・インスツルメンツとフェアチャイルド・セミコンダクターをごちゃごちゃにしている。事実上フェアチャイルド・カメラ・アンド・インスツルメンツは、フェアチャイルド・セミコンダクターになっていたのである。

第一には、ホーガンが、フェアチャイルド・カメラ・アンド・インスツルメンツの社長になり、フェアチャイルド・セミコンダクターの副社長とジェネラル・マネージャーを兼ねていたからである。

第二には、フェアチャイルド・カメラ・アンド・インスツルメンツの収入の80％がフェアチャイルド・セミコンダクターから上がるようになっていたからである。

レスター・ホーガンは、フェアチャイルド・カメラ・アンド・インスツルメンツの社長になると、本社を東海岸のニューヨーク州のロングアイランドのシオセットから西海岸のマウンテンビューに移してしまった。こういうことが可能だったのは、シャーマン・フェアチャイルドがもう重い病気だったからではないだろうか。実際一九七一年三月二八日シャーマン・フェアチャイルドは、死去している。長い闘病生活の後で死去したと記録には残っている。シャーマン・フェアチャイルドほどの大物でも、まともな伝記はほとんどない。飛行機と結びつけた本が何冊かあるだけだ。これは大変残念なことである。克明で信頼できる良い伝記が一冊位は出て欲しいものだ。

ホーガンは、豪放磊落な印象を与える反面、多少、粗暴な所もあったようだ。

先にも述べたようにホーガンは、一九六八年八月一〇日にフェアチャイルド・カメラ・アンド・インスツルメンツに着任すると、そこにいた経営陣の人間をほぼ全員首にしてしまい、古巣のモトローラの半導体部門からホーガン・ヒーローと呼ばれた七人のマネージャを引き抜いて入れ替えてしまった。当時『ホーガンズ・ヒーロー』という人気のＴＶ番組があったことにひっかけた仇名である。

ホーガンは、自分の取り巻きだけで固めてしまう性向が見られる。

また何百人という技術者がホーガンを頼ってフェアチャイルド・カメラ・アンド・インスツルメンツに移ってきた。しばらくは毎日数人ずつ移ってくるということが続いた。ホーガンは、半導体以外の事業は、ほとんどすべて売却して整理してしまった。

一九六八年六月と七月にロバート・ノイスとゴードン・ムーアがフェアチャイルド・カメラ・アンド・インスツルメンツを辞めてインテルを設立した後も、マーケッティング部門の大物ジェリー・サンダースは、フェアチャイルド・カメラ・アンド・インスツルメンツに残っていた。ジェリー・サンダースは、フェアチャイルド・カメラ・アンド・インスツルメンツの社長になれるかもしれないと密かに期待していたのである。しかし、これは多少おめでたかった。結局、追い出されるのである。

社長になったホーガンは、ジェリー・サンダースとその部下の「スウェードの靴を履いた奴等」を毛嫌いしていたので、名前ばかりの閑職につけて体よく追い出してしまった。

翌一九六九年五月一日、ジェリー・サンダースは、元の同僚七人とともに資本金10万ドルで、

ＡＭＤ（アドバンスト・マイクロ・デバイセズ）を設立した。

さらにホーガンは、特に何も落ち度がなくとも、毎年、従業員を実績で下から５％を首にして行くという方針を採った。気が緩まぬように常に引き締めるということだろう。マイクロソフトのビル・ゲイツも過去に同じような方針を採ったことがある。

ホーガンのモトローラのカルチャーは、シリコンバレーのカルチャーには全く適合しなかった。たとえば、当時、マウンテンビュー市イースト・ミドルフィールド・ロード２８２番地（282 East Middlefield Road Mountain View）には、ワゴン・ウィールというレストラン兼カジノがあった。西部劇に出て来る酒場を意識したものだろう。ここに毎晩、ナショナル・セミコンダクター、インテルなどの社員達が集まって、深夜まで談笑したり、議論をしたり、情報交換を続けていた。ホーガンには、これが全く理解できなかった。自分の会社の人間は、自分達だけで飲めば良いではないか。なぜライバル企業の人間と一緒に飲むのかといぶかった。根本的にカルチャーが違うのである。

ホーガンの功績は、フェアチャイルド・カメラ・アンド・インスツルメンツのトランジスターの古色蒼然たる生産ラインを自動化したことである。これは、モトローラを成功させた戦略で、ある意味で一定の効果をあげた。しかし、それは、それで、もうトランジスターの時代ではなかった。時代は、集積回路の時代に入っていたのである。

ホーガンによる経営体制は、従業員全体の士気低下を招き、多くの従業員が去って行った。

さてレスター・ホーガンをモトローラが訴えた裁判は、一九七三年結審した。表面上は、ホーガンの勝利だが、実は、ホーガンの敗北であったかもしれなかった。翌一九七四年ホーガンは、フェアチャイルド・カメラ・アンド・インスツルメンツの社長の座を追われ、副会長に退いたからである。後継者は、ウィルフレッド・コリガンであった。

ウィルフレッド・コリガン

ウィルフレッド・コリガンは、一九三八年英国のリバプールに生まれた。父親は、造船所で働いていた。一九三九年に徴兵され、一九四六年まで家族の元に戻れなかった。

コリガンは、戦時下の空襲の下、グラマー・スクールを卒業した。一九六〇年五月、インペリアル・カレッジ・オブ・サイエンスの化学科を卒業した。卒業後、ボストンのトランジトロン・エレクトロニクスに就職した。２Ｎ３３８というトランジスターの製造技術者の職を与えられた。

ある日、モトローラの募集広告を読んで応募した。ボストン郊外のルート１２８という地帯では、毎晩、面接が行なわれていた。モトローラは、エピタキシャル成長に詳しい技術者を募集していたのである。一九六〇年にベル電話研究所がエピタキシャル・トランジスターを発表し、一大ブームが起きていたのである。

コリガンは、大学の卒業研究でエピタキシャル成長を手がけていた。こうしてコリガンは、アリゾナ州フェニックスのモトローラに勤めることになった。

コリガンは、一九六二年から一九六五年モトローラのシリコン・トランジスターの製造マネージャを勤めた。一九六五年からモトローラのトランジスターのマネージャになった。

コリガンが、チャールズ・スポークに誘われて、一九六八年にフェアチャイルド・セミコンダクターに転職すると、七年後というのにまだフェアチャイルド・セミコンダクターではエピタキシャル成長を十分にものにしていなかった。

一九六八年、レスター・ホーガンがフェアチャイルド・カメラ・アンド・インスツルメンツの社長として赴任してきた。社内の雰囲気は一変し、モトローラの中西部文化に変わった。コリガンは、モトローラ出身ではあったが、ワゴン・ウィールには毎週金曜日に飲みに行った。

ホーガン体制の下でウィルフレッド・コリガンは、副社長兼半導体部門のジェネラル・マネージャになった。特に香港、シンガポール、台湾、フィリピン、インドネシアなど海外での半導体生産を手がけた。

一九七四年、ホーガンの失脚に伴い、コリガンは、フェアチャイルド・カメラ・アンド・インスツルメンツの社長兼最高経営責任者になった。コリガンは、フェアチャイルド・カメラ・アンド・インスツルメンツをうまく運営できなかった。

フェアチャイルド・セミコンダクターの解体

一九七九年、フェアチャイルドの主要な収入源だったプレーナー型トランジスターの特許は期限切れの時期に達していた。そうした中、フェアチャイルド・カメラ・アンド・インスツルメンツは、フランスの石油採掘会社シュルンベルジェに4億2500万ドルで買収された。ただちにシュルンベルジュは、ウィルフレッド・コリガンを首にし、トム・ロバーツを後釜に据えた。トム・ロバーツは、ウェストポイント士官学校出身で、半導体のことは何も分からず、粗暴であった。一九八五年、トム・ロバーツはドナルド・W・ブルックスに交代した。

ドナルド・W・ブルックスは、フェアチャイルド・カメラ・アンド・インスツルメンツを、富士通に売却することが最善の選択と考えた。ワシントンに行って報告すると、米国商務省、国防総省、国家安全保障局が猛反対してつぶれた。

そこでシュルンベルジェは、一九八六年、フェアチャイルド・カメラ・アンド・インスツルメンツをナショナル・セミコンダクターに1億2200万ドルで売却した。今度は大した反対は出なかった。ナショナル・セミコンダクターのチャールズ・スポークは、フェアチャイルド・セミコンダクターの買収後、すぐさまフェアチャイルド・セミコンダクターを大胆に解体した。

まず韓国のフェアチャイルドを1500万ドルで売却、次にブラジルのフェアチャイルドを1000万ドルで売却、さらにマウンテンビューのウィスマン・ロード沿いの施設を1500万ドルで売却、ワシントン州のメモリ工場を1億ドルで売却、フェアチャイルドのマイクロプロセッサーの権利を1000万ドルで売却した。これで1億5000万ドルを獲得し、購入費用の1億2200万ドルを上回らせた。

10年後、残っていたフェアチャイルド・セミコンダクターのトランジスターとマイクロロジック事業を5億ドルで売却した。金勘定だけでいえば、まるまる5億ドルの儲けである。

またナショナル・セミコンダクター自身のリストラ策として、コネチカット州ダンベリーの工場を閉鎖した。残したのは、ポートランド州メインのウェファー工場、シンガポールの工場だけであって、不要な施設は全部閉鎖ないし売却してしまったようだ。資本主義とは、本来こういう猛烈なものであるらしい。

後に再建はされるものの、西海岸のシリコンバレーにおけるフェアチャイルド・セミコンダクターは一九五七年の創業以来29年の歴史を閉じた。

一九九七年三月一一日、ナショナル・セミコンダクターは、ベンチャーキャピタルのスターリングLLCの支援の下で、フェアチャイルド・セミコンダクター経営陣にフェアチャイルド・セミコンダクターを5億5000万ドルで買い取らせることを発表した。フェアチャイルド・セミコンダクターは復活したのである。

現在の本社は、グアダルーブ川を越えたサンノゼ市オーチャード・パークウェイ3030番地（3030 Orchard Parkway, San Jose）にある。

第11章　ナショナル・セミコンダクターの盛衰

スプレーグ・エレクトリック・カンパニー

一昔か二昔か前の米国製の計測器を分解すると、スプレーグ（正式にはスプレーグ・エレクトリック・カンパニー）製のキャパシター（コンデンサー）が出てきたものだ。

スプレーグは、一九二六年マサチュセッツ州インクインシーにロバート・チャップマン・スプレーグ（以下彼が好んだロバート・C・スプレーグと表記する）によって設立されたスプレーグ・スペシャルティーズ・カンパニーに起源を持つ。

ロバート・C・スプレーグは、一九〇〇年にニューヨーク・シティに生まれた。一九一八年にホッチキス・スクールを卒業し、アナポリスの海軍兵学校に入学した。卒業後、海軍大学に進み、ＭＩＴの大学院を修了した。

スプレーグ・スペシャルティーズ・カンパニーは、ラジオの部品とりわけ音量調節用の部品を作っていた。自宅の地下で夫婦二人で始めたという。電化ブームとミジェット・キャパシターという超小型キャパシターの成功により、三年後には従業員３００人を抱えるまでに成長した。会社が大きくなって手狭になったのと出資者が出てきたので、一九三〇年、ボストンの西方２００キロメートルほど内陸のノース・アダムズに移転した。

スプレーグは、一九四〇年には従業員１４００人を抱え、キャパシターでは全米一となった。第二次世界大戦での軍需で大儲けした。特にＶＴ信管などの生産が大きく寄与した。スプレーグは再盛時にはノース・アダムスに４０００人、全世界で１２０００人の従業員を抱えていた。

ロバート・Ｃ・スプレーグは、一九二六年から一九五三年までスプレーグの社長を勤め、一九五三年から一九七一年まで会長兼最高経営責任者の職にあった。

スプレーグの創設者ロバート・Ｃ・スプレーグの弟のジュリアン・Ｋ・スプレーグ（以下ジュリアン・スプレーグ）がセールスを担当していた。初期にはキャパシターで特許も取っていた。

クルト・レホベック

一九五二年、クルト・レホベックがスプレーグに入社してきた。レホベックは、一九一八年チェコの北ボヘミア地方のレドビッツで生まれた。第二次世界大戦中、レホベックはプラハのチャールズ大学のＢ．グッデン教授の下で博士課程で研究をしていた。赤外線検出のためにセレン化鉛を使う研究をしていた。この研究の中でタリウムがセレンに非常に急速に拡散していくこと、またそれによって整流作用が非常に改善されることに気がついた。この研究が認められ、一九四二年ミュンヘンで開かれた「材料Ｘ」の秘密の会議に出席させられることになった。材料Ｘとはゲルマニウムであった。

第二次世界大戦が終了すると、ソ連軍と米英軍の間でドイツの優秀な科学者の奪い合いになった。

米軍の科学者救出作戦の名前は「ペーパー・クリップ（紙バサミ）作戦」であった。レホベックは自転車で米軍占領地域に逃げ込み、米軍に拾われた。米軍は２１０人の科学者を「紙バサミ」として米国に運んだ。超法規的入国である。レホベックは米陸軍信号部隊によって確保された。米国市民権がないので、一旦ナイアガラの滝付近でカナダに出国し、再び米国に入国するという方法によって、米国入国が正当化され、米国市民権を得た。むろん軍が後ろに付いた茶番劇である。こうしてレホベックは、一九五二年スプレーグに入社した。この話はボー・ロジェックの『半導体工学の歴史』（邦訳なし）という本に詳しく書いてある。さながらＴＶ映画『スパイ大作戦』のような話である。興味のある方には一読をお勧めしたい。

さて先に一九五八年にクルト・レホベックがＰＮ接合を使って半導体素子間を分離する方法を発明したことについて述べた。この頃、創業者ロバート・Ｃ・スプレーグの弟のジュリアン・スプレーグが社長であった。

ジュリアン・スプレーグは、新しいことには危険が伴うとして何でも反対の保守主義者であり、初めからスプレーグが半導体事業に参入することに反対であった。

ジュリアン・スプレーグは、コンサルタントのアーサー・Ｄ・リットルを雇って、半導体事業について意見を述べさせた。アーサー・Ｄ・リットルの意見は次のようなものだった。

「半導体は複雑な上に小さく、時計メーカーの仕事でスプレーグの仕事ではありません」

そう言わなければコンサルタント料金は払わないぞと結論を誘導しているようにも思える。

ジュリアン・スプレーグは、クルト・レホベックの上司の首を切って、半導体については何も分からない上司に変えた。彼がレホベックに向けた質問がふるっている。

「トランジスターというのはキャパシター（コンデンサー）かね？」

無知もこの辺りまでになると、ジョークに近い。上司の信念は、スプレーグにとって大事なことは、キャパシターだけであって、その他のものはすべて切り捨てるべきだというものだった。

せっかくレホベックが画期的な発明をしたのに、スプレーグには、それを理解する人間がおらず、特許の申請すら嫌った。スプレーグの弁理士は、上層部の意を受けて、特許は通らないだろうという説明を延々としてレホベックを断念させようとした。忙しくて特許申請書類は書けないともいった。

そこで、レホベックは、一九五九年四月二二日に自分で『複数の半導体のアセンブリー』という特許申請書類を自分で書き投函した。これは一九六二年四月一〇日に米国特許３０２９３６６となった。

すると、たちまちテキサス・インスツルメンツがジャック・キルビーの特許に抵触すると通告してきた。社長のロバート・C・スプレーグは、慌てふためき、すぐにひそかに示談にせよと命令した。

しかし、そうはならず、テキサス州ダラスで公聴会が開かれた。訴訟を最大の戦術とするテキサス・インスツルメンツは、数十人の弁護士を揃えて待ち構えていた。しかし、いくら弁護士の数を揃えた所で、根拠のない言いがかりに近かったから、一九六六年三月一六日、米国特許商標庁は、明確にクルト・レホベックに軍配を上げた。

これに対するロバート・C・スプレーグの対応は、君の特許は価値があるとして、わずか一ドルの小切手をレホベックに渡しただけだった。スプレーグは、レホベックの特許を使わなかった。

レホベック自身も嫌気がさして集積回路の研究を止めてしまった。たしかにこういう会社はレホベックを雇うべきではなかったのである。猫に小判そのものだ。

スプレーグは、半導体を全く手がけなかったわけではない。一九六〇年頃、ミニットマン・ミサイル用のトランジスターなどには、それなりに力を入れていたことが、今も残っているスプレーグの社内報『Ｌｏｇ』などからも分かる。

ただし、スプレーグは、一九六六年以後、集積回路からは手を引いた。スプレーグは、巨大なテキサス・インスツルメンツやフェアチャイルド・セミコンダクターを押しのけて業界のリーダーになるつもりはなく、応分の分け前にありつければ良ベルナルド・Ｊ・ロスラインかったのである。

スプレーグは、一九七六年にジェネラル・ケーブルという会社に買収された。さらに一九七九年ジェネラル・ケーブルは、ＧＫテクノロジーと社名変更した。しばらくＧＫＴスプレーグという名称が通用していた。一九八一年ペン・セントラルがＧＫテクノロジーを買収した。その後も形式的には存続していたが、一九九二年頃、再度の買収によって、表面上ほぼ消滅した。

スプレーグ家から意外な人材が出る。それについては少し後で述べたい。

ベルナルド・ロスライン

ナショナル・セミコンダクター・コーポレーション（以下ナショナル・セミコンダクター）は、一九五九年五月二五日、スペリー・ランドの半導体部門スペリー・セミコンダクターをスピン・オフしたベルナルド・Ｊ・ロスラインを中心とする八人によってコネチカット州ダンベリーで創業された。

ロスラインの出自等については、ほとんど分からない。何処で何年に生まれたかも分からない。博士号を持っていたことだけが分かる。ただ裁判の記録があって、ある程度なら分かる。

ロスラインは、シルバニアに勤めた後、ニュージャージー州ベルマーの米陸軍信号部隊に勤めた。その後、ブローバ時計会社に勤めた。

一九五三年ブローバ時計会社を退職した後、ロスラインは、スペリー・ランドに半導体事業に参入するように働きかけた。そこでスペリー・ランドは、ロスラインを半導体事業参入のためのアドバイサーとして雇った。二ヵ月後、ロスラインは、半導体事業参入を薦める報告書を提出した。この報告書は、基本的に採用され、ロスラインは、スペリー・ランドの半導体グループの責任者に任命された。

ロスラインは、半導体産業の知己の中から、エドワード・N・クラーク、ジョセフ・J・グルーバー、ミルトン・シュナイダー、ロバート・L・ホプキンス、ロバート・L・ホッホ、リチャード・N・ラウ、アーサー・V・シーフェルトの七人を選んで採用した。

この小グループは、ロスラインを長としてニューヨーク州ロングアイランドのグレート・ネックで研究開発を進めることになった。実は誰もトランジスターの具体的な製造経験がなかった。

一九五四年頃は、ゲルマニウム・トランジスターが中心であったが、これは温度の高い環境では使えないので、国防総省は温度が高くても動作するシリコン・トランジスターを欲しがっていた。そこでロスマンドはシリコン・トランジスターの開発に狙いを定め、シリコンの成長型で結晶を作る研究を始めた。一九五五年にはシリコン・ダイオードの研究開発が進み、同じ年の後半には合金接合型のシリコン・トランジスターの研究開発が進められた。

一九五六年、半導体グループは、自立的で独立した形になり、外部にはスペリー・ランドのスペリー半導体部門として知られることになる。またロングアイランド島対岸のノーウォークに移転した。次第にシリコン・トランジスターの研究開発段階から生産段階に移行して行く。

一九五九年にはシリコン・トランジスターの生産は日産２００個ほどに達していたが、本格的に市場に出すには日産２０００個ほどの生産能力が必要であった。

またこの年五月二五日、合衆国政府に納める合金接合型シリコン・トランジスターの生産に関連して全員が機密保持誓約書にサインさせられた。

次第にスペリー・ランドのスペリー半導体部門が本格的に形を整えてくるのに従って、スペリー・ランド本体としては、誰か人をやって監視というか管理する必要が出てくる。そういう時に選ばれる人材というのは、どういうわけか最悪の人材が多いようだ。この場合選ばれたのが半導体の専門家というふれこみのレックス・シットナーであったが彼も例外でなかった。

ロスラインは、レックス・シットナーにはうんざりし、とても彼の下では働けないと思った。ごく自然とロスラインは、スペリー・ランドを辞めて自分の会社を作って思うようにやりたいと考え始めた。実は既にメサ型シリコン・トランジスターができていたのだが、スペリー・ランドへの報告が遅れていた。これも後に裁判の過程で不利になった。

ナショナル・セミコンダクターの設立

途中をすべて省くと一九五九年五月二五日、ベルナルド・ロスラインに率いられたスペリー半導体部門の従業員は、スペリー・ランドを辞職し、コネチカット州ダンベリーにナショナル・セミコンダクターを設立した。これはスペリー・ランドにとって青天の霹靂《へきれき》であった。

資本を調達したのは、ドン・ルーカスであった。この人はあまり有名ではないが、ベンチャー・キャピタリストとしては有名な人である。ナショナル・セミコンダクターの歴史にとっても非常に重要な人物だ。

一九五九年一二月三一日で見ると、スペリー半導体部門の従業員35名の内、22名が辞職し、その内19名がナショナル・セミコンダクターに転職した。その後も3名が辞職し、その内2名がナショナル・セミコンダクターに転職し、さらにスペリー半導体部門以外の部署から7名が辞職し、ナショナル・セミコンダクターに転職した。スペリー半導体部門は、しばらく機能しなくなってしまった。

激怒したスペリー・ランドは、一九五九年六月二六日、ベルナルド・ロスライン以下8名を企業機密の持ち出しと悪用で訴えた。弁護士の力の差のせいかどうか分からないが、訴訟関係書類を読む限り、裁判は一方的にスペリー・ランドに有利に進んでいた。一審、二審でも負け、一九六五年に最終的に負けた。

判決は過酷でナショナル・セミコンダクターのすべての発明を無効とし、会社資産をすべて差し押さえた。ナショナル・セミコンダクターはスペリー・ランドの技術に基づく技術は一切使えないことになった。当然、ナショナル・セミコンダクターの株価は暴落した。

ピーター・スプレーグ

スプレーグの創立者ロバート・C・スプレーグの弟がジュリアン・スプレーグである。ジュリアン・スプレーグは、保守的であったことを述べた。しかし、保守的であったことは貧乏であったということではない。事実は逆で非常に裕福であったらしい。それはジュリアン・スプレーグの子供のピーター・スプレーグを見れば分かる。この人の少年時代は、これまで登場した人達の苦労を重ねた少年時代と少し違う。

ピーター・スプレーグは、一九三九年にニューヨーク州ウィリアムズ・タウンに生まれ育った。スプレーグの工場はその東方数キロメートルのノース・アダムズにあった。

ピーター・スプレーグは、一九五四年、15歳の時にパン・アメリカン航空のボーイング・ストラトクルーザーに乗ってパリに遊びに行っている。17歳の時にはパイロットのライセンスを取っている。

ピーター・スプレーグは、超一流校への進学校として知られたフィリップス・アカデミー・アンドーバーに通っていたが、フランス語の科目を落としてしまった。ローランド先生のいうには、夏期学校でフランス語の補修をするか、それとも先生のお母さんの住んでいるフランスで夏休みを過ごしてフランス語を学ぶか二つに一つを選べということであった。もちろんピーター・スプレーグは、フランス行きを選択した。

一九五四年六月、パリに到着したピーター・スプレーグは、南のトゥルトゥルを目指した。人口千人ほどの牧歌的な雰囲気の小さな町で、五百年前からあるという石造りの家にローランド先生のお母さんが迎えてくれた。しばらくフランス語が不自由だったのと、一人でいることが多かったので、可哀想な孤児と間違えられ、町の人にとても親切にされた。後になって事情が分かったが、今更、訂正する気にもなれなかったという。その夏でピーター・スプレーグのフランス語は上達した。

次にピーター・スプレーグは、スイスの有名な寄宿舎学校ル・ロゼ（Institute Le Rosey）に入学する。ル・ロゼは世界で最も高級で最もお金のかかる教育機関の一つといわれている。日本人では明治の豪商・高田慎蔵の末裔の東大卒のタレントの高田万由子もル・ロゼの出身者である。

一九五六年ハンガリー動乱が起きると、17歳のピーター・スプレーグは、ル・ロゼを抜け出して、スイスのボーロールからオーストリアのウィーンに飛んだ。そこからヒッチハイクでハンガリーのブダペストに向かった。ブダペストには三日間いて写真を撮り、通信社に売った。ソ連軍の第二次ハンガリー侵攻と共に脱出してル・ロゼに戻った。

一九六〇年、21歳の時、カメラマンとしてアイゼンハワー大統領のロシア訪問に同行することになっていたが、U2型偵察機がソ連領内で撃墜され、米ソの間の緊張が高まったためにキャンセルとなった。そこでピーター・スプレーグは、モンゴルの首相に電報を打ち、モンゴル訪問を許可してもらい、モンゴルの首相とインタビューした。

一九六一年、ピーター・スプレーグは、イェール大学の政治科学科を卒業した。さらに一九六二年、MITで政治科学を学び一九六四年、コロンビア大学経済学部で博士課程に在学したが、いずれも学位取得には至らなかったようである。この間、一九六二年にイランで食料関係の仕事をしたり、スウェーデンのストックホルムで諜報員気取りの冒険をしたりした。後日、アフガニスタンにも行っている。

さて、このような破天荒なピーター・スプレーグであるが、暴落したナショナル・セミコンダクターの株式を買い進めた。15万株買い集めたといわれている。どのようにやったかについては資料が乏しい。本人はアストン・マーチン（映画００７にも登場する車の英国の自動車会社）の救済についてはＡ４版で印刷すると50ページ分も書いているのに、ナショナル・セミコンダクターについては数行書いているだけである。

ある意味でピーター・スプレーグは、ある日忽然とベンチャー・キャピタリスト（ベンチャー資本家）として登場したのだが、その資本の本源的蓄積は、どのようにしてなされたかの説明がない。米国における資本の本源的蓄積には一般にきわどい仕事が関係している。

分かりやすい例をあげよう。

フランクリン・ルーズベルト大統領の父親は、中国での阿片取引で財をなし、息子を大統領にした。ケネディ大統領の父親は、密造酒と株式のインサイダー取引で財をなし息子を大統領にした。ピーター・スプレーグの資本の本源的蓄積は、どうのようにしてなされたのか、それが分からない。イランでの食料供給調達は、きわどい仕事であったのかどうか、分からない。残念だ。存命中ではあるし、誰も書けないのかもしれない。

ともかく、ピーター・スプレーグは、ナショナル・セミコンダクターの株式の15万株を保有しており、他の大株主二名の協力を得て、一九六六年、27歳にして、ナショナル・セミコンダクターの会長になった。以後一九九五年までピーター・スプレーグは、約30年間、ナショナル・セミコンダクターの会長の座に留まった。会長となったピーター・スプレーグは、体よくベルナルド・ロスマンドをナショナル・セミコンダクターから追い出してしまった。こうしてピーター・スプレーグは、ナショナル・セミコンダクターの全権力を掌握したのである。

ピーター・スプレーグのナショナル・セミコンダクターは、モレクトロ・コーポレーション（以下モレクトロ）を買収した。モレクトロは、一九六二年、フェアチャイルド・セミコンダクターのジェームズ・ナルとD・スピットルハウスが、モレクトロ・サイエンス・コーポレーションとして創業した会社である。一九六三年八月にモレクトロ・コーポレーションと社名変更した。モレクトロはサンタクララ市イシドロ・ウェイ２９５０番地（2950 San Ysidro Way Santa Clara）にあった。

最初は、ジェームズ・ナルが得意とするステップ・アンド・リピート・カメラを製造した。また一九六四年には最初のＡＳＩＣを出したが、時代とのギャップがあり、早すぎた。その後、モレクトロはＲＴＬベースの集積回路を作っていたが、他社と比べて特に優れたものではなかった。モレクトロは経営危機に陥り、ジェームズ・ナルは、モレクトロの社長を辞職し、モレクトロは、ナショナル・セミコンダクターの傘下に入った。

異端児ロバート・ワイルダー

ロバート・ワイルダー（ボブ・ワイルダー）は、奇人変人が集うシリコンバレーにあっても最も個性的な男である。ロバート・ワイルダーの父親のウォルター・ワイドラーは、18世紀末にオハイオ州クリーブランドに入植したドイツ系の家系に生まれた。ウォルター・ワイドラーは、放送局に勤めており、ＵＨＦの送信機を製作したりした。母親のマリー・ビットハウスは、ドイツ系の父親フランチゼーク・ビットハウスと、スロバキア系の母親マリー・ザコバの間に生まれている。

ワイルダーは、一九三七年、オハイオ州クリーブランドに生まれた。父親の影響もあって、子供の頃からエレクトロニクスに強い関心と興味を抱いていた。クリーブランドのサン・イグナティウス高校を卒業した後、コロラド州ボールダーのコロラド州立大学に入学した。この時、卒業はしなかったようである。

一九五八年二月、米空軍に入隊し、電子機器のサービスマンの教育を担当した。しかし軍隊はワイルダーの気質に合わなかったので、一九六一年除隊した。その後、コロラド州ボールダーのボール・ブラザーズ・リサーチ社に入社し、ＮＡＳＡ（米国宇宙航空局）向けのアナログ機器やデジタル機器を開発した。職務の傍ら、コロラド州立大学に通い一九六三年に卒業した。

ボール・ブラザーズ・リサーチ社の仕事を通じて、ワイルダーは、フェアチャイルド・セミコンダクターのジャン・ホールニーとシェルドン・ロバーツと接触した。一九六三年フェアチャイルド・セミコンダクターのジェリー・サンダースにスカウトされた。

ワイルダーの採用に当たって研究開発部門のマネージャーが面接した。ワイルダーは、酩酊して面接にやって来た。研究開発部門のマネージャーが質問した。

「フェアチャイルド・セミコンダクターのアナログのリニア集積回路をどう思うかね」

「あんなものはブルシットだ」

ワイルダーは、非常に率直に答えたので、マネージャーは気を悪くしてマウンテン・ビューのアプリケーション技術部に回した。アプリケーション技術部のマネージャーは、社内の反対を押し切って、ワイルダーを採用した。

ワイルダーの最初の仕事は、フェアチャイルド・セミコンダクターの集積回路の信頼性だった。これは既にデイビッド・タルバートが手がけていたことで、モノリシック・リニア集積回路開発を可能にしていた。ワイドラーは、たちまち才能を発揮し、上司をしのぎ、ついでに間もなく会社から追い出してしまった。何とも乱暴なことである。

当時、フェアチャイルド・セミコンダクターのアナログのリニア集積回路の開発はうまく行っていなかった。そこで研究開発の責任者ゴードン・ムーアは、今後はデジタル集積回路の開発に注力するようにいった。ワイルダーは、この方針に賛成できず、デイビッド・タルバートも同じ考え方を持った。ワイルダーが設計し、タルバートが製造を担当するという分担になった。二人はかたくななまでに秘密主義であった。

最初に開発したのはμA《ミューエイ》702という演算増幅器であった。演算増幅器は、オペレーショナル・アンプリファイヤーという。略してオペアンプである。演算増幅器は、入力インピーダンス無限大、出力インピーダンス０の理想の増幅器と考えれば良い。アナログで加減乗除、微分積分の回路を作るのに便利な回路素子である。アナログ・コンピュータを作るには絶好の回路素子だ。

ワイルダーは、μＡ702はまだ生産に値するほど素晴らしい製品と思っていなかったが、フェアチャイルド・セミコンダクターは強引に一九六四年一〇月に生産に移行してしまう。これには面白い逸話がある。

訪ねてきた幹部達に向かって、ワイルダーは毒づいた。

「くたばれ、何だって言うんだ。お前達はこの製品を売ることはできない。お前達は、この製品については何も知らないだろう。何も知りやしないんだ」

ワイルダーの悪態は、延々と続き、幹部達は一旦はすごすごと帰るしかなかった。

再度、幹部達がワイルダーを訪ねて、どうしたらμＡ702を売らせてもらえるかと尋ねると、ちゃんとした製品担当マネージャを置くことが要求された。そこでジャック・ギフォードが担当になることになった。ギフォードは、ワイルダーが信頼する数少ない人間の一人であり、後に28歳の時、ジェリー・サンダースを説得してＡＭＤ（アドバンスド・マイクロ・デバイセス）を立ち上げさせた人物である。

ギフォードは、マイク・マークラ、マイク・スコットなどの人材を雇った。どちらも後に、ナショナル・セミコンダクターに行き、創業期のアップルで活躍した人物である。マイク・マークラは、アップルの創業者で初代会長、マイク・スコットは、アップルの初代社長になった。

フェアチャイルド・セミコンダクターの上層部がロバート・ワイドラーという人間がいるのだと気がついたのは、μＡ702が市場で大評判になってからであった。

μA702に続いて一九六五年一一月μA709が出たが、これも大成功であった。この成功によってフェアチャイルド・セミコンダクターは、しばらくモノリシック・リニア集積回路での覇権を握った。

ところが一九六五年一一月、ワイドラーとタルバートとは、ピーター・スプレーグの誘いで、ナショナル・セミコンダクター傘下のモレクトロに出て行ってしまう。ワイドラーは、株式のオプション2万株をもらった。フェアチャイルド・セミコンダクターでは退職の際に面接を受けることになっていたが、ワイドラーは拒否し、たった一行書いて提出したという。

「俺は金持ちになりたいんだ!」

いかにもシリコンバレーらしい論理である。

ワイドラーとタルバートを獲得したことにより、ナショナル・セミコンダクターは、モノリシック・リニア集積回路を製造する技術を手に入れることになった。ワイドラーは、一九六六年のLM100に始まる演算増幅器を次々に開発し、ナショナル・セミコンダクターの売上げに多大な寄与をした。

ワイドラーは、一九七〇年にナショナル・セミコンダクターを退職し、一九九一年に心臓麻痺で死亡するまで、メキシコのプエルト・バヤルタに居を持ち、ナショナル・セミコンダクターに出たり入ったりを繰り返した。ある日心臓麻痺で死んだ。酒と発明に明け暮れた54歳の短い生涯であった。

ピエール・ラモンドとプレッシー社

ピエール・ラモンドは、一九三〇年、フランスに生まれた。トゥルーズ大学の電気工学科を卒業し、大学院で物理学を専攻した。一九五七年にトランジトロン・エレクトロニクスに入社した。一九六二年、フェアチャイルド・セミコンダクターに入社し、ゴードン・ムーアの下で高周波トランジスターと集積回路の開発に従事した。

一九六六年、欧州に出張したラモンドは、英国のプレッシー社の研究開発部門に声をかけられた。米国に帰国したラモンドは、チャールズ・スポークにプレッシー社と交渉して、自分達の会社を立ち上げるように勧めた。スポークは、プレッシー社の本社と研究開発部門と生産施設をシリコンバレーに移すことを考えていた。チャールズ・スポークはピエール・ラモンド、フレッド・ビアレック、ロジャー・スマレンを自分の部下に組み込んだ。

プレッシー社からは、初めにジョン・クラークから電話があり、米国のアロイズ・アンリミテッドという会社を買収したことを告げられた。さらにジョン・クラークは再び電話をしてきて、プレッシー社がもっとスポーク達のことを知りたがっており、面談したがっていると告げた。

スポーク達が、ジョン・クラーク以下数人のプレッシー社のメンバーと面談すると、尋ねられた。

「半導体ってどういうものですか」

ああ、この連中は、何も分かっていないのだとチャールズ・スポークは、ピエール・ラモンドとフレッド・ビアレックと顔を見合わせた。ロジャー・スマレンは憤然として席を立って退出した。

チャールズ・スポークは、家族をスキーに連れて行くことになっていたので、後の交渉をフレッド・ビアレックに任せた。朝まで交渉は続いたが、結局、折り合わなかった。

この時、フロイド・クバンメは、交渉の場には、いなかったようだが、チャールズ・スポークの近くにいた。クバンメがいうには、株式のオプションのことで、全く意見が合わなかったようだ。

仕掛人ドン・ルーカス

数週間後、ワイルダーとタルーバートが転職したモレクトロを買収したナショナル・セミコンダクターにスピン・オフする話が持ち上がった。

チャールズ・スポークは、ナショナル・セミコンダクターの取締役会に取締役として名を連ねていたベンチャー・キャピタルのドレーパー、ガイサー&アンダーソンのドナルド・ルーカス（以下ドン・ルーカス）に話を持ちかけたといわれている。ドン・ルーカスは、ナショナル・セミコンダクターの立ち上げにも資金調達をしていた。幸い今度はうまく行った。

ドン・フォーカスは、一九三〇年頃の生まれだろう。ベンチャー・キャピタリストの常で、写真も生年月日も出生地も明かさない。ドン・フォーカスは、スタンフォード大学を卒業し、同大学大学院のビジネス・アドミニストレーション専攻の修士号を持っている。一九六〇年にドレーパー、ガイサー&アンダーソンに参加した。一九六七年この件の成功もあってか、ドン・ルーカスは、独立して自分のベンチャー・キャピタルを設立した。ドン・ルーカスは、ナショナル・セミコンダクターやオラクルに強い影響力を持った。

特にオラクルでは、ドン・ルーカスは、一九八〇年から一九九〇年にかけて会長を勤めている。その後も二〇一二年六月二六日までは、オラクルの年次報告書10－Kを見る限り、オラクルの取締役を勤めていた。二〇一三年にオラクルのホームページを見ると、取締役会の名簿からドン・ルーカスの名前が消えている。別のソースを見て、二〇一二年六月二七日以降は、取締役を退いたことを確認した。82歳まで約半世紀君臨したのだから大したものだ。

ドン・ルーカスは二〇〇二年から、フォーブス誌の取締役、二〇〇四年から取締役会会長を勤めている。

ベンチャー・キャピタリストの例に漏れず、ドン・ルーカスも表面に出ることをあまり好まないようだ。

チャールズ・スポーク、栄光への脱出

一九六七年二月、チャールズ・スポークは、ピーター・スプレーグに引き抜かれて、ナショナル・セミコンダクターの社長兼最高経営責任者ＣＥＯに就任した。以前の社長兼最高経営責任者ＣＥＯのジャック・ハガティは、即日、首であった。

チャールズ・スポークは、４４５００株を13.50ドルで保証するという株式のオプションは、もらったが、給料はフェアチャイルド・セミコンダクター時代の半分であった。

チャールズ・スポークは、役員級として以下の七名を引き連れていた。

◇ピエール・ラモンド　フェアチャイルド・セミコンダクター出身
◇フレッド・ビアレック　フェアチャイルド・セミコンダクター出身

◇フロイド・クバンメ　　　フェアチャイルド・セミコンダクター出身
◇ロジャー・スマレン　　　フェアチャイルド・セミコンダクター出身
◇R．ケネス・デイビス　　テキサス・インスツメンツ出身
◇ジョン・F・ヒューズ　　パーキン・エルマー・コーポレーション出身
◇ケネス・モイル　　　　　ヒューレッド・パッカード出身

チャールズ・スポークは、ナショナル・セミコンダクターの社長に就任すると、二日後に、ピエール・ラモンド、フレッド・ビアレック、ロジャー・スマレンと共にコネチカット州ダンベリーのトランジスター工場に飛び、数日の内に、６００人の従業員の内、３００人を解雇した。過酷な人員整理であったが、余剰人員が減り、ダンベリーのトランジスター工場の生産性は格段に向上した。フレッド・ビアレックが工場の責任者になったが、三ヶ月でトランジスターの生産量は、三倍になったと報告している。資本主義とは過酷なものである。

低い労働賃金と高い生産性がナショナル・セミコンダクターの企業精神になった。また顧客からの支払いは三〇日以内、下請けへの支払いは九〇日以内とした。ずいぶん虫のいい話である。

チャールズ・スポークは、一九六七年の冬、フェアチャイルド・セミコンダクターから35名のマネージャと技術者を引き抜いた。その中には、ドン・バレンタインもいた。

チャールズ・スポークは、一九六八年、本社をコネチカット州ダンベリーから、カリフォルニア州サンタクララ市セミコンダクター・ドライブ２９００番地（2900 Semiconductor Drive Santa Clara）に移転した。

フロイド・クバンメ

フロイド・クバンメは、一九三七年サンフランシスコのサンセットの29番地アベニューに生まれた。スティーブ・ジョブズの育った家が45番アベニューであるから、すぐそばである。父親は大工であった。わが家は中下層階級であったと自分でいっている。サンセット公立学校に通い、モラガ・ストリートで遊んだ。毎週、教会に通い、ご褒美にメダルももらっている。

一九四九年、父親がサンフランシスコの南のウェストレイクにあったドーガー建設に勤めることになり、一家はウェストレイクに引越した。そこでジェファーソン中学校、ジェファーソン高校に通った。クバンメは、兄弟で毎朝６００部も新聞を配達した。子供の頃から数学が得意だったので、所得税の計算が苦手な父親を手伝った。分かったことは家には一銭も余裕がないということだった。手の空いた時は父親の仕事を手伝った。

一九五五年、クバンメは、運よくカリフォルニア州立大学バークレー校の電気工学科に入学できた。工学は応用数学であると思っており、その中で一番難しいのが電気工学だと思っていたかららしい。当時のバークレー校の電気工学科のカリキュラムは物理偏重で工学の実際に弱かったという。

一九五九年カリフォルニア州立大学バークレー校電気工学科を卒業後、クバンメは、ベンチューラにある小さな会社であるエレクトロニック・システムズ・デベロップメント・コーポレーションに入った。ドイツのＶ２号ロケットをフォン・ブラウンの下で研究していたシオドア・ストルムとオットー・シュウェーデによって起された会社である。二人はペーパー・クリップ作戦でドイツから確保され米国に連れて来られた科学者達である。

ここでクバンメは、トランジスターの設計をした。その内に本格的にトランジスターの勉強をしたいと思って、心機一転、クバンメは一九六〇年シラキュース大学の大学院に進むことにした。バークレー校卒業と同時に結婚していたし、シラキュースのGE（ゼネラル・エレクトロニクス）で昼間フルタイムで働き、夜シラキュース大学の大学院でトランジスターのスイッチング速度とトランジスター増幅器の設計を研究した。GEでの仕事は新入りの技術者に半導体工学を教育することであった。またGEではエミッタ結合ロジックECLを手がけた。

クバンメのシラキュース大学大学院の修士論文は、半導体のスイッチング速度に与える電荷の影響を解析したものであった。一九六二年シラキュース大学大学院を修了した。

一九六二年、大学院修了後、クバンメは、西海岸のロサンゼルスのマンハッタン・ビーチのスペース・テクノロジー・ラボに回路設計者として就職した。会社が費用を払ってくれたので、カリフォルニア州立大学ロサンゼルス校UCLAの大学院に通った。

フェアチャイルド・セミコンダクターのセールスマンと接触したことが縁で、一九六三年フェアチャイルド・セミコンダクターに転職する。製品マーケッティングで働くことになった。技術者というより、マーケッティング担当であったようだ。

クバンメの上司は、ロバート・グラハムであった。この人はやがて、ロバート・ノイス、ゴードン・ムーア、アンドリュー・グローブと共にフェアチャイルド・セミコンダクターを去りインテルの創立に参加する。ロバート・グラハムの上司はトム・ベイであった。前述のようにトム・ベイがフェアチャイルド・セミコンダクターのマーケッティングを統括していた。

チャールズ・スポークについて、ナショナル・セミコンダクターに移ったフロイド・クバンメの最初の仕事は製品計画と製品マーケッティングであった。

一九七二年にクバンメは、ジェネラル・マネージャとなった。この時サンタクララ市セミコンダクター・ドライブ２９００番地のナショナル・セミコンダクターには、９０００人の従業員がいた。

三つの焦点

チャールズ・スポークの指揮の下で、ナショナル・セミコンダクターは、当初次の三つに焦点を絞った。

◇リニア集積回路
◇トランジスター・トランジスター・ロジック（ＴＴＬ）
◇金属酸化膜半導体（ＭＯＳ）

第一のリニア集積回路は、むろんロバート・ワイルダーとデイビッド・タルバートによるものだった。モレクトロの買収により、ワイルダーとタルバートは、ナショナル・セミコンダクターの一員になった。これがあったから、チャールズ・スポークは、ナショナル・セミコンダクターに眼を付けたともいわれている。

一九六七年、ワイルダーは、集積型電圧レギュレーターＬＭ100を設計した。さらに新型オペアンプ

LM101と、完全集積型モノリシック電圧レギュレーターLM109を設計した。一九六八年、ワイルダーは、LM101の改良型のLM101Aを設計した。一九七一年、ワイルダーは、業界初のバンドギャップ基準電圧源LM113を開発した。バンドギャップ基準電圧源が登場するまでは、ノイズとドリフトが多い高電圧のツェナー・ダイオードを使う以外になかった。

これらのワイルダーとタルバートが開発したリニア集積回路製品は、ナショナル・セミコンダクターの業績に大きく寄与した。

奇人ワイルダーは、ナショナル・セミコンダクターでも一騒動起こした。創業当時はナショナルセミコンダクターは現金が不足していたので、サンタクララの工場は草ぼうぼうになっても刈り入れしなかった。するとワイルダーは、羊を自動車で運んで来て草を食べさせたのである。その上、サンノゼ・マーキュリー・ニュースという業界紙に電話して写真を撮らせ、記事にさせた。何とも手のつけられないイタズラである。

第二のTTL（トランジスター・トランジスター・ロジック）については、フェアチャイルド・セミコンダクターは、DTL（ダイオード・トランジスター・ロジック）にこだわったが、これは、失敗であった。一九六七年三月、テキサス・インスツルメンツがTTLを出すと、これが完全な勝利を収めた。

ナショナル・セミコンダクターに移ったピエール・ラモンドとフロイド・クバンメは、テキサス・インスツルメンツのTTLをコピーすることに決めた。コピーするだけでなく、回路構成を簡素化して改良しようと決めた。しかし、これは難しかった。

そこでナショナル・セミコンダクターは、本家のテキサス・インスツルメンツのＴＴＬの設計者ジェフ・カーブとロバート・シュワルツを引き抜いた。これは功を奏し、ナショナル・セミコンダクターのＴＴＬは、テキサス・インスツルメンツのＴＴＬより高速で安定するようになった。たしかに有効な戦術ではあったが、ずいぶん乱暴な戦術である。この趨勢を見て、シグネティックス、アメルコ、フェアチャイルド・セミコンダクターも、一九六八年から一九六九年にかけてＴＴＬ（テキサス・インスツルメンツ）のセカンド・ソースとなることを決めた。

第三のＭＯＳ（金属酸化膜半導体）の起源は、というと難しい。いくらでも、遡《さかのぼ》れるからである。ここでは一九二八年のリリエンフェルドの米国特許１９０００１８を上げておこう。これは、ある程度の実験的裏付けはあったようだが、製品としては登場する所までは到らなかった。

次に一九四五年のウィリアム・ショックレーの電界効果のアイデアがある。これが点接触型トランジスターの起源ともなった。だが予言はできても、理論と実験がうまく合わなかった。

ＭＯＳ半導体は、ソース、ゲート、ドレインという三つの電極からできている。ゲートは高い導電率を持つ材料からできている。初期には金属であった。この金属電極は他の半導体部分からはシリコン酸化膜のような層で分離されている。だからＭＯＳとは、金属・酸化膜・半導体の略だと理解すると良い。もし半導体がＰ型であって、ゲートに正の電圧をかけると、Ｐ型半導体の表面近くに電子が誘導される。これによってソースからドレインへ電流が流れる。ゲートの電荷を変化させることによって、電流を制御できる。

ゲートの正電荷が多ければ、ゲートはＰ型半導体の表面近くに多くの電荷を誘導し、ソースからドレインへの電流は増える。ゲートの正電荷が少なければ、ソースからドレインへの電流は減る。こう書くと中学か高校の物理で分かる話で、原理はとても簡単なのだが、実際に製品化するのは非常に難しかった。他の分野でどんなに素晴らしい業績を上げても、ＭＯＳで惨めな失敗をすると、すべてが台無しになるので、研究者はキャリアーの墓場と恐れたという。

ＭＯＳ半導体の開発は、ベル電話研究所とＲＣＡで始まった。

ベル電話研究所では、一九五九年、モハメッド・Ｍ・アターラと韓国生まれのダウォン・カーンが、ＭＯＳＦＥＴ（金属酸化膜半導体電界効果トランジスター）を作り上げた。画期的ではあったが、低速であったのと、特に電話システムでの応用がなかったので、ベル電話研究所内部では、この研究は次第に萎んでいった。

ＲＣＡでは、一九五〇年代の終わり頃からポール・Ｋ・ワイマーとＪ・トーケル・ウォールマークが薄膜上にＭＯＳトランジスターやＭＯＳ集積回路を作っていた。一九六〇年カール・ザイニガーとチャールズ・ミューラー、エセル・ムーナンがＭＯＳトランジスターを作り、一九六二年には、フレッド・ヘイマンとスティーブン・ホフステインがＭＯＳ集積回路を作った。しかし、ＲＣＡは、こうした成果を十分活かし切れなかった。

その後、一九六〇年頃からフェアチャイルド・セミコンダクターとＧＭｅ（ジェネラル・マイクロ・エレクトロニクス）が、実用化に向けて努力した。

ＧＭｅは、先にも述べたように一九六三年、フェアチャイルド・セミコンダクターから、ロバート・ノーマンとフィル・ファーガソンがスピン・オフして作った会社である。ＧＭｅのＭＯＳ半導体製品は、必ずしも成功といえなかった。一九六六年にGMeは、フィルコ・フォードに買収され消滅してしまう。

フェアチャイルド・セミコンダクターでは、C・T・サー（薩支唐）が、一九六一年、MOS制御テトローデを作った。これも完全な製品ではなかった。

一九六二年、ユタ大学大学院の博士課程を修了し博士号を取ったフランク・ワンラスがフェアチャイルド・セミコンダクターに入社してくる。ワンラスは、ユタ大学大学院博士課程時代からRCAの研究に通じていた。

ワンラスは、MOSの不安定性は不純物として含まれるナトリウムに起因することを突き止めた。またワンラスは、入社後半年でN－MOSとP－MOSを開発する。そして一九六三年にはCMOS（コンプリメンタリーMOS）のアイデアを発表する。CMOSは耐雑音性が高く、消費電力が少ないという特長があった。

このCMOSのアイデアは、一九六三年六月一八日特許申請され、一九六七年に特許が下りた。ところがフェアチャイルド・セミコンダクターは、CMOSについてはすぐに使用するつもりはないと声明した。ゴードン・ムーアの判断だったろう。これに絶望したワンラスは、一九六四年、GMeに転職してしまう。

一九六三年、C・T・サーのグループにブルース・E・ディール、エド・スノー、アンドリュー・グローブが入ってきた。

フェアチャイルド・セミコンダクターとGMeは、一九六四年頃からMOS半導体製品を出していたが、どちらも実験室段階を脱し得なかった。

一九六六年になってもMOS半導体は、不安定で収量はきわめて少なく、速度もこれまでのバイポーラー・トランジスターに比べて遅かった。しかし、MOS半導体技術なら、バイポーラー・トランジスター技術に比べて格段に集積度を上げることができ、消費電力も少なかったため研究は続けられた。

一九六五年頃、RCAが困っていた問題はMOSの不安定性で、フェアチャイルド・セミコンダクターが困っていた問題はMOSの表面処理の問題であった。ラスベガスで開かれたシリコン・インターフェース・スペシャリスト会議の期間中、プールのそばで、RCAのスティーブ・ホフステインと、フェアチャイルド・セミコンダクターのアンドリュー・グローブが会った。

スティーブン・ホフステインが言った。

「何か私に言いたいことはないかね？」

アンドリュー・グローブも言った。

「何か私に言いたいことはないかね？」

スティーブ・ホフステインが言った。

「水素」

アンドリュー・グローブも言った。

「ナトリウム」

随分ぶっきらぼうな会話だが、これだけで十分であった。こうして、両社の最高機密が交換されたのである。作られた話のような気がしないでもない。すでに論文には出ていた事柄である。しかし、こういう笑い話があったということは、お互いにどれほど困っていたか、いかにＭＯＳの開発が大変だったかということだろう。

道はまだまだ遠く、イオン・インプランテーション（打ち込み）やシリコン・ゲート技術など多くの技術の実用化やそれに必要な知識が不足していた。

フェアチャイルド・セミコンダクターでは、一九六八年に入社してきたフェデリコ・ファジンがＭＯＳ技術やＣＭＯＳ技術をものにしていた。しかし、それらが本当に効果的に使われるのはフェデリコ・ファジンがインテルに転職してからである。これらのことを考え合わせると、ナショナル・セミコンダクターがＭＯＳ分野で覇権を握るのは難しかっただろう。

アウトソーシング

ナショナル セミコンダクターは、ドラスティックなアウトソーシング（外注）戦術を採用した。まず、マーケッティング分野でのアウトソーシング戦術がある。半導体技術の画期的な進歩によって、需要は増大し、顧客の数は増え多様化した。これまでのように軍や大型コンピュータ・メーカーや巨大電気メーカーだけを相手にしていれば良い時代は終わったのである。

ここにセールス・マケッティングの雄 ドン・バレンタインが登場する。先にも述べたように、フェアチャイルド・セミコンダクターのセールス・マーケッティングには、ドン・バレンタインとジェリー・サンダースが並んでトップにいた。上司のトム・ベイはどちらか一人をトップに据える必要があった。

トム・ベイはジェリー・サンダースを選んだ。そこでチャールズ・スポークは抜け目なく、ドン・バレンタインをナショナル セミコンダクターに引き抜いたのである。

ドン・バレンタインは、セールス機能をアウトソーシングした。彼はフェアチャイルド・セミコンダクター時代の経験を活かし、知己の優秀なセールスマンや代理店のネットワークを組織し、顧客からの注文を取ると、5〜7％のマージンを払うことにした。独立的な存在だから給料は払わずにすみ、経済的であった。

またドン・バレンタインは、これらのセールス部隊をあらゆる面で支援した。フィールド・アプリケーション・エンジニアを派遣し、技術的助言を与えさせた。また分かりやすいアプリケーション・ノートを配布したり、さらにフロイド・クバンメと組んで全米で技術セミナーを開催したりした。今や伝説的な存在となったロバート・ワイルドラーはどこでも超大人気の講演者であった。

次に半導体生産の海外へのアウトソーシングがある。チャールズ・スポークは、フェアチャイルド・セミコンダクター時代から、生産拠点の海外移転を見てきたが、ナショナル・セミコンダクターに移ってから、これを一層強化することにした。チャールズ・スポークは、フロイド・クバンメと組んで、すべての集積回路の生産を海外の拠点に移すことにした。

フェアチャイルド・セミコンダクター時代に有効であった香港での生産は人件費の高騰により、意味を失いつつあったので、台湾、シンガポール、ペナン、マラッカと次々に新拠点を展開した。これにより生産コストをドラスティックに引き下げることに成功した。

欧州では、スコットランドのグリーノックに工場を展開した。これは予想に反してうまく行ったが、勢い余って進出したカリブ海のプエルトリコでは失敗し、軍事独裁政権の眼を逃れて、文字通り暗闇の中、工場設備を搬出し、ほうほうの態で撤退した。

ナショナル・セミコンダクターの快進撃

チャールズ・スポークは、一九六九年から一九七〇年にかけて、コスト削減、オーバーヘッド削減、利益最優先を徹底し、他の半導体企業に熾烈な価格競争を仕掛け、それによって多くのライバル企業を追い出していった。撤退した企業の中には、ＧＥ（ゼネラル・エレクトリック）やウェスティングハウスも含まれている。折りしも一九七〇年に20世紀フォックスの『パットン大戦車軍団』(原題は『パットン』で、『パットン大戦車軍団』などというおぞましい題名ではない）という映画が公開されており、ナショナル・セミコンダクターの快進撃はパットン戦車軍団の快進撃に比較され、チャールズ・スポークは、ジョージ・パットン将軍とまでいわれた。あの映画は、ドイツ軍の戦車を無理やり米軍の戦車で代用した無茶苦茶なＣ級映画だったと思うが、当時は妙に人気があったようだ。スティーブ・ジョブズも落胆している頃に見ようとしていたと書いてある本があって、あんな物を見るのかなと首をひねった。

ナショナル・セミコンダクターの売上げは急上昇した。一九六五年は５３０万ドル、一九七九年は４２００万ドル、一九七六年は３億６５００万ドル、一九八一年には11億ドルとなった。

チャールズ・スポークは、半導体だけに依存することの脆弱さを意識しており、多様化戦術をとった。

そのためコンシューマー・ビジネス市場に乗り出した。電卓、腕時計などがその一例であった。しかし、コンシューマー・ビジネス市場には、チャールズ・スポークの戦術は全く通用しなかった。香港、日本の進出で壊滅し撤退した。コンシューマー・ビジネス市場は半導体ビジネス市場とは全く違う市場であることを思い知らされた。

またナショナル・セミコンダクターは、一九七三年データチェッカーと呼ばれる小売店向けＰＯＳ端末に参入した。

元々は、サーティファイド・グローサーという食料品中心のスーパー・マーケットにＰＯＳ端末を作るように頼まれた。当初の取り決めでは、ナショナル・セミコンダクターがＰＯＳ端末を製造し、サーティファイド・グローサーがＰＯＳ端末を販売するという取り決めであった。ところが、いざＰＯＳ端末が出来上がってみると、サーティファイド・グローサーにはＰＯＳ端末を販売する能力がないことが明らかになり、ナショナル・セミコンダクターがＰＯＳ端末の製造、販売、保守をしなければならなくなった。

そこでフレッド・ビアレックが、慣れないＰＯＳ端末事業の指揮を執った。意外なことに、この事業は当初成功し、市場の35～40％のシェアをとった。ここで浮かれるべきではなかったのだが、その内、ＰＯＳ本流のＮＣＲやＩＢＭの総反撃に会い、壊滅的打撃を受けた。一九八七年にはＩＣＬにＰＯＳ事業を売却してしまう。

また、ナショナル・セミコンダクターは、インテルの後を追い、ＩＢＭの大型コンピュータのためのアッド・オン・メモリ市場に参入した。アッド・オン・メモリ事業の指揮は、フロイド・クバンメが執った。これも当初はうまく行った。利幅の大きな美味しいビジネスであった。そこで止まれれば良かったのだが、はずみというものは恐ろしい。行き過ぎてしまい、メインフレームと呼ばれる大型コンピュータのビジネスに迷い込んでしまうのである。

アイテル

ナショナル・セミコンダクターがメインフレーム・ビジネスに入るきっかけを作ったのは、アイテルという会社によってである。私は迂闊なことに長い間、アイテルという会社は、うだつの上がらない小さなコンピュータ会社のように思っていた。それが全く違っていたので驚いた。

アイテル（Itel）は、一九六七年一二月、サンフランシスコのビジネスマンのピーター・レッドフィールドとゲアリー・フリードマンによって創立された。設立資金として二人は、７万２０００ドルを出した。

その後サンフランシスコのファイヤーマンズ・ファンド・インシュアランス・カンパニー（直訳すれば消防士基金保険会社）が、１０００万ドルの資金を提供した。ファイヤーマンズ・ファンド・インシュアランス・カンパニーは、一八六三年の創立時はたしかに消防士相手であったが、次第に性格を変えた。一九六八年には、アメリカン・エクスプレスに買収されて、消防士とは無縁とはいわないまでも、投資会社としての性格を強めた。一九九一年にはアリアンツＡＧに買収されている。

アイテルは、一九六七年の設立当初は、９０００万ドルを投じて、ＩＢＭのメインフレームである

ＩＢＭシステム／３６０を購入し、これをＩＢＭよりずっと安い価格でリースした。アイテルは、巧みな財務と危険を顧みない投資によって、一九七九年にはリース業界ではＩＢＭに次いで第二位となった。アイテルは17億ドルのリース事業をできるほどにのし上がっていた。

アイテルは、コンピュータのリースから始まった会社であったが、多角化を計った。航空機のリース、販売を手がけるアイテル航空、工作機械やボイラーやミニコンピュータなどの比較的小さな機器をリースするアイテル・キャピタルが設立された。さらにアイテルは、鉄道車両や船舶一貫輸送用のコンテナーのリース分野にも手を出した。

一九六八年には、ＳＳＩコンテナー会社を買収し、一九七〇年には、ＳＳＩトレーラー会社を設立、一九七三年には、ＳＳＩナビゲーションを設立、また同年ＭＪＢマネージメント会社と子会社のトランスポーテーション・マネージメント・サービスを買収、一九七五年には、ＳＳＩレール会社を設立した。また一九七七年には、マックラウド・リバー鉄道、アーナピー・アンド・イースタン鉄道を買収した。一九七八年には、グリーン・ベイ・アンド・ウェスタンＲＲ会社を設立した。

こうしてアイテルは、たちまち巨大な会社に膨れ上がって行き、派手で華麗で給料も高く気前の良い会社となった。

しかし、この世の中、永遠に良いことばかりは続かない。一九七六年にＩＢＭがＩＢＭシステム／３７０を発売すると、アイテルの所有していたＩＢＭシステム／３６０は途端に陳腐化した。

ピーター・レッドフィールドとゲアリー・フリードマンは慌てて、出費の削減を図り、子会社の売却によって凌ごうとした。ここでアイテルの社長ピーター・レッドフィールドは、ハードウェアを所有することの恐ろしさを身に沁みて感じた筈だったのが、少しすると忘れてしまった。

アドバンスド・システム　ＡＳ

アイテルは、ＩＢＭ純正のＩＢＭメインフレームでなく、ＩＢＭ互換機に眼を向けていた。
一九七五年、ナショナル・セミコンダクターは、アイテルの勧めで極秘裏に、サンディエゴのソレントバレー・ロード１１４５５番地（11455 Sorrent Valley Road, San Diego）にあったデジタル・サイエンティフィックという会社を買収した。買収は、ナショナル・セミコンダクターの子会社エクスシスコによって行なわれた。機密保持のためだったろう。

デジタル・サイエンティフィックが作っていたのは、メタ４というコンピュータで、ＩＢＭ１１３０やＩＢＭ１１８０をマイクロ・プログラムでエミュレートできるものだった。ナショナル・セミコンダクターは、これをエクスシスコに命じて、ＩＢＭシステム／３７０モデル158、モデル148に互換なコンピュータに改造させた。ＩＢＭ互換機事業の指揮はフロイド・クバンメが執った。

一九七六年、アイテルは、このＩＢＭ互換機をアドバンスド・システムＡＳ／５、ＡＳ／４として販売した。一九七六年一一月、アイテルと日立製作所はＯＥＭ契約を結び、Ｍ－180をベースとしたＩＢＭ互換機を、アイテルＡＳ／６として供給することになった。一九七八年二月、日立製作所は最初のＡＳ／６をアイテルに納入した。

一九七七年にナショナル・セミコンダクターと日立製作所とアイテルの間で合弁事業が計画された。

これは複雑な計画で、簡単にいえば、ＩＢＭ互換機の下位機をナショナル・セミコンダクターが製造し、上位機を日立製作所が製造し、アイテルのアドバンスド・システム部門が販売するものだった。

アイテルは、当初は成功し、２００台を設置し、７３００万ドルの売上げがあった。

この成功に気を良くして、アイテルの社長ピーター・レッドフィールドは、一九七九年までに４３０台を設置する計画を立てて、アドバンスド・システムズ部門のセールスマンを80％増やした。

しかし、一九七八年、ＩＢＭが新シリーズＩＢＭ４３００を投入するという噂が広がり、販売台数は計画を下回った。

アドバンスド・システムが売れなかった時に備えて、アイテルはロンドンのロイド保険会社と契約していた。ところが一九七九年ＩＢＭが、新型ＩＢＭ４３００シリーズの下位モデルであるＩＢＭ４３３１、ＩＢＭ４３４１を投入し、思い切った価格の切り下げをすると、発表後一ヶ月で五万台を超す発注があった。これによりアイテルのアドバンスド・システムズ部門は、壊滅的な打撃を受けた。

慌てたアイテルの社長ピーター・レッドフィールドは、ナショナル・セミコンダクターと価格引下げ交渉を行い、価格引下げの見返りに購入台数を増加することにした。

ロイド保険会社は、一九八〇年八月までにアイテルの請求額２１５０万ドルに対して８４０万ドルしか払わなかった。アイテルの第四半期の決算は６０００万ドルの赤字であった。

そのため一九七六年六月、アイテル創業者のピーター・レッドフィールドは、最高経営責任者を辞任して、その地位を共同創業者のゲアリー・フリードマンに譲った。そしてアイテルのアドバンスド・システムズ部門の従業員は、３０００人から２０００人に削られた。

この状況を見て、日立製作所は、ＡＳ／６の価格を１３０万ドルから90万ドルに下げ、納入も先送りした。ところが、ナショナル・セミコンダクターは、４５００万ドル分のＡＳ／４、ＡＳ／５をアイテルに送りつけたという。

一九七九年九月、アイテルの経営の実権は、輸送関係を担当していたトーマス・Ｓ・タンに移り、トーマス・Ｓ・タンが社長兼最高運用責任者ＣＯＯに就任した。アイテル創業者のピーター・レッドフィールドとゲアリー・フリードマンは、辞職した。

一九七九年一〇月、アイテルのアドバンスド・システムズ部門は、ナショナル・セミコンダクターに売却され、ナショナル・アドバンスド・システムズ部門となった。

一九八〇年一月、日立製作所はナショナル・アドバンスド・システムズ部門とＯＥＭ契約を結び、ＩＢＭ互換機の納入を続けることになった。ナショナル・アドバンスド・システムズ部門は日立製作所からのＩＢＭ互換機をＡＳ／９０００、ＡＳ／７０００、ＡＳ／６０００シリーズとして販売した。

一九八〇年三月になって、ジェームズ・マルーンが、空席だった最高経営責任者ＣＥＯに就任した。ジェームズ・マルーンはアイテルの事業を鉄道車両と一貫輸送用コンテナーのリースに変更した。

一九八一年二月までにアイテルの歳入は２億１０００万ドルまでに縮小したが、負債は13億ドルに膨れ上がっていた。遡《さかのぼ》って一九八一年一月にはアイテルは破産した。後に再建される。

ＩＢＭスパイ事件

一九八〇年一一月、ＩＢＭはＩＢＭ３８０１を発表したのに続き、一九八一年一〇月、ＩＢＭ３８０１Kを発表した。この時、ＩＢＭは、ＩＢＭシステム／３７０アーキテクチャを、ＩＢＭシステム／３７０－ＸＡアーキテクチャに変更した。ＩＢＭシステム／３７０アーキテクチャでは24ビット・アドレスで、メモリ空間はわずか最大16メガバイトであった。ところがＩＢＭシステム／３７０－ＸＡでは31ビット・アドレスで、メモリ空間は128倍の２ギガバイトに広がった。

今日の視点で見れば、一九八〇年代前期のパソコン用16ビットCPUのインテル２８６が、24ビット・アドレスを採用し、16メガバイトのメモリ空間を持っていた。また一九八〇年代後期のパソコン用32ビットCPUのインテル３８６が、32ビット・アドレスを採用し、４ギガバイトのアドレス空間を持っていた。それから見れば大したことはないのであるが、だが当時は大変なことであった。

このため、日本のＩＢＭ互換機メーカーは、ＩＢＭの新アーキテクチャの情報の収集に必死になった。

一九八二年六月、いわゆるＩＢＭスパイ事件が起きた。ナショナル・アドバンスド・システムズ部門のイラン人技術者がＩＢＭの機密文書を入手し、日本のＩＢＭ互換機メーカーに漏洩した事件である。ＦＢＩは日立製作所と三菱電機の六人の社員を逮捕した。当時、大変な騒ぎとなった事件であるＩＢＭは日立製作所、ナショナル・セミコンダクターなど五社を告訴した。

一九八二年一二月、ナショナル・アドバンスド・システムズ部門のトップであったフロイド・クバンメは、ナショナル・セミコンダクターを去り、アップルの最高経営責任者であったマイク・マークラの誘いを受けて、アップルのセールスとマーケッティング担当執行副社長として入社した。

さてＩＢＭスパイ事件の刑事訴訟は一九八三年二月に司法取引により決着した。ＩＢＭは日立に対して民事損害賠償訴訟を起こしたが、一九八三年一〇月、民事訴訟も和解に達した
ナショナル・アドバンスド・システムズ部門は、自身でＩＢＭ互換機を製造するのを中止し、日立製作所製のメインフレームを販売するようになる。

最終的には、一九八九年二月、ナショナル・セミコンダクターは、ナショナル・アドバンスド・システム部門を日立製作所とＥＤＳに3億９８００万ドルで売却した。

結局は、ナショナル・セミコンダクターにとって、ＩＢＭ互換機市場への進出は、あまり意味のないことに終わってしまった。もともと明確な戦略もなかったし、失敗といって良いだろう。

ロバート・スワンソン

ロバート・スワンソンは、一九三八年ボストン郊外で生まれた。ウェスタン・マサチュセッツ高校を卒業した後、ノース・イースタン大学に進んだ。一九六〇年に卒業後、飛行機に乗りたくて海軍に入ろうとしたが、入れなかった。飛行機好きは、航空母艦ニミッツを見学に行ったというから、あながち誇張ではないだろう。

ともかく働かないと、購入した新車のローンも払えないので、週給１００ドルでポラロイドで働

いた。しかし、理由は不明だが、すぐ首になった。そこで何をしている会社なのか知らなかったが、トランジトロン・エレクトロニクス（以下トランジトロン）に入社した。

当時、トランジトロンは、原子力潜水艦に搭載するポラリス・ミサイル用のトランジスターを受注していた。トランジストロンは、半導体業界では有名な会社であったが、軍の品質管理基準をクリアするために必要な、統計的検定論を知っている人間がいなかった。スワンソンの入社試験の問題は、χ^2検定に関するものだったが、たまたま知っていることだったので、やすやすと答えられた。そこで採用となった。

トランジトロンにおけるスワンソンの最初の仕事は、原子力潜水艦搭載用のポラリス・ミサイル用の合金型ＰＮＰトランジスターであった。トランジトロンには四年いた。その頃、フェアチャイルド・セミコンダクターがプレーナー型トランジスターを発表した。これで合金型トランジスターの命脈《めいみゃく》は尽きた。

25歳のスワンソンは、かつてウィルフレッド・コリガンやピエール・ラモンドが、そう考えたように、もうトランジトロンには、長くいるべきではないと考えた。

そこでスワンソンは、職探しを始め、その結果、レイセオンとシルバニアから、ほぼ内定が出ていた。そこへフェアチャイルド・セミコンダクターのフレッド・ビアレックから強引なスカウトの電話が入った。レイセオンとシルバニアから内定をもらっているし、シカゴより西へ行ったことがないと渋るスワンソンにビアレックは、サンフランシスコへ来て面接を受けろという。

ともかく生まれて初めて異郷の地サンフランシスコを訪ねて面接を受け、ボストンに戻った。逡巡するスワンソンであったが,「どうして私達,カリフォルニアに行かないの?」という妻の一言で,フェアチャイルド・セミコンダクター入社が決まった。

スワンソンの勤務地は,サンラファエルのプレーナー・ダイオード工場だった。彼を引き抜いたビアレックは,当時29歳だったが,シャーマン・フェアチャイルドに自分ならうまくやってみせると啖呵を切ってサンラファエル工場の運営を任されていたからである。スワンソンは,サンラファエルの工場に四年いた。

チャールズ・スポークに引き連れられてビアレックがナショナル・セミコンダクターに移ると,スワンソンもビアレックにナショナル・セミコンダクターに誘われた。ビアレックは,コネチカット州ダンベリーの工場の責任者となっていたのである。

一年後,スワンソンは,ナショナル・セミコンダクターに転職し,コネチカット州ダンベリーの工場にいた。カリフォルニアのマウンテンビューの本社に戻りたくて,スワンソンは,一年間必死に働いた。すると,その甲斐あってか,マウンテンビューに戻されたが,そこで待っていたのは,スコットランドの工場のマネージャの辞令であった。すでに31歳であった。

スワンソンは,カリフォルニアのマウンテンビューの本社に戻りたくて,また四年間必死に働いた。スワンソンの仕事は,スコットランドの工場だけでなく,スコットランドとドイツをも含む広範なものになっていた。

やっとカリフォルニアへの帰参が許されると,ピエール・ラモンドがやってきて,リニア集積回路つまりアナログ回路部門の責任者になれという。スワンソンは,オペアンプも電圧レギュレーターについても何も知らないからと尻込みをした。

結局チャールズ・スポークに諭されてリニア集積回路部門の責任者になった。もちろんそこにはロバート・ワイルダーもいた。スワンソンは、あの問題児のワイルダーの面倒は見たくないと脅えたが、ワイルダーは、メキシコのプエルト・バヤルタに隠遁していて、たまに会社に来る位で問題にならなかった。

それより、ワイルダーの同僚のロバート・ボブキンと親しくなれたことが幸いした。この人も写真を見ると、髭を生やした巨漢で容貌魁偉そのもので驚く。アナログ回路設計の960ページと1268ページの厚い教科書を二冊書いている。私にもう読めるほどの体力と根気があるかどうか分からないが執筆記念に購入した。研究室の棚に飾ってある。

一九八一年、スワンソンにいわせれば、一九八一年は、デジタル技術革命の年であった。ナショナル・セミコンダクターの哲学は、生き残るためにはビッグでなければならないというものだったから、新しい技術が出れば何にでも手を出すだろうと考えた。それは一つの考え方ではあるが、スワンソンは、賛成できなかった。

たとえばマイクロプロセッサーは、ますます普及しつつあり、すでに16ビット・プロセッサーの時代に入っていた。ナショナル・セミコンダクターもNS16032に続き、NS32032を出していた。私も昔、資料だけは入手したが、印象の薄いプロセッサーだったように記憶している。

スワンソンは、独立を考え始めた。資金の調達をサンドヒル・ロードのベンチャー・キャピタルに持ちかけると、メイフィールドやハンブレヒト&クイスト、クライナー・パーキンス、セコイア・キャピタル、サッター・イン、テクノロジー・ベンチャーなどが関心を示した。ドン・バレンタインのセコイア・キャピタルは、特に熱心なものの一つであった。

スワンソンの考え方は、非常に保守的で局地防御に向いたものだった。意表をついたゲリラ戦術といえる。みんながデジタルを目指すなら、競争の少ないアナログに向かい、新技術を開発するより、セカンド・ソースで開発経費の節減を目指すというものだ。その一方、汎用というより他の追随を許しにくい特殊用途のアナログ集積回路を作り出した。ＡＳＩＣ（Application Specific Integrated Ccircuit）のようなものである。

さらにデジタル業界と違って、アナログ業界では、最先端の開発機器を必要とせず、デジタル業界が廃棄した中古開発機器で十分であり、設備投資費用が節約できた。

これらのゲリラ戦的な戦術は、非常に効果的であったことが後に証明された。

一九八一年、スワンソンが新会社リニア・テクノロジーを立ち上げると、チャールズ・スポックは、激怒して訴訟に訴えた。何度も繰り返し、新しい訴訟を起こして激しいプレッシャーをかけた。通常は多額の訴訟費用の負担のために、新しい会社は潰されてしまうのだが、リニア・テクノロジーはそうはならなかった。製品の質は良く、顧客へのサービスが良く、顧客の評判が良かったからである。

一九八六年、リニア・テクノロジーは、上場を果たし、孤塁を守りきった。一九八七年には、リニア・テクノロジーは、テキサス・インスツルメンツとパートナー・シップを結んで、さらにナショナル・セミコンダクターに対する防御体制を強化した。

アナログ集積回路をめぐるリニア・テクノロジーとナショナル・セミコンダクターの闘いは、後のテキサス・インスツルメンツによるナショナル・セミコンダクターの買収を考えると、大変示唆に富んでいる。

ナショナル・セミコンダクターの消滅

チャールズ・スポークのアウトソーシング戦略により、ナショナル・セミコンダクターは、何でも社外に発注する傾向が生じた。研究開発能力も低下し、日本のブラザーからの開発依頼にも応えられなかったし、マイクロプロセッサーの開発も失敗した。IBM互換機もモトローラのマイクロプロセッサーMC10800やマクロセル・ゲート・アレイMECL10000を使って開発されていた。競合する他社の集積回路を使わなければ、開発できないというのは大変不名誉なことである。

加えてナショナル・セミコンダクターは、一九八〇年代後半、何もかも売却する方向に走って行った。そのため、一九八〇年代、ナショナル・セミコンダクターは、次第に時代の流れに取り残される形となった。

一九八七年、ナショナル・セミコンダクターが、1億2200万ドルでフェアチャイルド・セミコンダクターを買収したことについては先に述べた。

一九九一年チャールズ・スポークは、後任としてギルバート・アメリオを選んだが、これは失敗であったと後悔していたようだ。

二〇一一年四月四日、たいへん衝撃的な出来事が起きた。この日、テキサス・インスツルメンツは、ナショナル・セミコンダクターを総額65億ドルで買収することで合意に達したと発表したのである。一株当たり25ドルを支払うことになり、これは二〇一一年四月四日のナショナル・セミコンダクター株の終値14・07ドルに78％のプレミアムを付与した価格である。これにより、テキサス・インスツルメンツは、アナログ半導体部品では、世界最大のシェア17％を占めることとなり、収益は全売上高のほぼ50％になる見込みであるといわれた。

二〇一一年九月一九日、株主の最後の一人が合意し、二〇一一年九月二三日にナショナル・セミコンダクターは、正式にテキサス・インスツルメンツに合併された。ここにナショナル・セミコンダクターは輝かしい歴史を閉じたのである。

第12章　インテルの誕生とマイクロコンピュータ革命前夜

インテルの設立

ロバート・ノイスは、一九六八年六月二五日、ゴードン・ムーアは、一九六八年七月三日、フェアチャイルド・セミコンダクターを去った。ムーアを尊敬していたハンガリー人のアンドリュー・グローブも二人の後を追った。

一九六八年七月一八日、ノイスとムーアは、NMエレクトロニクスを創立した。Nはノイス、Mはムーアである。それがインテグレイテッド・エレクトロニクスと変更され、さらに短縮されてインテルとなった。

新会社の株式の総数は200万株であり、ノイスとムーアは、それぞれ一株1ドルで24万5000株を購入した。アーサー・ロックは、一万株であった。さらに出資者には、フェアチャイルド創設メンバーの六人、リチャード・ホジスン、ヘイドン・ストーン、データ・テクノロジーのジェラルド・カリー、SDS（サイエンティフィク・データ・システムズ）の社長のマックス・パレブスキー、ロックフェラー財団、グリネル・カレッジなどが名を連ねている。

取締役会の取締役は六人で、アーサー・ロックが取締役会会長であった。社外取締役は、ジェラルド・カリー、マックス・パレブスキー、チャールズ・B・スミスに、社内からの取締役はノイス、ムーアであった。

ノイスが社長、ムーアが執行副社長であった。ノイスとムーアは、対照的な性格だった。相補的な性格であったともいえる。インテル設立時のスタッフは、12人程度と伝えられる。後に一九七一年、レジス・マッケンナとマイク・マークラがインテルに入社してくる。

創立当時のインテルの本社の所在地は、マウンテンビュー市イースト・ミドルフィールド・ロード３６５番地（365 East Middlefield Road Mountain View）であった。ユニオン・カーバイドが使っていた古いビルであった。ビルだけでなく、不要な施設、半導体製造装置、器具、使えそうな人員までも引き取ったという。

インテルの目標は、半導体メモリの開発で、当時、市場の大半を押さえていた磁気コア・メモリに置き換えることであった。

アンドリュー・グローブ

アンドリュー・グローブは、一九三六年ハンガリーのブダペストに生まれた。10代のころはジャーナリストを志していたといわれる。演劇も志望していたらしい。オペラも好きだという。

グローブは、ソ連の軍事介入を招いたハンガリー動乱の翌年一九五七年に、ポケットに20ドルを入れただけで祖国ハンガリーを捨て、米国に渡った。この20ドルをポケットに入れただけでハンガリーを出国したことから、グローブは、貧しい家の生まれのような錯覚に襲われる。しかし、実はグローブの両親は、乳製品の販売でかなり豊かな家庭を築いていたようである。

ハンガリー動乱で、グローブが国境を越えてオーストリアに亡命したため、マスコミは、とかくグローブをソ連軍と戦闘したり、抵抗運動を行って亡命した反体制の闘士として捉えたがるが、それは事実ではない。特に反体制の強い意志を持っていたわけではなく、外国に行きたいからということで出国したようである。オーストリアでグローブは、米国のＩＲＣという団体に必死に頼み込んで米国に行けることになった。

ニューヨークに着いたグローブは、親戚の助けで生活を始める。当初、親戚の勤務している大学に入ろうとも考えたが、もう少し良い大学をということで、別の私立大学を訪ねた。しかし、学費が高すぎたのでニューヨーク市立大学に入学した。ここでグローブは、猛烈に勉強に励み、米国市民権を取れるまでになった

アンドリュー・グローブという名前は、米国へ渡ったときに本名のアンドラス・イストバン・グローブというハンガリー名を英語風に変えた名前である。

グローブは、一九五七年、ニューヨーク市立大学で化学工学の学士号を取った。流体力学にはこの時代から興味と関心を持っていた。卒業後、いろいろな大学への進学を目指したが、最も行きたかったのが、カリフォルニア州立大学バークレー校だった。

そのために、グローブは、夏休みにカリフォルニアにアルバイトに出掛けている。化学工学に在学していたこともあって、スタウファー・ケミカル・カンパニー、スタンダード・オイル、タイドウォー

ター・アソシエイテッド・オイルなど化学、石油系の会社で働いた。これらのアルバイト先は、シリコンバレーとはサンフランシスコ湾の対岸のリッチモンドやマーティネズにあり、それがごく近くのカリフォルニア州立大学バークレー校に親しみを感じるきっかけになったのかもしれない。

ともかくグローブは、一九六〇年にカリフォルニア州立大学バークレー校の大学院の化学工学科に入学した。ギリシア系で流体力学が専門のアンドレアス・アクリボス教授に師事した。学位論文は、流体力学で円筒の近傍を通過する流体の乱流や渦の発生を扱った実験的なものである。流体のナビエ・ストークス方程式は、非線形で現在も厳密には解かれていないから、実験とコンピュータによる数値解析に頼った。この時、フォートラン言語を学んでいたことが後で役立った。ただし非線形方程式の解析に必要な数学は抜群にできるというほどではなかったようだ。結局、大学院在学中に四本の学術論文が学会誌に掲載され、一九六三年、博士号を取得した。

博士号取得後、就職することになるが、これもいろいろな会社から誘われたあげく、フェアチャイルド・セミコンダクターに就職する。実はフェアチャイルド・セミコンダクターには一度断られている。半導体に無関係な流体力学が専攻ではということもあったのだろう。

グローブに幸いしたのは、面接が同じ化学出身のゴードン・ムーアだったということだ。ムーアにしてみれば、同じ化学畑出身の味方を増やしたいという気持がなかったと言えば嘘になるだろう。

アンドレアス・アクリボス教授は、ムーアに手紙で書いた。

「グローブは、とても普通の人間ではない」

グローブは、気を悪くしたようだが、グローブの一面を良く捉えている。

入社してからも、グローブは、ことごとくムーアに擦り寄る。ムーアの権威をうまく利用して、のし上がって行く。悪くいえば御機嫌取りである。

フェアチャイルド・セミコンダクターに入社したグローブは、第一日目の午前中、上司からＭＯＳトランジスターの表面状態に関する課題を説明されて、これを解くようにいわれる。グローブは、その日の午後に学位論文の方法を使って微分方程式を解き、フォートラン言語でプログラムを書き、ＩＢＭ６５０コンピュータにかけて計算データを揃えた。当時シリコンバレーの民間会社には、フォートラン言語でプログラムを組める人は、ほとんどいなかったので、非常な注目を浴びた。この結果は、すぐに論文としてまとめられ、一九六五年に掲載された。

これでグローブは、流体力学でなく、ＭＯＳデバイスの専門家として認められるようになる。ただ半導体については、ほとんど勉強していないはずだから、薄氷を踏む思いだったろう。ぼろが出ないように必死に勉強に励み、論文を生産し続けたようである。

チャールズ・スポークがナショナル・セミコンダクターを設立した一九六七年に、グローブにも声がかかったようだが、迷った末に断った。

グローブは、一九六三年から一九六六年研究部門の技術スタッフであったが、一九六六年から一九六七年ＭＯＳデバイスの表面およびデバイス物理の主任となった。一九六七年から一九六八年、研究部門のアシスタント・ディレクターとなった。

一九六八年五月頃、固体デバイス会議に出席した時、ムーアが、グローブに言った。

「私はフェアチャイルド・セミコンダクターを離れることに決めた」

「どこへ行かれるつもりです？」

「私は新しい半導体会社を設立するつもりだ」

「私もついて行きます」

グローブは、ムーアに請われてインテルに入社したわけではない。むしろ自分から頼んでムーアに付いて行った。そして一九六八年、インテルに社員番号3で入社したグローブは、副社長兼オペレーションのディレクターとなった。

グローブは、ノイスとは気が合わなかったようだ。グローブは、ノイスが、経営に関しては決断力がないと、かなり否定的なことをいって批判していた。ノイスはリーダーであるが、マネージャーではないといっていた。

アンドリュー・グローブは、ムーアを崇拝しているという立場を貫いた。不思議なことに、それでもグローブは、ノイスと家族ぐるみの交際をしていたが、ムーアとは、家族ぐるみの交際は全くなかった。面白いものである。

ノイスは、多少飽きっぽく、すぐ目新しい物に飛びつく性向もあった。研究開発と経営に飽きたノイスが眼を向けたのは政治であった。ロバート・ノイスは政府や学会などとの渉外業務に当たったたし、国防総省を中心に米国半導体メーカーが結集したセマティックの初代会長となって大活躍した。

ロバート・グラハム

ロバート・ノイスは、先述のように製造の専門家ロバート・F・グラハム（以下ロバート・グラハム）をインテルにスカウトした。

ロバート・グラハムは、一九二九年に生まれた。この人の20歳までの経歴は皆目分からない。一九五〇年に朝鮮戦争が起きると、グラハムは従軍し、帰国後、GIビルでUCLA（カリフォルニア州立大学ロサンゼルス校）の工学部に入学した。

グラハムは、RCAミサイル・システムに勤めた後、AT&Tセミコンダクターに勤め、さらにフェアチャイルド・セミコンダクターに勤めた。「研究開発は、戦略的マーケッティングの戦術的武器である」という言葉を残している。穏健で誠実な人柄であったことから、ノイスに重用された。

グラハムは、フェアチャイルド・セミコンダクターを去った後、ITTセミコンダクターに勤めた。在職中、ノイスにインテルにスカウトされた。ところがITTセミコンダクターを辞めた後は、三ヶ月は同業につけない約束であった。このためインテルへの入社が遅れ、アンドリュー・グローブが社内の重要ポストをレスリー・バディーズ、ユージーン・フラスなど自分の息のかかった人間で固めた後であった。それでもインテルの中でのロバート・グラハムの役職は、副社長でマーケッティング・マネージャであった。

グローブは、グラハムのマーケッティングを全く認めていなかった。グローブは、マーケッティングなど不要で、インテルが良い製品を作れば、製品は自然に売れると主張した。一方、元々製造の専門家であったグラハムは、数ヶ月前まで研究開発しかやっていなかったグローブに製造など分かるかと思った。要するに互いに激しく嫌っており、凄惨な権力闘争になった。

一九七一年の夏、グローブが、ムーアのオフィスにやってきて、もうグラハムと諍《あらが》いながら仕事を続けて行くのは無理で、インテルを辞めるといった。グラハムは、ゴードン・ムーアの釣り友達であったので、ムーアは慌てた。ムーアはノイスのもとに飛んでいった。ノイスは、経営者になっており、これまでの温情的な彼と違って非情な判断をした。二人の仲を調停するより、次のマーケッティング・マネージャを誰にするかを考え始めたのである。

一九七一年夏、ノイスは、テキサス・インスツルメンツからエド・ゲルバッハを雇うことに決めた。グローブもエド・ゲルバッハを非常に気に入った。そこで、ノイスは、グラハムの首を切った。ノイスは、穏健派のグラハムでなく、激情派のグローブを選んだ。

グローブは、一九七九年に社長、一九八七年に最高経営責任者となる。ノイスは、業界政治に向かい、ムーアは、研究一筋で、結局、この後インテル経営の実務は、グローブの肩にかかることになる。

グローブは、激情家であるが、納得するまで部下と議論し、しこりを残さないといわれている。しかし、そういうきれいごとで終わらない厳しさもあったらしい。グローブの指導の下で、インテルは、トップダウン的で、何事にも秘密主義で、ひたすら猛烈に働くことを美徳とする会社に成長して行く。インテルは、西海岸らしからぬ一種独特な企業文化の会社に変わっていくのである。

レスリー・バディーズ

アンドリュー・グローブは、ゴードン・ムーアにフェアチャイルド・セミコンダクターからハンガリー人のレスリー・バディーズを仲間に加えるようにいった。

レスリー・バディーズは、一九三六年九月、ハンガリーのブダペストにユダヤ人の両親の間に一人っ子として生まれた。父親は元々は大工であったが、第一次世界大戦で腕に銃創を受けたため、塗装業に変わった。バディーズ一家は豊かではなかったが、そこそこの暮しをしていた。両親は教育はなかったが、子供の教育には熱心だった。

第二次世界大戦の後半、バディーズの一家は、いわゆるユダヤ人ゲットーに閉じ込められた。戦後、中流よりは少し下のランクにある地域の元のアパートに戻った。中学では数学と物理が得意であった。化学は暗記が多いので嫌いだった。文科系の科目はもっと嫌いだったので工業高校に進学した。工業高校は主席で卒業した。その後ハンガリーの農工大学の機械工学科に一年間通った。

そこでハンガリー動乱が起きた。祖母が老齢なので一家で亡命するわけにも行かず、一一月バディーズが叔母の一家とオーストリアに亡命した。ただし、バディーズも政治には興味がなく、反体制というわけでもなかった。

バディーズは、ウィーンからリンツを経てカナダに渡った。本当はオーストラリアに行きたかったのだという。カナダに着くと、ケベック州モントリオールに行き、マギル大学電気工学科に入学した。レスリーという名前は、おそらくカナダか米国に着いてからハンガリー名を改名したものと思われるが、普通は女性が使う名前で、よく女性と間違えられたという。グーグルで「Lesly」を画像検索してみると、たしかに女性の顔がたくさん出てくる。

一九六一年、バディーズは、マギル大学電気工学科を卒業すると、トランジトロン・エレクトロニクスに入社した。ここに一九六四年までいた。トランジトロン・エレクトロニクスは、長くいる所ではないと見切りをつけて一九六四年、バディーズは、フェアチャイルド・セミコンダクターに入社する。アンドリュー・グローブに一年遅れての入社である。

バディーズは、最初はMOSでなく、バイポーラー・グループに配属されたが、組織改革によってMOSエンジニアリング・セクションに配属された。当時、フェアチャイルド・セミコンダクターでは、MOSデバイスの研究は行なわれていたが、出荷できるMOSデバイス製品はなかった。研究部門の成果をどうやって製造部門に引き渡せるかが問題であった。製造部門は研究開発部門とは別に独自のMOSデバイス製品を開発しようとしていた。この両部門間の調整は非常に困難な課題であった。

その頃、MOSデバイスに金属ゲートではなくてシリコン・ゲートを使うアイデアが注目され始めた。元々はベル電話研究所で生まれたアイデアである。ベル電話研究所のJ・C・サラス、R・E・カーウィン、D・L・クレイン、R・エドワーズ等が研究を始めたという。だが、ベル電話研究所はプロジェクトを中止してしまい、関心を失っていた。

当時、フェアチャイルド・セミコンダクターの研究開発部は、ゴードン・ムーアが責任者で、その下にC・T・サーの物理部があって、MOSデバイスの研究開発部隊がいた。

ブルース・E・ディール

ブルース・E・ディールは、一九二七年にネブラスカ州に生まれた。ネブラスカ州リンカーンのノースイースト高校を出た後、一九五〇年、ネブラスカ・ウェスレヤン大学化学科を卒業した。一九五三年にアイオワ州立大学大学院の物理化学科の修士課程を修了した。一九五五年同大学院博士課程を修了し、博士号を取得した。一九五五年にカイザー・アルミニウム・アンド・ケミカル社に入社し、一九五九年にレーム・セミコンダクター社に入社した。レーム・セミコンダクター社の悲劇については前に述べた。

ディールは、一九六一年に、レイセオン社にレーム・セミコンダクター社が買収された後も残留していたが、一九六三年にフェアチャイルド・セミコンダクターに入社した。一、二ヵ月してアンディ・グローブが入ってきて、さらにユタ大学からエド・スノーが続いた。

ゴードン・ムーアやレスリー・バディーズの決定によって、フランク・ワンラスが自分の研究結果のCMOSが採用されないことに怒ってフェアチャイルド・セミコンダクターを出て行ってしまった後、ディールやエド・スノーが中心となってMOSの開発を行なっていた。熱心に研究開発はしたが、それを製造部門に持っていくことはできなかった。案外、日本の研究所でも同じようなことはあるのではないのだろうか。

またC・T・サーは、イリノイ大学の教授となってフェアチャイルド・セミコンダクターを出て行ってしまった。

決め手となるのは一九六八年に採用され、レスリー・バディーズの下に配属されたフェデリコ・ファジンだろう。

フェデリコ・ファジン

一九六八年七月、父親の葬儀でモントリオールから戻ったバディーズは、ロバート・ノイス達の後を追って、フェアチャイルド・セミコンダクターを去り、インテルに入社した。一九六八年から一九七二年にかけてバディーズは、研究開発部門のテクニカル・スタッフであった。インテルでは、フェアチャイルド・セミコンダクターにあった研究開発部門と製造部門の対立が起きないようにと考えられた。

インテルは、特にＭＯＳ技術に注力した。バディーズは、特にシリコン・ゲート技術（ＳＧＴ）に注力することを主張した。インテルは、シリコン・ゲート技術をメモリ開発にすぐさま応用した。

フェデリコ・ファジンは、一九四一年、イタリアのビチェンツァに生まれた。父親はパドゥア大学の古典と哲学の教授であった。

ファジンは、子供の頃から飛行機、自動車、自転車、機械なら何でも好きだった。特に9歳の時に買ってもらったメカノという玩具には熱中した。金属板でできた部品にたくさんの穴が整然と並んでいて、それをビスとナットで留めて作りたいものを作り上げていく。私も子供の頃に熱中した覚えがある。今はあまり玩具売場では見かけないようだ。レゴはプラスチックでメカノを実現したと考えて良い。少年時代、次に凝ったのは模型飛行機らしく、大人になってもラジコンの模型飛行機に夢中であったようだ。本物の飛行機を作りたいという希望で工業高校に進学した。

ファジンは18歳で工業高校を優秀な成績で卒業した後、大学には進まず、一九六〇年、ミラノの近くのボルゴロンバルドにあるオリベッティに、アシスタント・エンジニアとして入社した。補助技術員くらいの意味だろう。配属先は回路研究室であった。

一ヶ月ほどの研修の後、最初に与えられた仕事は、コンピュータを組み上げることであった。1ワード12ビットで、4Kワードのメモリを持つコンピュータであった。二メートルの高さほどのラックに数百枚のプリント回路基板の詰まった、かなり大きなコンピュータであった。上司が自動車事故で三ヶ月ほど入院して不在になったので、ファジンは、自分一人で作り上げてしまった。ものすごい才能である。ただし、ファジンは、4Kワードといったり、4Kバイトといったりしているし、多少割り引いて聞く必要がある。

しばらくしてファジンは、大学に戻って物理学を勉強しようと思った。そこでパドゥア大学に入学した。一九六五年、最優秀の成績で卒業した。卒業後しばらく大学の電子工学の実験室に勤務した。

一九六六年にオリベッティでの上司の設立した小さな会社に入社した。その会社は、GMe（ジェネラル・マイクロ・エレクトロニクス）の販売代理店であった。ファジンの仕事は、GMe製品の技術エキスパートになることであった。最初の仕事は、カリフォルニアに行ってGMeの一週間コースを受講してMOS技術とGMeの製品系列について学ぶことであった。そこでカリフォルニアに行って、すばらしい世界であると感じた。

ミラノに戻ると、会社はローマ大学からＧＭｅが発表したばかりの１００ビットのＭＯＳシフト・レジスターを受注した。だが、実際にはＧＭｅは納入できなかった。そのためＭＯＳではなく、バイポーラーのトランジスターを使ったシフト・レジスターを納めることでお茶を濁した。その当時ゲートの酸化物の不純物の影響で安定的なＭＯＳ製品を作ることは、非常に難しかった。信頼できるＭＯＳデバイスを作るためには、シリコン・ゲート技術を開発することが必要だったのである。

その後、数ヶ月でＧＭｅは、フィルコ・フォードに買収されてしまった。そこでファジンは、ＳＧＳフェアチャイルドに転職した。そこでファジンは、ＳＧＳフェアチャイルドのためにＭＯＳプロセス技術を開発するように命令された。そこでファジンは、文献を読んだり、実験を繰り返してＭＯＳプロセス技術を開発した。これに力を得てＳＧＳフェアチャイルドは、ＭＯＳデバイス分野に参入しようとした。

ＳＧＳとフェアチャイルド・セミコンダクターの間には、技術者の交換留学プログラムがあり、一九六七年の二月から六ヶ月間の予定で、ファジンは、カリフォルニアのフェアチャイルド・セミコンダクターに派遣された。この時、ファジンの上司となったのが、レスリー・バディーズであった。レスリー・バディーズは、アンドリュー・グローブと同じくハンガリー人であったが、多少洗練されておらず、物言いがストレートであった。また態度も対決的で、ある意味で粗暴とも受け止められかねない一面があった。その点で育ちの良いイタリア人のファジンとは、合わない部分もあったらしい。

フェアチャイルド・セミコンダクターで与えられた課題は二つあり、どちらかを選択せよというものだった。一つはメタル・ゲート技術を用いて２００ビットのシフト・レジスタを作ることで、もう一つは多結晶シリコンを使ったシリコン・ゲート技術を開発せよというものだった。ファジンは、後者の課題を選び、苦労はしたものの、数ヶ月というきわめて短期間にシリコン・ゲート技術を完成してしまった。

一九六八年一〇月、ファジンの開発したシリコン・ゲート技術を使用して、フェアチャイルド・セミコンダクターは、業界初の商用ＭＯＳ集積回路フェアチャイルド３７０８を発売した。これは８ビットのアナログ・マルチプレクサであった。すでに先行する製品としてフェアチャイルド３７０５があったが、これはメタル・ゲート技術を用いたものであった。

フェアチャイルド・セミコンダクターは、ファジンの開発したシリコン・ゲート技術の特許を取ろうとはしなかった。もし、特許を取れば、フェアチャイルド・セミコンダクターの知的資産にはなるが、インテルの知的資産にはならなかったからというようがった見方もある。少なくともファジンはそういっている。

ファジンは、ロバート・ノイス、ゴードン・ムーア、レスリー・バディーズがインテルに去った後も、フェアチャイルド・セミコンダクターに残留していた。ファジンは、自分の開発した技術がインテルに使われてしまう、としきりにフェアチャイルド・セミコンダクターの上層部に主張した。しかし、フェアチャイルド・セミコンダクターの上層部は、反応しなかった。

そこで、ファジンは、不思議な行動に出る。ファジンは、インテルに行ったレスリー・バディーズに電話してこういうのである。

「レス、私は回路を設計したいんだ。私はフェアチャイルド・セミコンダクターで働くのに疲れた。

私の仕事はないかい？」

　これに対してバディーズは、フェデリコ・ファジンに論理回路設計ができるかどうか聞いた。できると答えると、バディーズは、何も話すことはできないが、かなりの量の論理設計を含む仕事が顧客から来ているので、君にやって欲しいと答えた。こうしてフェデリコ・ファジンは、インテルに入社することになるのである。

ビジコン

以下、日本人の登場人物については、敬称を省略することをお断りしておく。

一九六八年一一月、インテルのロバート・ノイスは、ロバート・グラハムと共に、シャープ（当時は早川電気）の佐々木正副社長を訪問した。資金調達のため仕事をもらいに来日したのである。日本におけるロバート・ノイスの評判は、神にも近いといわれていた。

シャープは、ノースアメリカン・ロックウェルと電卓用集積回路の共同開発をしていたので、その仕事の一部をインテルに回せないかとノースアメリカン・ロックウェルに聞いた所、あっけなく断られた。色々あった末に日本計算器株式会社（以下日本計算器）の小島義雄社長を紹介した。

日本計算機は、不思議な会社である。会社の仕組みが非常に込み入っている。

一九一八年、小島和三郎が中国東北地方の奉天に輸入業の昌和洋行を設立した。昌和洋行は、後に昌和商店となる。小島和三郎は、計算器に情熱を持っており、タイガー計算器を退職した平田勝次郎を雇い、一九四二年、富士星計算器製作所を設立した。タイガー計算器のような手回し計算器を製造し販売することになった。一九四五年、富士星計算器製作所を日本計算器に商号変更した。

一九五七年、昌和商店から計算器の販売部門を分離し、日本計算器販売が設立された。

一九六〇年、小島義雄が日本計算器販売の社長に就任した。小島義雄は、一九二四年に中国東北地方の大連で生まれ、一九五〇年に京都大学を卒業後、日本計算器に入社している。二年後の一九六四年には、小島義雄が日本計算器の社長にも就任した。

一九六八年、日本計算器、日本計算器販売、三菱電機の共同出資により電子技研工業株式会社（以下電子技研工業）が設立される。

一九七〇年、日本計算器販売が商号変更によりビジコン株式会社（以下ビジコン）となった。

一九七一年、ビジコンと電子技研工業が合併してビジコンとなる。一九七四年、ビジコンが倒産する。後に再建される。

佐々木正副社長の紹介により、電子技研工業とインテルは、一九六九年四月、電卓用集積回路の開発に関する仮契約を結んだ。翌一九七〇年二月に本契約を結ぶ。この段階では、電子技研工業は、ビジコンになっている。ずいぶん複雑である。

当時、電卓戦争が激化していたので、毎回、最初から設計して製造していたのでは間に合わない。汎用の集積回路を作り、電卓メーカーの要求に応じて、どのようにでも対応できるようにしたいというのがビジコンの考えであった。

契約では、以下のことが取り決められた。

◇インテルがビジコンの要請を受けて設計製造する集積回路について、両社共同で開発に当たる
◇開発費用としてビジコンが10万ドルをインテルに支払う
◇開発された製品はビジコンが販売権を独占する

ビジコン社は、この契約に基づき、自社の論理回路設計をインテルに示した。
この論理回路設計を持って三人のビジコン社員が渡米するが、その中の一人が嶋正利である。
嶋正利は『マイクロコンピュータの誕生　わが青春の４００４』（岩波書店刊）という大変素晴らしい本を書いている。是非御一読をお勧めしたい。ここでは嶋正利とは違う視点で記述を進めたい。

ここで少し変わっているのは、インテルとの共同開発と平行して、一九七〇年からモステック社との間でも電卓用集積回路の共同開発を進めたことである。これは米国の調査会社の勧めによるという。危険分散の意味合いがあったのかも知れない。ビジコンがインテルと提携し、日本計算器㈱がモステックと提携したようだ。これもまた、ずいぶん複雑な仕組みである。

ここで注意しなくてはいけないのは、「モステック」と呼ばれる会社は二つあることである。
ビジコンが提携したのはＭＯＳＴＥＫ《モステック》社である。ＭＯＳテクノロジー社ではない。どちらもテキサス・インスツルメンツからのスピンオフで、同じような製品を作っている会社で、紛《まぎ》らわしい。音だけだと米国人でも間違える。ＭＯＳＴＥＫは、ベンチャー・キャピタリストのＬ・Ｊ・セバンと技術者のロバート・プローバスティング等によって設立された。かなり有名な会社であるが、相当業界通の人でないと分からないかも知れない。

ＭＯＳテクノロジーは、チャック・ペドル等によって設立された。アップルⅠやアップルⅡの

CPUに使われた6502で有名な会社である。

歴史を振り返ると、当時のインテルのロバート・ノイスに関心があったのは、主にビジコンが提供する開発経費の10万ドルであったのではないかと思う。経営者ともなれば仕方のないことである。

アンドリュー・グローブはビジコンとのプロジェクトにあまり賛成していなかったといわれている。

テッド・ホフ

マーシアン・E・ホフ・ジュニア（愛称テッド・ホフ）は、一九三七年、ニューヨーク州ロチェスターに生まれた。少年時代、化学と化学工学を勉強していた叔父の影響を受けて科学好きの子供であった。一九五四年、レンシーラー・ポリテクニック・インスティチュートの電気工学科に入学し、一九五八年に卒業した。続いてスタンフォード大学の大学院に進み、一九六二年に博士号を取得した。その後、スタンフォード大学で神経回路網の研究をしていた。この間、集積回路に興味を持った。またコンピュータにも興味を持ち、神経回路網の研究にコンピュータを使用した。

一九六八年、ロバート・ノイスから電話をもらった。

「新しい会社を立ち上げたけれど、社員になることに興味はありますか？」

というものだった。それは試してみると面白いかもと思って面接を受けた。

ロバート・ノイスは

「半導体開発の次の開発分野は何にすべきと思いますか？」

と質問してきた。

「メモリです」

と答えた所、見事合格して、社員番号12のインテルの社員になった。

テッド・ホフの最初の肩書きは、アプリケーション研究のマネージャであった。インテルが開発した製品を顧客が使えるように助けること、顧客と話をして顧客が実現したいと思っていることを見つけ出すことが仕事であった。つまり顧客に対するコンサルタントのようなものである。コンサルタントをしながら、次世代の製品企画を立てて行く役割である。

テッド・ホフの最初の仕事は、ビジコンの仕事であった。一九六九年四月、インテルとビジコンの間で仮契約が結ばれ、一九六九年六月に開発作業が始まった。基本的にテッド・ホフの仕事は、インテルの上層部とビジコンの間のリエゾン（連絡係）であって、ビジコンの注文を聞く単なるコンサルタントであった。テッド・ホフは、本格的な開発者ではなかったが、それをビジコン側は、あまり理解していなかったようである。

ビジコンと接触して、テッド・ホフが驚いたことがいくつかあった。まずビジコンの考えていた集積回路は、40ピンのパッケージであって、高価になりすぎてしまうことだった。またインテルには40ピンのパッケージの用意はなかったようだ。ビジコンは、ＲＯＭで電卓メーカーの要求に応えようとしていたが、それは非常に大変なことではないかと感じたらしい。

ビジコンの技術者は、テッド・ホフの変更の提案を一切受け付けなかったが、テッド・ホフは、これは非常に簡単な汎用コンピュータを作れということだと考えて命令セットを開発し始めた。

八月二一日、インテルからビジコンに手紙が来た。それによると、ビジコンの要求するＬＳＩ（大規模集積回路）の集積度は、先行したシャープのＬＳＩの二、三倍であり、個数はシャープの5個に対して最低10個、最大15個である。インテルの上層部のゴードン・ムーア、アンドリュー・グローブは、13個程度と認識していた。

このため仮開発契約での50ドルを保証することは難しく１５０ドルになるだろうということであった。暗礁に乗り上げたのである。

そこでテッド・ホフのマイクロコンピュータのアイデアに沿って打開策が模索されることになった。九月一六日、インテルからビジコンに手紙が来た。ビジコンの提案に対し、インテルは、自分達の汎用マイクロコンピュータ用ＬＳＩのインテル４００４シリーズで行きたいという逆提案をした。またプリンター付き電卓用ＬＳＩの構成は、九個のＬＳＩチップで、価格は１９５ドルとなった。

インテルのこの提案にビジコンは折れ、一〇月に承認した。インテルは狂喜した。

結局、次のようなインテル４００４シリーズが開発されることになった。本当は当時は名前はついておらず、ビジコン・チップなどといっていた。

◇インテル４００１　　２Ｋビットのロム、入出力付き
◇インテル４００２　　３２０ビットのＲＡＭ
◇インテル４００３　　10ビットのシフト・レジスタ
◇インテル４００４　　４ビットのＣＰＵ

テッド・ホフは、インテルがもっと高性能のＤＲＡＭを開発していることを知っていた。さらに何

故シフト・レジスタを独立させるのか、ＤＲＡＭですむ話ではないかとも思っていた。しかし、ともかく契約は調印されたのである。

ところが、ここでさらに問題が起きた、テッド・ホフは、ＭＯＳ ＬＳＩ設計のプロではなく、大学院の博士課程で神経回路網を研究しただけで、ＭＯＳ ＬＳＩの設計などできるわけがなかった。テッド・ホフは、顧客の注文を聞く単なるコンサルタントに過ぎなかった。そして当時のインテルにはＭＯＳ ＬＳＩの設計のできる人材がいなかった。正確にいえば、ビジコンの注文にさける人間はいなかった。インテルは、すべての資源をメモリ開発に投入していたのである。またＭＯＳ ＬＳＩの理論に通じた人間は、アンドリュー・グローブ、レスリー・バデスなど揃っていたが、実際のＭＯＳ ＬＳＩの設計ができる人間は、ほとんどいなかったのである。

インテルは、ＭＯＳ ＬＳＩの設計のできる技術者を募集にかかった。適当な人材としてフェデリコ・ファジンが見つかるまでに六ヶ月かかった。その間、開発プロジェクトは、完全にストップした。呑気なものである。

スタンリー・メーザー

スタンリー・メーザーは、一九四一年、イリノイ州シカゴに生まれた。その後、メーザー一家は、カリフォルニアに移動した。スタンリー・メーザーは、オークランド高校を一九五九年に卒業し、サンフランシスコ州立大学に進学して数学とプログラミングを学んだ。

サンフランシスコ州立大学では、特にIBM1620コンピュータに慣れ親しんだ。自分でコンピュータ・アーキテクチャの勉強もした。一九六二年か一九六三年頃、メーザーはテッド・ホフを訪ねて行ったらしい。メーザーはヘリコプターの設計と製作が趣味だったらしい。もし、話題が出れば、フェデリコ・ファジンと話が盛り上がっただろう。

一九六四年、メーザーは、フェアチャイルド・セミコンダクターにプログラマーとして入社した。コンピュータ・アーキテクチャと10進浮動小数点ユニットの仕事をした。その後デジタル・リサーチにコンピュータ・デザイナーとして転職した。ここで高級言語コンピュータ「シンボル」の特許を取った。

一九六九年九月にテッド・ホフに誘われてインテルに入社した。メーザーは、インテルが全力を挙げて注力しているメモリは退屈で嫌だと思った。ところがインテルに入社したメーザーは、メモリでなく、テッド・ホフのビジコンのプロジェクトの手伝いをすることになってほっとした。メイザーは、ビジコンから来た二人の技術者と同室になった。

大型コンピュータに慣れていたメイザーにとって、ビジコンの提案は、驚きの一語であったらしい。ビジコンが提案した浮動小数点演算は、16ビットの加減乗除が滑らかにできることが前提となっていたが、それはかなりの問題があると感じていたらしい。またテッド・ホフの4ビットCPUの提案についても、正直な所は「4ビットのCPU?」と感じたらしい。私もこれまで何の疑いも感じなかったが、改めて4ビットのCPUと考え直してみると、「それは何?」と言ったかもしれない。

インテル４００４

フェデリコ・ファジンは、一九七〇年四月インテルに入社してすぐ、インテル４００４ファミリーの開発に投入された。入社二日目に、ビジコンの嶋正利に会わされた。嶋正利も一九六九年一二月に日本に帰国して、四月に米国に戻ってきたばかりであった。お互いにびっくりしたようである。

嶋正利にしてみれば、六ヶ月間の間にインテルでの開発は、非常に進んでいると思っていたのに、全く何も進展していなかった。

ファジンも驚いたようで、あったのは、インテル４００４ファミリーの基本的アーキテクチャ、インテル４００４ファミリーのブロック・ダイアグラム、命令セットの簡単な書類だけであった。

「じゃ、よろしく」

テッド・ホフは去っていった。ファジンは、論理設計、回路設計、レイアウト設計のすべてを一からやらなくてはならないことになった。

また不思議なことにインテルでは、似たような注文をＣＴＣ（コンピュータ・ターミナル・コーポレーション。後のデータポイント）から受けていた。これはハル・フィーニーが雇われて担当していたが、これはファジンのシリコン・ゲート技術なしには不可能であり、しばらく凍結された。後にインテル８００８として登場することになる。ハル・フィーニーは、後にフェデリコ・ファジンの仕事を手伝うことになる。

ファジンが、あきれたことには、インテル４００４ファミリーの納期は六ヶ月後であった。絶対に不可能と思われた。ビジコンのプロジェクトには、ファジンだけしか割り当てられておらず、一人で六ヶ月で完成することは不可能である。米国の会社なら直ちに多額の賠償を求めて告訴という所だろう。ただ告訴できるような、しっかりした契約書ではなかったのだろう。また日本企業の力では米国での訴訟には勝てない。裁判制度がまるで違うし、弁護士の力量がまるで違う。さらに途方もない費用がかかる。

契約には「インテルがビジコンの要請を受けて設計製造する集積回路について、両社共同で開発に当たる」とあるだけだ。だから共同責任だと居直られれば、それきりだ。ある意味で、したたかな契約である。そこで仕様の最終確認にだけ訪れたはずの嶋正利が急遽、米国に残留することになり、ファジンを手伝うことになる。日本企業は多少お人好しの所がある。

ファジン、嶋正利の二人の超人的な活躍で、インテル４００４シリーズは、予定通り一九七〇年一〇月には、開発が完了する。以後は製造である。開発開始以来12ヶ月後の一九七一年四月にインテル４００４シリーズのチップが入手できるようになる。

そこで、ビジコンは、インテル４００４シリーズを搭載した電卓の製造に入り、一九七二年中旬にインテル４００４シリーズを搭載したプリンター付き電卓141ＰＦを発売する。残念なことに正確な発売期日は分からない。広告だけは一九七二年初旬から掲載されていることが分かっている。

一九七三年四月には、インテルとビジコン両社の間で契約の修正が行われ、ビジコンは独占販売権を放棄する一方、インテルはチップ販売権の５％をビジコンに支払うことが合意された。

まことに残念なことにビジコンは一九七四年に倒産した。

嶋正利は、一九七一年にビジコンを退社し、株式会社リコーに入社し、一九七二年インテルに正式に入社し、インテル８０８０の開発を担当することになる。

インテル４００４とインテル８０８０の間には、８ビットＣＰＵのインテル８００８がある。一九七一年一月からファジンがリーダーとなって開発が開始された。インテル８００８は、一九七二年に発売された。

インテル８００８は、８ビットＣＰＵだったので、ＡＳＣＩＩ《アスキー》コード（American standard code for information interchange：米国標準情報交換用の文字コード）が扱いやすくなり、また一チップで動作したため、端末やプリンターの制御などに使われた。私も米国製のプリンターを何台か分解してインテル８００８が使われているのを確認したことがる。「ああ、こんな所に使っていたのか」と思ったことがある。ただしインテル８００８は、価格の割りに低速で機能も限られており、大評判にはならなかった。

一九七二年一一月、嶋正利がインテルに到着すると、早速フェデリコ・ファジンを中心にインテル８０８０の開発が始まった。この詳細は多少専門的になり過ぎ、縦書きの本で説明するには少し難しいので省略する。ただ一つ取りあげていえばインテル８００８の頃まではファジンもテッド・ホフも割り込みについて知らなかったという。こういう機能もインテル８０８０には盛り込まれた。

一九七四年に登場したインテル８０８０は、爆発的な大成功を収め、マイクロコンピュータ革命を引き起こすことになる。シリコンバレーが熱い紅蓮の炎に包まれる一大革命が起きるのである。ただし、革命を担って行く人達は、これまでと全く別の人達である。

ジョエル・カープ

ジョエル・カープは、一九四〇年、マサチュセッツ州ボストンのチェルシーの労働者階級の家に生まれた。母親の影響もあって音楽と楽器好きの子供であった。父親はロシアからの移民で、母親はロードアイランドの出身だった。両親は教育はないが、子供の教育には熱心であった。カープは、文科系の科目が嫌いで数学と物理が得意な一般的な理工系だった。

ボストンに生まれ育ったため、MITに入りたいと思っていたが、担任が母親に向かって「あなたのお子さんは、MITに行けるような資質の子供ではありません」と言った程度であった。ところがいかなる風の吹きまわしか、カープは、MITの電気工学科に入学できてしまった。カープは、MITでアナログ・コンピュータを勉強した。

一九六一年、MIT在学中のカープは、マサチュセッツ州ニュートンにあるGPSインスツルメンツという会社で夏期研修をした。GPSインスツルメンツは、高速アナログ・コンピュータを開発しており、そのためにはトランジスター化した演算増幅器が必要であった。カープは、トランジスター化した演算増幅器を開発し、これを一九六二年の卒論のテーマとした。非常に高性能の演算増幅器ができた。

卒業後、MITのインスツルメンツ・ラボに誘われて入所した。そこでは戦略ミサイルやアポロ計画の誘導システムの開発が行われていた。ポラリス、トライデント、ミニットマンなどの戦略ミサイルやアポロ宇宙船の誘導システムの開発が行われていたのである。

一九六三年、上司に呼ばれて成層圏上層にミサイルが飛行した時にミサイルの誘導装置が宇宙線の中性子から受ける影響の問題を扱うように命令された。この問題に対してカープは、回避方法を考え、特許申請者の一人に名を連ねた。

ＭＩＴ大学院修士課程の修了が一九六六年らしいが、四年もかかった理由が良く分からない。ともかく修士課程終了後、カープは、一九六六年、ＧＭｅ（ジェネラル・マイクロ・エレクトロニクス）に就職した。当時のＧＭｅは、Ｐチャネルのメタル・ゲートを開発していた。カープがカリフォルニアに到着してみると、すでにＧＭｅはなく、フィルコ・マイクロ・エレクトロニクスに変わっていた。

カープが最初に命令されたのは10メガヘルツの四相クロック・ジェネレータを作ることであった。その後一九六七年、研究開発グループからアプリケーション・グループに移された。ここでカープは、ＭＯＳデバイス用のシリコン・ゲートの研究開発をしたと言っている。これは確証がない。一九六八年、フィルコ・マイクロ・エレクトロニクスは、フォード自動車に買収され、フィルコ・フォード・マイクロ・エレクトロニクスとなった。しばらくしてフォード自動車は、撤退することになった。フィルコ・フォード・マイクロ・エレクトロニクスの命脈は尽きた。

ある日、カープは、インテル設立のニュースを業界紙で読み、インテルに経歴書を送った。すると、レスリー・バディーズから電話がかかってきた。カープが、指定された時刻にインテルに出向くと、ロバート・ノイス、アンドリュー・グローブ、レスリー・バディーズ、テッド・ホフがいて、順次、全員と面接させられた。その後ムーア、グローブ、バディーズと昼食に行った。インテルの給料は、つましいよと言われたが、給料は１６０００ドルで、株式のオプションは１０００株と提示されてびっくりした。ジョエル・カープは、１３０００ドルと10株程度しか期待していなかったのだ。

カープは、一九六八年九月からインテルで働き始めた。カープの従業員番号は20であったという。

当時のインテルでは、二つのメモリ製品を開発していた。

一つは、インテル３１０１で、64ビットのバイポーラＲＡＭであった。バイポーラ技術は、こなれた技術で、ＭＯＳ ＳＲＡＭより先にできた。

もう一つは、インテル１１０１で、２５６ビットのＰＭＯＳ ＳＲＡＭであった。１２８ビットでは不足で５１２バイトでは価格が高くなり過ぎるとの判断であった。

用語の説明をしておこう。

ＰＭＯＳというのは、ＰチャネルのＭＯＳである。ＮＭＯＳというＮチャネルのＭＯＳである。当初は作りやすいＰＭＯＳが作られた。その後ＮＭＯＳに変わっていく。

ＲＡＭというのは、ランダム・アクセス・メモリである。定着してしまったから仕方がないが、ランダムには意味がない。読み書きのできるメモリである。読み出しだけできるメモリをＲＯＭ（リード・オンリー・メモリ）という。

ＳＲＡＭは、スタティックなＲＡＭである。高速だが、少し回路の構造が複雑になる。これと対照的なメモリにＤＲＡＭがある。ＤＲＡＭはダイナミックＲＡＭで、記憶を保持するためにリフレッシュ動作を必要とするが、回路の構造が簡単になる。当然安くなる。

ジョエル・カープは、レスリー・バディーズにＭＯＳメモリのインテル１１０１の開発責任者となることを言い渡されたという。シリコン・ゲート技術を使うことも言い渡されたという。

一人では何もできないので、部下を雇ってくれるように頼むと、バディーズは、「誰か知っている人はないかね？」と言うので、カープは、チップ・レイアウターやマスク・レイアウターをフィルコ・フォード・マイクロ・エレクトロニクスから引き抜いた。

ＭＯＳメモリの開発には、アンドリュー・グローブもコンピュータ・プログラムを手伝ったようだ。当時インテルには、ＩＢＭコンピュータがなかった。共用のコンピュータ・センターに行ってコンピュータを使ったようだ。またロバート・ノイスも、暇な時にふらりと訪れては、煙草をふかしながら、ルビーと呼ばれるマスクパターンの切り出しを手伝っていたようだ。

インテル１１０１は完成したものの、１チップ12.50ドルで、2.50ドルまで下げなくては、磁気コア・メモリとの価格競争力はなかった。どうしたら良いかと考えている所に、ハネウェルから、ウィリアム・レギッツがインテルを訪ねてやってきた。

ウィリアム・レギッツ

ウィリアム・レギッツは、ペンシルバニア州のロックストデールという炭鉱町に生まれた。祖父も父親も炭鉱夫であった。父親は肺に粉塵がたまって早くに亡くなった。赤貧の中、ウィリアム・レギッツは、あらゆる仕事をして生き抜いた。

ある時、奇跡のように思われるが、シカゴのデブリ・テクニカル・インスティチュートという二年制の専門技術学校に行ける話が舞い込んだ。もちろん夜は働くのである。

一九五九年、卒業するとマレーヒルのベル電話研究所に就職できた。ベル電話研究所の上司の勧めでニュージャージー州ウェスト・ロング・ビーチにあった一九六一年から一九六七年までモンマス・カレッジの夜間部に通った。ここでやっと学士号がもらえた。その間、ベル電話研究所では磁気コアの研究をしていた。途中でベル電話研究所は、磁気コアの研究には興味を失ったようだが、レギッツは一人黙々と研究を続けた。

一九六七年、修士号を取りに、さらに大学院に通いたかったが、ベル電話研究所からは認められなかったのと、ベル電話研究所での研究は一区切りと思って、転職した。転職先はハネウェルの3C部門だった。3Cとは、コンピュータ・コントロール・コーポレーションの頭文字である。、レギッツを雇ったのは、ロイス・フレッチャーであった。その下にウィリアム・ジョルダンがいた。

ハネウェルでの仕事は、磁気コア・メモリのはずであったが、一九六八年頃、ハネウェル社内での組織改編があり、半導体メモリに変わった。ウィリアム・ジョルダンがバイポーラー半導体メモリを担当し、レギッツがMOSメモリを担当することになった。ここでレギッツは、面白い考え方を出した。

ふつうならレギッツは、自分でMOSメモリを必死に作る所だが、彼は自分の磁気コア・メモリでの経験を活かして、MOSメモリのアーキテクチャを考え出し、仕様をまとめ、これを他所の会社に作ってもらうというアイデアを出したのである。512ビットのMOSのDRAM（ダイナミックRAM）で、3T（三個のトランジスタからなるメモリ・セル）という考え方であった。自分で作らないで、他所の会社に作ってもらうというアイデアが独特である。

レギッツは、このアイデアをモトローラ、フェアチャイルド、インテル、ＡＭＳなどのサプライヤーに持って行き説明した。サプライヤーからは、５１２ビットでなく、１０２４ビットにしたらというアイデアが出た。

レギッツがインテルに来て、説明して帰った後、レスリー・バディーズ、テッド・ホフ、ジョエル・カープが相談した。彼等は後日レギッツを呼び、インテルは、レギッツのアイデアを実現できると伝えた。

父親の多いインテル１１０３

インテルは、レギッツのアイデアに沿ったＤＲＡＭの開発を始めた。しかし、インテルは、メタル・ゲートのインテル１１０２と、シリコン・ゲートのインテル１１０３をほぼ同時に開発し始めた。

二つあったことはレギッツも知らなかった。もちろんフェデリコ・ファジンは二つとも知らされていなかった。

結局、インテル１１０２は、日の目を見ず、インテル１１０３だけが出荷されることになるが、ここで、先行したインテル１１０１に製造上の問題が多発した。そこでジョエル・カープは、インテル１１０３の開発を離れてインテル１１０１の製造の監督に向かうことになった。

そこで、インテル１１０１の開発に参加していたロバート・アボットが、一九六九年後半から一九七〇年六月までインテル1103の開発の指揮を執ることになった。

さらに、ややこしいことに一九七〇年六月から、ジョン・リードがインテル1103の開発の指揮を執った。ジョン・リードは、一九七一年の暮にインテルを退社する。

またジョエル・カープがインテル1101の製造上の問題を解決し、厚い報告書を出すと、再びカープは、インテル1103の開発の指揮を執った。

最終的に一九七〇年一〇月にインテル1103は、出荷された。このインテル1103の成功を見て、各社は雪崩を打ってインテル1103の互換市場に殺到する。磁気コアの時代は、終わりを告げることになる。

しかし、結局、誰がインテル1103を開発したかを決めるという問題は難しい。爆発的に売れた製品だけに、インテル1103の父と主張する人はたくさんいる。ウィリアム・レギッツ、ジョエル・カープ、ロバート・アボット、ジョン・リード、フェデリコ・ファジンの中で誰をとるかは難しい。

インテルは、ウィリアム・レギッツ、ジョエル・カープをインテル1103の父と認めているようだ。レギッツをインテルが父と認めるのは奇妙だと感じるかも知れないが、レギッツは、一九七一年にインテルに入社し、その後28年間インテルに勤めたのである。

ドブ・フローマン

ドブ・フローマンは、一九三九年、オランダのアムステルダムに生まれた。南オランダにひそかに移されてプロテスタントの家族に保護されていたというから、ユダヤ系の生まれらしい。

戦後、ベルギーの孤児院、フランスの孤児院を転々とした。一九四九年、10歳の時、フランスのマルセーユからイスラエルに渡った。イスラエルの学制は、多少独特なので、うまく訳せないが、幼年学校、中等学校を卒業後、兵役を経て、イスラエル工科大学で電気工学を学んだ。

その後、米国に渡り、カリフォルニア州立大学バークレー校の大学院に入学し、電気工学とコンピュータ科学を学んだ。修士論文のテーマは、ステップ・リカバリー・ダイオードであった。しかし、次第にコンピュータ科学に挽きつけられて行った。

一九六五年に修士号を取得すると、フェアチャイルド・セミコンダクターに入社した。当時フェアチャイルド・セミコンダクターの研究開発部門には、ゴードン・ムーア率いる物理部門と、ロバート・シード率いるディジタル集積エレクトロニクス部門があったが、フローマンは、デジタル集積エレクトロニクス部門を選択した。ここでＭＮＯＳ（金属窒化酸化半導体）についての研究をし、博士論文にしようとした。一九六九年の夏にカリフォルニア州立大学バークレー校大学院から博士号を取得した。

それから一九六九年にフローマンは、インテルに転職した。インテルに入社したフローマンは最初、ハイブリッドのメモリを作らされたが、次にＭＮＯＳメモリを作るように言い渡された。

その内、インテル１１０１に深刻な問題が起きた。85‐85という問題で、温度が摂氏85℃、湿度が85％になると、ドリフトが激しくなり不安定になるというものである。レスリー・バディーズは、フローマンにＭＮＯＳメモリの開発を中止して、インテル１１０１の問題を解決するように指示した。

フローマンは、この問題に取り組み、湿度が高くなると絶縁体のインターフェイスは、導電的になる。インターフェイスに金属の不純物があると、電子がインターフェイスを横切って金属にドリフトしていくことを発見し問題を解決した。一九六九年一一月のことである。

EPROM

ROM（リード・オンリー・メモリ）は、読み出しだけが可能なメモリである。これに似たものにPROM（プログラマブルROM）があり、プログラムが可能なメモリである。といっても分かりにくいかも知れない。

ROMは、一旦製造されると、もうその内容は書き換えられない。しかし、PROMは、製造された後で、内容を書き換えることができるものである。ただし、読み書き可能なメモリRAMと違って、いつでも自由に読み書きできるものではない。一旦書き込んだ後は、特別な手段を使わないと書き換えはできない。一回しか書き込みできないPROMもある。

最初のPROMは、山西省太原市に生まれた周文俊（Wen Tsing Chou）という中国人の研究者によってアメリカン・ボッシュ・アルマ・コーポレーションで発明された。米空軍の戦略爆撃機B－52の後部銃座の射撃管制装置を作ったことで有名な会社である。周文俊等は、ダイオードを行列状に配置したマトリクス回路によって戦略ミサイル・アトラスの慣性誘導コンピュータ用のメモリを作った。このマトリクス回路をPROMの嚆矢《こうし》とする。一九六二年、米国特許3028569になっている。ダイオードに過大な電流を通すことで焼き切ることで書き込んだ。ヒューズを切る感覚である。

　ＭＯＳ技術を使ったＰＲＯＭは、一九六九年頃からあった。しかし、最も有名なのは、一九七一年にインテルでドブ・フローマン等が発明したＥＰＲＯＭだろう。フローマンは、コントロール・ゲートの下にフローティング・ゲートを設けたインテル１７０２というＥＰＲＯＭを作った。ＥＰＲＯＭは、イレーザブルＲＯＭつまり消去可能なＲＯＭである。一九七〇年六月一五日米国特許を申請し、一九七二年五月二日、米国特許３６６０８１９として認められた。

　開発当初は、エクセントリックなアイデアとして、ロバート・ノイスもゴードン・ムーアもアンドリュー・グローブ、レスリー・バディーズも懐疑的であった。しかし、実際にできてしまい、安定していた。問題は消去であったが、最初はＸ線を照射して消去した。問題は、Ｘ線はあまりに破壊的で多少不安定な点であった。そこで紫外線を使うことになった。これは開発者には非常に手軽で便利であった。私もＥＰＲＯＭを紫外線ランプで消したり、またコンピュータで書き込んだりした。

　後に一九七八年、ＥＥＲＯＭ（エレクトリカリー・イレーザブルＲＯＭ）という紫外線を使わずに、もっとスマートに電気的な方法でＥＰＲＯＭの内容を消去できるものが登場する。この流れはフラッシュ・メモリにつながって行く。

　このＥＰＲＯＭは開発者にとって大変便利であった。そしてＥＰＲＯＭと組んだインテレックという開発システムは、インテルのマイクロプロセッサーの普及に大きな力となった。誰だってインテル４００４を渡されて、さあこれから開発してみなさいと言われたら、途方にくれるだろう。ところがインテレック－４のようなハードウェアを伴う開発システムがあれば、多少は何とかなるだろうという気持ちになる。インテルのマイクロプロセッサー成功の隠れた秘密の一つには、マイクロプロセッサー開発システムの存在があったと思う。ただし、高価だったし、普通の人に使いこなせるものであったかどうか、それは分からない。インテルの内部の人には非常に便利な道具であったと聞いている。

インテルにとっての最大の試練は、一九八五年にＤＲＡＭ市場から撤退したことである。怒涛のように押し寄せる日本の半導体メーカーには、到底太刀打ちできないと知ると、インテルは、ＤＲＡＭ市場から撤退し、マイクロプロセッサー市場に全力を注ぐことになる。

インテルは、メモリを製造する企業として設立された。そのインテルがメモリを捨てて、マイクロプロセッサーを製造する企業に変身するというのは、並大抵なことではなかっただろう。しかし、インテルは、以後、マイクロプロセッサーの企業として驀進《ばくしん》を続けて行くのである。

むすび

サンフランシスコのサンタクララ・バレーと呼ばれる地域、すなわちサンマテオ郡とサンタクララ郡と呼ばれる地域に、20世紀の初めにアマチュア無線文化がひっそりと根付いた。東海岸に比べて西海岸は相対的に文化程度は遅れていたが、西海岸のアマチュア無線文化はきわめて活発であった。やがて、このアマチュア無線家の中から、小規模な無線関係の企業を起こす人達が出現した。多くは何らかの形でスタンフォード大学電気工学科に関係した人達である。

その中にあって、スタンフォード大学の工学部長になるフレッド・ターマンの活躍は目立っていた。彼は優秀な愛弟子に説いて、スタンフォード大学周辺にヒューレット・パッカード社を誕生させ、またバリアン・アソシエイツ社の誕生に大きな影響を残した。第二次世界大戦中はハーバード大学に無線研究所（ＲＲＬ）を設立し、全米から優秀な技術者を集めた。率直にいって、無線研究所はＭＩＴの放射研究所には及ぶものでなかったが、それまで従であった西海岸の大学の教授が、主の東海岸の大学に設置された組織の長となって進出した功績は大きい。

戦後、フレッド・ターマンは、スタンフォード大学の眼を軍事研究に振り向かせ、従来ほとんど獲得できなかった多額の国家予算の獲得に成功した。もっともこれがベトナム戦争時には、反戦運動の糾弾の的になった。またフレッド・ターマンは、スタンフォード・インダストリアル・パークを設立し、大学周辺に多くの企業を誘致した。これによってスタンフォード大学は産業界との強い紐帯を確保し、強い基盤を築くことになる。

対岸のカリフォルニア州立大学バークレー校は、第二次世界大戦中から核兵器の研究に注力した。キャンパスの東側の山の斜面にある広大なローレンス・バークレー国立研究所がそれである。ここは現在でも核兵器の国家機密保持のため立ち入り禁止地域がある。ローレンス・バークレー国立研究所はカリフォルニア州立大学バークレー校とは、一応、別組織だが、国家に運営を以来されているという形態をとった。核兵器の研究は、非常に効率よく多額の国家予算を獲得でき、したがって大学周辺に多くの企業を誘致する必然性もなくシリコンバレーのような産業地帯が形成されることはなかった。

フレッド・ターマンは、スティープルズ・オブ・エクセレンスなどの方法論を確立していくが、その頃が彼の活動の頂点であった。彼は元々電気工学の電力工学出身であったが、時代は無線工学に向かいつつあるとの認識を持って転進したが、彼は真空管とマイクロ波電子管回路中心の電子工学にとどまった。またフレッド・ターマンは、学内政治にのめりこみ過ぎ、次第に時代の先端から遅れを取り始めた。新しいトランジスターの時代には追いついていけなかった。

ここに登場するのが、ウィリアム・ショックレーである。ウィリアム・ショックレーは、ＭＩＴを経て、ベル電話研究所でトランジスターの開発にかかわった。東海岸のベル電話研究所でもう出世の見込みなしと判断したウィリアム・ショックレーは、故郷のパロ・アルトに近いマウンテンビューにショックレー半導体研究所を創立する。トランジスターを単なる研究の対象から開発製造の対象へと変えようとしたのである。

しかし、ウィリアム・ショックレーは如何せん奇人変人過ぎた。ノーベル物理学賞までもらいながら、自分の集めた若き俊秀達に造反されてしまう。このロバート・ノイスを中心とする「裏切り者の八人」が、東海岸のフェアチャイルド・カメラ&インスツルメンツの資金援助を受けて創立したのがフェアチャイルド・セミコンダクターである。

フェアチャイルド・セミコンダクターは、次々に優秀な半導体製品を開発して販売する。単体のトランジスターの時代から集積回路の時代が訪れ、フェアチャイルド・セミコンダクターはテキサス・インスツルメンツやモトローラと激しい競争を繰り広げるようになる。

博士号保持者を中心に設立されたフェアチャイルド・セミコンダクターは、開発研究部門が主であり、製造部門と協調体制がうまくとれなかった。そもそも製造そのものにはあまり興味のない、ギリシア的な貴族文化的な傾向もあった。

ここにチャールズ・スポークを中心とする生産現場出身者達がスピンオフしてナショナル・セミコンダクターを設立する。チャールズ・スポークは、賃金の安い東南アジアでの生産によるコストダウンとむき出しの戦闘性で、あたかもパットン戦車軍団のようにライバル達を踏み潰して行く。

ただしすべてをアウトソーシングしたり、他分野へのきまぐれな事業進出の結果、ナショナル・セミコンダクターの社内には、不要なものが増え、技術革新をするための資源が枯渇してしまった。

フェアチャイルド・セミコンダクター残留組のロバート・ノイスやゴードン・ムーアも、東海岸のフェアチャイルド・カメラ&インスツルメンツとの対立を深め、ついにはインテルを設立することになる。インテルはメモリとマイクロ・プロセッサーという新しい製品を開発してマイクロ・コンピュータ革命の時代を準備する。

このようにして、シリコンバレーは形成されてきたのだが、その担い手をみると変化がある。最初の指導者達は、東海岸のＭＩＴで博士号を取得した人が多い。フレッド・ターマンしかり、ウィリアム・ショックレーしかり、ロバート・ノイスしかりである。貧しいという程ではないが、豊かともいえない階層の人が多い。

その後は、次第に大学院修士課程卒の人が増える。ＧＩビル（復員兵奨学金）の制度を利用したり、仕事をしながら大学院に通う人が増える。生活はぎりぎりという人が多い。東部のアイビー・リーグに通った富裕層の出身者はほとんどいない。

さらに時代が移ると、外国の出身者が増える。フェデリコ・ファジンやアンドリュー・グローブが代表例である。

また東海岸に対する西海岸の戦いについて注目して見るのも面白いと思う。

シリコンバレーの歴史は、東海岸に対する闘争の歴史であるともいえる。

学問的には東海岸の大学が圧倒的に優勢で、西海岸の大学の教員は、東海岸出身で名門大学の出身者か、西海岸出身だが東海岸の名門大学で教育を受けてきた人がほとんどである。スタンフォード大学のＭＩＴに追いつこうとする歴史を振り返ってみると良い。

産業規模でも東海岸が圧倒的に優勢で、西海岸の企業は東海岸で蓄積された資本に頼ることが多かった。東海岸の独占資本主義と西海岸のユートピア的社会主義傾向は対比的である。ヒューレット・

パッカードやバリアン・アソシエイツを考えて見ればよい。しかし、それらも次第に資本主義的傾向に飲み込まれて行く。興味深いのはベンチャー・キャピタルの発生である。株式のオプションを利用して手にした資金や経験を元にベンチャー・キャピタルが形成されていく。ユージーン・クライナーのクライナー・パーキンス・コーフィールド・アンド・バイヤーズ（ＫＰＣＢ）やドン・バレンタインのセコイア・キャピタルやマイク・マークラを考えてみると良い。ベンチャー・キャピタルはすぐれて西海岸的な現象である。

こうしてシリコンバレーは次第に成熟して新しい劇的な展開を迎える準備を整えた。ここに降臨してくるのが、全く新しいタイプのヒーロー達である。

文献

主要なものに限らせて頂く。邦訳のあるものは邦訳題名を付し、邦訳のないものは、私が説明を付けた。抜け落ちているものがあった場合はお許し願いたい。

◎ Beebe, Rose Marie et al. *Lands of Promise and Despair : Chronicle of Early California, 1535-1846*, Santa Clara University, 2001. ▼ローズマリー・ビーブ他による一五三五年から一八四六年に渡るカリフォルニアの年代記。

◎ Guerrero, Vladimir. *The Anza Trail : And the Settling of California*, Santa Clara University, 2006. ▼ウラジミール・ゲレーロによるファン・バウティスタ、ディ・アンザの探検の軌跡。

◎ Teggart, Frederick John. *Diary of Gaspar de Portola During the California Expedition of 1769-1770*. University of California 1909. ▼スペイン人のフレデリック・ジョン・テガートの編集になるガスパル・デ・ポルトラのカリフォルニア探検日記。パロアルトの由来が書いてあるとされている。

◎ Malone, Michael S. *The Big Score : The Billipn-Dollar Story of Sillicon Valley*. Doubleday & Company. 1985 ▼マイケル・S・マローン著、『ビッグスコア』、中村定訳、パーソナルメディア。非常に面白い本だが、この人に特徴的な、事実に関しての細かい間違いが散見されるのが残念。筆が立ちすぎるのかも。

◎ Malone, Michael S. *The Valley of Heart's Delight : A Sillicon Valley Notebook 1963-2001*. John Wiley & Sons, 2002. ▼マイケル・S・マローンによる一九六三年から二〇〇一年にかけてのシリコンバレーに関する本。

◎ Lecuyer, Christophe. *Making Silicon Valley : Innovation and the Growth of High Tech, 1930-1970*, MIT Press, 2006. ▼クリストフ・レクイエによる一九三〇年から一九七〇年のシリコンバレーの歴史。独自の視点と理論は大変参考になる。

◎ Hanson, Dirk *The New Alchemists : Silicon Valley and the Microelectronics* Revolution. Little , Brown and Company, 1982. ▼ダーク・ハンソンによるシリコンバレーとマイクロエレクトロニクス革命を扱った本。何でもないシリコンから半導体を作り出すのを錬金術と呼んだのが印象に残っている。

◎ Rao, Arun., Scaruffi Piero. *A History of Silicon Valley : The Greatest Creation of Wealth in the History of the Planet.* , Omniware Group, 2011. ▼本の作りからみても第一級とはいえないが、写真などは参考になる。

◎ Kaplan, David A. *The Silicon Boys and Their Valley of Dreams.* William Morrow and Company, 1999. ▼ディビッド・A・カプランによるウッドサイドを中心にシリコンバレーの大物達の活躍を描いた独特な作品

◎ Winslow, Wrad et al. *Palo Alto A centennial History.* Palo Alto Historical Association, 1993. ▼ウラッド・ウィンスロー等によるパロアルトの歴史。スタンフォード大学の興隆の頃の写真や地図が大変参考になる。

◎ Winslow, Wrad et al. *The Making of Silicon Valley : A One Hundred Year Renaissance.* Santa Clara Valley Historical Association, 1995. . ▼ウラッド・ウィンスロー等によるシリコンバレーの歴史。フェデラル電信会社の写真など貴重なものも含まれている。

◎ Image of America. Arcadia Publishing. ▼セピア色の写真集。シリコンバレーに関しては以下の分冊を参照した。昔のシリコンバレーの様子を知るのに便利）

- *Silicon Valley*（シリコンバレー）
- *Redwood City*（レッドウッドシティ）
- *San Carlos*（サンカルロス）
- *Early Los Altos and Los Altos Hills*（ロスアルトス）
- *Mountain View*（マウンテンビュー）
- *Sunnyvale*（サニーベール）
- *Early Cupertino*（クパチーノ）
- *Santa Clara*（サンタクララ）
- *Los Gatos*（ロスガトス）
- *San Jose's Historical DownTown*（サンノゼ）

◎ Vance, Ashlee. *Geek Silicon Valley: The Inside Guide to Palo Alto, Stanford, Menlo Park, Mountain View, Santa Clara, Sunnyvale, San Jose, San Francisco*. Morris Book Publishing, 2007. ▼アシュリー・バンスによる現在のシリコンバレーに関するガイド。非常に良くできており、参考になった。

◎ Tutorow, Norman E. *The Governer : The Life and Legacy of Leland Stanford., vol. 1, vol. 2*. The Arthur H. Clark Company, 2004. ▼ノーマン・E・チュートローによるスタンフォード大学の創立者リーランド・スタンフォードの一生と遺業について詳細に述べたな伝記。2巻本。

◎ Joncas, Richard et al. *Stanford University : An Architectural Tour*. Princeton Architectual Press, 2006. ▼リチャード・ヨンカス等によるスタンフォード大学のキャンパスの変遷を図や写真で克明に説明している。図がもう少し正確だったらと思う。

◎ Davis, Margo., and Nilan, Roxanne : *The Stanford Album : A photographic History*. Stanford University Press, 1999. ▼マンゴ・ディビス等によるスタンフォード大学の写真による歴史。貴重な写真がある。

◎ De Forest, Lee. Father of Radio : *The Autobiography of Lee de Forest*. Wilcox & Follet, 1950. ▼リー・ド・フォレストの自伝。

◎ Adams, Mikes. *Lee de Forest : King of Radio, Television, and Film*. Springer, 2012. ▼マイクス・アダムズによるリー・ド・フォレストの詳細な伝記。

◎ Sobel, Robert. *ITT : The Management of Oppotunity* , Times Books,1982 ▼ロバート・ソーベルによるＩＴＴの本。

◎ Sampson, Anthony *The Sovereign State of ITT* . Stein and Day, 1973 ▼『企業国家ＩＴＴ　巨大多国籍企業の生態』、田中融二訳、サイマル出版会。

◎ Varian, Dorothy. *The Inventor and the Pilot*. Pacific Books, 1983. ▼バリアン・アソシエイツの創立者バリアン兄弟の伝記。ラッセル・バリアンの夫人のドロシー・バリアンが書いている。

◎ Packard, David The HP Way : *How Bill Hewlett and I built Our Company.* , HarperBusiness. 1995. ▼ディビッド・パッカード著、『ＨＰウェイ　シリコンバレーの夜明け』、伊豆原弓訳、日経ＢＰ出版センター．古

典になった必読書である。

◎ Malone, Michael S. *Bill & Dave : How Hewlett and Packard built the World's Greatest Company*. Portfolio, 2007. ▼マイケル・S・マローンによるヒューレット・パッカード社の歴史を扱った。大変示唆に富む本。教訓が多数引き出されている。

◎ House, Charles H., and Price, Raymond L. *The HP Phenomenon : Innovation and Business Transformation*. Stanford University Press, 2009. ▼チャールズ・H・ハウスとレイモンド・プライスによるヒューレット・パッカードについての新しい本。

◎ Fiolina, Carly. *Tough Choices : A memoir*. Portfolio, 2006. ▼カーリー・フィオリーナ著、『私はこうして受付からCEOになった』村井章子訳、ダイヤモンド社。邦訳の題名は彼女にとって少し気の毒だったように思う。

◎ Anders, George. Perfect Enough: *Carly Fiorina and the Reinvention of Hewlett-Packard*. Portfolio, 2003. ▼ジョージ・アンダース著、『私はあきらめない　世界一の女性CEO、カーリー・フィオリーナの挑戦』、後藤由季子、宮内もと子訳、アーティストハウス。

◎ Burrows, Peter. Backfire : *Carly Fiolina's High-Stakes Battle for the Soul of Hewlutt-Packard*. John Wiley & Sons, 2003. ▼ピーター・バローズ著、『HP　CRASH　HP★ヒューレット・パッカード・クラッシュ　理想の企業を揺るがした1億ドルの暗闘』、瑞穂のりこ訳、PHP。

◎ Gilmor, C. Stewart. *Fred Terman at Stanford : Building a Discipline, A University, and Silicon Valley*. Stanford University Press, 2004. ▼C・スチュワート・ギルモアによるスタンフォード大学工学部長フレッド・ターマンの公式の伝記。

◎ Frederick Emmons Terman. *Radio Engineering*. McGraw-Hill, 1937. ▼フレデリック・エモンス・ターマンの代表的な教科書。

◎ Morecroft, John H. *Principles of Radio Communication*. John Wiley & Sons, 1933. ▼ジョン・H・モーアクロフトの代表的な教科書。

◎ ホーン・川嶋瑤子著、『飛躍する大学スタンフォード』、小学館、一九八五年。▼少し古いが非常に優れた本。

◎ Lowen, Rebecca *Creating the Cold War Universty : The transformation of Stanford*, University of California Press, 1997. ▼レッベカ・ローウェンによる冷戦によるスタンフォード大学の変貌について述べた本。

◎ Leslie, Stuart W. *The Cold War and American Science*. Columbia University Press, 1993. ▼レスリー・スチュアートによる冷戦時代の米国の大学と研究について述べた本。

◎ 磯部剛彦著、『シリコンバレー創世記　地域産業と大学の共進化』、白桃書房、二〇〇〇年。

◎ Shurkin, Joel N. *Broken Genius : The rise and Fall of William Shockley, Creator of the Electronoic Age*. Mavcmillan, 2006. ▼ジョエル・N・シャーキンによるトランジスターの発明者の一人ウィリアム・ショックレーの伝記。少し辛口である。

◎ Riorda, Michael., and Hoddeson, Lillian. *Crystal Fire : The Invention of the Transisyor and the Birth of the Information Age*., W. W. Norton & Compsany, 1997. ▼マイケル・リオルダによるトランジスターの発明と情報時代の誕生に関する本であるが、事実上はウィリアム・ショックレーの伝記である。ジョエル・N・シャーキンと情報を交換していたというが、それにしても記述がこんなにも違ってしまうことには驚かされる。

◎ Shockley, William *Electrons and Holes in Semiconductor : With Applications to Transistor Electronics*, D. Van Nostrand, 1950. ▼ウィリアム・ショックレー著、『半導体物理学』上、下。川村肇訳、吉岡書店。古典となった本である。理系の人ならば多少の忍耐があれば読めると思う。ただし、トランジスターの発明の時点の本である。

◎ Morse, Philip M. *In at the Beginnings : A Physicist's Life*. The MIT Press, 1977. ▼ウィリアム・ハンセン、ウィリアム・ショックレー、ロバート・ノイスに影響を与えたＭＩＴの物理学教授フィリップ・モースの自伝。

◎ Hoddeson, Lillian., and Daitch, Vicki. *True Genius : The Life and Science of John Bardeen*. Joseph Henry Press, 2002. ▼リリアン・ホッディソンとビッキー・ダイチによるジョン・バーディーンの伝記。

◎ Berlin, Leslie. *The Man behind the Microchip*. Oxford University Press, 2005. ▼レスリー・ベルリンによるロバート・ノイスについてのすぐれた伝記。

◎ Wolfe, Tom. *Hooking Up* Farrar, Straus and Giroux, 2000. ▼トム・ウルフ（有名な小説家とは別人）の短編集。この中に収録された"*Two Young Men Who Went Weat*"（『西へ向かった二人の若者』）は、ロバート・ノイス神話

を作ったといわれる大変有名な小品である。

◎玉置直司著、『インテルと共に　ゴードン・ムーア　私の半導体人生』、日本経済新聞社、一九九五年　▼著者のインタビューと取材に基づいて構成された本。良く書けている。

◎Lecuyer, Christophe, Brock, David C. *Makers of the Microchip : A Documentary History of Fairchild Semiconductor*. MIT Press, 2010. ▼クリストフ・レクイエによるフェアチャイルド・セミコンダクター誕生当初の歴史。貴重な文書資料の写真が載っている。

◎Lojek, Bo. *History of Semiconductor Engineering*. Springer, 2007. ▼このボー・ロジェックの『半導体工学の歴史』という本は多少奇妙な英語で書かれていると思っていたら、文法的には間違いだらけで、編集者は何をしていたという批評があり、著者も母国語でない言語で本を書くのはつらいと言っている。ただこの著者の調査の執念の凄まじさには脱帽する。英語はさておき、史料価値の高い本である。

◎Reid. T. R. *The Chip : How Two Americans Invented the Microchip and Launched a Revolution*. Simon & Schuster; First Edition edition, 1985. ▼T．R．レイドによる集積回路の発明をめぐるジャック・キルビーとロバート・ノイスの確執の歴史。

◎Saxena Arjun N. *Invention of Integrated Circuits : Untold Important Facts*. World Scientific, 2009. ▼アルジュン・N・サクセーナのこの本も集積回路の発明をめぐるジャック・キルビーとロバート・ノイスの確執の歴史を解説したものである。

◎Bassett, Ross Knox. *To the Digital Age : Research Labs, Start-up Companies, and the Rise of MOS Technology*, The Johns Hopkins University Press, 2002. ▼ロス・ノックス・バセットのこの本はＭＯＳ技術を扱ったもの歴史を扱ったである。類書は少ないが、もう少し図があっても良かったのではと思う。

◎Sporck, Charles E. *Spinoff A Personal History of the Industry that Changed the World*. Saranac Lake Publishing, 2001. ▼チャールズ・スポークによるシリコンバレーの歴史。インタビューを積み重ねた形で構成されている。共著者のリチャード・L・モーレイによってきれいに編集されている。チャールズ・スポークの故郷の出版社から出版させている。

◎ジョン・マルコフ著、『パソコン創世第3の神話　カウンターカルチャーが育んだ夢』、服部桂訳、ＮＴＴ出版。二〇〇五年。▼パソコン創世に関する新しい観点を提供した衝撃的な本。

◎Tedlow, Richard S. *Andy Grove : The Life and Times of an American*. Portfolio, 2006. ▼リチャード・S・テドロー著、『アンディ・グローブ上　修羅場が作った経営の巨人』、『アンディ・グローブ下　シリコンバレーを征したパラノイア』、有賀裕子訳、ダイヤモンド社。良く書かれた本である。

◎Grove, Andrew S. *High Output Management*. Random House, 1983 ▼アンドリュー・S・グローブ著、『インテル経営の秘密　世界最強企業を作ったマネジメント哲学』、小林薫訳、早川書房。

◎Jackson, Tim. *Inside Intel : How Andy Grove Built the World's Most Successful Chip Company*, HaperCollins Publishers, 1997. ▼ティム・ジャクソン著、『インサイド・インテル』上、下、渡辺了介、弓削徹訳、翔泳社。

◎Grove, Andrew S. *Only the Paranoid Survive*. Doubleday, 1996. ▼アンドリュー・S・グローブ著、『インテル戦略転換』、佐々木かをり訳、七賢出版。邦訳の題名に苦心したようだ。

◎Grove, Andrew S. *Swimming Across.: A Memoir*. Warner Books, 2001. ▼アンドリュー・S・グローブ著、『僕の起業は亡命から始まった!』、樫村志保訳、日経ＢＰ社。

◎嶋正利著、『マイクロコンピュータの誕生　わが青春の４００４』、岩波書店、一九八七年。▼大変面白く読める本。

◎Malone, Michael S. *Infinite Loop : How the World's Most Insanlely great Computer Company went Insane*. Currency Book piublished by Doubleday, 1999. ▼マイケル・S・マローンによるスティーブ・ジョブズ中心のアップルの歴史。とても面白い。

◎Isaacson, Walter. *Steve Jobs*. Simon & Schuster, 2011. ▼ウォルター・アイザックソン著、『スティーブ・ジョブズ』、講談社。読みやすく手際よくまとめられたスティーブ・ジョブズの伝記。大ベストセラーになった。

◎Cummings, Georger T. *iFaild : The true, inside story of NeXT*. CreateSpace Independent Publishing Platform, 2012. ▼ジョージア・T・カミングスによるスティーブ・ジョブズのＮｅＸＴ社の興亡の歴史。

◎Hiltzik, Michael. Dealers of Lightning : *Xerox PRAC and the Dawn of the Computer Age*. HaperBusiness, 1999.

▼マイケル・ヒルズィックによるゼロックス・パロアルト研究所について述べた本。

インタビュー記事は、もしあれば大変貴重なものである。これについては無料で提供される Computer Hisory Museum の Oral Histories Collection や、有料の Chemical Heritage Foundation の The Oral History Program などを多数参照した。廉価でダウンロードできて便利であった。ただし、個人の記憶は間違いや勘違いもあるので、心して読むべきだと思う。可能な場合は、複数を参照して批判的に読むべきである。

なお、技術論文や技術書の文献表は、本書の性格とページ数の関係から割愛した。特許文書は本文中に番号を書いておいたので、インターネットからダウンロードされると良いと思う。グーグルの特許文書検索が特に便利であった。ただし、まだすべてを網羅しているわけではないようである。

【著者紹介】

脇　英世（わき・ひでよ）

昭和22年　東京生まれ
昭和52年　早稲田大学大大学院博士課程修了，工学博士
平成20年より東京電機大学工学部長，工学部第1部長，工学部第2部長を2期勤める。
現　職　東京電機大学工学部情報通信工学科教授。
東京電機大学出版局長

著書に『Windows入門』『文書作成の技術』（岩波書店），『ビル・ゲイツの野望』『ビル・ゲイツのインターネット戦略』（講談社），『LinuxがWindowsを越える日』（日経BP），『インターネットを創った人たち』（青土社），『IT業界の開拓者たち』『IT業界の冒険者たち』（ソフトバンク），『アマゾン・コムの野望』（東京電機大学出版局）ほか。

政府関係委員会，審議会委員などを歴任。

シリコンバレー　スティーブ・ジョブズの揺りかご

2013年10月30日　第1版1刷発行　ISBN 978-4-501-55210-7　C3004

著　者　脇　英世

発行所　学校法人 東京電機大学
東京電機大学出版局
〒120-8551　東京都足立区千住旭町5番
〒101-0047　東京都千代田区内神田1-14-8
Tel. 03-5280-3433(営業)　03-5280-3422(編集)
Fax.03-5280-3563 振替口座 00160-5-71715
http://www.tdupress.jp/

印刷：(株)加藤文明社　製本：渡辺製本(株)　装丁：大貫デザイン
落丁・乱丁本はお取り替えいたします。　Printed in Japan

索　引

英字・数字・記号

A. C. ローウェル ……………… 394
A/D コンバータ ……………… 396
AEL（応用電子研究所） ……… 224
ALTO（アルト） …………… 39, 228
AMD（アドバンスト・マイクロ・デバイセズ） ……………… 99, 417
AMI（アメリカン・メガトレンズ・インク） ……………… 379
AS/4 ……………… 456
AS/5 ……………… 456
AS/6000 ……………… 458
AS/7000 ……………… 458
AS/9000 ……………… 458
ASWORG（対潜水艦作戦グループ）268
AT & T（米国電話電信会社） 150, 253
AT & T セミコンダクター ……… 473
AT & T ベル電話研究所 ……… 254

BSTJ（AT&T ベル電話研究所の情報誌） ……………… 254

CCPA（関税特許控訴裁判所） …… 371
CISC ……………… 94
CMOS（コンプリメンタリー MOS） ……………… 448, 477
CMOS ゲート ……………… 398
CPI（コミュニケーション&パワー・インダストリーズ） ………… 41, 183
C. T. サー（薩支唐） ………… 336, 448, 476, 477
CTC（コンピュータ・ターミナル・コーポレーション） ……………… 490

D. スピットルハウス ……………… 433
D/A コンバータ ……………… 396
D. L. クレイン ……………… 476
DCTL（ダイレクト結合トランジスター・ロジック） ……………… 392
DRAM（ダイナミック RAM）……… 495
DRAM 市場から撤退 ………… 503
DTL（ダイオード・トランジスター・ロジック） ……………… 398, 445

ECL（エミッタ結合ロジック）……… 398
EDL（電子防御研究所） ………… 231
EDS（エレクトロニック・データ・システムズ） ……………… 460
EEROM（エレクトリカリー・イレーザブル ROM） ……………… 502
EPROM（イレーザブル ROM） … 502
ERL（電子研究所） ……………… 224

GE（ゼネラル・エレクトリック） ………… 190, 231, 401, 443
GKT スプレーグ ……………… 426
GK テクノロジー ……………… 426
GM（ゼネラル・モーターズ） ……… 394
GMe（ジェネラル・マイクロ・エレクトロニクス） ……… 393, 394, 479, 494
GPS インスツルメンツ ………… 493
GSI（ジオフィジカル・サービス・インク） ……………… 356
GUI（グラフィカル・ユーザー・インターフェース） …………… 228, 234

H. B. ピーコック ……………… 356
HCP（優等協調プログラム） ……… 229
H. E. ヘール ……………… 340
HP（ヒューレット・パッカード） … 35, 185, 228, 242, 504, 507

HP ウェイ ……………………… 206
HP コーポレート・オブジェクティブ
…………………… 205, 206
HP 本社 ……………………………… 36
HP モデル 200A ……… 196, 198

IAA（インテル・アーキテクチャ・アソシエイション） …………………… 93
IAL（インテル・アーキテクチャ・ラボラトリ）
…………………………… 94
IBM …………………… 332, 453
IBM3801 ……………………… 459
IBM3801K …………………… 459
IBM4300 ……………………… 457
IBM システム /360 …………… 455
IBM システム /370 …………… 455
IBM システム /370-XA アーキテクチャ ………………………… 459
IBM スパイ事件 ……………… 459
IBM フェデラル・システムズ部門 348
IBM 互換機 …………………… 456
ICE（インダストリアル・コマーシャル・エレクトロニクス） ……………… 157
IIL（インテグレイテッド・インジェクション・ロジック） …………………… 398
IRE（米国無線技術者協会） ……… 219
ITT（インターナショナル・テレフォン・アンド・テレグラフ）137, 153, 178, 225, 337
ITT セミコンダクター … 380, 473

J. エリック・ジョンソン ………… 356
J. クラレンス・カーチャー ……… 356
J. トーケル・ウォールマーク …… 447
J. C. サラス …………………… 476
JPL（ジェット推進研究所） ……… 250

KAIST（韓国科学技術院） ……… 237
KPCB（クライナー・パーキンス・コーフィールド・アンド・バイヤーズ） 70, 508

L-3 コミュニケーションズ・エレクトロン・デバイス …………………… 181

L. J. セバン …………………… 484
LM100〔集積型電圧レギュレーター〕444
LM101〔オペアンプ〕 …………… 445
LM109〔完全集積型モノリシック電圧レギュレーター〕 …………………… 445
LM113〔バンドギャップ基準電圧源〕445
LMSC（ロッキード・ミサイルズ&スペース）
…………………………… 243

MAP（マニュファクチャリング・オートメーション・プロトコル）……………… ii
MIT（マサチュセッツ工科大学）
……… 211, 251, 310, 493, 507
MIT インスツルメンツ・ラボ …… 493
MIT 放射研究所 ……… 220, 504
MKULTRA 計画 ……………… 72
MNOS（金属窒化酸化半導体）…… 500
MOS（金属酸化膜半導体） 395, 446
MOS 技術 ……………………… 478
MOS ゲート …………………… 398
MOS 制御テトローデ ………… 448
MOS テクノロジー社（MOSTEK 社）
…………………………… 484
MOS トランジスター ………… 471
MOS の開発 …………………… 477
MOS の表面処理の問題 ……… 449
MOS の不安定性 ……………… 449
MOS プロセス技術 …………… 480
MOS メモリ …………………… 496
MOSFET（金属酸化膜半導体電界効果トランジスター） ……………… 447
MWA（現場を歩き回る管理） …… 191

N チャネル MOS（NMOS） …… 495
N 型 …………………………… 268
NACA（国家航空諮問委員会） …… 241
NACA エイムズ研究センター … 241
NASA エイムズ研究センター … 242
NBS（米国標準局） … 259, 358, 359
NCR（ナショナル・キャッシュ・レジスター）
…………………………… 453
NDRC（国防研究委員会）………… 179

NetScape（ネットスケープ）……… 55
NMOS（N チャネル MOS）……… 495
NM エレクトロニクス ………… 467
NOL（海軍兵器研究所）………… 274
NPN トランジスター ……………350
NS16032〔プロセッサー〕……… 463
NS32032〔プロセッサー〕……… 463
NTT データの研究所（スタンフォード・リサーチ・パーク内）………… 38
NTT ドコモの研究所（スタンフォード・リサーチ・パーク内）………… 38

ODD（軍需開発部）………………359
ONR（海軍研究局）……… 223, 233
OR（オペレーションズ・リサーチ）… 269
ORI（海軍研究発明局）……………222

P チャネル MOS（PMOS）……… 495
P 型………………………………267
PARC（ゼロックス・パロアルト研究所）………………………… 38, 228
PIXAR（ピクサー）………………107
PMOS（P チャネル MOS）……… 495
PNP トランジスター ……………350
PN 接合 …………………………267
PROM（プログラマブル ROM）… 501

R. E. カーウィン ………………476
R. エドワーズ……………………476
RAM（ランダム・アクセス・メモリ） 495
RCA（ラジオ・コーポレーション・オブ・アメリカ）……………………447
RCA ミサイル・システム ……… 473
RC 発振器………………………192
RISC（縮小命令セット・コンピュータ）94
ROM（リード・オンリー・メモリ）… 501
RRL（無線研究所）… 220, 222, 504
RTL（レジスター・トランジスター・ロジック）………………… 392, 394, 398

SAP（Systemanalyse und Programmentwicklung）…… 40
SCO（サンタ・クルーズ・オペレーションズ）………………………………ii
SCR-300〔携帯無線機〕…………408
SCR-536〔携帯無線機〕…………408
SEL（スタンフォード電子研究所）…………………………216, 225
SGI（シリコン・グラフィックス）…55, 58
SGS（Societa Generale Semiconduttori）………………………………377
SGS フェアチャイルド …………480
SLAC（スタンフォード線形加速器センター）…………………… 70, 225
SRAM（スタティック RAM）……… 495
SRI（スタンフォード・リサーチ・インスティチュート）……………………232
SRI インターナショナル … 29, 234
SSM（抑圧搬送波単側波帯変調）… 224

TTL（トランジスター・トランジスター・ロジック）……………… 398, 445
TWT（進行波管）プログラム …… 232

UCLA（カリフォルニア州立大学ロサンゼルス校）…… 249, 470, 500, 505
UC バークレー …………………314
USONIAN（ユーソニアン）……… 45
US ハイウェイ ……………………4

Vi ……………………………… 22
VM ウェア ……………………39, 40
VT 信管 …………………………359

Wi-Fi…………………………… 56

1 ドル札 …………………………331
101 号線……………………………4
141PF（プリンター付き電卓） …… 491
2N696 ……………………………350
2N697 ……………………………350
280 号線 …………………………4
6502 ………………………………485
85-85 問題 ………………………500

μA702 ………………………… 435
μA709 ………………………… 437
μA741 ………………………… 396

あ 行

アーサー・V. シーフェルト……… 427
アーサー・ケネリー …………… 211
アーサー・コンプトン …………… 253
アーサー・ロック ……… 303, 323, 330, 337, 388, 396, 467
アーノルド・ゾンマーフェルド ……………………… 253, 273
アーノルド・ベックマン（アーノルド・オービル・ベックマン） …………… 299
アーマー工科大学 ……………… 233
アイクラー・ホームズ …………43, 45
アイテル ………………… 454, 456
アイテル AS/6 ………………… 456
アイン・ランド …………………… 380
アインシュタイン
➡ アルバート・アインシュタイン
アウター・クアッド ……………… 79
アウター・サンセット …………… 12
アウトソーシング戦術 ………… 450
アグニュー・デベロップメント・センター ………………………… 102
アグネス・ディックソン ………… 158
アシッド・テスト ………………… 73
アジレント・テクノロジーズ 41, 184
アタリ ……………………………… 88
アッド・オン・メモリ市場 ……… 453
アップル ………………………… 379
アップルの最初のオフィス …… 90
アディソン街 367 番地 ………… 194
アドバンスト・マイクロ・デバイセズ（AMD） ……………… 99, 417
アドミラル・コーポレーション … 231
アプライド・マテリアルズ ……… 184
アマチュア無線 ……………151, 504
アメリカン・エクスプレス ……… 454
アメリカン・ボッシュ・アルマ・コーポレーション ………………………… 501
アメリカン・メガトレンズ・インク（AMI） …………………………… 379
アメルコ・セミコンダクター …… 388
アラン・ブラッドレー ……………… ii
アリアンツ AG ………………… 454
アリゾナ・ポウルセン無線会社… 136
アルカテル・ルーセント ………… 254
アルバート・アインシュタイン…… 250
アルバート・マイケルソン ……… 250
アルビオン・ウォルター・ヒューレット ……………………………… 188
アルフレッド・J. コイル ………… 330
アレクサンダー・ゴードン ……… 129
アレクサンダー・ポニアトフ …… 338
アンディ・キャップス …………… 88
アンドラス・イストバン・グローブ 469
アンドリュー・グローブ（アンドリュー・S. グローブ） ……… 94, 448, 449, 467, 468, 472, 473, 496, 507
アンドレアス・アクリボス ……… 470
アンナ・ベル・ミントン ………… 208
アンペックス ……………175, 242

イーテル&マクルー …………… 156, 175, 182, 217
イクイタブル生命保険会社 …… 308
イシュ・ハース………… 386, 397
イスラエル工科大学 …………… 500
偉大さをめざした 20 年計画 … 222
緯度 54.40 度か、戦争か …… 197
イレーザブル ROM（EPROM） … 502
インスツルメンツ・システムズ … 388
インターシル ………… 379, 395
インターステイト・ハイウェイ……… 4
インターナショナル・テレフォン・アンド・テレグラフ（ITT） …… 137, 153, 178, 225, 337
インターナショナル・マーケット 50
インダストリアル・コマーシャル・エレ

クトロニクス（ICE）…………157
インテグレイテッド・インジェクション・ロジック（IIL）………………398
インテグレイテッド・エレクトロニクス……………………………467
インテル…467, 489, 494, 500, 506
インテル・アーキテクチャ・アソシエイション（IAA）……………… 93
インテル・アーキテクチャ・ラボラトリ（IAL）……………………… 94
インテル 1101　…………　495, 500
インテル 1102　…………………498
インテル 1103　…………　498, 499
インテル 1702　…………………502
インテル 3101　…………………495
インテル 4004　……　487, 490, 491
インテル 8008　…………　490, 492
インテル 8080　…………………492
インテルの設立…………………467
インテルの本社………………… 96
インテレック……………………502
インナー・クアッド……………… 79
インフィニット・ループ 1 番地 … 64

ヴァン・ヴレック（ジョン・ハスブルーク・ヴァン・ヴレック）　259, 273, 274
周文俊（Wen Tsing Chou）………501
ウィスコンシン大学……………273
ウィットマン・カレッジ…………258
ウィリアム・イーテル……　153, 156
ウィリアム・エイジャー・モフェット……………………………240
ウィリアム・クロフト……　394, 395
ウィリアム・ショックレー（ウィリアム・ブラッドフォード・ショックレー）… 48, 245, 247, 251, 255, 261, 268, 272, 275, 284, 294, 303, 313, 319, 413, 446, 505, 507
ウィリアム・ショックレーの人事管理……………………………322
ウィリアム・ジョルダン…………497
ウィリアム・タルボット…………233
ウィリアム・デュランド…………241
ウィリアム・ハップ………………319
ウィリアム・ハンセン（ビル・ハンセン）…… 164, 168, 175, 225, 251
ウィリアム・ヒューレット（ビル・ヒューレット）　84, 185, 187, 192, 217
ウィリアム・ヒルマン・ショックレー……………………　245, 246
ウィリアム・ファン………　288, 295
ウィリアム・レギッツ……　496, 499
ウィルス・アドコック……………364
ウィルフレッド・コリガン　418, 420
ウールドグリッジ……………… 86
ウエイバリー・ストリート 2101 番地……………………… 68, 112
ウェスタン・エレクトリック　150, 253
ウエスチングハウス電灯会社……263
ヴェルナー・ハイゼンベルグ……273
ウォード・ウィンスロー…………204
ウォズニアック
➡ スティーブ・ウォズニアック
ウォルター・ジェリー・サンダース
➡ ジェリー・サンダース
ウォルター・ショットキー………261
ウォルター・ブラッテン　257, 266, 268, 272, 274, 275, 277, 278, 280, 284, 288, 294
ウォルター・ブルク………………404
ウォルター・ワイドラー…………434
ウォルト・ディズニー……　108, 198
ウッドサイドマウンテン・ホーム・ロード 460 番地………………… 68
裏切り者の八人………52, 335, 506
ウラジミール・ツボルキン………165
裏庭のガレージ…………………194

エイブラハム・ホワイト…………142
エイブラハム・リンカーン………120
液体検波器スペード……………142
エクスシスコ……………………456
エジソン効果……………………143
エジソン電灯会社………………144

エスコンデイード・ビレッジ …… 76
エスプラナーダ・ウェイ ………… 76
エセル・ムーナン ………………… 447
エド・ゲルバッハ………………… 474
エド・スノー …………………… 448
エド・ボールドウィン（エワート・ボールドウィン） ……………… 343, 355
エドウィン・ハッブル …………… 250
エドワード・N. クラーク ……… 427
エドワード・ギンツトン 173, 175, 225
エドワード・スチュワート ……… 406
エドワード・スマイス …………… 141
エミッタ ………………………… 281
エミッタ結合ロジック（ECL）…… 398
エル・カミノ・リアル ……… 3, 4, 17
エル・パロアルト公園 ………… 30
エルウィン・シュレディンガー … 259
エルウェル ➡ サイ・エルウェル
エレクトリカリー・イレーザブル ROM（EEROM） ………………… 502
エレクトロ・ダイナミクス ……… 180
エレクトロニック・アーツ ……… 106
エレクトロニック・システムズ・デベロップメント・コーポレーション 442
エレクトロニック・データ・システムズ（EDS）……………………… 460
エンシナ・ホール ……………74, 77

王の道（エル・カミノ・リアル） ……… 3
応用電子研究所（AEL）………… 224
オーグメンテーション・リサーチ・センター ……………………… 234
オーディオン …………………… 147
オーバル・パーク ……………… 19
オシロスコープ ………………… 201
オスワルド・ギャリソン・マイク・ビラード・ジュニア ……………… 224
オペアンプ ……………………… 444
オペレーションズ・リサーチ（OR）269
オラクル …………………… 14, 439
オラクルのサンタクララ・キャンパス ……………………………… 103
オリバー・バック………………… 309
オリベッティ …………………… 479

か 行

カー・エンジニアリング ………… 217
カーチス・ルメイ………………… 270
カーリー・フィオリーナ（カーラ・カールストン・スニード） … 66, 84, 185, 195, 207, 254
カール・コンプトン（カール・テイラー・コンプトン） ………………252, 310
カール・ザイニガー ……………… 447
カール・ルドルフ・スパンゲンベルグ ……………………………… 223
海軍研究局（ONR） …… 223, 233
海軍研究発明局（ORI）………… 222
海軍兵器研究所（NOL） ……… 274
海軍モフェット飛行場 ………… 240
ガイサー&アンダーソン ………… 439
カイザー・アルミニウム・アンド・ケミカル ……………………… 477
カウンティ・ハイウェイ …………… 4
拡散型シリコン・トランジスター 320
拡散法 …………………………… 296
カストロ・ストリート …………… 47
カストロ家 ……………………… 46
数の暴虐………………………… 364
ガスパル・デ・ポルトラ ………… 30
化成 ……………………………… 288
可聴周波数発振器 ……………… 196
カッコーの巣の上で …………… 72
合衆国高速道路 ……………… 4
ガラス加工用旋盤 ……………… 156
カリフォルニア州知事 ………… 121
カリフォルニア州立大学ロサンゼルス校（UCLA） 249, 470, 500, 505
カリフォルニア工科大学 ……… 249
カル・トレイン ………………… 17
ガルビン ➡ ポール（ロバート／クリストファー)・ガルビン

ガルビン王朝 …………………… 409
ガルビン製造会社 ……………… 407
ガルフストリームV〔社用ジェット機〕
…………………………… 109
ガルフ石油会社 ………………… 273
カレッジ・テラス………………… 129
韓国科学技術院(KAIST)……… 237
関税特許控訴裁判所(CCPA) … 371
完全集積型モノリシック電圧レギュレーター …………………… 445

菊池誠…………………………… 282
キャンパス・ドライブ …………… 20
教授町(パロアルト)……………… 247
ギルバート・アメリオ …………… 465
キルビー ➡ ジャック・キルビー
キルビーの集積回路 …………… 367
近接信管 ……………………… 359
金属酸化膜半導体(MOS) 395, 446
金属酸化膜半導体電界効果トランジスター(MOSFET) ………… 447
金属窒化酸化半導体(MNOS) … 500
ギンツトン ➡ エドワード・ギンツトン
金のドーピング ………………… 354

グーグル …………………… 55, 410
クパチーノ ……………………… 63
クパチーノ中学校 ……………… 61
クバンメ ➡ フロイド・クバンメ
クライストロン …… 172, 193, 225
クライナー ➡ ユージーン・クライナー
クライナー・パーキンス・コーフィールド・アンド・バイヤーズ(KPCB) 70, 508
グラハム ➡ ロバート・グラハム
グラハム・ベル ………………… 253
グラフィカル・ユーザー・インターフェース(GUI) …………… 228, 234
クラレンス・レスター・ホーガン
➡ レスター・ホーガン
グラント・ゲール………… 307, 309
グリーノック …………………… 451
グリエルモ・マルコーニ　134, 190
クリストフ・レクイエ …………… 151
クリストファー・ガルビン ……… 410
クリッテンデン中学校 ………… 48
グリッドレイ農場 ……………… 126
グリネル ………………………… 305
グリネル・カレッジ……………… 305
クリントン・デイビソン(クリントン・J. デイビソン) ………… 252, 256
クルト・レホベック ……… 369, 423
クレバイト ……………………… 337
グローブ ➡ アンドリュー・グローブ
グローブ・ユニオン …………… 363
軍需開発部(ODD)…………… 359
郡道 ……………………………… 4

ゲアリー・フリードマン … 454, 457
ケーブルトロン ………………… ii
煙の出ない工業地帯 ………… 93
ゲルマニウム …………………… 264
ケン・キージー ………………… 72

合金接合型トランジスター …… 295
ゴードン・ティール ……… 289, 357
ゴードン・マッケイ ……………… 413
ゴードン・ムーア(ゴードン・E. ムーア)
68, 314, 317, 324, 350, 375, 393, 467, 470, 476, 506
コーニング・グラス……………… 390
コーネル大学 …………………… 127
コーヒー・ブレークの時間……… 202
ゴールデン・ゲート・ブリッジ … 107
コールド・スプリングス ………… 117
ゴールド・ラッシュ ……………… 239
国防研究委員会(NDRC) ……… 179
心の喜びの谷………………… 3, 239
コジェンラ ……………………… 96
小島義雄 ……………………… 482
小島和三郎……………………… 482
固体回路………………………… 367
国家航空諮問委員会(NACA) … 241
コヒーラー ……………………… 140
コミュニケーション&パワー・インダス

トリーズ(CPI)………… 41, 183
コムデックス ……………………… i
コリス・ハンチントン ………121, 127
コルテ・ビア・ロード …………57, 58
コレクタ …………………………281
コロマ……………………………117
コンシューマー・ビジネス市場 … 453
コンピュータ・ターミナル・コーポレーション(CTC) ………………490
コンピュータ・リテラシー ………… i
コンピュータ歴史博物館 ……… 58
コンプリメンタリー MOS(CMOS) …………………… 448, 477

さ 行

ザ・アソーシエイツ………………127
サーティファイド・グローサー …453
サーフェス・バリアー・トランジスター ………………………………312
サイ・エルウェル(シリル・フランク・エルウェル) …… 133, 135, 149, 209
サイモン・モンセラート・メゼス… 14
佐々木正 …………………………482
サザン・パシフィック …………121
サニーベール …………………… 85
サム・フォック …………………337
サラ・ウィンチェスター ………… 60
サルベイエラ・ストリート ……75, 76
サン・マイクロシステムズ ………101
サンアントニオ・ロード 391 番地 ………………………… 51, 316
酸化銅整流器 ……………………261
酸化膜 ……………………………353
サンカルロス ……………………174
サンダース ➡ ジェリー・サンダース
サンタイネス …………………… 76
サンタクララ …………………… 92
サンタクララ・バレー …………504
サンタクララ郡 ……… 3, 239, 504
サンドヒル・ロード……………… 69
サンフランシスキート・クリーク 30
サンフランシスコ州立大学 ……488
サンマテオ郡 …………………1, 504
サンラファエルのプレーナー・ダイオード工場 ……………………462
シアン・エンジニアリング ……… 181
ジーン・アルベルタ・ベイリー … 252
ジェイ・ラスト ……… 303, 384, 387
ジェイ・ラスロップ(ジェームズ・ラスロップ) ……………… 358, 360, 371
ジェームズ・H. バン・タッセル … 373
ジェームズ・クラーク・マクスウェル ……………… 140, 144, 215
ジェームズ・ナル………… 360, 433
ジェームズ・マルーン ……………458
ジェーン・エリザベス・ラスロップ 116
ジェーン・スタンフォード80, 130, 227
ジェット推進研究所(JPL) ……250
ジェネラル・ケーブル……………426
ジェネラル・マイクロ・エレクトロニクス(GMe)…… 393, 394, 479, 494
ジェフ・カーブ……………………446
ジェフ・ベゾス …………………195
ジェラルド・カリー ……………467
ジェラルド・ピアソン …… 272, 275
ジェリー・D. メリーマン…………373
ジェリー・サンダース(ウォルター・ジェリー・サンダース) 100, 379, 381, 416, 434
ジェリー・レバイン ……………377
シェルドン・ロバーツ(C. シェルドン・ロバーツ) ………… 317, 346, 387
ジェローナ・アベニュー ………… 76
ジオフィジカル・サービス・インク(GSI) ………………………………356
シガード・バリアン…………166, 171
シグネティックス………… 389, 399
自動車用ラジオ …………………407
ジブニーの米国特許 ……………279
嶋正利……………… 484, 490, 492
シマンテック …………………… 96

ジム・フィスク …………… 272, 294
シャープ ………………………… 482
シャーマン・フェアチャイルド
………… 332, 376, 397, 414
シャーマン法 …………………… 155
ジャック・ギフォード …… 379, 436
ジャック・キルビー（ジャック・セントクレア・キルビー）…… 362, 370, 374
ジャック・スカッフ ……… 265, 267
ジャック・マクルー ……… 154, 156
ジャック・モートン ……… 287, 294
ジャック・ロンドン ……………… 239
ジャン・ホールニー … 318, 350, 352, 375, 387, 389, 395
州間高速道路……………………… 4
従業員持株制度………………… 203
集積回路 ……………………… 506
集積回路の共同発明者 ……… 371
集積型電圧レギュレーター …… 444
州道 ……………………………… 4
縮小命令セット・コンピュータ（RISC）
……………………………… 94
ジュニペーロ・セラ・フリーウエイ 20
ジュニペーロ・セラ・ロード …… 20
ジュリアス・アダムス・ストラットン 169
ジュリアス・エドガー・リリエンフェルド …………………… 285, 446
ジュリアン・K. スプレーグ …… 423
ジュリウス・ブランク ………319, 377
シュルンベルジェ ……………… 419
少数キャリアー ………………… 281
昌和商店………………………… 482
昌和洋行………………………… 482
ジョエル・N. シュルキン ……… 57
ジョエル・カープ 493, 496, 498, 499
ジョージ・ウィリアム・ラッセル … 162
ジョージ・ウィンスロップ・フェアチャイルド ………………………… 332
ジョージ・コズメッキー ………… 388
ジョージ・サウスワース ………… 263
ジョージ・パジェット・トムソン … 256
ジョーゼフ・アイクラー ………… 43
ジョシュア・スタンフォード …… 114
ジョセフ・B. ウォルトン ………… 404
ジョセフ・J. グルーバー ……… 427
ジョセフ・スウィートマン・エイムズ
……………………………… 241
ジョセフ・ベッカー ……… 259, 268
ショックレー
➡ ウィリアム・ショックレー
ショックレーの問題 …………… 298
ショックレー半導体研究所
………………… 49, 315, 505
ジョブズ ➡ スティーブ・ジョブズ
ジョン・アンブローズ・フレミング 144
ジョン・カーター …… 334, 376, 404
ジョン・キャスパー・ブランナー 135
ジョン・クラーク・スレーター … 438
ジョン・ケージ ………………… 191
ジョン・サビー ………………… 295
ジョン・シャイブ ……………… 287
ジョン・スレーター（ジョン・クラーク・スレーター）……… 251, 274, 310
ジョン・テート ………………… 259
ジョン・バーディーン 272, 275, 278, 280, 285, 294, 309
ジョン・パイエルス ……… 256, 282
ジョン・ハスブルーク・ヴァン・ヴレック
➡ ヴァン・ヴレック
ジョン・バリアン ……………… 158
ジョン・フルーク ……………… 191
ジョン・ボールドウィン ………… 377
ジョン・ホプキンス大学 ………… 315
ジョン・マルコフ ……………… 235
ジョン・リットル ……………… 289
ジョンソン・トラクター ………… 86
シリコン ……………………… 264
シリコン・グラフィックス（SGI） 55, 58
シリコン・ゲート技術（SGT） 478, 481
シリコン・トランジスター ……… 320
シリコンバレー ……… 1, 237, 315
シリコンバレー発祥の地 ……… 83
シリル・フランク・エルウェル
➡ サイ・エルウェル

シルバニア …………　230, 378, 427
シンガポール ……………………… 451
新キャンパス ……………………… 91
神経回路網の研究 ……………485
進行波管………………………………223
神智学協会 ………………………… 160

スカイプ ………………………… 38
スコット・マクニーリー ………… 103
スタティック RAM (SRAM) …… 495
スタンフォード・インダストリアル・パーク …………………… 227, 504
スタンフォード・ショッピング・センター …………………… 21, 227
スタンフォード・ビネット IQ テスト …………………… 209, 248
スタンフォード・リサーチ・インスティチュート (SRI) ……………… 232
スタンフォード・リサーチ・パーク ………………………… 33, 229
スタンフォード・リサーチ・パークの景観規定……………………… 35
スタンフォード記念教会 ……… 80
スタンフォード大学 …… 125, 485
スタンフォード大学電気工学科 504
スタンフォード大学のキャンパス 19
スタンフォードの邸宅 ………… 22
スタンフォード線形加速器センター (SLAC) ……………… 70, 225
スタンフォード電子研究所 (SEL) ………………………216, 225
スタンリー・メーザー ……………488
スタンレー・モーガン……………272
スチュアート・ギルモア ……113, 213
スチュワート・ガルビン蓄電池会社 ……………………………406
スティーブ・ウォズニアック 61, 202
スティーブ・ウォズニアックが育った家 ……………………………… 87
スティーブ・ジョブズ ……… 39, 48, 105, 112, 228
スティーブ・ジョブズの育った家 …………………… 12, 45, 60
スティープルズ・オブ・エクセレンス ……189, 222, 235, 236, 505
スティーブン・ケント …………… 88
スティーブン・ホフステイン 447, 449
スティーブン・マクギーデイ …… 95
ステイト・ハイウェイ ……………… 4
ステップ・アンド・リピート・カメラ 351
ストック・オプション ……………376
スプレーグ ➡ ピーター（ロバート／ジュリアン）・スプレーグ
スプレーグ・エレクトリック・カンパニー ………………… 369, 422
スプレーグ・スペシャルティーズ・カンパニー ………………………422
スペイン独立戦争 ………………239
スペース・テクノロジー・ラボ……443
スペリー・ジャイロスコープ …… 167, 173, 194, 225, 391
スペリー・ランド………… 427, 429
スペリー半導体部門 ……………428
スムート・ホースレイ …………… 317
スループ技術単科大学 …………249
スワンソン ➡ ロバート・スワンソン

セコイア・キャピタル ……… 69, 508
セシル・H. グリーン ……………356
接合型 FET ………………………389
接合型トランジスター … 284, 288
ゼネラル・エレクトリック (GE) ………… 190, 231, 401, 443
ゼネラル・モーターズ (GM) …… 394
セマティック ……………………472
セルゲイ・ブリン………………… 55
ゼロックス・パロアルト研究所 (PARC) ……………………… 38, 228
セントラル・パシフィック鉄道 …120

創造的失敗の方法論……………276
双方向 FM 車載電話システム … 411
双方向 FM 無線機 ………………408
ソーラー・セル …………………267

ゾーン精製法 ……………………… 295
速度変調 ………………………… 172
空の帝国　ラジオを発明した男達
………………………………… 139

た 行

ターマン ➡ フレッド・ターマン
ターマン技術研究所（ターマン・エンジニアリング・ラボラトリー） …… 217
ダイアモンド・オードナンス・ヒューズ・ラボラトリー ……………… 176
ダイオード・トランジスター・ロジック（DTL）……………… 398, 445
対潜水艦作戦グループ（ASWORG）
………………………………… 268
ダイナミック RAM（DRAM） …… 495
太陽電池のセル ………………… 267
ダイレクト結合トランジスター・ロジック（DCTL） ………………… 392
台湾 …………………………… 451
ダウォン・カーン ………………… 447
ダグラス・エンゲルバート ……… 234
ダグラス航空機製造 …………… 382
多数キャリアー ………………… 281
ダナハー・コーポレーション …… 191
ダニエル・ノーブル ……………… 411
ダラー・スティームシップ ……… 154
ダルモ・ビクター ……………… 175
ダンベリーのトランジスター工場 441

チャールズ・B. スミス ………… 468
チャールズ・クロッカー ………… 127
チャールズ・スポーク 343, 377, 379, 400, 403, 438, 440, 451, 506
チャールズ・トルマン …………… 250
チャールズ・ベイツ・テフ・ソーントン
………………………………… 180
チャールズ・ミューラー ………… 447
チャールズ・リットン（チャールズ・ビンセント・リットン） 152, 177, 178, 191, 194, 197
チャック・ペドル ……………… 484
挑戦する時代のアクション・プラン
………………………………… 235

ディアンザ・カレッジ …………… 66
ディーン・ウールドリッジ …261, 272
ディーン・ナピック ……………… 318
ディーン・ワトキンス …………… 232
ディック・ヘインズ ……………… 288
デイビス＆ロック ……………… 388
デイビッド・アリソン
…………… 348, 350, 389, 397
デイビッド・ウェブスター ……… 171
デイビッド・ジェームズ ………… 389
デイビッド・スター・ジョルダン
……………………………127, 135
デイビッド・タルバート … 435, 444
デイビッド・パッカード
84, 185, 186, 193, 196, 216
ディビッド・フラガー …………… 395
ティモシー・ノーラン …………… 127
ティモシー・ホプキンス 32, 128, 133
データチェッカー ……………… 453
テキサス・インスツルメンツ … 356, 364, 385, 399, 425, 466, 506
デジタル・サイエンティフィック 456
デジタル・リサーチ …………… 489
テスラー・モーターズ ………… 40
テッド・ホフ（マーシアン・E・ホフ・ジュニア） ……… 485, 488, 490, 498
デブリ・テクニカル・インスティチュート ……………………………… 497
テホマ地域のビナ農場 ………… 126
テレダイン ……………………… 388
電界効果 ……………………… 446
電界効果増幅器 ……………… 275
電子技研工業株式会社………… 483
電子計測………………………… 237
電子研究所（ERL）……………… 224
電子防御研究所（EDL）………… 231
電子無線工学…………………… 237

点接触型トランジスター 283, 288
電離層 ……………………………… 224
電力増幅用真空管ガンマトロン 156

ド・フォーレスト
➡ リー・ド・フォーレスト
ド・フォーレスト無線電話会社 … 148
トイ・ストーリー 2 ……………… 108
トウラー …………………………… 268
トーマス・J. デイビス……………… 388
トーマス・S. タン ………………… 458
トーマス・エジソン（トーマス・アルバ・エジソン） …………… 143, 190
独占禁止法………………………… 155
ドナルド・W. ブルックス ……… 420
ドナルド・トレジッター ………… 235
ドブ・フローマン………… 499, 502
ドミニク・グピール ……………… 26
トム・ウルフ ……………… 73, 305
トム・ベイ（トーマス・ヘンリー・ベイ）
342, 348, 379, 383, 403, 444
トム・ロバーツ …………………… 420
トムソン・プレイス ……………… 100
トランジェント・クレスト電圧計 211
トランジスター ………… 283, 505
トランジスター・トランジスター・ロジック（TTL） …………… 398, 445
トランジスターの発明者 ……… 286
トランジトロン・エレクトロニクス
………… 418, 438, 461, 476
トランスコンダクタンス ………… 282
トランスレジスタンス…………… 282
ドレーパー ………………………… 439
トレシッダー ……………………… 233
ドロシー・バリアン 161, 172, 175
ドン・C. ヘフラー ……………… 238
ドン・バレンタイン
…………… 378, 441, 450, 508
ドン・ルーカス（ドナルド・ルーカス）
…………………… 429, 439
ドン・ロジャース………………… 379

な 行

ナサニエル・フランク………251, 310
ナショナル・アドバンスド・システムズ部門 …………………………… 458
ナショナル・インク・アプライアンス
………………………………… 300
ナショナル・セミコンダクター 420, 426, 429, 433, 450, 466, 506
ナショナル・ポスタル・メーター 299
ナチュラル・シグナル・プロセッシング
……………………………… 95
南北戦争…………………………… 120

日本計算器株式会社 …………… 482
日本計算器販売 ………………… 483
ニルコ・ランプ・ワークス ……… 230

ネクスト …………………… 40, 105
猫の髭……………………………… 263
ネット・ゼロ・エネルギー・データ・センター …………………… 36
ネットスケープ（NetScape）……… 55
ネビル・モット ………… 256, 261
ネブラスカ・ウェスレヤン大学化学科
……………………………… 477

ノイス ➡ ロバート・ノイス
ノエル・エド・ポーター ………… 188
ノースアメリカン・ロックウェル … 482
ノーバート・ウィーナー ………… 211
ノーマン・E. チュートロー ……… 113
ノーマン・ニーリー ……………… 199
ノーラン・ブッシュネル ………68, 88
ノッティンガム ………………… 311

は 行

パーシー・ウィリアムズ・ブリッジマン
………………………………… 274
バーディーン ➡ ジョン・バーディーン

バーナード・アースキン …………230
バーニー・オリバー ……………189
バーニー・マーリン………………379
ハーバート・タブ ………………398
ハーバート・フーバー……………246
ハーバード大学 …………………220
ハーベイ・フレッチャー…………283
ハーマン・フェッシュバッハ ……169
パーム・ドライブ………………… 19
パーリー・ロス …………………248
バーンズ・ノーブル ……………… 39
ハイグレード白熱電球会社 ……230
バイト・ショップ………………… 84
パイル・ナショナル ……………394
ハインツ&カウフマン … 153, 154
パインヒル・ロード……………… 76
ハインリッヒ・ヘルツ ………140, 216
パッカード ➡ デイビッド・パッカード
バッテリ・エリミネータ …………407
パット・ハガーティ ………………366
バド・ホーキンス ………………198
パドゥア大学 ……………………479
パトリック・ハガティ ……………356
ハネウェルの 3C 部門 …………497
バリアン ➡ ラッセル（ドロシー／ジョン／シガード）・バリアン
バリアン・アソシエイツ … 41, 158, 174, 182, 227, 242, 508, 504
バリアン・インク…………… 41, 183
バリアン・セミコンダクター・イクイップメント・アソシエイツ・インク 183
バリアン・メディカル・システムズ 183
ハリー・ジョーンズ………………256
ハリー・セロ ……………………337
ハリー・ハート …………………284
ハリウッド高校 …………………249
ハリエット・メイ・ノートン ………304
ハリス〔レストラン〕 ……………… 25
ハリス・ライアン（ハリス・ジョーゼフ・ライアン） ………… 134, 210, 218
ハル・フィーニー…………………490
ハルシオン ………………………160
バルデマー・ポウルセン …134, 140
バレンタイン ➡ ドン・バレンタイン
パロアルト ………………… 32, 129
パロアルト・ストック・ファーム … 124
パロアルト・ミリタリー・アカデミー ……………………………………248
パロアルト研究所［HP］………… 35
パロアルト研究所［ゼロックス］（PARC） ………………………… 38, 228
ハロルド・ステファン・ブラック … 193
ハロルド・バトナー………………196
ハロルド・モーアクロフト …213, 214
ハワード・ボブ …… 379, 393, 394
ハワード・ボラム…………………201
ハンガー 1 ……………… 104, 240
ハンガリー動乱 ……………469, 475
反射型クライストロン …………223
ハンセン ➡ ウィリアム・ハンセン
ハンセン・ウェイ………………… 41
ハンディ・トーキー………………408
半導体の表面状態の理論 …… 276
半導体物理学 ………… 282, 292
半導体メモリの特許 ……………393
バンドギャップ基準電圧源 …… 445
バンドレー・ドライブ 10260 番地 89
バンネバー・ブッシュ 211, 219, 241

ピアソン ……………………………277
ビアレック ➡ フレッド・ビアレック
ピーター・スプレーグ 430, 432, 437
ピーター・レッドフィールド 454, 457
ビーチ・トンプソン………………136
ビーチ・トンプソン………………149
ビーナス号 ………………………109
ピエール・ラモンド 437, 438, 445, 462
ピクサー（PIXAR）………………107
ビクター・グリニッチ（ビクター・ヘンリー・グリニッチ） ………… 346, 403
ビクター・ジョーンズ ……………319
ビクター・ワイスコフ ……………310
ビジコン …………… 483, 486, 492
ビジコン・チップ ………………487

秘書事件 …………………………… 323
非相反回路……………………………… 412
日立製作所……………… 456, 460
ビナ農場……………………………… 126
ヒューレット ➡ ウィリアム・ヒューレット
ヒューレット・パッカード (HP)
35, 185, 242, 228, 504, 507
ヒューレットの *RC* 発振器 …… 193
ビュッテ地域のグリッドレイ農場 126
平田勝次郎 ………………………… 482
ビル・ゲイツ ……………… 82, 151
ビル・ハンセン ➡ ウィリアム・ハンセン
ビル・ヒューレット
➡ ウィリアム・ヒューレット
ビル・ファン ……………………… 267
ヒルバート・ムーア ……………… 272

ファイヤーマンズ・ファンド・インシュアランス・カンパニー ………… 454
ファジン ➡ フェデリコ・ファジン
ファン・デア・ベール …………… 213
ファン・バウティスタ・ディ・アンザ 63
フィードバック回路……………… 193
フィオリーナ ➡ カーリー・フィオリーナ
フィラデルフィア・ストレージ・バッテリー・カンパニー …………… 312
フィリップ・スタルク …………… 109
フィリップ・モース (フィリップ・マコード・モース) …… 169, 252, 268, 310
フィル・ファーガソン …… 393, 395
フィルコ …………………………… 312
フィルコ・フォード・マイクロ・エレクトロニクス ……………………… 494
フィルコ・マイクロ・エレクトロニクス
………………………………… 494
フィロ・ファーンズワース ……… 165
フィロ・フランスワース ………… 217
プートニク ………………………… 341
フーバー・タワー ………………… 77
フェアチャイルド / シリコンバレーの系譜 ……………………………… 399
フェアチャイルド
➡ シャーマン・フェアチャイルド
フェアチャイルド・エアリアル・カメラ
………………………………… 333
フェアチャイルド・エアリアル・サーベイ ……………………………… 333
フェアチャイルド・カメラ・アンド・インスツルメント 333, 374, 339, 506
フェアチャイルド・コントロール … 339
フェアチャイルド・セミコンダクター
52, 339, 344, 374, 383, 392, 399, 421, 470, 473, 476, 477, 480, 489, 500, 506
フェアチャイルド 3705 ………… 481
フェアチャイルド 3708 ………… 481
フェアチャイルド航空会社 …… 333
フェアチャイルドの航空写真用カメラ
………………………………… 333
フェイスブック ………………… 41
フェデラル・システムズ部門 (IBM)
………………………………… 348
フェデラル電信会社
29, 136, 149, 153, 209, 217
フェデリコ・ファジン
……450, 481, 488, 490, 507
フェリックス・ブロッホ ………… 225
プエルト・バヤルタ ……………… 437
プエルトリコ ……………………… 452
フォーレスト ➡ リー・ド・フォーレスト
フォスター・ニックス …………… 261
フォトリソグラフィ …………351, 362
富士通の特許係争………………… 372
富士星計算器製作所 …………… 483
ブッシュネル ➡ ノーラン・ブッシュネル
フライズ・エレクトロニクス ……… i
フラッシュ・メモリ ……………… 502
ブラッテン ➡ ウォルター・ブラッテン
フランク・グラディ …………375, 401
フランク・ジュエット (フランク・B. ジュエット) ……………………… 254, 260
フランク・プアー ………………… 230
フランク・ロイド・ライト ………… 43
フランク・ワンラス … 395, 448, 477

フランシス・マッカーティ ……… 134
フリースケール・セミコンダクター 410
フリーメーソン ………………… 116
プリンター付き電卓 …………… 491
フルーク ➡ ジョン・フルーク
ブルース・E. ディール … 448, 477
ブルース・バーリンガム ………… 200
プレーナー・ダイオード工場 …… 375
プレーナー型 NPN トランジスター
……………………………… 353
プレーナー型トランジスター …… 353
プレッシー社 ………………… 438
フレッド・ザイツ (フレデリック・ザイツ)
…………………… 274, 294
フレッド・シェラー ……………… 26
フレッド・ターマン
74, 173, 186, 189, 190, 192, 208, 210, 214, 216, 219, 225, 235, 301, 335, 504, 505, 507
フレッド・ターマンの教育論 …… 225
フレッド・ビアレック
…………… 377, 438, 453, 461
フレッド・ヘイマン ……………… 447
フレデリック・エモンス・ターマン・エンジニアリング・ラボラトリー 81
フレンチマンズ・ロード ………… 76
フロイド・クバンメ
…… 442, 445, 451, 456, 459
ブローバ時計会社 ……………… 427
プログラマブル ROM (PROM) 501
プロフェッサー・ビル …………… 247
分離したプレーナー型集積回路 387

ベイ ➡ トム・ベイ
ベイ・ステート・ランプ・カンパニー
……………………………… 230
ベイ・ブリッジ ………………… 107
米国電話電信会社 (AT & T) 150, 253
米国ド・フォーレスト無線電信会社
……………………………… 142
米国特許 1745175……………… 285
米国特許 1900018 …………… 446
米国特許 2524033 …………… 279
米国特許 2524034 …………… 278
米国特許 2524035 …………… 280
米国特許 2560792 …………… 279
米国特許 2569347 …… 286, 293
米国特許 2631356 …………… 290
米国特許 2683676 …………… 290
米国特許 2727840 …………… 290
米国特許 2875141 …………… 313
米国特許 2981877 367, 369, 370
米国特許 3025589 …………… 353
米国特許 3028569 …………… 501
米国特許 3029366 …… 369, 425
米国特許 3117260 …………… 369
米国特許 3138743 …………… 370
米国特許 3150299 …………… 369
米国特許 3184347 …………… 354
米国特許 3660819 …………… 502
米国特許商標庁………………… 371
米国標準局 (NBS) … 259, 358, 359
米国無線技術者協会 (IRE) …… 219
ヘイドン・ストーン ……………… 467
ヘイドン・ストーン・アンド・カンパニー
……………………… 327, 330
米墨戦争 ………………… 119, 239
米陸軍信号部隊………… 364, 427
ページ・ミル・ロード 395 番地 23, 201
ページ・ミル・ロード 481 番地 24, 200
ペーパー・クリップ作戦 … 424, 443
ベッカー ……………………… 266
ベックマン・インスツルメンツ … 303
ベックマン・インダストリーズ … 300
ベティ・ボトムレイ …………… 311
ペドロ・フォント神父 ………… 64
ペナン ……………………… 451
ペリー・レーン ………………… 71
ベリタス・キャピタル …………… 42
ベル電話会社………………… 253
ベル電話研究所
…… 253, 255, 412, 447, 497
ベルナルド・J. ロスライン ……… 426
ヘルマン・フェッシュバッハ …… 310

ペン・セントラル …………………… 426
ベンチャー・キャピタル ………… 508
ヘンリー・E. シングルトン ……… 388
ヘンリー・トウラー ……………… 265
ヘンリー・ハーレー・アーノルド … 270
ヘンリー・ハリソン・ヘンライン　216

ホィッパニー ……………………… 256
放送 ………………………………… 134
ポウルセン無線電話電信会社 … 135
ボー・ロジェック ………………… 424
ホーガン ➡ レスター・ホーガン
ホーガン・ヒーロー ……………… 416
ホースレイ ➡ スムート・ホースレイ
ポーター・ドライブ ……………… 37
ホーフトン・ミフリン・カンパニー 232
ホームステッド高校 …………… 62
ホームブリュー・コンピュータ・クラブ
……………………………… 152
ポール・K. ワイマー …………… 447
ポール・アレン ………………… 82
ポール・ガルビン ……… 406, 410
ポール・ディラック ……………… 273
ボール・ブラザーズ・リサーチ … 434
ポール・ホールデン …………… 204
ホールニー ➡ ジャン・ホールニー
ホセ・マリア・フランシスコ・オルテガ
……………………………… 3
ボビー・ウィルソン ……………… 191
ホフ ➡ テッド・ホフ
ホプキンス ➡ ティモシー・ホプキンス
ボラム ➡ ハワード・ボラム
ボリス・ダビドフ ……………… 281
ホルムデル ……………………… 255
ホレーショ・アルジャー ………… 126
香港進出 ………………………… 377

ま 行

マーク・ウィセンスターン ……… 389
マーク・シェパード ……………… 366
マーク・トウェイン ……………… 121
マーク・ホプキンス ……………… 127
マーシアン・E. ホフ・ジュニア
➡ テッド・ホフ
マーシャル・コックス …………… 379
マーティン・マーフィ・ジュニア … 85
マービン・ケリー … 255, 260, 266, 268, 271, 275, 284, 320
マイク・アダムス ………………… 138
マイク・スコット ………………… 436
マイク・ボイチ …………………… 25
マイク・マークラ 379, 436, 460, 508
マイクロ・コンピュータ革命 492, 507
マイクロ・プロセッサー … 503, 507
マイクロ・モジュール …………… 364
マイクロ・ロジック・プレーナー開発プログラム ……………………… 384
マイクロ・ロジック RTL 製品 … 393
マイケル・S. マローン … 206, 213
マイケル・リオーダン …………… 52
マウス …………………………… 234
マウンテンビュー ……………45, 55
マキシム ………………………… 379
マギル大学電気工学科………… 475
マクスウェル ➡ ジェームズ・クラーク・マクスウェル
マグネトロン …………………… 173
マクマリー・ハムストラ ………… 314
マクルー ➡ ジャック・マクルー
マサチュセッツ工科大学 (MIT)
…… 211, 251, 310, 493, 507
マッカーシズム ………………… 318
マックス・パレブスキー ………… 467
マッケイ・カンパニー …………… 137
マッケイ・ホームズ ……………… 45
マラッカ ………………………… 451
マルコーニ社 …………………… 145
マレーヒル ……………… 255, 256
マン・マシン・インタフェース …… 234

ミジェット・キャパシター ……… 422
ミシガン・シティ ……………… 117

ミシガン・ブラッフ ……………… 118
見通し外の電波伝搬…………… 224
ミルトン・シュナイダー ………… 427

ムーア ➡ ゴードン・ムーア
無線技術者ハンドブック ……… 220
無線研究所（RRL）… 220, 222, 504
無線工学ハンドブック ………… 237

メイ・ブラッドフォード・ショックレー
……………………………… 245
メイフィールド・ファンド … 70, 129
メイン・クアッド ………………… 77
メーカーズ・オブ・ザ・マイクロチップ
……………………………… 327
メキシコ独立革命 ……………… 239
メキシコ連邦共和国 …………… 239
メサ型トランジスター … 296, 321
メタ4 ………………………… 456
メモリ ………………………… 507
メモリアル・アーチ ……………… 79
メモリアル・コート ……………… 79

モース ➡ フィリップ・モース
モーリス・ハニファン …………… 325
モステック社（MOSTEK社）…… 484
モデル200A［HP］……… 196, 198
モトローラ 383, 406, 408, 418, 506
モトローラ・ソリューションズ … 410
モトローラ・モバイル ………… 410
モノリシック・リニア集積回路開発
……………………………… 435
モノリシック集積回路 ………… 367
モハメッド・M. アターラ ……… 447
モフェット飛行場 ……………… 103
モルガン・スパークス………… 289
モレクトロ・コーポレーション … 433
モンタ・ローマ小学校…………… 46
モンマス・カレッジ …………… 497

や 行

八木秀次 ……………………… 201
ヤコブ・シャムウェイ …………… 47
ヤン・チョハラルスキー ……… 289

ユージーン・ウィグナー ……… 273
ユージーン・クライナー
………… 319, 326, 388, 508
ユージーン・フラス …………… 473
ユージーン・マクダーモット …… 356
優等協調プログラム（HCP）…… 229
ユニオン・カーバイド …… 395, 468
ユニオン・パシフィック鉄道 …… 121
ユニバーシティ・アベニュー …… 33
ユニバーシティ・パーク …… 72, 129

抑圧搬送波単側波帯変調（SSM）224
予備目論見書…………………… 327
四層のPNPNダイオード ……… 320

ら 行

ライアン ➡ ハリス・ライアン
ライオネル・カットナー 385, 389, 397
ラグーニータ湖 ………………… 124
ラスト ➡ ジェイ・ラスト
ラスロップ ➡ ジェイ・ラスロップ
ラスロップ・ドライブ …………… 76
ラッセル・オール ……………… 265
ラッセル・シューメーカー・オール 262
ラッセル・バリアン ……… 171, 193
ラリー・ページ ………………… 55
ラルフ・ハインツ ……………… 153
ラルフ・ボーン ………… 266, 283
ランダム・アクセス・メモリ（RAM）495
ランチョ・デ・ラス・プルガス …… 13

リー・ド・フォーレスト ………… 138

リード・オンリー・メモリ（ROM）　501
リーナス・ポーリング ……………… 250
リーマン・ブラザーズ ………327, 389
リーム・セミコンダクター ……… 96
リーランド・スタンフォード
32, 113, 114, 119, 127, 130
リーランド・スタンフォード・ジュニア
………………………………… 113
リーランド・デビット・スタンフォード
………………………………… 122
陸軍信号部隊… 200, 230, 263, 378
陸軍ハリー・ダイアモンド研究所 360
リチャード・N. ラウ …………… 427
リチャード・ホジソン … 335, 340, 342, 353, 355, 404, 467
リットン ➡ チャールズ・リットン
リットン・インダストリーズ ……… 180
リットン技術研究所
…… 156, 179, 180, 217, 242
リニア・テクノロジー …………… 464
リニア集積回路 ………………… 444
リニア集積回路部門 …………… 463
リベランド・ラルフ・ブリュースター・ノイス ……………………… 304
リリエンフェルド ➡ ジュリアス・エドガー・リリエンフェルド

ル・ロゼ ………………………… 431
ルイス・ターマン …… 208, 219, 247
ルーカス ➡ ドン・ルーカス
ルースター・T. フェザーズ ……… 89
ルーセント・テクノロジーズ …… 254
ルビー …………………………… 496
ルンバトロン …………………… 170

レイセオン …………………378, 477
レーム・セミコンダクター　355, 477
レオナルド・グリーン＆パートナーズ
………………………………… 42
レオナルド・シッフ ……………… 175
レジスター・トランジスター・ロジック（RTL）………… 392, 394, 398
レスター・フィールド …… 223, 232
レスター・ホーガン（クラレンス・レスター・ホーガン）……… 412, 413, 415
レスリー・バディーズ … 473, 475, 480, 481, 494, 498, 500
レスリー・ベルリン ……… 305, 321
レックス・シットナー …………… 428
レッドウッドシティ ……………… 14
レホベック ➡ クルト・レホベック

ロイス・フレッチャー …………… 497
ロイド保険会社 ………………… 457
ローリーズ・ダイナー〔レストラン〕 11
ローレンス・バークレー国立研究所
………………………………… 505
ローレンス・リバモア研究所 …… 315
ローレンス放射研究所 ………… 385
ロジェック ➡ ボー・ロジェック
ロジャー・スマレン ……………… 438
ロス・ブラッテン ………………… 258
ロスアルトス …………………… 60
ロッキード・マーティン・ミサイルズ＆スペース …………………… 37
ロッキード・ミサイルズ＆スペース（LMSC）……………………… 243
ロッキード航空機会社 ………… 243
ロッククライミング … 245, 252, 256
ロバート・C. スプレーグ ……… 422
ロバート・L. ホッホ …………… 427
ロバート・L. ホプキンス ……… 427
ロバート・アボット ……………… 498
ロバート・ガルビン ……………… 410
ロバート・グラハム（ロバート・F. グラハム）…378, 380, 443, 473, 482
ロバート・ジブニー
…………… 272, 277, 280, 284
ロバート・シュワルツ …………… 446
ロバート・スワンソン …………… 460
ロバート・ソーベル ……………… 137
ロバート・ノイス（ロバート・ノートン・ノイス） … 303, 317, 320, 349, 350, 369, 370, 375, 384, 390,

391, 392, 404, 467, 472, 482, 496, 506, 507
ロバート・プローバスティング …484
ロバート・ボブキン……………………463
ロバート・マクナマラ………………399
ロバート・ミリカン（ロバート・アンドリュース・ミリカン）…………　250, 260
ロバート・メジャース ……………383
ロバート・ワイルダー　434, 444, 463
論理回路 …………………………398

わ 行

ワイド・グリッド真空管…………194
ワイルダー ➡ ロバート・ワイルダー
ワゴン・ウィール……………　97, 417
ワトキンス・ジョンソン …………232